文明的
另一种声音
02

Waves Across the South
A New History of Revolution and Empire

海洋、岛屿和革命
——当南方遭遇帝国

[斯里兰卡]苏吉特·西瓦桑达拉姆 著
黄瑶 译

商务印书馆
SINCE 1897 The Commercial Press

Sujit Sivasundaram
WAVES ACROSS THE SOUTH
A New History of Revolution and Empire

First published in Great Britain in 2020 by William Collins
中译本译自威廉·柯林斯 2021 年版

目　录

引　言

在西方的历史中，这个星球有四分之一的面积经常被人遗忘。这里被海洋覆盖，风起浪涌，潮起潮落，海岸蜿蜒，岛屿、沙滩星罗棋布。这个被人遗忘的角落，是由一系列面积较小的海洋和海湾构成的印度洋与太平洋，而这也许是二者第一次一起出现在一部长篇历史作品之中。面朝幅员辽阔的大陆，这些散布着小块狭长地带的南部水域将占据本书的中心舞台，扮演世界历史与现代环境缔造者的角色。[1]

18 世纪末至 19 世纪初的数十年被历史学家称为“革命时代”。从传统意义上来说，该时期包含三组发生在大西洋地区的重大事件，即美国独立战争、法国大革命和加勒比海地区的一系列起义（如海地革命和 19 世纪初的拉美独立运动）。[2] 在这些变革和随之而来的战争中，许多事情发生了翻天覆地的变化，包括政治组织形式的变化，平等与权利的概念出现；劳工与奴隶的地位变化；工业与科学技术的进步；国家意识、自我意识与公众意识的塑造。通过回顾印度洋、太平洋被人遗忘的角落，本书旨在对我们所处的这个时代的开端始末一探究竟，这片辽阔海域上的各个地方、各族人民在塑造革命时代、影响当下的进程中都有着举足轻重的意义，所以在思考人类未来时应该对世界的这一部分加以深思。

革命时代是众多历史作品中最经久不衰的标签之一，一直被用来描述18世纪末至19世纪初的几十年时光。以印度洋和太平洋为重点重新审视这段历史时期，将挑战我们记忆中西方与欧洲在历史中的主导地位。这一点特别重要，尤其是当我们把革命时代描述为对权利和自我的传承，以及今天的世界来自对冲突和反抗的记忆时。以这种方式回顾过往，就能否定“世界的灵魂形成于西方，再传入东方”的错误假设，并且拒绝接受政治主体性形成于大西洋文明，其他地方与之接轨的观点。这种令人反感的措辞出自革命时代早期一位十分重要的历史学家R. R. 帕尔默（R. R. Palmer）之口：“自1800年以来，欧洲、拉丁美洲、亚洲和非洲的所有革命都借鉴了18世纪的西方革命。”[3]后来的历史拒绝将18世纪末至19世纪初的西方文明与大西洋文明描绘为革命情绪的圣水坛，伴随革命而来的经济、技术、军事和文化变革也并非只有西方或大西洋文明一种起源。[4]

如果从南方海洋文明的角度对革命时代进行概念重构，一场难以预料的激烈战斗就出现了。在印度洋和太平洋的范围内，一方面革命力量反抗帝国制度，另一方面帝国势力构成了反革命力量，阻碍了革命进程。革命力量与帝国势力谁也没能彻底摧毁对方，但到了19世纪中叶，随着大英帝国成为这些海域的主要胜利者，二者之间的平衡发生了变化。意识形态、文化、政治等因素驱使着19世纪的大英帝国，本书的目的之一正是追溯其反革命的起源。[5]当时大英帝国镇压众多可能性的方式正反映了邪恶帝国对南部世界的统治策略。

在这两片大洋上，革命时代首先应被视为非欧洲的本土政治思潮，它遭遇了被冲刷上岸的入侵者和殖民者。18世纪末至19世纪初，印度洋、太平洋的居民从外来者那里接纳了（有时是强行灌输）新的目标、思想、信息和组织形式，利用它们悉数服务于自己的目的。提到这些，你可能会想到君主制观念、武器、政治团体、科学、医药以及媒体间的唇枪舌剑。生活在大洋上的人们也会重新调整传统与信仰、治理方式、战争和外交关系，以适应新的时代。说到这里，你可能会想起伊斯兰教和佛教改革，抑或原有的远距离移民和贸易往来发生的变化。这些都是构成印度洋与太平洋革命时代的要素。在描述这些海域时，对“原住民”这一术语的定义必须更加宽泛。因为海上居民经常迁徙，也许更适合被形容为“散居者”而非原住民，他们拥有复杂的文化传承。移民和原住民有时也会相互借鉴，令人很难清楚地区分谁才是原住民，又有什么会被排除在这个类别以外。

这些来自海上的声音都能体现原住民的活力：太平洋岛民、毛利人、澳大利亚原住民、阿拉伯人、卡西米人、阿曼人、印度拜火教徒、爪哇人、缅甸人、中国人、印度人、僧伽罗人、泰米尔人、马来人、毛里求斯人、马达加斯加人和克瓦桑族人。[6]在几十年史无前例的全球化进程中，这些人以水手、配偶、战士、劳工和旅行者的身份一路乘风破浪。其实研读本书最有趣的地方就在于，通过以前不曾被拼凑在一起的地区和土地，发现跨洋过海的联系。

除了非欧洲本土的政治活动的涌现，南方海洋革命时代还经历了政治组织的重组。从阿曼到汤加，从毛里求斯（Mauritius）到斯里兰卡，曾经的帝国、王国和酋长地位都遭遇了调整或重组。针对水域争端的政治角力一触即发，相对较新的力量找到了自己的方式，以独立国家的身份行事，反抗殖民主义对国家的定义。雄踞欧亚的奥斯曼帝国、莫卧儿帝国和清朝帝国的海上边境都发生了彻底的改变。包括太平洋上的君主国家，在与欧洲各国的交战过程中掌握了先进的海事、军事技术，新的政治形式得以凝聚起来。举例而言，拿破仑战争中的流亡者可以前往正在与英国作战的贡榜王国（Kingdom of Konbaung）担任顾问，也可以去塔斯马尼亚（Tasmania）为高度军事化的英国殖民地服务。在大英帝国需要盟友与合作者的情况下，包括亚洲水手（当时被称为“东印度水手”）在内的海上居民无须深入大英帝国内部，就能建立起一条属于自己的政治路径。那些欧洲轮船上的乘客或是在大型项目中担任劳工、技师的人，都可以利用这一刻的机会，以全新的方式思考自身与未来。

大英帝国力图接受并中和革命时代产生的思想、民族、政治结构和组织模式，它从海上转向陆地，在新加坡、毛里求斯等地，把自己视作象征自由的帝国。除了（自视）传播自由，大英帝国也采取行动反对革命。19世纪上半叶的一系列水域争端采用的都是该时期特有的“全面战争”形式，既有掠夺又有大规模的杀戮。[7]比方说，孟加拉湾战争就吸收了美国独立战争、拿破仑战争中的军事人员和技术，与当时的全球战争联系在了一起。在1809年至1810年和1819年至1820年，英国对海湾地区发起了侵略行动，镇压伊斯兰国家改革。对共和主义的恐惧还促使英国在1810年至1811年入侵了爪哇和毛里求斯。从所有这些例子来看，这时期的英国殖民战争和海上战争，无论战术和意识形态，还是动机和形式，都是在革命时代锻造出来的。

在革命时代，帝国改换新颜的另一种方式就是对民族和种类进行新的划分。[8]科学和自然的历史分类方法与不断扩大的殖民地的监视体制联系在了一起。科学与殖民主义之间的关系看似矛盾，是因为科学在当时被视为理性时代的先驱。与海洋打交道的方式——从如何捕鱼，到如何与海洋生物共处，再到如何在海上航行，人们所使用的人工制品，或对他们迁徙生活的描述，很容易导致殖民主义对种族和性别的分类。在帝国作家们的笔下，尽管海洋盆地拥有悠久的移民历史，却还是被描绘成了自给自足之地。对相邻岛屿和定居点展开集中比对的可能性意味着，这些地方将成为研究不同观念以及实施隔离政策的理想地点。

从路易港到悉尼港，英国化与白人化在新港口城市的巩固象征着海上不列颠尼亚（Britannia）的扩张。这一过程靠的是面朝大海的水手、海盗和私营商人通过基督教婚姻在当地成家立业，摇身一变成为体面的沿海居民。而这些殖民地定居者的兴趣也从流动的海上贸易转向了稳定的土地与牧场。在处理海边的种族与性别问题方面，白人男性的道德责任会取代其他的方式。通过罪犯、传教士、私营商人和奴隶，断断续续的海上殖民在新西兰等地变得“更有计划、更有条理”起来，因此，对“自由贸易”口号的否决权在这里很有价值。海上爱国主义也成了变革的重要组成部分，它的兴起在一定程度上源自反奴隶制和反海盗事业，以及这些事业在以陆地为基础的殖民地留下的遗产。针对这个时代的现有阐释往往会忽略这种爱国主义，却更多地专注于广阔的大陆腹地提出“农业爱国主义”，即对土地和农业的赞颂，并把它当作推动英国向东方进发的意识形态。[9]

考虑到本书的故事背景发生在印度洋与太平洋，将革命力量与帝国之间的较量描述为“惊涛骇浪”的冲突再合适不过，这样“随波逐流”地去思考，就相当于是在全球化一推一拉的动态变化中沉思。我们沉思的既有跨洋关系的汹涌跃进，也有惊涛骇浪后的不相问闻与暴力相向；[10]既是浪峰的形成，也是巨浪的拍岸。对于革命，对于帝国，皆是如此，因为二者很容易遭到破坏，在这几十年内都不可能取得彻底的成功。

“随波逐流”的思考方式恰如其分地提醒我们，故事的自然环境也很重要。要使全球帝国得以运作，就必须通过研究、制表、绘图、建模、医疗支援、城市防御和规划等方法，来对抗自然规律带来的降水、暴风雨、飓风、旋风、海龙卷、热病与地震。[11] 人们还得设法应对地球表面不规则的形状，让船只得以在海面上航行，这在印一中或印一澳间的自由贸易中起到重要作用。在新的科学学科成形之际，对海洋和海岸线进行勘测是摆在帝国面前的第一要务。这些勘测活动反过来促进了各个海边中转站、海港和定居点的建立，同时对主权的定义也从船只转移到了岸上，并向内陆深入。

海洋不是轻而易举就能跨越的：书中出现的船只要么失踪，要么遭遇火灾、爆炸，或是被连人带马甩到空中，要么在珊瑚礁上搁浅。世界大战期间，船只在被交战国接管或偷窃后还会重新启用。从这个意义上来说，船只就是一个不稳定的平台，海滨的港口城市就成了对着沉船沉思的地方，岸边排列着一艘艘船只的残骸。为了殖民战争，英国人必须安全地穿过这些水域。靠近海岸、通往内陆的地方海陆交错、小溪纵横，技术和后勤解决不了这种地形问题，一切对英国人来说都是有可能致命的。在海战方面，尽管有人会错误地认为欧洲人与非欧洲人是分别以海洋和陆地为大本营的，但二者对抗时，欧洲人并不是必然会占据优势。

《季风中的渔船，孟买海港北部》(1826年)描绘的画面发生在本书讲述的这个时代中期，绘于印度，以孟买工程集团(Bombay Engineers)的约翰·约翰逊(John Johnson)上校的速写手稿为基础，描绘了两艘印度小船在与惊涛骇浪做斗争。[12]会使用印度小船的并不仅仅是图中描绘的这些渔民，以另一幅名为《欧洲乘客乘坐冲浪艇登陆马德拉斯》创作于1800年前后的画作为例。图中最显著的位置只有两个欧洲人，后面那艘船上主要是身穿红色制服的英国人，费力披波斩浪的是印度人，而正是印度人的劳动令大英帝国的崛起成为可能。能与这幅画相提并论的是《来自澳大利亚的马匹登陆；马德拉斯的双体船和马苏拉船》（1834年前后）。这幅画的题材正好符合本书提到的印度洋与太平洋之间那些未曾被记录下来的联系。虽然水中站着一名头戴礼帽、蓄着胡子、身穿西装外套格格不入的欧洲人，但让那些可怜的马匹漂洋过海而来的还是船上的印度人。这些图画将印度人与欧洲人进行了对比，也表现出了对印度和欧洲船只的兴趣，比如奥古斯塔斯·厄尔（Augustus Earle）的《马德拉斯路上的双体船》。

来自澳大利亚的马匹登陆；马德拉斯的双体船和马苏拉船（1834年前后）

正是这些绘画作品展现出的印度洋、太平洋水手的特点，激发了我创作《海洋、岛屿和革命》一书的灵感。从 18 世纪 90 年代激动人心的远航，到 19 世纪 40 年代新兴港口城市的媒体和民间协会展开的激烈论战，本书将按时间的先后顺序穿越这至关重要的数十年。在此过程中，我将回顾革命时代南方海域不得其所的历史，并叙述大英帝国的崛起。从革命到帝国，我们将一路看尽各种文化的交融、原住民的起义与殖民者的反扑、帝国的侵吞、种族与性别的概念出现、跨海域的冲突、全球知识的发展，以及公众对自由改革的高涨情绪。在这个革命的时代，每一片海洋都拥有自己的故事，大英帝国的扩张则让这些遥远的区域之间建立起了紧密的联系。

虽然横跨了近 70 年的光阴，但这数十年的时间只是太平洋与印度洋漫长辉煌的历史长卷的一部分。欧洲人的入侵似乎只是其中新近的一个条目。

大约 6000 年前，所谓的南岛语族（Austronesians）开始长距离远航，从如今的中国台湾开始向东迁徙，定居在广袤的太平洋中的 500 多个岛屿上。[13] 早在此之前，约 65 000 年前，人类就已经从巽他迁至萨赫勒。后者曾将如今的新几内亚、澳大利亚和塔斯马尼亚连接在一起。1300 年前后，南岛语族到达奥特亚罗瓦（Aotearoa），即新西兰（New Zealand），300 年至 400 年前后到达遥远的拉帕努伊（Rapa Nui）岛，即复活节岛（Easter Island）。他们乘坐的是单舷外支架的船只或大型的双体船，随身携带了水和大约能支撑三个月的发酵面包果。有时，他们还会带上可以在陆地上种植的植物，以及家猪、狗和鸡。那些进一步深入大洋的移民形成了“拉皮塔”（Lapita）定居圈。拉皮塔人珍视黑曜石或玻璃状的石头，将其带到了太平洋远离亚洲的地区。他们的陶器样式也随之传播开来。人类在这些岛屿之间的迁徙量是巨大的。正如一位考古学家所写：“这一年你在拉皮塔定居圈内的汤加遇到的某个男人或女人，下一年就有可能去了新不列颠岛或瓦努阿图。大约3000年前，新几内亚群岛与汤加、萨摩亚之间的联系就比以往任何时候都更频繁，直到两个多世纪前大众交通运输的时代拉开帷幕。”[14]

后来，以夏威夷（Hawaiʻi）、拉帕努伊岛和奥特亚罗瓦为顶点，浩瀚的太平洋上出现了一片三角形的定居区域。该区域十分辽阔，面积相当于欧洲和亚洲的总和。波利尼西亚人（Polynesian）和密克罗尼西亚人（Micronesian）的航海方法成功帮助了人们远航。岛民们依靠的是夜晚的星星和白天的太阳、风速与洋流、海浪、鸟类的踪迹和其他自然因素。他们还会等待合适的风，通过航位推算法来计算自己的位置。但从大约1300年开始，航海就变得不那么频繁了，三角区域内的一系列岛屿都遭到了遗弃。西班牙、葡萄牙、英国和法国的早期现代航海家的到来将这里变成了一个互通语言和政治信仰的复杂世界。正是他们的远航，将广袤的大洋洲原住民族再次联系在了一起，让岛民们回忆起了自己的迁徙历史。在本书覆盖的70年光阴中，那些强有力的非欧洲政治思想体系正是在欧洲舰船带来的回忆和大洋洲各区域恢复联系的背景下形成的。

长久以来，人们也是从多种文化的角度来认识印度洋的。[15]早在公元纪年之前，这里的沿海贸易与区域贸易就已建立。到了公元前2000年，红海文明、海湾地区文明和印度河流域文明之间也已建立联系。1世纪，南亚商人、马来水手和佛教僧侣为印度洋树立了一个交流的模板，波斯的萨珊王朝、印度的笈多王朝和东南亚的扶南国的兴起也是一样。

南亚往往被视为印度洋世界的核心，充当着人们从东向西、从西往东的枢纽，但跨越这片大洋的枢纽也涉及中东、东亚和非洲等地区。伊斯兰教不应被视为从 7 世纪起将南方海洋编织在一起的唯一因素，因为早在 5 世纪，佛教和印度教就已传播到东南亚。贸易与商业对印度洋世界的形成至关重要。在欧洲帝国、商行商号和私营商人到来之前，海上曾存在过一种由临海国家、港口城市和移居商人操控的贸易模式，交易的商品包括香料、宝石、珍珠、大米、谷物，甚至还有被奴役的人。但是交易会受到季风季节的影响。

历史学家认为，第一批欧洲帝国的公司是通过与本土执政者、放贷者和商人合作在这一地区经营的。葡萄牙人则通过许可证和税金提供的保护来重组贸易。荷兰人也被棉花、靛蓝染料、硝石、丝绸、肉桂和胡椒吸引到了南亚，并力图追随葡萄牙人的足迹。然而，随着荷兰人和英国人的到来，一种新的组织结构出现了——跨国合资企业。在印度，这意味着欧洲人在港口建立了战略定居点。由于英国人的主要基地位于马德拉斯、孟买和加尔各答，其控制力也是从这里向印度洋辐射开来的。即便是对印度洋和太平洋悠久历史的速写，也有必要对 18 世纪至 19 世纪欧洲人的到来以及欧洲在南方海洋的强势崛起的重要纽带展开分析。

革命和反革命的帝国并没有抹杀这段漫长的历史，这正是本书起笔的前提。然而随着全球化联系的程度加深，发展的速度加快，常常出现新旧并存的情况，有时很难区分哪些事物是已经存在的，哪些是刚刚到来的。伴随这种加速，人们看待自身、领土和世界的方式都发生了改变，这是革命时代与帝国崛起的另一典型特点。

作为全球化的一个阶段，革命时代的影响体现在原住民如何看待自己的海洋、自己的历史和自己在地球上的位置。有两件极其珍贵的物品证明了这一点。

1788 年，也就是法国大革命的前一年，由罪犯组成的第一舰队（First Fleet）来到新南威尔士（New South Wales），建立了一块殖民地。1793 年，有人将两名毛利人绑架到澳大利亚海岸线之外的诺福克岛，教罪犯们如何加工海崖上生长的大量亚麻。这两名被绑架的男子如今被称为“图奇与胡卢”（Tuki and Huru），他们是乘坐“霍尔木兹尔国王号”（*Shah Hormuzear*）前往诺福克岛的。这艘船从加尔各答出发，到达杰克逊港（Port Jackson，即今悉尼），船员都是东印度水手。[16] 前往诺福克岛的途中，图奇与胡卢携带了 2200 加仑的葡萄酒和烈酒、六只孟加拉母羊和公羊。他们是第一批生活在欧洲人群体中的毛利人。被绑架的图奇是牧师的儿子，而年轻的首领胡卢与罪犯定居点的指挥官菲利普·吉得利·金（Philip Gidley King）走得很近。鉴于在毛利族群中处理亚麻的都是女性，金无法从这两人的身上了解多少处理亚麻的方法，但他还是让图奇画了一张地图。

记录此事的人写道：“图奇好奇的不仅是英格兰等地（还有新西兰、诺福克岛和杰克逊港的情况，而且他很清楚如何通过彩色的海图来寻找这些地方的位置）。”图奇的彩色海图表明他采用了欧洲的制图法，还体现了他将自己的家乡与周边地区联系起来的兴趣，他“在谈论故乡时也十分健谈……觉察到自己的话无法被人彻底理解，他便用粉笔在地板上画了一张新西兰的草图”。[17]

图奇为自己的“故乡”绘制的这张地图之所以非比寻常，不仅因为它被认为是毛利人绘制的最古老的地图。图中写有“*Ea-hei-no-maue*”和“*Poo-name-moo*”的字样，表示“北岛，毛利人之火”以及“南岛，绿石之水”。[18] 这幅地图结合了丰富的元素：一条跨越北岛的双重虚线代表死者亡灵要走的路，这条路上有亡灵坠入阴间的地方，路的尽头是一棵神圣的铁心木。在绘图过程中，图奇提到了人口、海港、战斗人员的聚集和水资源可用性的问题。所有这些都表明，毛利人的地形学与欧洲人对制图的兴趣结合在了一起，其驱动力是为船只寻找停靠点等需求。[19]图奇的地图被放进了毛利人为翻译员、勘测员、探险家和捕鲸人制作的一大堆地图中。在返回新西兰的途中，图奇和胡卢又成了毛利人与英国人之间的重要调解人。[20]

如果图奇的地图代表太平洋被放置在《海洋、岛屿和革命》一书的开头，那么第二张来自印度洋的有趣地图则告诉我们，在这个动荡的世界中，人们是如何通过寻找自身定位来应对时代剧变的。这是一张武吉斯人（Bugis）的地图，上面题写的日期是伊斯兰的回历 1231 年（1816 年），也就是拿破仑战争结束后不久。这里值得注意的是，英属新加坡成立于 1819 年。武吉斯人的家乡在西里伯斯岛（今印度尼西亚苏拉威西岛）南部。他们的航行范围很广，其中包括澳大利亚北部，与他们有着贸易往来的澳大利亚原住民都认识他们的船只。武吉斯人从 17 世纪开始就皈依了伊斯兰教。

武吉斯人的这张破旧棕色牛皮布地图用绿色与红色的墨水绘制出了海岸线与岛屿，属于一组十分罕见的地图系列。[21]图中用武吉斯字母标记出了地名，还记录了海洋的深度。包括马尼拉在内，荷兰人的殖民地都用旗帜做了标记，但那些地方实际上属于西班牙人。地图还涵盖了澳大利亚的一小部分海岸，以及安达曼（Andaman）群岛和尼科巴（Nicobar）群岛。和图奇的地图一样，这张图不能被简单地看作一件本土手工制品，因为它明显受到了欧洲传统的影响。一种可能的推测是，它深受法国船长让－

巴普蒂斯特·达普埃·德·曼尼维莱特（Jean-Baptiste d'Apres de Mannevillette）绘制的区域地图影响。[22]地图上还有指南针的标志。这时候，指南针在武吉斯人的航行中已经是一件起着重要作用的物品，武吉斯人自18世纪就开始使用指南针了。[23]

这张地图体现出的欧洲技术，加强了武吉斯人自己的航海本领。武吉斯人必须应对东南亚岛屿众多、海洋纵横交错的地形，这与包括毛利人在内的可以在开阔太平洋上航行的太平洋岛民面临的挑战大相径庭。[24]值得注意的是，地图中海洋边缘的细节被描绘得十分细致，岛屿与小港湾也被透彻研究过，与图中只呈现山脉的内陆地区形成了鲜明的对比，因为这就是人们在海上看得到的景象[25]，这些山脉也许有助于导航。

18世纪，武吉斯人控制了廖内（Riau），使之成为欧洲、中国和马来群岛之间的贸易中心。最终，和1667年落入荷兰之手的另一座武吉斯人要塞孟加锡一样，廖内苏丹国于1784年被荷兰人占领。此事导致武吉斯人在这个地区四散开来，以商人的身份在海上流浪，直到19世纪被英国人定性为海盗。1812年，爪哇岛的日惹陷落时，武吉斯人曾奋起反抗英国。[26]不过，英国人依靠武吉斯人为调解人，将早期的新加坡港口与更远的东方地区联系在了一起。数千人组成的武吉斯人舰队到达新加坡成了这座港口历史上引人注目的事件之一。[27]

正如上述两件物品所展示的那样，尽管制图被看作欧洲帝国扩张的核心技术，但欧洲人在制图方面并没有形成垄断。海洋地图展示了革命时代原住民的创造力与自信心。尽管毛利人与武吉斯人绘制地图的行为并不是纯粹的本地传统，却为剧变时代的原住民与欧洲人的紧张关系和知识交流提供了证据。[28]另一张武吉斯地图的左下角出现了一艘欧洲蒸汽船，也就是说，那个时代最值得骄傲的进步标志，也能被武吉斯人感知到。[29]穿梭在南方的浪潮之中，本书希望证实的正是非欧洲政治、知识与实践中这些出人意料的特征。即便欧洲人开来了蒸汽船，原住民和非欧洲人也还是能在南半球的海浪中找到自己的出路。

第一章

徜徉大洋之南

- 从革命到帝国的惊人之旅
- 海洋世界中的波斯作家
- 革命时代

“我会把你支在前甲板上，让那几个塔希提（Tahiti）的水手开枪打死你。”[1]这是彼得·狄龙（Peter Dillon）最爱说的一句话。1825年10月，他指挥400吨的“圣帕特里克号”（*St Patrick*）从智利的瓦尔帕莱索（Valparaiso）驶向加尔各答（旧称Calcutta，今称Kolkata）——新大英帝国统治下的一处繁荣的贸易中心。狄龙酷爱讲故事，能够详尽地描述过去几个世纪中欧洲人横渡太平洋的“壮游之旅”。[2]狄龙还崇拜拿破仑，给自己的一个儿子起名拿破仑，小名叫小拿。从这个角度来看，他扬言要用塔希提水手来对付白人船员的做法颇具拿破仑风范，而这样也可以遏制暴动的发生。

狄龙是个性情古怪的航海探险家和私营商人，胸怀成就一番伟业的雄心壮志。1788年，他出生在法属马提尼克（French Martinique）的一个爱尔兰家庭。如果其言可信，他曾服役于皇家海军，参加过1805年的特拉法加海战（Battle of Trafalgar）。[3]后来，他乘船前往太平洋，1808年至1809年定居斐济（Fiji），在“斐济语的学习上取得了长足的进步”，自此与南太平洋岛民建立了亲密的关系，并因此为人所知。[4]太平洋岛民称他为“皮塔”（Pita）。[5]1809年起，他以悉尼为大本营自立门户，发展跨太平洋私营贸易。1816年，他迁往加尔各答，在孟加拉与太平洋之间经商。此时的他已经成婚，从加尔各答出发的旅程中，他的身边就有玛丽·狄龙相伴。

狄龙的数次远航将本书将要提及的许多地点都串联了起来。因此，他的生平可以作为我们这趟旅行的开端。1825年至1826年，狄龙远航的时间正值革命时代，他的经历就是时代变迁强有力的依据。继那些能与他相提并论之辈（私营商人、水手、沉船后逃生孤岛之人、传教士和所谓的海盗）之后，大英帝国来了，这个新的帝国试图通过更加系统的殖民手段——“自由贸易”和“自由政府”来改进他们的殖民活动方案。[6]

为了适应向正式帝国（formal empire）的转变，狄龙的后半生是在欧洲度过的。他整合了一系列新的利益关系，向法国和比利时提交了太平洋地区的殖民计划，并提出了由英国人殖民新西兰的建议。19世纪40年代，他成为原住民保护协会的一名活跃分子。该协会属于19世纪中叶典型的英国改革协会之一，与反奴隶制度的人道主义传统有着密切联系。他还制定了一份向太平洋地区派遣天主教传教士的计划。[7] 1847年，他死于巴黎。

从革命到帝国的惊人之旅

让我们说回狄龙1825年至1826年的远航。通过狄龙的船与船员的经历，我们可以清晰地看到他的航程与革命时代之间的联系。据“圣帕特里克号”的三副乔治·贝利（George Bayly）所说，狄龙的船曾在19世纪初被卷入拉丁美洲的独立战争旋涡，被“不同的交战国争来夺去”。[8] 在狄龙的指挥下，这艘船是悬挂智利船旗前往加尔各答的。离开瓦尔帕莱索时，船上的欧洲人都被港口登记成“已经加入智利国籍的人”。[9]“圣帕特里克号”的船员认为，该船是第二艘悬挂智利船旗驶入印度的船只。[10]狄龙的名字被登记为“堂佩德罗·迪利翁”（Don Pedro Dillon）。船上还有一面“印有黄色爱尔兰竖琴的巨型绿色旗帜”，这意味着它也可以悬挂爱尔兰船旗航行。

船上的20多名英国水手曾在英国海军军官托马斯·科克伦（Thomas Cochrane）的指挥下参加过智利反抗西班牙的独立战争，19世纪20年代，科克伦曾在智利、秘鲁和巴西的起义海军中发挥过举足轻重的作用。[11]与这些水手共事的其他船员都是狄龙之前出海时指挥过的旧部，曾在他从悉尼驶向瓦尔帕莱索的“考尔德号”（*Calder*）上工作，其中包括“八名欧洲人和四名塔希提人”。[12]据说那时在“圣帕特里克号”上工作的船员中有11名太平洋岛民[13]，狄龙会用悉尼的“麦格里总督”、新南威尔士的殖民地大臣“古尔本少校”等人的名字为这些塔希提人起名，以此嘲弄帝国的殖民统治。[14]

“考尔德号”上还有一名中国厨师和一名孟加拉管家。[15]狄龙对太平洋岛民的喜爱之情并没有惠及这个孟加拉人。在一张题为“罪行”的单子上，狄龙船长将这个孟加拉人做过的坏事列举出来，例如打碎陶器，将汤匙从船上丢进了海里等。[16]“圣帕特里克号”从瓦尔帕莱索出发12个月后，一名马克萨斯人死在了途中，他一直期盼能够返回塔希提，回到自己的家乡。[17]“圣帕特里克号”抵达加尔各答时，船员中的11名太平洋岛民已有四人身亡。[18]

瓦尔帕莱索总督的儿子米格尔·森特诺（Miguel Zenteno）也在“圣帕特里克号”上。三副乔治·贝利在记录跟随狄龙的那段时光时讲述过一个令人不安的故事，涉及狄龙的妻子玛丽：

“狄龙的妻子生活在船上，经常遭到他的毒打……”[19]后来，贝利又写道，他到达加尔各答时，便摆脱了喜欢寻衅滋事的狄龙船长，“没有哪只被囚禁的鸟儿能比我更庆幸获得自由”。[20]“圣帕特里克号”上还囚禁着一些动物——马和驴，它们都是要被送往塔希提的。[21]

“圣帕特里克号”船员所讲述的伙伴关系在今天看来有些不可思议，在当时却很有代表性。[22]在充斥着性别、地位和种族问题的船上关系是不稳定、不可预测且十分暴力的，这也是那个时代的特色。“圣帕特里克号”此次航程有那个时代的代表性，也有特别的意义。停靠在加尔各答之前，狄龙与贝利解开了他们那个时代最大的谜团之一：法国航海家拉彼鲁兹（La Pérouse）的探险队在太平洋的失踪。1788年，这支探险队最后一次被人看到是在刚刚建成的新南威尔士殖民地。

狄龙到达远在太平洋西南的死火山遗迹提科皮亚岛（island of Tikopia）时，曾去寻找几位老朋友。他们都是他1813年在另一艘名为“猎人号”（*Hunter*）的船上工作时留在那里的，经历了一件充满戏剧性、如今又颇具争议的事情之后，这些朋友在提科皮亚岛下了船。“猎人号”航行于加尔各答和新南威尔士之间，会停靠在斐济收集檀香木与海参。[23]有一次，为了获取货物，狄龙动用了武力。在1826年写给孟加拉的东印度公司主管的一封信中，狄龙表示：“除了我自己，一个老家在普鲁士斯塔恩（还是斯特恩？）之前上过岛的人马丁·布克特（Martin Buchert），以及一个船舶公司的人威廉·威尔逊（William Wilson）以外，（“猎人号”上）所有的欧洲人都被杀死了。”[24]在别的地方，他还曾耸人听闻地表示，斐济人都是“食人的怪物”，喜欢吃被杀的尸体。[25]狄龙说到斐济的食人现象时措辞夸张，在值得推荐的最近一种解读中，他的话被看作自我欺骗。自欺欺人是狄龙的一大特点，[26]在那个时代，食人现象很容易被不自觉地投射到太平洋岛民的身上。

1826年，也就是“猎人号”到访后15年，当“圣帕特里克号”来到提科皮亚岛，几艘独木舟靠近了狄龙的船只，其中一个名为乔（Joe）的东印度水手亲吻了狄龙的手和脚，他就是拉彼鲁兹失踪之谜的信息提供者。狄龙上一次到访时，“猎人号”将乔留在了提科皮亚岛。[27]那一次，普鲁士人布克特也决定和自己的“斐济妻子”一起留在提科皮亚岛上。从狄龙将乔和布克特留在这里，到“圣帕特里克号”再次造访的这段时间里，只有几个英国捕鲸人曾经到达过提科皮亚岛，而且是最近才来过。[28]

狄龙这样的人通过贸易为太平洋开辟了新的联系，在这种背景下，捕鲸人的突然出现也就讲得通了。乔就是其中的代表。“lascar”是一个颇具种族色彩的词语，指的是非白人船员。这个词源自波斯语，被葡萄牙语引用后传播开来。在贝利讲述的故事中，我们能清晰地看出乔的南亚血统：“他看上去几乎已经忘记了自己的母语，会胡乱地使用孟加拉语、英语、斐济语和图克潘语（Tucopean）说话。”[29]在别的地方，乔被描述为“已在岛上结了婚，安心定居下来”。[30]贝利表示，乔的“同胞”——也许是“圣帕特里克号”船上的南亚人都无法理解他。布克特也是19世纪早期太平洋地区一个奇特的人物，贝利说：“他唯一的衣服就是裹在腰间的一块垫子，全身上下都是刺青，脸上还有几处疤痕。”[31]

解开失踪航海家之谜的物证就挂在乔的脖子上，那是一只古老的银护盾。据贝利所说，他设法用一瓶朗姆酒将它买了下来。而据狄龙所说，是“我手下的某个人用几个鱼钩”把它从乔的手中买来的。[32]在检查这只护盾的过程中，狄龙认为自己辨认出了拉彼鲁兹名字的首字母。[33]这只银盾被带回了加尔各答，狄龙在给印度当权者的信中报告称，银盾来自附近的群岛——“一片被统称为马拉库拉（Mallicolo）的大型群岛”。从那里乘坐独木舟，两天便可到达提科皮亚岛。提科皮亚岛的岛民“经常前往那里”。乔曾经去过该群岛，并声称自己遇见了两个会说岛民语言的欧洲人。对于任何寻找失踪探险队的人来说，这都是一个诱人的故事，狄龙写道：

> （乔）在当地人手中看到了这枚剑盾、一些船只的桅侧支索牵条、几只铁螺栓、五把斧头、一支银叉的把手、几把刀、几只茶杯、一些玻璃珠和玻璃瓶、一只带有纹章和花押字的银勺，以及一把剑，全都产自法国。[34]

在加尔各答，银盾被送往孟加拉皇家亚洲学会进行检查。该学会在印度的科学、地理和“东方学”研究方面一直处于前沿，由东方学专家兼法官的威廉·琼斯（William Jones）于1784年创建。狄龙参加过该学会的一场会议。学会对彼得·狄龙的报告做出了回复，催促他采取一切手段，调查拉彼鲁兹的船员中是否还有人幸存，以便护送他们返回祖国。这样的做法符合革命时代的“人道主义”动机——据说这是“整个印度社会”都认同的响亮口号。皇家亚洲学会自视是这类调查“在这一地区”的主持者，还用自信权威、华而不实的辞藻提出了它的宗旨——“拓展我们对地球及其居住者的了解，将文明的福音传播到荒蛮的土地上”。[35]

“圣帕特里克号”在加尔各答靠岸时，引起轰动的不仅仅是这件遗物。该船停靠在新西兰收集木材时，毛利酋长的两个儿子也搭上了狄龙的船，给这趟奇妙旅程又添了几分色彩。新闻报道铺天盖地。加尔各答的《孟加拉信使报》（*Bengal Hurkaru*）指出，船上搭载着一个名叫布莱恩·博鲁姆比（Brian Boroimbe）的人，是一名“新西兰王子，自称可以通过家谱证明，他是与他同名的爱尔兰国王布莱恩·博鲁（Brian Boru）的直系后裔，该国王出征抗击丹麦人时在克朗塔夫（Clontarf）英勇牺牲”。据说博鲁姆比外貌“俊朗”，“从各个方面来看，举手投足间都体现出他身上古老而高贵的血统”。[36]这种描述符合欧洲人将未受文明腐蚀的太平洋岛民中的本土精英形容为“高贵野蛮人”的做法，毛利人尤其容易被描绘成这样。随船到达的还有“副官摩根·麦克莫洛克（Morgan McMurroch）”。这位所谓的王子在加尔各答受到了热情的款待，被殖民地商人请去共进早餐、晚餐，还观看了莎士比亚的《亨利四世》演出。英国代理总督在巴拉格布尔（Barrackpore）的郊外官邸接见了他。跟随狄龙一同前来的太平洋岛民被迫表演了歌舞。博鲁姆比被授予上校制服、一把剑和一枚刻有乔治四世肖像的勋章。后来，他把勋章挂在了脖子上。[37]

就在狄龙这样的人将印度洋与太平洋连接在一起的同时，原住民也登上同一条船，为实现自己的目标展开了前所未有的远航。比如，在艾图塔基（Aitutaki）岛，许多太平洋岛民都登上“圣帕特里克号”，想要加入水手队伍，“他们十分渴望去看看这个世界”。[38]这也证明革命时代的印度洋人民、太平洋人民在狄龙等人的探险中发挥了作用。

1826年，加尔各答方面（英军）在缅甸（Burma）身陷与贡榜王国的战争。战争给加尔各答方面带来的焦虑使摩根下船时遭到了袭击。据某报纸报道，围观者“对这个男人的外表印象深刻，因为他的身上结合了大力士的力量与优雅从容的匀称之美”。[39]他下船时，加尔各答守卫抽出了半月形的短弯刀，以为摩根是缅甸将军派来的间谍。令人眩晕的全球化可能产生身份的错认，守卫认为“摩根的军队趁着夜色尾随而来、冲击威廉要塞（Fort William）也不是不可能的”。

几个欧洲人——或者按照其他人的说法，是彼得·狄龙的手下“立即介入，在摩根使出致命一击前一把抓住了他的手”[40]，随后摩根被押往警察局。据报道记载，他的身后跟随着3000名印度人。和《孟加拉信使报》上有关摩根的其他评论一样，这篇报道无疑也是在添油加醋，它声称摩根“对政治经济学的基本原理有着正确的认识”，而且“决心在离开（孟加拉）管辖之前完善自己的科学知识”。据说，他还找人指导自己学习了铁路、蒸汽汽车和机轮的制造，以及颅相学的知识。与此同时，《印度公报》（*India Gazette*）却对博鲁姆比百般嘲弄，特别提起了镇上有关新西兰人食人倾向的流言，再次强调了食人的传说，但是“至少在他登陆的这段时间内，他的饮食很像一个虔诚的基督徒”。[41]

狄龙和毛利人的同行表明，包括在海豹捕捞船和捕鲸船上工作的毛利人在内，太平洋岛民的影响力已经深入印度洋腹地。[42]而我们也能从别的地方明显看出，原住民是如何利用这些遭遇的。“圣帕特里克号”在到达加尔各答和提科皮亚岛之前，曾在塔希提停靠。在这里，狄龙惊喜地找到了另外两位朋友：塔凯（Takai）与朗基（Langi）。他们是狄龙在上一次前往汤加塔布（Tongatapu）岛的旅途中认识的，曾出面做过中间人。塔凯还为“考尔德号”做过导航员，负责船只的航线。狄龙上一次见到二人还是在悉尼，当时，他们也吸引了媒体的竞相报道。[43]这二人都皈依了基督教，是跟随一位英国传教士来到塔希提的。他们希望能够回到自己的岛屿，让自己的同胞也能皈依基督教。[44]

狄龙从事的贸易也对原住民政治产生了影响。“考尔德号”在瓦尔帕莱索失事时，狄龙卖掉了船上一系列太平洋出产的武器，弥补了部分损失。[45]与此相反，狄龙将火枪和火药带到了太平洋，尤其是新西兰。“圣帕特里克号”到达新西兰时，贝利写道：“凭借火枪或火药，我们能够买到岛上出产的任何东西。”狄龙一心渴望获取制作桅杆的圆材，为此忙得不可开交。不过，用火枪换圆材的生意进行得并不顺利，贝利曾记下这样一个阴谋：

> 我们所有船员都在货舱里忙碌，将刚刚送来的圆材尽快收拾好，却发现一批独木舟正在驶来。当所有人被连忙召集到营房时，狄龙船长才迟迟从一个（参与了整个计划的）本地人那里得知，“圣帕特里克号”上一次出海时就曾有人密谋夺取船只，还要谋杀船上所有人。那个被狄龙船长送去南美的酋长就是事情的主谋。船长待他很好，还送过他许多礼物（也许是火枪）。[46]

跟随毛利人到访加尔各答的还有重要的领袖和勇士夯吉·西卡（Hongi Hika）。1820年，夯吉曾经从新西兰前往伦敦，他的故事清楚地说明了这些新的旅程是如何为原住民开辟新政治领域的。夯吉觐见了英国国王，最终带着火枪、火药和炮弹回家了。贝利记录道：“（夯吉）回到故乡后宣称，在自己的同胞像对待英王乔治一样对待他之前，他将永远不会停止杀戮和吃掉他们。”[47]相应地，博鲁姆比和摩根也打算“碰碰运气，从加尔各答商人那里获取火枪与火药”。[48]在新西兰以外的其他地方，狄龙和原住民当权者展开了对话，并且和在新西兰时一样，加入了当地的权力架构与政治博弈。当“圣帕特里克号”停靠在塔希提寻找塔凯和朗基时，贝利还记录了狄龙是如何招待“玻玛拉·瓦因王后”（Queen Pomarre Vahine）和“全体王族成员”的，“他们接受了火枪手的致敬，在护送下走进了特等客舱。在客舱里，我按照吩咐展示了我们所有的珍宝”。[49]

这段时期，欧洲火枪的传播远至太平洋，表明了欧洲战争是如何与太平洋岛屿的争端相互关联的。19世纪初，战争的手段与规模都发生了变化，那些与欧洲人开战的人，以及与邻国政权作战的人，都必须像欧洲人那样武装自己。英国的帝国主义战争与一个采掘资源的国家、收集信息的新方式联系在了一起。在新西兰，“圣帕特里克号”用一把火枪和相应的火药换取20根圆材；但是有一次，166根圆材却只换来了58磅火药和15把短斧。[50]所以，不能因为欧洲人带来的科技成果就把狄龙这样的人，以及亚洲、非洲和大洋洲居民的遭遇浪漫化。

请注意博鲁姆比与狄龙在加尔各答巴奇客栈里的这段对话。博鲁姆比想知道，船员为何如此顺从狄龙，狄龙回答这是因为英国占领了这个国家，博鲁姆比表示：“我毫不怀疑，你们也会来占领我的国家，就像你们占领了这个国家一样。”[51]博鲁姆比的话是完全正确的：穿越印度洋与太平洋的海上航线会发现，这一片都与殖民有着紧密的联系。在博鲁姆比到访巴拉格布尔的报道中，《孟加拉信使报》认为他回到新西兰后，会给英国船只提供一个安全的避风港，让它们可以在他控制范围中的任何地点停靠。为了证实博鲁姆比会与英国交好，报道中还补充了这样一句话：“博鲁姆比的父亲掌管的领土从帕利斯尔角（Cape Palliser）一直延伸到泰晤士河（River Thames），在他那里能够买到世界上最大、最直、最耐用的圆材……”[52]在狄龙航行的过程中，对毛利人的欢迎反映的是一个殖民帝国乘风向上、压制革命时代众多可能性的勃勃野心。

在其他地方，毛利人的土地上将会发生什么仍属于讨论的一部分。《印度公报》希望博鲁姆比被送回国时带的不是武器，而是“农牧业的器械以及适当的使用指导，还有种植外来谷物、蔬菜和水果的方法”。1832 年，提倡在新西兰进一步殖民的狄龙亲自描绘了商贸网络的可能性，他想将新西兰打造成太平洋贸易的基地，买卖檀香木、鲸油、椰子油，以及中国沿海地区和马尼拉需要的珍珠母，木材也可以从新西兰卖往智利和秘鲁。在他的设想中，到达新南威尔士后空驶的运囚船可以装满檀香木、海参、鱼翅和绳索前往印度或欧洲。[53]

如果认为在太平洋和印度洋上穿行的只有“考尔德号”和“圣帕特里克号”，那就错了。随着欧洲人口大量增加，欧洲人的分布范围逐步扩大，海洋人口正以新的方式增长。虽然在这些海域上行驶的船只中，拥有英国官方授权的并不多，但各式各样的船只——私人的、官方的、英国的、非英国的却经常相遇。[54]在“圣帕特里克号”起航时，瓦尔帕莱索的港口就已经停靠了一系列的美国、英国舰船。在贝利供职期间，一艘双桅横帆船发生了暴动，水手们进入海港后谋杀了船长，他们希望能把这艘船交给智利的爱国者。[55]这段插曲成了瓦尔帕莱索街头巷尾谈论的话题。在塔希提，除了几艘美国捕鲸船和一艘商船，“圣帕特里克号”还碰到了英国捕鲸船“小鹿号”（*Fawn*）；在胡阿希内（Huahine）岛，他们遇到了一艘 300 吨的美国捕鲸船；在新西兰又遇到了一艘名为“艾米丽号”（*Emily*）的捕鲸船。在去往玛贵斯（Marquesas）岛捕捞珍珠的途中，他们还碰到了英国战船“拉尔内号”（*Larne*），以及“乔治·奥斯本爵士号”（*Sir George*

Osborne)。[56]在东印度群岛（East Indies），行驶到巴布亚新几内亚（Papua New Guinea）和圣诞岛（Christmas Island）之间时，“圣帕特里克号”遇到了在费城（Philadelphia）和广东之间经商的美国舰船。[57]从“圣帕特里克号”逃脱之后，如同自由之鸟的贝利在“胡格里号”（*Hooghly*）上找了一份工作，经科伦坡（Colombo）和好望角（Cape of Good Hope）前往了伦敦。[58]

19世纪早期，在海上航行的船只可以互相追踪、互相交流，还会比较各自在港口间航行的航线，判断谁到得早。私营商人会关注竞争对手的航线，他们看着英国殖民者将罪犯送至澳大利亚，并在开普（Cape）、锡兰、毛里求斯建立英国基地，由此揣测他们的意图。这些商人还目睹甚至参与了英国人对抗原住王国统治者和私人代理人的过程。在圣赫勒拿（St Helena）岛，贝利曾写到他的船是如何与一艘名为“哈利亚特号”（*Harriet*）的船及另一艘从巴达维亚（Batavia）向阿姆斯特丹运送咖啡的美国船只相伴的。在回家的路上，他们还遇上了一艘开往南特（Nantes）的法国船只。[59]

“胡格里号”返程之际，英国人对竞争对手的担忧已经有所缓解，然而在这片繁忙的海域，对法国的敌对情绪仍旧埋藏在他们的心里。有一个地方能让英国人确信，他们在这片南方海域上是可以战胜法国人的，那就是拿破仑在圣赫勒拿岛的坟墓。“胡格里号”刚在圣赫勒拿岛下锚，乘客们就成群结队地去参观坟墓。1815年遭遇滑铁卢之役大败后，拿破仑就被流放到了圣赫勒拿岛，1821年死后被葬在了这里。[60]狄龙会用拿破仑的名字来为自己的孩子命名，还有不少英国人想以这种方式继承拿破仑战争的遗产。大英帝国就承袭了拿破仑帝国的一些特点：通过军事扩张整合领土，利用花言巧语实施自由贸易。[61]

然而，对法国的敌对情绪是可以和英法友谊并存的。事实上，狄龙从加尔各答返回太平洋的路上，在拉彼鲁兹失踪的某地，就引来了法国驻金德讷格尔（Chandernagore）当局的"感谢"。金德讷格尔是法国在印度的据点，1816年被英国返还给了法国。狄龙的船上还搭载了一名法国政府驻印度的代表。[62] 1827年4月7日的《霍巴特镇公报》（*Hobart Town Gazette*）在报道狄龙的船只停靠的消息时提到，船上还装着东印度公司的官方赞助：

> 昨日，尊贵的东印度公司船只"考察号"（*Research*）到达本地补充补给。指挥官P. 狄龙先生1月23日从加尔各答起航（搭载了26支枪和78人），出发曾前往南太平洋探险，寻找已逝的拉彼鲁兹伯爵麾下的法国护卫舰"罗盘号"（*La Boussole*）与"星盘号"（*L'Astrolabe*）的幸存者。船上的乘客有新西兰王子布莱恩·博鲁殿下；新西兰贵族、王子的侍从武官摩根·麦克莫洛克；孟加拉军队上校斯派克（Speck），他将留在这里养病；以及法国领事部的沙依诺（Chaigneau）先生。[63]

这其实是一次官方授权的航行，船上配备了100支火枪作为"船只的军备和送给原住民酋长的礼物"。[64] 为了限制狄龙自作主张，官方给出的指示事无巨细：武器只有在"极度危险的情况下"才能被用于对抗岛民，并警告狄龙不要与船上和岸上的太平洋岛民有过多的往来，"委员会认为理应警告您，不要太过信任陪同您从这个港口出发的本地人"。[65] 这次远征的目标还包括为太平洋的未知区域绘制地图。与缅甸的战争也存在着一定联系，随行人员中有一名曾在缅甸服役的医疗卫生员。[66]狄龙的主顾吩咐他每天正午都要告知船上的博物学家，船只所处的经纬度。狄龙与这位博物学家罗伯特·泰特勒博士（Dr Robert Tytler）的重大分歧曾一度引发了紧张关系，并导致了范迪门斯地［Van Diemen's Land，即塔斯马尼亚（Tasmania）］上的一次审判。[67]

随着狄龙故事的继续，以及拉彼鲁兹等人"壮游"太平洋的故事被19世纪早期殖民者、商人、传教士、总督和法官的故事所取代，帝国进入了革命时期。追溯1825年"圣帕特里克号"的踪迹，以及狄龙和贝利在这段旅程中的往返航程，就是在寻找原住民的政治踪迹；就是在寻找跨越拉美、太平洋、澳大利亚、新西兰、印度和非洲的那些令人眼花缭乱全球航线；就是在寻找知识与理性的扩张及其与殖民主义的关系；就是在寻找英国贸易的传播路线，和它对人类与文明的口头承诺；就是在寻找战争、武器与暴力的蔓延。这些都是革命时代的特征。不过，在穿越这个故事的过程中，我们从革命走向了帝国，而大英帝国是作为一股反革命力量出现的，力图内部承袭昔日使用过的交流方式和政治思想。事实上，帝国已经接管了太平洋的这一部分，就连性格乖张的狄龙也在争取加入这个新的帝国体系。

从狄龙人生经历的细节中，我们能明显看出太平洋岛民试图为自己打造一种新政治体系的坚定与自信。不过，他们的呼声与政见却很难被获知，因为包括他们被赋予的名字在内，我们手头的资料都充满了殖民主义的虚假辞藻。这里要讲述的就是拉彼鲁兹失踪的瓦尼科罗［Vanikoro，当时的报道称之为马尼克拉群岛（Malicola）］群岛岛民是如何在新闻报道中遭到种族歧视的。以下这句无礼的言论出自1827年的《殖民时报与塔斯马尼亚广告报》（*Colonial Times and Tasmanian Advertiser*）："马尼克拉人与所有太平洋岛民几乎都不相同。他们和长着毛绒头发的黑人一样黑，还有着黑人的五官。”[68]

资料来源的局限性及其意识形态偏见使我们有必要从不同的角度去理解这片海洋地区在革命时代的历史。

海洋世界中的波斯作家

这几十年间，一些南亚作家和旅行家曾留下过穿越南方海洋的航行笔记，尽管他们也并非没有偏见，却为我们提供了很好的替代视角。[69]米尔扎·阿布·塔里布·汗·伊斯法哈尼（Mirza Abu Talib Khan Isfahani）就是其中之一。英国评论家用殖民时期的惯用语称呼他为“波斯王子”，就像与狄龙同行的那位所谓的“毛利王子”一样。阿布·塔里布表示：“我从来没有取得过这种头衔。”[70] 1799年，阿布·塔里布从加尔各答出发，前往英国。他登上的那艘船和“圣帕特里克号”一样，拥有形形色色的水手，其中就包括南亚海员。阿布·塔里布争取让自己与水手们保持距离：

> 回历1213年，斋戒月的第一天（1799年2月8日），我们离开朋友，在加尔各答登船……我们发现这条（丹麦）船混乱不堪，由懒惰且缺乏经验的孟加拉水手组成，船舱又小又黑，臭气熏天，尤其是分配给我的那一间，一想到就让我郁闷……船长是个骄傲自负的家伙，他的大副是个美国

人，像只脾气暴躁、乱吼乱叫的獒犬……[71]

阿布·塔里布是在一位苏格兰朋友的建议下离开加尔各答的，此行的目的是造访西方，消除心中的沮丧情绪。年轻时，他曾居住在印度北部的勒克瑙（Lucknow）。勒克瑙是个对学者颇有吸引力的地方，他的老师也正是这些学者中的一员。18世纪早期，阿布·塔里布的祖先就从波斯来到了印度；他的父亲曾为奥德［Oudh，即阿瓦德（Awadh）］和孟加拉的统治精英效力。18世纪后期，这些严重依赖他人赞助的饱学之士陷入了一种朝不保夕的状态，这种不确定源于反复的政权更迭和英国的崛起。

阿布·塔里布的波斯语游记《塔里布在法兰克土地上的旅行》（*Masir-i Talibi fi bilad-i afrinji*）就需要我们从这个背景来理解。因为他的声音充满了统治精英的不安：身处革命时代，已知的世界正在改变，却还要努力寻找出路。尽管阿布·塔里布对英国人的看法"不总是阿谀奉承，却也足够亲切"，但根据一些权威人士的说法，本书的内容可能是在英国人的鼓励下创作的。[72]阿布·塔里布曾在奥德担任税收官，遭解职后开始在英国人手下工作，担任戈勒克布尔（Gorakhpur）税收官亚历山大·汉内（Alexander Hannay）的助理。他也曾在勒克瑙工作，同样是服务于英国人，任务是镇压叛乱等。1799年，他登上那艘丹麦船时，已经失业近10年，并遭受了各种不幸："看到我的困苦，依赖我赡养的人和随从都离我而去，就连我的几个孩子，以及在我父亲家里长大的用人也抛弃了我。"[73]他的结局并不美好，1803年，他游历归来，直到1806年去世时命运也没有发生实质性的转变。

他的作品展现了他作为诗人的文学才能。他曾凭借朗诵和诗歌创作远近闻名。例如，他在乘船前往伦敦的途中将鲸比作了大象：

> 几条名为鲸的鱼靠在船边很近的地方，大家都能看得一清二楚。它们的个头是体形最大的大象的四倍，拥有巨大的鼻孔，喷出的水有 15 码高。[74]

观察到这些生物时，阿布·塔里布已经来到了好望角附近。航行至此，他“一看到陆地就热泪盈眶”。在接下来的这段内容中，他描述了自己被困船上的感受，与描写鲸游弋时所用的措辞形成了对比：

> 简而言之，我们像被关在黑暗牢房里的死囚一样消磨着时光；要不是那没完没了的噪音和令人不快的天气，我们可能会以为自己就住在阴曹地府。[75]

在这趟旅程中，阿布·塔里布十分关注自然。这并不奇怪，因为在 18 世纪末 19 世纪初，世界各地的人对自然的看法都在改变。他品尝了飞鱼：“我觉得它们是很好的食物，它们的味道有点像鸟肉。”[76] 在开普，他还对马匹和它们的“阿拉伯血统”、“林子里跑来跑去”的猫狗和鸵鸟发表了评论，并描写了海岸线和诸如圣赫勒拿岛之类的地方。圣赫勒拿岛是拿破仑后来的葬身之所，悬崖看起来呈“烧焦的黑色”。[77] 航行途中，阿布·塔里布还十分关注星星。靠近尼科巴群岛时，他透过望远镜困惑地看到海上有一座岛屿，却处在地平线以下。[78]

他对自然的兴趣在给动物、地形和地理分类的工作中得以实现，并将这些分类一一制成了表格。在为地理单位进行分类时，他提出了以下规则，以整合环球航海时期全世界对海上带状水域的定义：

海峡指海洋中夹在两片陆地之间、两端开放的狭长地带。

海湾指海洋中深处陆地之中、另一端开放的圆形区域。

海（有时被称为海湾）指四周几乎全被陆地包围的海域，比如地中海、波斯湾、红海等。[79]

和地理单位与其他生物一样，人类也被列入了表格之内，并进行了分类。阿布·塔里布对肤色、出身、血统和地位很感兴趣，对女性的兴趣尤为浓厚。在开普敦（Cape Town），他悻悻地写道，“所有的荷兰裔妇女都十分肥胖、粗鄙、无趣”，但紧接着又补充称“女孩们都很匀称、俊俏、活泼；她们也很和善，但需要昂贵的礼物”。在开普敦，他会和年轻女性调情，把自己的手帕送给派对上最美丽的女孩。据他自己所说，他采用的是“君士坦丁堡富有土耳其人”的做法，他们“会把手帕扔给自己想要一起过夜的女士”。[80]在英国，他写到自己在一场化装舞会上遇到了一位格外心仪的“库姆小姐”，她“宛若被明亮的繁星围绕的明月”。[81]

不管这些女性如何解读他的趣味，阿布·塔里布的叙述都表达了关于地位、等级、种族和性别的偏见以及女孩们的积极防御。描述到尼科巴群岛的岛民时，他说他们“十分健壮，五官类似（缅甸的）皮格人（Peguers）和中国人，但（这些尼科巴群岛岛民）肤色呈小麦色，几乎不长胡子”。尽管这些南亚水手“在船上备受不公的待遇”，但阿布·塔里布对他们却丝毫没有怜悯之情。上岛后，这些水手便会弃船而逃、躲进森林。[82]革命时代的那些年，东印度水手暴动在印度洋上十分常见。[83]但在阿布·塔里布的散文中，这样的暴动却被边缘化了，只是提到有一次，在尼科巴群岛上，逃走的水手被抓回了船上。

虽然出发点与欧洲人不同，但阿布·塔里布的作品和狄龙的一样，必须经过深入研究和解析，才能看出时代的冲突。我们可以从他书写的有关亚洲女性“自由”的有趣论点中看出这一点。这篇文章是他在英国时创作的，第一次发表在《亚洲年鉴》（*Asiatic Annual Register*）上，后来又发表在了其他地方。[84]针对这篇文章的缘起，他是这样解释的：

> 一位英国女士对我说，她觉得亚洲女性根本没有自由，活得如同奴隶一般，在丈夫的家中没有权利与尊严。她严厉斥责那些男人的不仁，也指责那些女人任凭别人来贬低自己。[85]

作为回应，阿布·塔里布坚持认为，亚洲女性比英国女性拥有更大的自由，但他的论据来自他身为精英男性的地位和父权观念。他辩称，由于劳动力成本较高，英国家庭的仆从更少。但亚洲女性可以拥有自己的公寓和住所，不用每天陪伴在丈夫身边，只需“把（丈夫）的食物送到他的住所去”。在阿布·塔里布看来，亚洲的同一座城市里可以容纳“不同国家的人”，人数比英国多得多，这就需要将男女的生活区域分隔开来；因为“面临（外国人带来的）堕落危险，如果允许女性拥有（和丈夫生活在一起的）自由，将是对本国男性自由的侵犯”。据说亚洲女性拥有更多的闲暇时间，能“在疲劳时得到休息”，并且有能力维护“自身荣誉，不与粗俗之人混迹在一起”。针对一夫多妻的问题，阿布·塔里布在文中提到，这能增加第一房妻子的自由。至于没有特权成为第一房妻子的人，他写道：“那些顺从地嫁给已婚男人的女人绝非出身高贵或来自富有家庭。”

阿布·塔里布就是这样书写“自由”这一革命时代重要概念的。不过，和当时的其他作家一样，为了证明性别、阶级和种族差异的合理性，他扭曲了这个词，而不是予以驳斥。他对英国和亚洲女性的论述使“自由”这一概念相对化了，使其具有主观性和文化特殊性。虽然与他对话的人（也许是“英国女士”）认为，亚洲女性没有选择丈夫的自由，但阿布·塔里布却回答：

> 在这一点上无须多言，因为在欧洲，这种自由只是名义上的。没有父母的同意，女儿的选择是毫无用处的；无论他们为她做出什么选择，她都必须接受。实际上，这种自由的唯一用处就是鼓励私奔（和印度的男奴、女奴一样）。

尽管力图为南亚的社会结构与习俗辩护，但阿布·塔里布的游记和他在伦敦与印度的对话只不过是为了努力加入英国的等级制度。[86]值得注意的是，他曾在开普敦卖掉过一个奴隶，还写到此人“在船上的举止和性情已经堕落到了极致”。[87]如果说他对社会、自然和地球的分析算得上与时俱进，那么他对法律和政府的描述也是如此，这二者属于当时的典型矛盾。他赞扬在审判中启用陪审团，却对往往“有失公允”的英国法律普遍持负面的看法。他认为，正是因为这样的法律，“一个好心、诚实的人往往会被狡猾的骗子愚弄”。在他的论述中，法律成了赚钱的手段。他恐惧英格兰人的傲慢无礼，以伦敦的“暴民”集会为例进行了说明，还对税收和粮食价格的上涨表示愤怒，他认为这样的局势和革命爆发前的法国并无二致。[88]

阿布·塔里布是这样描述法国大革命的：人们“厌恶政府的暴行，向他们的国王请愿并发出抗议”。国王成了“共和政体”中典型的“毫无用处的一员”：

> 此事一出，法国掀起了一场彻底的革命。强权之人沦为弱者，弱者崛起掌握强权。平民百姓从最卑微的阶级中选出代表，并任命自己选择的军官来保卫他们的领土。[89]

如果说狄龙与贝利的叙述背后隐藏着原住民的政治思想，那么阿布·塔里布的作品就是欧洲政治与英法紧张局势的证据。这艘丹麦船从加尔各答出发之前，一艘法国护卫舰在海港外巡航，导致这艘船延误了20多天。有人听到了大炮开火的声音，一艘英国船只被法国人击沉。还有人发现一艘悬挂法国旗帜的阿拉伯船只“遭到了英国人的阻拦”。一艘来自马德拉斯的英国船只俘获了这艘法国护卫舰，才最终结束了这场冲突。[90]在毛里求斯附近，有人曾担心他们的船会被法国人击沉。阿布·塔里布发现开普敦刚刚被英国人占领，有16艘舰船正在保护港口不受法国人的攻击。他还写道，邓达斯将军（General Dundas）手下有5000名士兵在镇守。[91]

阿布·塔里布的作品与革命时代之间的联系既在于他如何叙述、解读这些欧洲政治事件，也在于他如何理解和内化这一时期的新知识、新思想。革命时期空前的全球化体现在旅行的可能性上，阿布·塔里布此行就是例证。不过，革命时代发生的其他变化要到后来才会露出端倪。从英国返程时，阿布·塔里布是通过陆路返回印度的。在中东，阿布·塔里布评论了瓦哈比派运动，因为“除此之外人们没有别的事情可聊”。用他的话来说，瓦哈比派为了消除偶像崇拜，亲手对麦加城和麦地那城实施了“亵渎神灵的掠夺”。伊斯兰教的瓦哈比派改革与整个中东的政治变革有关，这一点我们很快就会看到。尽管欧洲人认为这属于革命，但它与欧洲人理解的革命还是存在差异的。我们今天所说的“瓦哈比派的教义与习俗”，仍旧带有一系列对伊斯兰教纯粹主义与原教旨主义的刻板印象。在一个不间断的连续故事中，将它追溯到革命时代是有问题的。阿布·塔里布在描述这场革命时写道：

> 虽然瓦哈比派教徒手握强大的权力、积累了巨额的财富，却仍旧保持着最朴素的举止，对欲望十分节制。他们会不拘礼节地席地而坐，只吃几颗枣子就心满意足，一件粗糙的大斗篷既当衣服又当床铺，能够用上三年。他们的马匹都是纯种的尼吉布马，拥有知名的血统，一匹也不允许被带出国。[92]

在与阿布·塔里布同属一个阶级的波斯编年史作者的作品中，也体现出关于革命的思想。当时的波斯作家的作品中时常出现“inquilab”一词，意为“革命”或“颠覆”，也可以被用来描述英国入侵所带来的变化。据研究这些文献的一位权威人士称，这个词语的“字面意思是转折”。[93]这意味着，这些著作属于革命时代的范畴。总之，阿布·塔里布周围的世界在政治方面正在发生转变，生活的意义也在不断变化。从自然到社会，从性别差异到文化差异，他对许多领域的评论都体现了这一点。

在那些可以被视为他同胞的人身上，我们也能看出对时代变迁的理解。以吴拉姆·侯赛因·汗·塔巴塔巴伊（Ghulam Husain Khan Tabataba'i）创作的《近代回顾》（*Sair al-muta'akkhirin*）为例。此书记录了18世纪印度的历史，这段历史伟大且颇有价值。书中的内容从1707年莫卧儿皇帝奥朗则布（Aurangzeb）去世，一直延伸到18世纪80年代初英国人的进攻。法国大革命的前一年，该书的英译本在加尔各答出版，作者是一名政治家，也是地主。他所属的贵族家庭来自波斯，他曾做过东印度公司的职员。[94] 吴拉姆·侯赛因还在书中描述了美国独立战争：殖民地居民联合起来，抵抗英国国王的权威，"将反抗与抗争的旗帜彻底展开"。然后他们找来了法国人帮忙，英国人因此向法国人宣战。[95] 另一位作家米尔扎·艾提萨姆·阿尔丁（Mirza I'tisam al-Din）出自孟加拉的穆斯林士绅阶层，他将美国独立战争描述为美国富有贵族奋起反抗英国，并将其解读为英法两国间广泛冲突的一部分。[96] 与此同时，吴拉姆·侯赛因还写到，西班牙人和荷兰人曾联合起来对抗英国人。"只有时间才能告诉我们，在混乱的局势和利益中，上天的最终意图是什么；只有时间才能发现，上天在这些令人难以理解的瞬间注定了什么。"[97]

不过，在诉诸远见，结束自己的故事之前，吴拉姆·侯赛因突然停了下来，给读者上了一堂天文课。和阿布·塔里布一样，他也对星星和大海很感兴趣。"在我们的地球上，陆地与水的关系并不像以往我们所想的那样，事实是水像腰带一样环绕着陆地。"[98] 根据吴拉姆·侯赛因的说法，新大陆是尚未得到充分探索与考察的半球。他知道如何在那里找到药材、上等木材和金银。他想，如果将地面从中抽出，两个半球的人会不会“鞋底碰鞋底”地相遇？这时，他们的脑袋又能否仍旧朝天呢？对这位波斯编年史作者来说，世界是与人们对世界的了解一起变化的。英国在印度的崛起则与它在远方半球上和法国的战争息息相关。与此同时，随着这些变化的展开，吴拉姆·侯赛因也一直试图在瞬息万变的世界中寻找自己的位置。在这个世界中，新的互惠互利标准、新的政府以及新的规则正在印度日渐浮现。正因如此，和阿布·塔里布一样，他的声音也属于在新旧之间动荡不安的那一种。

这种不确定性在艾提萨姆·阿尔丁的英国之旅中也显露无余。他曾先后受雇于印度、英国雇主，并为英国出战，那场战争导致孟加拉于1765年将税收与民事案件的裁定权授予了英国人。这是英国在印度的扩张得以巩固的关键时刻。和阿布·塔里布一样，他还曾帮助英国镇压动乱。1767年，作为莫卧儿皇帝派去拜见英国国王的外交使团成员，他踏上了前往英国的旅程。

艾提萨姆·阿尔丁的游记被称为《英格兰奇迹之书》（*Shigarf-nama-i vilayet* 或 *Wonder Book of England*）。这本书作于1785年，也就是这趟旅程过去20年之后，从葡萄牙人早期试图到达印度的历史，一直写到英国的海上地位领先于“欧洲其他戴帽子的国家”。[99] 接下来，他的游记分章讲述了大海、罗盘、船只和风，表明他自始至终都怀有强烈的好奇心。大海是欧洲扩张的渠道，也是一个神秘的媒介：“大海的蓝是天空的倒影。一个简单的证据就是，用手舀起的海水就算不是无色的，也会显得发白。”[100] 凝视海洋反过来引发了对地球本身的思考，这与其他波斯作家的散文内容是一致的，也符合革命时代的本质，以及对天文学和其他科学的关注。他用充满诗意的语言写道：“地球就是漂浮在无垠大海中的一颗蛋。”后来流传的一个故事提到，某位欧洲国王力图通过抛下一根绳子来测量大海的深度：“数百万码的绳子消失了，却还是没有触碰到海底。”[101] 他欣然接受了西方的航海技术，详细描述了指南针的应用等问题，还描述过通常有“五层楼”高的船只：“最高的一层在船尾，由船长和高级船员占据。”遇到疾风，船只有可能遭受“高如棕榈树般”的海浪袭击。在所有这些细节中，艾提萨姆·阿尔丁笔下的诗句总是在赞颂真主安拉：在海底，“大海深处全部的秘密只属于真主安拉一个人”。[102] 这样看来，尽管他对新鲜事物有着广泛的兴趣，却还是坚定地拥护着传统与习俗。当他描述风暴中的欧洲水手爬上桅杆，“敏捷如哈奴曼”——史诗《罗摩衍那》（*Ramayana*）中的印度教神话人物，并且“像蝙蝠一样”悬挂在桅杆上时，新旧事物的相生相伴关系得到了唯美的表达。他表示：“他们的勇气与勤奋使他们成为地球上最强大的种族。”[103]

至于航程本身，他在描述船只停靠在毛里求斯时，提到了穆斯林东印度水手的身影。[104] 他很好奇他们是如何“通过婚姻成为奴隶的”。这些水手的妻子都是法国人的奴隶。“这些奴隶十几岁时就被人从孟加拉、马拉巴尔（Malabar）、德干（Deccan）（三者都在印度）或其他地区带到了这里，以每人 50 至 60 卢比的价钱被卖掉。”东印度水手的热情款待与忠告令他受益匪浅。有他们在市场上充当中间人，他才得以买到“杧果、西瓜、黄瓜、麝香瓜和其他几种孟加拉夏季特有的水果”。但他“内心却感到悲痛”，因为这些亚洲水手遭到“自己故乡”的遗弃。在描写 1810 年被英国占领的毛里求斯岛时，他关注的是人口、定居点、历史和自然环境，其中包含对共和主义和海盗的恐惧。

艾提萨姆·阿尔丁将毛里求斯放在了印度洋更加广阔的视野

之中。前往毛里求斯的途中，他曾靠近过许多有趣的“岛屿和海岸”，还错误地将巴达维亚认成了葡萄牙。离开孟加拉两个月后，他写到“有一座属于中国的岛屿，以陶瓷闻名”。在接下来关于缅甸勃固（Pegu）的描述中，他又写道：“当我们沿着孟加拉湾航行时，马六甲就像地平线上一条细细的黑线……在马德拉斯的西南，距离本地治里（Pondicherry）100 英里[①]（相当于一天的航程）的地方就是锡兰，印度人称它为赛伦狄普（Serendip）。”接下来他讲到马尔代夫，论实力，马尔代夫的统治者还不如孟加拉地主，却有着君主般的做派。然后他还写到一座岛屿，那里的居民据说是“人类”，却“身穿兽皮，食用半生的肉”。

和那些太平洋航海家一样，艾提萨姆·阿尔丁的作品关注的是船只、大海、岛屿、海岸和水手，表现出和狄龙等旅行者相同的爱好。他写过一座食人岛：

> 这座岛上的居民都是人类，长相却很邪恶。他们穿着野兽的兽皮，吃的是半生的肉。他们馋人肉，乐意用岛上的金子来交换人类。发现远处有船时，他们就会在山上点火，引诱船只靠岸。[105]

将这部游记与殖民时期的海上冒险故事联系起来的不仅仅是食人族的形象，还有艾提萨姆·阿尔丁故事中出现过的美人鱼：“愿真主安拉阻止任何人看到美人鱼，因为它是一种精灵。”与阿布·塔里布的散文内容相似，故事中都出现过飞鱼和鲸，艾提萨姆·阿尔丁对鲸的描述几乎与阿布·塔里布的一模一样：

---

① 1 英里约为 1.6 公里。——编者

> （一条鲸鱼的）体形至少相当于两头成年大象，往往还要更大。它的脖子很像大象的脖子，鼻子也很像象鼻，只不过小得多。它的鼻孔位于头顶上方。[106]

因为主观立场的不同，这些来自太平洋和印度洋的原始资料存在很大区别，但内容和关注点是相似的。狄龙、贝利、阿布·塔里布与艾提萨姆·阿尔丁的故事涵盖了许多被人遗忘的地方，这些地方大部分本书都有涉及，时间横跨18世纪60年代至19世纪40年代，勾勒出从革命转向帝国的那段岁月。

革命时代

狄龙、贝利、阿布·塔里布和艾提萨姆·阿尔丁留下的文字证明了在革命时代寻找原住民视角有多困难。原住民的政治思想在汤加或毛利等地的涌现，是对这一时期入侵者的渗透和全新可能性的回应，是接纳了某些殖民者的偏见与意识形态后形成的。至少这一次，非欧洲人在印度洋和太平洋掀起的起义、战争和革新运动应该占据世界舞台的中心，他们在酝酿革命的同时也悄悄关注着全球政治局势。在这一点上，我们可以留意波斯作家对美国独立战争或法国大革命的提及，以及这些旅行家是如何从更广泛意义上的革命时代来解读印度的政治变化的。要想更加全面地理解这个变革的时代，尽管在定义纯粹的“原住民”方面存在问题，我们还是需要从印度洋、太平洋的定居人口开始，重新整理该时期的叙事标准。否则，生活在大洋上的人就只是现代世界塑造过程中单纯的接受者，而不是积极的推动者。

我们很容易就能看出，革命的洪流如何从大西洋向外涌动，流向包括上文提到的旅行家笔下的那些南方航道在内的地方。因此，1776 年的美国《独立宣言》成为在全球范围内传播国家权利和个人、团体自由声明的模板。[107] 1789 年，法国革命者发动的反君主制运动传播了爱国主义与自由的思想，呼吁自治。半岛战争（Peninsular War）爆发后，西属美洲也掀起了独立运动。1808 年，法国占领了伊比利亚半岛，波旁王朝解体，1810 年至 1814 年西班牙议会成立。在智利，1818 年的《独立宣言》认为"智利大陆领土及其相邻岛屿在事实和权利上构成了一个自由、独立的主权国家"。[108] 与此同时，海地用法国大革命的口号搭上 18 世纪 90 年代末期奴隶解放运动的快车，宣布自己为"黑人共和国"。这些起义浪潮反过来又不可避免地与英法之间的战争联系在一起，正如革命与战争一直以来的交织相生。法国人支持美国人，而英国政府不仅反对法国共和主义，也反对爱尔兰、荷兰和比利时的起义。1792 年，英法开战。

不过，如果我们把大西洋上发生的一系列事件放在一边，革命时代的定义就不一定非得是什么宏大辉煌的时刻，而应该是意识形态、自我认知的改变，战争的爆发，劳工起义，以及政治组织形式的改变。这些彻底的改变一直都在进行，而不是发生在某个特定时刻或转折点，而且既发生在小岛上，也发生在北半球的大国家里。在帝国崛起方面，政治、经济、文化、军事、知识领域的革新在不断进行，全球化令人感觉整个世界都在发生改变。在多元革命向帝国巩固转变的同时，作为博物学家、勘测员、天文学家和历史记录者的帝国拥护者一直试图控制地球的形状，并且加强对地球的了解。[109] 身处这片水域，和那些刚刚被提到的人一样，记录者们正在反思自己对于地球的感知，一片片海洋和陆地是如何拼凑在一起的，以及两个半球是如何结合的。[110] 与此同时，他们也在重新思考自己与他者的关系，以此重新思考种族、性别、阶级的概念，这些概念不可预测，却饱含力量。

时代的动荡是在多个层面上运作的——个人层面、国家层面，甚至是地球本身这个层面。如果事实的确如此，那么“革命”一词和它一样，饱含了多层含义。事实上，在18世纪末，虽然有人认为革命为全人类开启了新篇章，但也有人认为这是回归至既定的轨道，意味着一种倒退。[111] 革命是一个逐渐自然化的过程，就像评论家用描写海水、海浪和风的方式记录革命，那些至今还在仿效他们的人也一样。在这个过程中，革命也意味着永恒的反抗感，而不是某件发生在有限的时间内、拥有明确目标的事件。革命跨越了漫长的时间，将过去与未来连接起来，影响着世界各地人们的自然状态。显而易见，原住民和漂洋过海的波斯作家都具备广泛的革命意识。

所以，帝国意味着反动，虽然它利用了革命时代的意识形态、知识、躁动不安的情绪与能动性[112]，却在实质上缩小了革命的可能范围。从这种意义上来说，大英帝国就是一股具有侵略性的压制力量，对抗除它以外的其他选择。其他选择是指共和主义，以及所谓的“海盗”、清教徒和私营商人——换句话说，就是那个时代的狄龙与阿布·塔里布等人。伴随革命团体的形成，毛里求斯的共和主义呼声高涨；阿曼的外交关系，从荷属巴达维亚，再经印度南部所谓的共和主义国家迈索尔蒂普苏丹国（Tipu Sultan of Mysore），一直延伸到法国；在塔斯马尼亚从事海豹猎捕及捕鲸的商人，包括美国人和法国人在内，与遥远的印度洋和太平洋南部海域建立起了联系；“千禧年运动”的宗教情绪高涨，例如海湾地区的沙特阿拉伯瓦哈比派；共和主义以及拿破仑式的政治思想在巴达维亚传播；仰光造船工程启动。以上这些都是大英帝国崛起前在印度洋与太平洋出现的革命时代征兆，每一种都指向了另外一种未来。通过宗教、政治和贸易的推动，人们跨越了海洋，绕开帝国发明了新的憧憬。英国人却压制了这个充满革新力量、彼此联合的反抗进程，这是英国人的成功之处，他们一边吸收南方世界的梦想，一边为它们挂上了倒挡。

第二章

南太平洋：

旅行家、君主与帝国

- 太平洋的革命时代：法国人与英国人的海上探索
- 太平洋君主的产生
- 抢劫欧洲
- 奥特亚罗瓦与君主

四天过去了，还是没有特罗布里恩伯爵（Comte de Trobriand）的任何消息。那是1793年10月，法国船只“探索号”（*La Recherche*）与“希望号”（*L'Espérance*）正不耐烦地停泊在荷兰人的据点——印度尼西亚第二大城市泗水（Surabaya）外25英里处。

法国大革命与独立战争期间，法国人在截然不同的情况下对太平洋展开了一系列探险之旅。举三个例子：法国人的第一次远征是由专制君主路易十六国王批准，在拉彼鲁兹伯爵的指挥下进行的（1785—1788年）；第二次远征是在国民议会的批准下，为寻找失踪的拉彼鲁兹伯爵展开的，领导者为德布鲁尼·德昂特勒卡斯托（de Bruni d'Entrecasteaux，1791—1794年）；在拿破仑的指示下，尼古拉斯·博丹（Nicolas Baudin）又指挥了第三次远征（1800—1803年）。“探索号”与“希望号”是第二次出航的船只，指挥这两艘船起航的人是德昂特勒卡斯托，但他在探险队到达泗水前的大约三个月就去世了。欧洲革命的巨大影响笼罩着这一次的远航，船长去世后，探险队没过多久就解散了。

在泗水外等待时，船员们的心态是，任何欧洲人都有可能变成“同胞”，“任何法国人都会被当作（他们的）家庭成员一样受到欢迎”。[1]三分之二的船员病倒，其中大部分患的都是坏血病，他们渴望得到食物、饮料等物质保障。新指挥官亚历山大·德赫斯米韦·德奥里博（Alexandre d'Hesmivy d'Auribeau）也患上了一种不知名的疾病，于是很有可能在鸦片酊的药效下又派出了一艘船。这一次，船上悬挂了白旗，以示和解之意。这时，一位爪哇酋长带来了革命的消息：路易十六被处决，法国正与包括荷兰在内的欧洲邻国交战，共和国已经宣布成立。船上所有的男人——很多人都不知道还有一名女扮男装的女性——都成了荷兰的战俘。欧洲大家庭已经四分五裂，在太平洋上为船只提供补给的外交规矩已经不复存在。

德奥里博应该怎么办呢？一个选择是花费六周的时间穿越印度洋，前往法兰西岛（毛里求斯），这肯定是最体面的选择，也是全体船员更愿意的。可德奥里博是个保皇党人，法兰西岛以共和主义闻名，除此之外，他的船员各个衣衫褴褛，再一次展开长途航行肯定令人难以接受。在第一次下达驶向法兰西岛的命令后，德奥里博的困境得到了解决。远征队的海军军官特罗布里恩终于带来了好消息，泗水的统治精英为战争时期竟有法国护卫舰前来倍感震惊，联系了他们在巴达维亚的上级。特罗布里恩带来的消息称，巴达维亚方面裁定，这些船只将受到正常的接待。然而，随着时间的推移，荷兰人的条件却越来越苛刻：德奥里博的船员必须发誓不与荷兰人对抗，还必须卸下武装，以免伤害别人。德奥里博还将船员们的日志和文件都收集了起来。

1793 年至 1794 年，探险队在泗水进退两难、苦苦等待的日日夜夜中，新指挥官对荷兰人越来越俯首帖耳，也许他是害怕自己回到法兰西共和国后会遭到处决。他的顺从被其他船员看作保守主义的标志，船员更倾向于共和政体，他们是一心想为人类的知识宝库添砖加瓦、心怀平等主义的学者。在“希望号”的某些船员拒绝交出武器时，来自布雷斯特（Brest）的领航员将自己的日志丢进了海里——布雷斯特是个共和主义思想盛行的地方，其他人则将自己的资料隐藏起来或是进行复制。人们之所以对日志如此上心，就是为了保存他们在日志中尽职尽责记录的那些内容。荷兰人担心船上可能发生革命，便对这两艘船实施了接管。德奥里博升起王室旗帜之后，这一次的远征结束了。[2] 此前还有传言称，一些船员接到了国会的密令。[3]

1794 年 12 月，由于法国已债台高筑，“探索号”和“希望号”在巴达维亚被拍卖。[4] 在被从法兰西岛赶来的共和党公使以叛国罪名逮捕之前，德奥里博已经死于痢疾。后来，英国人在圣赫勒拿岛抢走了德昂特勒卡斯托和德奥里博的资料，预示着英国人未来在这些海域的探索将超越法国官方远征队。德奥里博死后，这些资料在远征队最后一任指挥官伊丽莎白–保罗–爱德华·德·罗塞尔（Élisabeth-Paul-Édouard de Rossel）的护送下回到伦敦。英国人热衷于寻找一切能够服务于帝国目标的重要资料。[5] 罗塞尔是个保皇主义者。在那段动荡的岁月里，他一直觉得伦敦是个好地方，直到 1802 年《亚眠条约》签订后才返回法国。但这并不是故事的全部。在德昂特勒卡斯托的探险队中幸存下来的博物学家雅克–朱利安·胡图·德·拉比亚迪埃（Jacques-Julien Houtou de La Billardière）是一名共和主义者，他回到巴黎后，与英国科学家约瑟夫·班克斯（Joseph Banks）巧妙合作，将探险队存放资料的箱子转移到了法国。[6] 此次航行遗留下来的物品就这样被分隔英法两地，被保皇党人和共和主义者分开了。

追溯这次航程的遭遇就是在思考从欧洲传来的消息给地球另一端带去的影响，就是在彻底探究革命时代的历史。这一系列探险活动展现了一个崭新的法国，以及它的人民是如何形成的，还有他们所代表的价值观。与渴求土地的英国人展开的探索不同，法国人在太平洋上的航行普遍拥有一大特点，那就是对领土缺乏兴趣，反而越来越关注科学，每一次航行中都会有众多致力于科学发现的人。这些泰然自若的船员会愈发将自己想象成为全人类做出贡献的公民，而不是探索之旅中某个显要的人物。从拉彼鲁兹，到德昂特勒卡斯托，再到博丹的转变也发人深省：和两位贵族前辈不同，博丹是第一位非贵族出身跨越太平洋的法国船长。[7]

不管怎样，在这些船只的甲板之外，原住民正在积极改写他们的政局。身处空前全球化的时代，太平洋地区同样存在针对当权者和政府的辩论。利用这一契机，被欧洲人轻蔑地称为“小拿破仑”的原住民精英扩大了自己的统治范围，利用与欧洲人联盟，同时也利用了与欧洲人交锋过程中接受来的物质条件、武器和思想。

这就是我们接下来要讨论的内容。在遥远海域中诸如泗水这样的地方，欧洲的革命不仅可以从来自欧洲的消息造成的影响中得以追溯，还能从船员们的社会构成和船长的身份中一探究竟。一旦采纳了这样的观点，我们就能站在太平洋的浪潮中，从南方海域的角度看到另一种更加重要的转变，其中尤为显著的是，太平洋国家的君主制在这其间竟然得到了巩固。

正如下文所示，一旦太平洋国家的王室血脉得以巩固，这些地方就可以充当殖民政府的据点。不过，岛民们也将君主当作新的政治信仰，以其为团结起来抵抗入侵者的象征。殖民者与原住民对君主制的不同看法成为各种论战的焦点。本章结尾要讨论的就是 1840 年在奥特亚罗瓦 / 新西兰签署的颇受争议的《怀唐伊条约》，以及英国人的海上帝国是如何挺进太平洋与毛利酋长缔结联盟的。[8]殖民者与原住民统治者的联盟确立了殖民时期关于主权的定义，这些定义包括适合“改善”的土地和需要“保护”的人民。不过，面对这种侵扰，太平洋岛民回应时也展示了他们的创造力。

太平洋的革命时代：法国人与英国人的海上探索

让我们回到德昂特勒卡斯托探险队的话题上。国家意志的急功近利促使这支探险队寻找拉彼鲁兹失败。1791年年初，法国自然历史协会起草了一份请愿书，他们等待了两年，著名的探险家仍未回家：

> 也许他在南方海域的某座岛屿上搁浅了。他在那里朝着祖国的方向伸出双臂，徒劳地等待着前去解救他的人……期待国家能够关心和帮助他，正是为了国家他才选择了这次远行。[9]

拉彼鲁兹出生在阿尔比（Albi）一个迂腐守旧的贵族家庭，离大海很远。他曾参加过七年战争（Seven Years War），在美国海岸和加勒比海上与英国人作战。他还参加过印度反抗马拉地人（Marathas）的战争。他接到的命令都是由一个在18世纪探索太平洋过程中形成的观念所驱动，该观念认为，太平洋上仍有大片陆地和咽喉要道亟待发现。1769年死于夏威夷的英国船长詹姆斯·库克（James Cook）曾尽自己最大的努力，让人们放弃南方尚有大片土地未被发现的想法。尽管如此，拉彼鲁兹仍被指派前去完成探索太平洋并最大限度地贯穿南北的艰巨任务。路易十六个人对这趟旅程也很感兴趣。[10]拉彼鲁兹的计划包括寻找一条西北向穿越美洲的通道，连通太平洋与大西洋，还要对日本、朝鲜海岸展开调查，并探索相对不为人知的澳大利亚西部至塔斯马尼亚岛——勘探那里是一片大陆还是大型岛屿。在拉彼鲁兹的心中，被欧洲人理想化为天堂的塔希提似乎是一座至关重要的里程碑。他得到详细指示，要在那里留下繁茂的植物，这样一来，当其他旅客踏上这段以性自由和奢华享受著称的旅程，经过这一地点时，这些植物会使他们的旅途更加舒适。[11]在欧洲人探索太平洋的计划中，这些都是十分艰巨的任务，在完成这些任务之前，拉彼鲁兹的探险队就遭遇了灾难。

拉彼鲁兹的船和库克挑选的一样，既坚固又沉重，考虑到他是被法国选来还击英国库克船长的，这条船也算选得恰如其分。曾有一个化名为堂伊尼戈·阿尔瓦雷斯（Don Inigo Alvarez）的法国间谍伪装成西班牙商人，为拉彼鲁兹打探库克远征队的消息。阿尔瓦雷斯找到了库克的肖像画家约翰·韦伯（John Webber），让韦伯为自己画了一幅肖像，借此打探库克的消息。当时的一名时政作家也详细描述了此次探险与政局的联系，他认为，拿破仑·波拿巴和他的一名军校同学都对这趟航程表示过兴趣。[12]

启程后，大家都把关切的目光投向了拉彼鲁兹。1787 年，他在写给祖国的信中提到："到目前为止，我们为保护船员健康所采取的措施比那位著名的航海家（库克）成功得多……"罗盘号"上没有一人死亡，两艘船上都没有一人生病。"[13]谈到自己在地理开拓方面的进展，他写到了"一条从鞑靼海流出的新海峡"，还向地理学家展示了"两座和不列颠群岛一样大的岛屿"，以及到达复活节岛（拉帕努伊岛）和三明治群岛（夏威夷岛）之后，于“同一年”到达了圣埃利亚斯山（Mt St Elias）。[14]还有一次他说道：“我相信国王陛下一定会意识到，我的船将是第一个走过这条航线的船只。”[15]

拉彼鲁兹担心自己的发现会被库克的英国继承人盗取，他写信回国，称印度有六艘舰艇被派往了美洲西北海岸。这符合那个时代的竞争精神，竞争不仅与政治有关，也与知识和土地的开拓有关。拉彼鲁兹指出，英国的探索证明“英国人花掉了大量钱财，却没有丝毫的判断力”。[16]考虑到人们对这支探险队的种种期待，拉彼鲁兹在失去全体船员时的不悦是可以理解的，这种心情与他吹嘘无人死于坏血病或其他疾病时截然相反。人们把他寄回国的日志汇编出版，里面写道：“我们的新阿尔戈英雄（Argonauts）全都死了。”[17]一位曾随库克出过海的英文翻译表示，由于野心太大，任务太艰巨，船员“永远匆匆忙忙”，拉彼鲁兹一直处于焦虑的状态之中。[18]

德昂特勒卡斯托的船最终抵达泗水，寻找拉彼鲁兹的旅程差点取得突破性进展。此时，声称这位航海家最终死于反共和主义的英国人之手的谣言已经传得满天飞。[19] 1788年，在第一舰队到达新南威尔士州建立罪犯殖民地之后的第五天，拉彼鲁兹就到达了如今归属悉尼的植物学湾（Botany Bay）。在那里，他遇见了英国船长约翰·亨特（John Hunter）。英法两国与太平洋世界建立紧密联系的模式截然相反，这与法国人的哲学和英国人的殖民主义不同有关。这种差异是不是表明，英国航海家对法国航海家的反感正是拉彼鲁兹失踪的原因？拉彼鲁兹从植物学湾寄出的最后一封官方书信日期为1788年2月。他在信中承诺“会严格按照官方要求去做……但这是为了及时返回北方，于12月到达法兰西岛”。[20]

后来，人们在这位航海家最后一次递出消息的植物学湾竖起了一座纪念碑。在我前去参观时，炸鱼薯条店以及周末前去拍摄婚纱照的夫妇正在争相吸引人们的注意力。拉彼鲁兹计划在他的第二故乡毛里求斯结束自己的旅程，他在那里买下了一块地，那里正是他的妻子埃莉诺·布鲁杜（Éléonore Broudou）出生的地方，他是违背父亲的心愿迎娶这位妻子的。[21] 1792 年 1 月，德昂特勒卡斯托第一次听说有关拉彼鲁兹的消息是在开普敦，在日志中，他记录了从毛里求斯传来的一份证词，内容是英国船长约翰·亨特在阿德米勒尔蒂群岛（Admiralty Islands）的所见，该群岛位于如今的新几内亚（New Guinea）以北。亨特是这样说的：

> 从最近的岛屿来了五只大型独木舟，每一只都坐着 11 人，六个划桨，五个站在船中央……他们抱着各种各样的物品，似乎很渴望交换，有绳子、贝壳，各种各样的装饰物等，还有成捆的飞镖和箭……其中一人做了好几次剃须的动作，手里拿着某种东西，频繁刮擦着自己的脸颊和下巴；这让我推测，某艘欧洲船只最近来过，很有可能是德·拉彼鲁兹阁下在前往植物学湾北部地区时路过了这里。[22]

曾在毛里求斯担任总督的德昂特勒卡斯托认为，他的同胞误解或夸大了这个消息。如果亨特真的发现了船只失事的法国人，或者发现了他们留下什么迹象，肯定会展开营救的吧？“人类的神圣职责”总归比民族差异重要。[23] 不顾内心的疑虑，德昂特勒卡斯托下定决心，乘船前往阿德米勒尔蒂群岛。1792 年 7 月，当他终于到达那里时，才判定有关拉彼鲁兹的传言是没有确凿证据的。他写道，岛民们挂着白色贝壳装饰物，身上深红色的腰带会被误认为佩剑腰带。他还注意到，他们的肤色与法国海军制服的颜色十分相似。[24]随行的画家皮龙（Piron）曾在版画中描绘过一个阿德米勒尔蒂岛的岛民，这幅画没有任何的背景，岛民的阴茎前挡着贝壳，腰部和手臂上缠着编织带，手腕上也佩戴着编织装饰物。[25]博物学家拉比亚迪埃写道，贝壳最“膨胀的部分”被撬开，以便放置阴茎，而佩戴贝壳会造成“十分显眼的白色肿块”。[26]

拉彼鲁兹失踪后动荡不安的40年中，他的命运在欧洲引发了诸多的推测。戏剧、哑剧和书籍都曾从中获取灵感，其中有些还加入了牵强附会、无中生有的情节。[27]最终的答案来自彼得·狄龙1826年与东印度水手乔的相遇。狄龙出版了一本书，使他以破解拉彼鲁兹失踪之谜而闻名，也充实了他的口袋。他在书中提到了自己1827年年末在瓦尼科罗群岛上对岛民的采访：

问：“船只是怎么失事的？”

答：“距离岛屿海岸很远的地方都被暗礁包围。他们在夜里触礁，其中一艘船在万诺（Wannow）搁浅，很快沉入了海底。”

问：“船上无人生还吗？”

答：“从失事船只上逃生的人在万诺登陆后就被当地人杀死了。还有几个人在游泳远离船只的途中被鲨鱼吞食了。”

问：“有多少人在万诺被杀？”

答：“有两人在万诺被杀，两人在阿玛（Amma）被杀，还有两人在帕伊奥（Paiow）附近被杀。被杀的全部是白人。”

问：“如果只有六个白人上岸后被杀，驼背的图科皮亚人（Tucopian）塔弗（Ta Fow）和其他人怎么会说万诺的灵堂里有60个头骨呢？或者说，这种说法从何而来？”

答：“那些应该是被鲨鱼杀死的人的头盖骨。”

……

问：“帕伊奥附近的船是如何失事的？”

答：“那艘船在夜里触礁，后来漂到了一处风平浪静的地方。船身没有马上开裂，让人们有时间转移船上的东西，建造了一艘双桅船。”

……

问：“这些人在当地人中没有朋友吗？”

答：“没有，他们都是船上的幽灵，脸上的鼻子有两只手那么长。他们的首领经常望着太阳和星星，朝着它们招手示意。有一个人会站在围栏边充当看守，手里提着一根铁棒，还经常把它拿到脑袋旁转来转去。这个男人只靠一条腿站立。”[28]

所以，这些信息说明了什么呢？拉彼鲁兹的船在飓风中被摧毁了。虽然一部分船员留了下来，但大部分人都撑着自制的小船离开了，再也没有出现。显然，在他们离开之前，这些人对天文的热情和他们的行为曾令瓦尼科罗群岛的居民感到了迷惑。

如果说拉彼鲁兹与德昂特勒卡斯托的悲惨结局与革命时代相

符，那么1800年的第三次法国远征则处在另一个政治时刻，与前两次相比要成功得多。这一次的远征由拿破仑发起，尼古拉斯·博丹指挥。博丹曾担任商船的船长，穿越过辽阔的印度洋与太平洋。他专注于精准而非广度，遵照指示将精力集中在澳大利亚。那时的航海需要“限定在预先确定的具体地点，指向最不为人知的海岸线”。[29]不过船上还是会发生争吵，这也是这一时期的航海较为广泛的特征。有些科学家认为，身为平民的博丹在别人的眼中社会地位低微，船上的二把手甚至提出过跟他决斗。[30]社会差距、意识形态的区别和科学上的争论交织在一起：船上的两类研究人员——“素描画家”和“解剖学家”——针对死去的鼠海豚的所有权展开争论，谁有权解剖第一条鲨鱼也引发过类似的争执。[31]

1811年，曾与博丹一同出海的费雷西内（Freycinet）出版了第一张完整的澳大利亚地图。不过，让澳大利亚在地图上拥有一席之地的事却应该归功于英国人马修·弗林德斯（Matthew Flinders）。在为博丹的代表团争取到英国通行证后，当时英国的科学领军人物约瑟夫·班克斯有了一个想法——组建一支能够与法国竞争的英国代表团。他安排弗林德斯前往澳大利亚西南部，与博丹争相绘制地图。尽管在科学方面拥有相同的兴趣，弗林德斯还曾建议博丹在需要食物与水时停靠在杰克逊港，但他们的探索成果还是取决于革命时代的影响。

1803年9月，博丹在毛里求斯死于肺结核。去世前，他曾致信法国海军部部长：“此时此刻，我还有足够的力气向您保证，政府的计划已经实现。此次航行将成为法国人的荣耀。”[32] 1803年12月，就在博丹去世后不久，弗林德斯在急需补给的情况下驶入毛里求斯。他的法国通行证赋予了他十足的信心，因为有了通行证，所有法国机构都得保护他，作为纯粹的科学探险队的指挥官。然而，毛里求斯的共和主义总督德康（Decaen）却囚禁了他六年半的时间，一直到1810年英国占领毛里求斯前夕。起初，弗林德斯的书籍和文件还遭到了扣押，弗林德斯本人则被控冒名顶替。这位航海家写道，他的日常生活就是学习拉丁文，补写航海日志，听听音乐、打打台球。后来，他被转移到一座氛围比较轻松的种植园，在那里从事英法互译的工作。[33]英方从在法兰西岛从事贸易活动的美国商人那里获悉了他被囚禁的消息，弗林德斯通过这些商人才得以定期与家人通信，还让他们将科学资料送回了伦敦，包括与班克斯的通信。[34]遭到囚禁期间，弗林德斯的健康状况每况愈下，尽管最后返回了英国，也没能活着看到自己此次航行记录的出版。[35]

法国大革命及其余波不仅中断了英法两国在太平洋上的海上探险，也改变了航海的性质与目的。绅士文化仍然主导着英国的航海，但在平民博丹领导的法国航海行动中，随行的贵族将领都对他言听计从，我们可以从中明显看出不断变化的社会秩序。虽然科学方面的联系让英法两国的代表团紧密相连，但那些年间的紧张关系也使相互的友好援助不再有所保障，这一点可以从德昂特勒卡斯托和德奥里博探险队的命运中看出。就连弗林德斯这样的航海家也会成为俘虏。英国人开始吞并领土并在太平洋上建立基地时，就利用了时代的动荡来为自己谋利。法国人则不得不用自己的方式建造一个帝国，同时解释自己对于革命和国家建设的承诺。[36]

尽管存在差异，但两国融入太平洋的方式是相互关联的，毕竟并非所有的法国人都是共和主义者，也并非所有的英国人都是反法人士。就连弗林德斯也在给妻子安的信中写道：“法国人中并非没有我的朋友，相反，我拥有很多朋友，但有一个是敌人（德康总督）。”[37]这是欧洲兄弟国共舞的故事，英法两国都试图征服太平洋，目标虽然紧密相关，却也有所不同。

太平洋君主的产生

革命时代不仅体现在漂洋过海的船只甲板上，还体现在原住民对从欧洲传来的消息的接受和思考上，以及这些消息带来的影响上。要想让故事继续这样维持下去，就得让太平洋成为围绕欧洲运行的行星。革命时代，航海者与岛民之间的交流和原住民政治运动的兴起与反革命的大英帝国崛起有关，交流的核心是对新思想、新技术与新原料的兼收并蓄。所有这一切都有可能让酋长统治的陈旧体系发展成横跨太平洋更加集中的君主制制度。汤加就是探究这个问题的好地方，德昂特勒卡斯托在这里寻找拉彼鲁兹时，曾遇到过最令人紧张的人种冲突。

1779年，詹姆斯·库克在夏威夷死于所谓的“食人族”之手，这一颇具戏剧性的事件过后20年，仍旧给追随他的航海家们留下了挥散不去的阴影。库克的见闻贯穿在德昂特勒卡斯托的日志中，德昂特勒卡斯托力图填补这个因绘制了太平洋地图而名垂千古的人留下的空白。值得注意的是，穿越太平洋的欧洲航海家们已经开始在岛屿上留下物品，作为他们“到此一游”的标记。对于德昂特勒卡斯托这样的人来说，欧洲商品、欧洲服饰或者失事船只的残骸都能成为去过那里的人留下的记号：既是安慰，也是令人忧郁、代表灾难的记号。在塔斯马尼亚的冒险湾（Adventure Bay），德昂特勒卡斯托看到了他认为是“英国临时设施”的遗物，并怀疑那里有“几个用来固定天文或三角观测仪器的木架”。通过破译在树上发现的铭文，德昂特勒卡斯托发现，曾与库克共事后来成为新南威尔士殖民地总督的威廉·布莱（William Bligh）在冒险湾留下了一些植物。在人们的记忆中，布莱 1789 年指挥“邦蒂号”（*Bounty*）远征的途中曾经遭遇过水手暴动。为了确定这些树是否还活着，德昂特勒卡斯托派园丁前去检查（此人后来在泗水城外成了叛乱分子）。找到的几棵石榴树、一棵柑橘树和几棵无花果树的生长状况都不太好：“在冒险湾的东岸发现了一棵 5.5 英尺①高的苹果树，肯定是在布莱船长到访前几年种下的，它在苦苦挣扎，前景不太乐观。”[38] 尽管英法两国航海家之间存在着激烈的竞争，但从他们对竞争对手在太平洋上遗留的物品的反应可以看出，这对欧洲表兄弟认为他们都沿着密切相关的路径穿越海洋。

在汤加塔布岛——如今的汤加主岛，英国人的改进尝试成功与否同样令法国人很感兴趣。1793 年 3 月至 4 月，德昂特勒卡斯托在汤加塔布报告称，汤加人能够“清晰地回忆起”库克与布莱的航行，但就算他们中“最聪明的人”也说不出任何有关拉彼鲁兹的事情——虽然事实上拉彼鲁兹曾在汤加短暂停留。[39] 后来，彼得·狄龙之类的调查员和杜蒙·德居维尔（Dumont d’Urville）率领的探险队在汤加收集到了有关拉彼鲁兹代表团的回忆。[40] 德昂特勒卡斯托发现了大量英国制造的物品，却没有找到任何法国出产的东西。为了改变这种不平衡的状况，他很快就安排发放了

---

① 1 英尺约为 0.3 米。——编者

法国纪念章，看看它们能否勾起有关拉彼鲁兹的回忆。在酋长图普（Tupou）为德昂特勒卡斯托举办的盛宴上，这位航海家带去了一只公山羊和一只怀孕的母山羊作为礼物，还献上了一公一母两只兔子。不过，图普收下礼物时的冷淡态度令德昂特勒卡斯托感到遗憾。于是航海家又将对话转向了库克留在汤加的牛身上，汤加人对此的窘迫反应表明，事情有些不太对劲。[41]他们是不是担心他会把牛要来当作礼物？对倾尽全力探索世界另一端的德昂特勒卡斯托来说，这不过是个微不足道的细节。但代表团在汤加的任务接近尾声时，保皇党人德奥里博（他后来接替了德昂特勒卡斯托）希望能够解开这个谜题，于是拜访了一位名叫福阿努努依阿瓦（Fuanunuiava）的酋长，此人的父亲曾接受过库克赠送的牛，没想到"福阿努努依阿瓦竟然主动提出挖掘坟墓以辨认那些动物的骨头"。[42]

这很好地说明了英法航海家在农牧业方面的激烈竞争，双方探险队都致力于农业改良，都认同农业改良是在太平洋建立稳定、进步社会的核心。随着帝国从海洋向陆地转移，类似的航海代表团为农作物和植物贸易和进一步控制陆地的计划创造了条件，欧洲航海家在这些岛屿停靠时本来也需要补给，因此这并非什么巧合。

德昂特勒卡斯托对汤加塔布岛的当权者感到不安。他写道："和库克一样，我相信这个政府与陈旧的封建政权之间存在诸多共同之处，麻烦与大酋长的缺点是成比例增加的。"[43]汤加被视为处于无政府状态，需要彻底治理以振兴土地和农业。对德昂特勒卡斯托而言，无政府状态显见于财产缺乏保护和盗窃行为盛行。酋长们把握着全部财产，可以要求岛民提供自己想要的一切。酋长的特权也在于他们有权迎娶多个妻子，在提到这些女子时，德昂特勒卡斯托的措辞自视高人一等：

> 酋长所属阶级的大部分女性都容貌姣好，外表引人注目，十分健谈，一点也不轻浮。她们通常拥有美丽的双手，手指可以被用来当作模特。[44]

然而，汤加塔布君主的身份之谜令德昂特勒卡斯托十分困扰。在库克和他到访期间，他本以为王位会传给库克所说的那位福阿努努依阿瓦[45]，也许是因为福阿努努依阿瓦太过年轻，德昂特勒卡斯托想。令德昂特勒卡斯托困惑的另一件事是，被他看作国家元首的王后蒂妮（Queen Tine）去世时，竟无法将王位交给自己的直系亲属。在德昂特勒卡斯托看来，复杂的继承规则正是问题的一部分。"区分谁是权力的执行者，谁又是应该得到尊敬的人"，这个问题令人困惑。[46]德昂特勒卡斯托是个企盼权力的人，但他所企盼的权力是经得住宪法和制度推敲的，还要受到贸易、土地市场以及常见的性别规范的限制。德昂特勒卡斯托的博物学家、后来的共和党领袖之一德·拉比亚迪埃就曾同时提到"图欧布国王"（King Tuoobou）和汤加的图普。[47]图普实际上就是图伊卡诺库伯路（Tu'i Kanokupolu），是汤加的三大统治者头衔之一，但这三大头衔中等级最高的是图伊汤加（Tu'i Tonga）。1795年，福阿努努依阿瓦被授予了图伊汤加的头衔。拉比亚迪埃还提到了王后蒂妮是如何在意自己作为汤加最高统治者的特权的，包括图普在内，等级低于她的酋长都必须将她的右脚放在自己的头上，以示尊敬。[48]

德昂特勒卡斯托对汤加的描绘更多展现的是他自己，而非这一时期的汤加。尽管当时欧洲人笔下的太平洋记述中曾大量出现

“国王与王后”这样的名词，但在欧洲人到来之前，这里是没有欧洲式的国王与王后的。在汤加塔布，酋长的地位是根据祖先的血统来决定的，且和欧洲一样，年龄和性别都很重要；汤加人在决定继承权时，姐妹关系比兄弟关系的优先级更高。[49] 酋长与其他人之间的区别并不在于他们从事的工作——如果这些酋长需要工作的话，所以德昂特勒卡斯托在评论汤加时用到有关“阶级”的语言是错误的。一件物品若是不拿来出售，其价值就不是以制作物品过程中投入的劳动为基础，而主要是由物品创造者的阶级和地位所决定，难怪汤加人希望拥有欧洲的物品。那些被汤加人称为“天神下凡”（*papalangi*）的人将新的政治语言、阶级和组织的表达方式带到了这些岛屿，通过欧洲人对劳动力、市场和生产制造的坚持，原有的王权语言被取代，政治变革才有可能发生。这样的变化符合那时世界各地广泛出现的政治变革路径，在这一地区，这些变化表现为君主制的加强，而在其他地方则有可能导致君主制被推翻。德昂特勒卡斯托的纪念章之类的物品——尤其是欧洲的武器对19世纪初发生在汤加的激烈战争和政治动荡产生了影响。为了让欧洲船只到来，酋长们争执不休，有人还试图将它们吸引到自己的港口来，那些居住在口岸的人必然比定居在别处的人更加有利。就在欧洲人寻找汤加国王与王后的时候，岛民们彻底改造了自己的政治环境。

性方面的恩惠也成为新市场的一部分，也是与欧洲人建立战略性友谊的方式之一。拉比亚迪埃对德昂特勒卡斯托探险队的描述中就包括一幅名为《在蒂妮王后面前献上来自友好岛屿的舞蹈》的画，画中几个袒胸露乳的女子腰间坠着的也许是树皮。德昂特勒卡斯托用小提琴和西特琴为蒂妮助兴，蒂妮则吩咐汤加妇女高歌战士的壮举，以示报答。几个年纪更轻的女子腰间围着可能被称为“sisi fale”的腰带，这是名门女子为了表示对图伊汤加的敬意，献舞时佩戴的腰带。[50]蒂妮渴望加强自己与这位探险队队长之间的关系，她邀请他入住自己的宅邸：“海军上将没有好好领会这些热情的邀约，因为他并没有接受她的邀请。”[51]与蒂妮邀请德昂特勒卡斯托的记述一致，据说“奥伯利亚女王”（Queen Oberea）也曾对库克的远航表示过欢迎，并与颇有绅士派头的博物学家约瑟夫·班克斯发生了关系。班克斯后来为博丹整理过资料。[52]库克此行的报道登报后，这位传说中的塔希提女王在欧洲成了异域风情的象征。在她与班克斯发生关系期间，有人认为她将自己的王国交给了情人打理。尽管欧洲与波利尼西亚（Polynesia）、君主与酋长统治制度间都存在差异，但性让他们结成了联盟。

围绕政治的本质、君主政体和共和政体，革命时代的人展开了积极的辩论。令人震惊的是，这一时期的原住民竟然在太平洋上创建了一个个中央集权王国，他们也参与铸就了革命时代，历史学家却看不到这一点。这些新的王室成为岛国社会的标志，既可以充当与英国等外国代理人合作的站点，也能成为抵御帝国主义侵略的中心。18 世纪 90 年代的汤加，包括商人、福音传教士、澳大利亚囚犯在内的一系列欧洲殖民者到来时，彼此敌对的酋长之间展开了长期的内战。最高统治者图伊汤加的加冕仪式被搁置，图伊汤加家族与图伊卡诺库珀鲁家族发生了冲突。[53]针对贡品、与传教士和其他欧洲人的关系问题，酋长们争执不休。在酋长间战乱不断的同时，欧洲的疾病与欧洲的武器传播开来，许多酋长都逃往了临近的斐济或萨摩亚（Samoa），还有一名酋长偕妻子去了英属悉尼。[54]剧变造成了凝聚力的丧失，使酋长的统治陷入了危机。

如果说太平洋地区的君主政体的概念源自欧洲政治理念和武器的传入，那么在汤加这样的地方，宗教也在后来新政治秩序出现过程中扮演了至关重要的角色。新教传教士的工作十分重要。1822年，卫斯理宗传教士来到汤加，经过不懈努力，令尚未继位的最高统治者陶法阿豪（Taufa'ahau）皈依。陶法阿豪改变了汤加的政治架构，将它从分裂的酋长部落转变成了统一的君主国。陶法阿豪采用自己1831年受洗时的名字，自称乔治一世，利用英国传教士的支持统一了汤加。宗教的变化标志着政治的剧变，之前酋长凭借与神相连的血统获得认可，基督教的传播带来了一种政治与神圣权威截然不同的关系。传教士成了福音的代言人，乔治一世则是法律的仲裁者。但是陶法阿豪的对手担心传教士很快也会变成酋长。虽然在基督教信仰和出席教堂活动方面，仍有许多人举棋不定，不少乔治一世的追随者还是皈依了基督教。乔治一世自夸道："我是这座岛屿唯一的酋长……我皈依了，他们就都会皈依。"[55] 他是对的，乔治一世的君主家族直至今日还在延续，对自己从未被彻底殖民颇感自豪。在浩瀚无垠的太平洋上，汤加就是革命时代发生的各种变化的缩影。

在塔希提——班克斯与情人王后发生过关系的地方，库克在整理自己的所见所闻时用到了王室词语。与德昂特勒卡斯托对汤加的评论相反，库克表示塔希提的王室是仁慈的君主，所有人都可以自由地拜见塔希提的国王："我注意到，大多数人对于这些岛屿酋长都是爱戴多于恐惧。那我们可不可以由此得出结论，这里的统治是温和且公正的呢？"[56] 到了布莱抵达的时候，塔希提人已经确立了自己的世系：波马雷（Pomare）家族建立了一支王室血统。波马雷二世邀请布莱参加了一场据说包含活人献祭的仪式，受害者是违反了某种禁忌的人，仪式以为英国君主祈祷为结尾。当布莱用烟花、酒水和21响礼炮为英王乔治三世庆祝生日时，两国之间的君主同盟结成了。欧洲武器是这个君主家族得以巩固的关键。[57]在更加偏东的夏威夷，卡米哈米哈（Kamehameha）建立了一个王朝，库克与其他的欧洲航海家也曾拜访过他。到了19世纪20年代，夏威夷的君主制被理想化为后革命时代的完美典范。正如俄国司令官奥托·冯·柯兹布（Otto von Kotzebue）在抵达夏威夷时所说，卡米哈米哈在变革之前找到了与传统的平衡，已经在为王位的继承做准备了。

革命时代，欧洲与太平洋地区的政治变革交织在一起，涉及君主制、农业、领土、性别和性。这些变化似乎是始料不及的，因为太平洋距离欧洲是如此遥远，它们如何在实践中成为可能？欧洲与太平洋地区之间的纠葛可以用“抢劫”一词来形容。岛民们会抢劫船只带来的一切，从政治思想到动植物，并以史为鉴，利用它们为自己服务。

抢劫欧洲

1806年，德昂特勒卡斯托到访汤加后十多年，一个名叫威廉·马里纳（William Mariner）的15岁英国人在汤加群岛被俘虏，地点就在德昂特勒卡斯托的驻地以北。马里纳被带到了一艘名为“太子港号”（*Port au Prince*）的英国私人船只上。这艘船曾经属于法国人，如今被用来抢劫法国或西班牙舰船，船上的水手可以占有自己抢来的战利品。这艘船“近500吨重，载有96

人，配备了24门可以发射九磅炮弹和十二磅炮弹的长炮，后甲板上还安装了八门十二磅炮弹的近距臼炮”。[58] 正是因为这一类舰船的存在，法国人才担心拉彼鲁兹的生命已经被英国反共和主义者了结。“太子港号”的目标是美洲的西班牙据点，以及太平洋中的鲸鱼，鲸鱼油十分珍贵。

在汤加，“太子港号”被300多个岛民占领。他们登上船只，袭击了大惊失色的船员。此前，船员并没有听信有人要阴谋夺取这艘船的警告，发布警告的正是“太子港号”上一些（听得懂汤加语）的夏威夷船员。最终，这艘船被汤加人扫荡了，火药、近距臼炮、枪支和窄带钢都被送上了岸。船上值钱的东西差不多被洗劫一空之后，这艘船就被人放火烧毁了。随后，大约半数的船员都遭到了汤加人的屠杀。据马里纳所说，这次袭击是一个夏威夷人领导的。他可能是乘坐一艘美国船只抵达汤加的。[59] 马里纳生动地描述了船上的噪音：

> 到了夜里，他们放火烧船，以便稍后更容易取出铁制品。所有的大炮都装着炮弹，整艘船陷入火海时，这些大炮逐渐被大火加热，一门接一门地开起火来，把当地人吓得不轻。[60]

在酋长家族衰落、乔治一世的君主国得以巩固之前，船上的幸存者及其技能和财产在战争中得到了重新利用。据说，当时大约9岁的未来的乔治一世也参与了抢劫“太子港号”的行动，还差点淹死在船舱的鲸油中。[61] 马里纳属于船上的重要资产，深受酋长菲瑙·乌卢卡拉拉二世（Finau ‘Ulukalala II）的喜爱（就是他抢劫了这艘船），还被他的一个妻子收养。“太子港号”的另外一位幸存者被任命为瓦瓦乌（Vava‘u）酋长的“首相”，一直任职到 1830 年。[62]

以哈派群岛（Ha’apai islands）为大本营，乌卢卡拉拉想要进攻汤加塔布群岛的政治中心，他就是从那里被驱逐出来的。夺取“太子港号”之后，他武装了自己，准备与汤加塔布的当权者展开战争。除了马里纳，还有 15 名英国人参与了后来针对汤加塔布的袭击。他们使用的是从“太子港号”上掠夺来的独木舟船队和近距臼炮。[63]

最终，最重要的要塞之一，如今的汤加首都努库阿洛法（Nuku’alofa）落入了乌卢卡拉拉的军队手中。马里纳形容这座要塞由柳条编成的墙壁组成，靠柱子支撑，围墙高九英尺。这道围墙屹立了 11 年，如今已被毁坏。这是一场令人毛骨悚然的溃败：“征服者手持棍棒，从几个方向冲进要塞，杀害了路上遇到的所有人——男人、女人、小孩。”[64] 这些人使用的新式武器令要塞中的居民胆战心惊，他们形容那些球状物如同活的一般，钻进房子后会在屋里四处乱滚，寻找要杀的人，而不是直接爆炸。战斗进行的过程中，乌卢卡拉拉坐着从“太子港号”上抢来的一把英式座椅，在礁石上观察战况。[65] 这次袭击后，他又进一步试图夺取瓦瓦乌的要塞，但没有成功。

尽管使用了欧洲的武器，乌卢卡拉拉还是更喜欢汤加的军事传统，没有听取马里纳关于如何巩固实力的建议。和平时期，他会利用与马里纳交谈的机会了解外面的世界，其中最令他感兴趣的话题就是政治。他想要成为英格兰的国王，再次凸显了君主制观念对原住民的影响：

> 哦，但愿众神能让我成为英格兰的国王！全世界上的岛

屿，无论多小，都要臣服于我的势力：英格兰国王不配拥有他所享受的领土，拥有如此多的大船，他为何还要忍受汤加这样的小岛不断以变节的行为侮辱他的人民？不，我要到战争的前线去，带着不列颠响雷般的枪炮。[66]

全球市场能够向汤加拓展的一个核心因素正是马里纳与乌卢卡拉拉的对话，因为马里纳向他的资助人解释了钱的作用。他告诉乌卢卡拉拉，汤加人从“太子港号”上拿到的、丢到海面上任其蹦来蹦去的、被他们称作扁平石头或潘加（*pa'anga*）的东西，就是钱。潘加也是汤加现在的货币，于 1967 年引入。[67]

乌卢卡拉拉去世后，马里纳也深受他的儿子摩恩冈根戈（Moengangongo）的喜爱。[68]最终，马里纳于 1810 年逃脱。虽然他此前也想过逃走，却一直没能拦截一艘船。离开时，他的心中万般悲痛，因为他已经融入了汤加人的生活。

1832 年，马里纳在汤加的养母玛菲哈佩（Mafihape）给他寄去了一封神秘的书信。[69]在这封她亲笔书写或由某个非常熟悉汤加的人代她书写的信中，她提到“所有人都皈依了基督教”。她要求马里纳派一艘船来：

如果你（对我）是真情实意，要是你有弟弟或儿子，派他到这里来让我看看，那就太好了。这样一来，就算你决意不亲自来看我，你的弟弟或儿子也能在主的面前展现你的男子气概。他可以过来住在这里。[70]

玛菲哈佩当时也已皈依基督教，但她想让马里纳知道自己“无法接受”。尽管新的宗教及其相关文献，以及新的观念已经传播开来，玛菲哈佩还是希望能够沿用酋长制度的惯例，领养有权势的儿子，摆脱她据说十分卑微的处境。她的计划是让威廉·马里纳将自己的弟弟或儿子送来，甚至暗示马里纳本人就应该回来。她在信中重新提起了两人认识之前的酋长制，却又说“在主的面前”，这是皈依基督教后新汤加人的印记。

19世纪20年代，在调查拉彼鲁兹失踪案的过程中，彼得·狄龙记录过自己与这个女人的会面，她展示了一幅马里纳的画像。狄龙说，她声称“他就是托奇”，这是乌卢卡拉拉赐予马里纳的名字，以纪念他最喜欢却早夭的一个孩子。一看到画像，她就“哭得伤心欲绝”。如今在汤加还有人传说她是马里纳的情妇而非养母。[71]

可悲的是，马里纳看不懂玛菲哈佩的来信，因为他的汤加语已经忘得差不多了。他抱怨养母这封信的“拼字法”形式太过独特，也许是她受到了英国传教士的影响。[72]返回英格兰之后，马里纳放弃冒险生活，在伦敦成为一名证券经纪人，婚后育有11名子女，53岁时淹死在萨里运河（Surrey Canal）中，与他之前的经历十分不相称。[73]与此同时，他的儿子乔治以马里纳的名字命名了太平洋上的一条航线。乔治定居在萨摩亚，娶了一名汤加妻子。对于马里纳跳入运河结束自己的生命这件事，汤加人推测，是因为他最终还是无法忍受在英格兰的生活才自杀的。[74]

威廉·马里纳的游记是一位名叫约翰·马丁（John Martin）的医生为他书写的，代笔的借口是马里纳已经习惯了汤加的生活方式，没有了用英语写作和阅读的习惯。书名页一旁的图像是马里纳的全身像。他身穿汤加服饰，腰部以上裸露，和那些曾为德昂特勒卡斯托跳舞的女子一样。狄龙曾把这张画像拿给马里纳的汤加母亲过目。马里纳跨越了两个世界，他是欧洲革命时代的产物，也是欧洲不惜一切代价投入全球战争的产物。马里纳被俘后参与了汤加一系列为支持君主制而展开的斗争，这些斗争也是当时不断变化的政治潮流的产物。革命时代在太平洋地区孕育了一股原住民君主主义的浪潮。

欧洲武器的传播在“太子港号”的故事中至关重要。因此，船上的三门大炮如今都被放在了汤加的英国高级专员公署旧址门前，是十分合理的。其他几门大炮散布在包括哈诺（Ha’ano）岛在内的其他地方，根据哈派群岛中的哈诺岛居民所说，“太子港号”最终沉没了。[75] 2012 年，有人发现了一艘被认为是“太子港号”的沉船，在汤加附近水域引发了一场寻宝活动。[76]我曾于 2017 年到访哈派群岛，那里至今仍旧流传着有关“太子港号”沉船的故事。据说日本黑手党和新西兰罪犯曾在沉船上找到过黄金，并在汤加政府不知情的情况下将其偷走了。在“太子港号”遭人抢劫的地方，人们在靠近海滩的位置竖起了一座纪念碑。这座纪念碑已经被哈派群岛旺盛的植被遮盖住了。

这片沙滩原本不过是一片狭长的沙地，没有任何历史的痕迹。然而，考虑到汤加的贸易历史——包括与航海家交换他们带来的动物——我在沙滩散步时曾看到水里漂浮着一头死猪，或许也没有什么奇怪的。与死猪一同出现的，还有塑料瓶、破碎的珊瑚以及腐烂的椰树树干。现代消费的迹象在海滩上显而易见，这也是“太子港号”事件后的历史的一部分。

马里纳的游记出版后，被诗人拜伦拿来当成对南太平洋岛屿文明进行田园诗般描绘的灵感来源之一。《岛屿》一诗作于 1823 年。在描述汤加的政局时，拜伦在诗中虚构了一座名叫图博奈（Toobonai）的岛屿，称岛上共和主义盛行。这是一片“没有领主的平等土地”。[77]在这里，大自然是慷慨大方的，岛民们在一定程度上未被罪恶腐蚀。劳动不是必要的，因为大自然什么都能够提供：

> 那里的人与世无争，
> 面包如水果一般被采摘；
> 没人会为了土地、森林和溪流争夺：
> 没有黄金的时代，梦想不会被黄金所烦扰，
> 现在或曾经住在海边的人，
> 欧洲叫他们过得比以前更好：
> 将她的风俗赐予他们，改变他们的传统，
> 却也把她的罪恶留给了他们的后裔。[78]

鲜明的事实表明，革命时代在地球的两端产生了相互矛盾的影响：充满浪漫主义色彩的欧洲文学作品可能与太平洋地区的现实完全脱节。革命时代，如果汤加人抢劫欧洲人是为了重塑他们的政治，那么欧洲人反过来却忽略了太平洋上发生的事情有何重要含义。

近代汤加历史学家的作品显然需要去挑战欧洲人对这一系列事件的描述。他们反对把火烧"太子港号"看作汤加人的"背叛"，相反，他们认为是那条船的船员"如同海盗和强盗"在先。[79]换言之，围绕"太子港号"，欧洲人与汤加人采取了两种抢劫的方式。这种双向的交流，既包括物质，也包括思想和文化。

奥特亚罗瓦与君主

这种依靠君主制巩固政权的原住民政治话语是有利于大英帝国扩张的。进一步往南看向奥特亚罗瓦 / 新西兰，英国人的扩张步伐一览无余。接下来讲述的新西兰的故事，与汤加在君主政体巩固过程中发生的转变极其相似。

首先，在与英国商人、传教士的接触中，新西兰本土的酋长制、战争与决策形式都逐渐发生了改变；其次，随着与欧洲人交流的深入，武器与等级关系作为毛利酋长地位的象征被证明对政治有益，这使得战争的范围与强度不断扩大；再次，与对待汤加的态度正好相反，英国政府声称，会通过引入法律和官僚体制来保护毛利人，英国人为新西兰的国旗和宪法筹备做好了计划，这是革命时代的标志和我们这个时代开始的信号；最后，毛利人有时会利用革命时代的策略，例如通过确立一位毛利君主来维护他们作为政治代理人的地位，从而抵制英国人。如果太平洋岛屿认同了君主政体，反过来又会允许更大的君主或大英帝国崛起为反革命势力。1840 年的《怀唐伊条约》就使新西兰原住政治精英的地位与英国君主紧密相连。

总的来说，19 世纪伊始，在太平洋地区定居的欧洲人数量急剧增加。1790 年，夏威夷的欧洲居民只有 10 人，到了 1806 年已经接近 100 人。[80] 一名到访汤加的船长曾在 1830 年写道，汤加岛上生活着许多英国人，他们都得到了盛情的款待，结婚、定居后适应了汤加的风俗习惯。[81] 到了 19 世纪 30 年代末，在新西兰定居的欧洲人已有 2000 人之多，其中包括传教士、“海滩管理员”（因各种罪名被逐出海豹捕猎队与捕鲸队的人）以及逃犯。移民最集中的地方是北岛（North Island）的岛屿湾（Bay of Islands）。[82]充满异国风情的偶然邂逅被更加稳定持续的接触所替代，新西兰正式被帝国接管的日子即将到来。

1788年，英国人在澳大利亚建立了自己的大本营，1803年又在塔斯马尼亚建立了据点。自此之后，帝国接管的游戏拉开了帷幕。在这场游戏中，新西兰采取了一条与汤加不同的线路，区别在于，新西兰靠近澳大利亚，是获取澳大利亚资源的前沿据点。1840年，英国与毛利酋长签署《怀唐伊条约》，使之成为帝国前进的中转站，殖民者将该条约解读为“停战契约”。作为回应，法国于1842年吞并了玛贵斯岛，1843年又吞并了塔希提。尽管19世纪中后期英法两国在太平洋地区针锋相对的岛屿争夺战是英法两国关系的特征，但英国人在18世纪就在澳大利亚建立了囚犯殖民地，这意味着太平洋地区正越来越多地处于英国人的管辖范围。

新西兰的早期历史信息来源之一是旅行作家兼画家奥古斯塔斯·厄尔的作品，他曾于1827年至1828年到访新西兰。尽管那里的欧洲人越来越多，但厄尔为岛屿湾绘制的水彩画展现的还是浪漫的自然风光，他没有注意到欧洲的船只，只有自顾自忙碌着的毛利人。这些风景画并没有夸大欧洲殖民者对毛利人栖息地的影响，而是展现了原住民的社交与政治特色。欧洲人笔下的一手文本资料有时是缺失的，因而他的画作值得仔细研究。[83]一幅巨型水彩画描绘的是岛屿湾的特普纳（Te Puna），和沙滩后方的传教士定居点相比，前景中的毛利人独木舟和一棵大树占据了更加显著的位置：画中看不到任何欧洲人的身影。[84]山坡上出现了毛利人的防御工事（毛利语称之为“pa”）。强调当地的航海工具、组织和政治形式为早期欧洲人接触当地人设置了条件，这是十分重要的。比如，现存的互惠互利体制就允许传教士在毛利酋长的有力支持下开展传教活动。[85]

有一种荒谬的说法称，这些群岛是库克船长建立的一个国家。的确，1769 年至 1770 年，“奋斗号”（*Endeavour*）此行为新西兰的海岸线绘制了极其精确的海图。[86]不过，这种说法之所以令人讨厌，是因为“民族”这个概念在奥特亚罗瓦 / 新西兰存在已久。毛利语中的“部落”（iwi）一词意指拥有共同血统的人，是一种基本的认同感，这与毛利人都来自一个名为“哈瓦基”（Hawaiki）的地方有着密切的关系。从政治的角度来说，毛利人参战时会组成服从于酋长的战斗单位“哈普”（hapu）。[87]作战计划要经过各种会议制定与讨论。早期传教士称之为“战争会议”[88]，厄尔称之为“原始议会”。[89]毛利人的族谱被称为“whakapapa”，研究毛利系谱学的老师和专家都拥有“系谱权杖”，上面刻着他们祖先的标记，为他们提供了一种铭记历史的方式。

欧洲观察家迅速解释并夸大了毛利战争的传统风格。这些战争都是为了解决高层人物被杀或掌权人物遭人冒犯这样的事，欧洲人认为，这些冲突正是毛利人“野蛮”的标志，导致毛利人被视为“异教徒”，这种措辞对于新西兰的早期殖民是极为重要的。随着时间的流逝，还出现了“毛利病夫”的比喻，为帝国的自由主义和贸易保护主义行径辩护。[90]宗教冲突与掠夺性的贸易助长了这样的修辞。

牧师塞缪尔·马斯登（Samuel Marsden）推动了福音在新西兰的传播。马斯登是约克郡人，英国国教牧师，曾在如今归属悉尼郊区的帕拉马塔（Paramatta）广泛参与农业活动。在马斯登的赞助下，彼得·狄龙再次出现在我们的故事当中，于 1814 年率领船只，第一次将福音派信徒带到了新西兰。[91]欧洲人与毛利人的暴力相向令马斯登倍感苦恼，他说，自己的工作就是为了实现和平。[92]他喜欢到悉尼来的毛利人，并将他们的土地视为“南方海域的大型百货商场”。[93]

1809年，“博伊德号”（*Boyd*）搭载60名欧洲人前往伦敦的途中，将毛利酋长特·阿拉（Te Aara）送回了新西兰，在岛屿湾地区的旺阿罗阿（Whangaroa）遭遇了抢劫。船上包括妇女、儿童在内的乘客都被毛利人杀害。悉尼商人亚历山大·贝利（Alexander Berry）指挥的另一艘船当时正在为开普殖民地采购圆材，仅成功营救了“博伊德号”乘客中的一名妇女、两名幼童和一名男孩。[94]马斯登在《悉尼公报》（*Sydney Gazette*）上发表了自己对“博伊德号”暴力事件的看法，并引用了一个名叫“杰姆”（Jem）的塔希提人的描述，此人是从一艘欧洲船上逃跑的。[95]贝利与马斯登对毛利“文明”的看法大相径庭：专制殖民者与改良派基督徒的政治观点产生了矛盾。[96]

当时针对这次袭击起因的一种解释是，“博伊德号”的主人在航程中对重返新西兰的毛利酋长特·阿拉十分残酷。厄尔记录下了他跟“乔治国王”的对话，“乔治国王”（尤里提）讲述了酋长在返程途中遭遇的虐待：“（他们）让他清洗鞋子和刀；他拒绝去做这些有失身份的工作时就会遭到鞭打。”[97]另一种解释称，特·阿拉在新西兰的亲属因为欧洲疾病的传播而去世，这令他十分沮丧。[98]文化上的误解比“博伊德号”遇到的难题更多，一名来访的船长不小心将怀表掉进了海里，毛利酋长认为，此举会诅咒岸上的人感染疾病。200名捕鲸者决定进行报复，在马斯登的朋友特·帕西（Te Pahi）的住处展开屠杀——特·帕西曾在悉尼待过一段时间。然而，他们的报复找错了人。[99]如此戏剧性的冲突改变了毛利人与英国人之间的政治局势。

然而，认为毛利文化充满暴力，与无情无义且不计后果的欧洲人展开报复与反报复的循环互动，是那个时代遗留下来的夸张说法。相反，毛利人流动性很强，发动战争是为了确立自己的地位与领土完整性。[100]如果不能对制造麻烦的人发动战争，那就和以复辟为目的远道而来，与自己没有亲属关系的人开战。欧洲人的到来为这种政治传统形式拓展了新的方向，使战争变得更激烈、范围更广。和在汤加一样，侵吞欧洲武器的情况非常显著。新型战争有时被称为“火枪战争”，使权力得到统一与集中。[101]它们造成了前所未有的死亡，导致人口下降，但是也改变了传统，而不是带来简单的致命影响，却不给原住民留下反应的余地。

火枪的威力并不是战争唯一的决定因素，有些历史学家认为，新兴的土豆文化和火枪一样，对战争的发展有着重要的意义，土豆能为远距离作战的双方提供食物。[102]用1837年新西兰第一名英国定居者的话来说：“我们似乎有充分的理由怀疑，在火器被引进之前，他们的战争是否没有那么血腥。”[103]为了适应这些新型的远程武器，包括近战在内的既定军事战术逐渐发生演变。[104]火枪的象征意义也很重要，获得了武器的酋长会被塑造成伟大的领袖和战士；但是人们认为，他们还是在先前存在的纠正错误的模式内采取军事行动。逐渐地，在接下来的几十年中，自《怀唐伊条约》签署之后，由于太平洋与欧洲之间的新旧纠葛，毛利君主的概念出现了。厄尔为自己在新西兰的朋友、保护者“乔治国王”或“舒利特亚”（尤里提）绘制了画像[105]，被认为是毛利人归属君主政体的证明。

号称“毛利拿破仑”的夯吉·西卡（1772？—1828年）是最早了解欧洲火枪的人。普西部落（Nga Puhi）与提瓦图阿部落（Ngati Whatua）在北岛岛屿湾地区开战时，夯吉就使用了火枪。[106] 1807 年或 1808 年的一场战斗让他失去了普西部落，他的两个兄弟和许多酋长家族的族亲也遭人杀害。这场战斗给他的人生造成了重要影响。后来他搭上一艘传教士的船前往悉尼，为新西兰的第一处传教士定居点提供了支持，有人批评这个定居点一直处在他的个人垄断之下。[107] 夯吉与传教士的关系一直持续到他去世。

正如一个毛利人所描述的那样，夯吉是以传统的方式为遭受不公的亲人复仇：

> 夯吉之所以以杀人无数的战争领袖自居，主要是因为之前的杀戮，也就是先人临终之际的嘱托。夯吉这样做是为了纪念死去的先人。[108]

受伤的夯吉酋长（夯吉・西卡）和他的家人，奥古斯塔斯・厄尔绘于 1829 年

不过，夯吉改变了传统。他听从欧洲人的建议，种植小麦、玉米和土豆。利用这些东西，他可以跟船上的人交换火枪与火药。他还将战俘派去种植园里劳作。[109]在战争和新旧世界更迭的影响下，夯吉治下越来越多的人开始使用更广泛的统称“普西部落”来称呼自己。[110]

1820年，夯吉在福音派教徒托马斯·肯德尔（Thomas Kendall）及其助手怀卡托（Waikato）的陪同下到达伦敦，引起了轰动。环球旅行加强了毛利人的自我认同感，夯吉被引荐给英国君主乔治四世。据说他曾表示：“英国只有一个国王，新西兰也将只有一个国王。”[111]他在剑桥大学停留了一段时间，受到了副校长的款待，并帮忙创作了一本毛利语词典。[112]在其后裔的口述中，夯吉对剑桥存放的拿破仑战争地图很感兴趣。[113]在夯吉本人到达英格兰之前，他的画像就已被送到。马斯登让他雕刻一个自己的雕像，这件作品的副本后来发布在1816年的《传教士名册》（*Missionary Register*）上。[114]一名议员在描述夯吉出现在上议院的场景时，将他的脸比作雕塑：

> 我绕过去，走到近得几乎能够触碰到国王的地方，发现他的尊容是我见过最精美的雕刻作品之一。张伯伦（怀卡托）的脸十分白皙，脸上抹着大量的葵花籽油；但国王那异于常人尺寸的大鼻子，仿佛绽放着星辰与行星的光辉。[115]

他与英国王室建立了私人关系，并带着礼物、赏赐回到新西兰后，立即发动了一系列巩固自身权力的军事行动。返回新西兰的途中，他在悉尼卖掉了许多礼物，他还是更喜欢火枪、火药和炮弹（回到新西兰时，他已经拥有了数百杆火枪）。他留下了获赠的一套盔甲。[116]

夯吉的经历令人想起了汤加的往事：局部战争是革命时代全球竞争的重要组成部分。由于武器的传播，毛利本土传统与英国帝国主义相辅相成，巩固了本土政权，还使毛利人有了共同体的概念。这样的互动从对夯吉面容的描绘中清晰可见：它既是毛利人雕刻的作品，也是欧洲种族观念的产物。19 世纪 20 年代，夯吉·西卡发动的战争覆盖了大片的土地，使数百人离开岛屿湾。据一位历史学家所说，这些战争“几乎让整座北岛都动了起来，在北岛和南岛还掀起了无数的战役和远征，最终造成了大规模的人口迁徙”。[117]

在欧洲人广泛且往往负面的评论中，火枪战争的另一个标志性战士出现了。[118]托阿部落（Ngati Toa）的领袖特·劳帕拉哈（Te Rauparaha，？—1849 年）自 18 世纪末就参与了一系列的战斗，为族人遭受的不公而战。为了给族人寻找一个家，他将自己的远征延伸到了南方。他的战舞与欢迎舞如今被橄榄球队“全黑队”（All Blacks）广泛应用，说明了他的象征性地位。这种舞蹈原本象征着生命战胜死亡，如今对于数以百万计的橄榄球球迷来说，已经成了毛利人的文化象征。他一路南下，来到卡皮提岛（Kapiti Island），该岛位于北岛南端，靠近如今惠灵顿所在的位置，并在那里建立了一座大本营。

尽管特·劳帕拉哈来自北岛，其迁徙战争却蔓延到了南岛，一部分原因在于欧洲人的帮助。他的儿子塔米哈那（Tamihana）皈依了基督教，是第一批进入传教士学校学习的毛利人。他曾经书写过约翰·斯图尔特（John Stewart）于 1830 年乘坐“伊丽莎白号”（*Elizabeth*）到达卡皮提岛后发生的事情。特·劳帕拉哈询问船长是否愿意将自己和一支战斗部队送去阿卡罗阿（Akaroa）——

那里位于南岛，靠近如今的基督城（Christchurch）——去惩罚犯下罪行的杀人犯。特·劳帕拉哈带着70名战士登上了“伊丽莎白号”，与斯图尔特共同设计，将来犯的酋长塔麦哈拉努伊（Tamaiharanui）骗上了船。斯图尔特招呼塔麦哈拉努伊的族人：“去把他带来，取些火药。”据塔米哈那所说：

> 塔麦哈拉努伊的独木舟来到船边后，他和他的妻女登上船，来到了船长的住处。塔麦哈拉努伊坐下后，特·劳帕拉哈将他的双手绑了起来，将他和家人带去了另一个船舱。众人什么话也没有说。后来，特·劳帕拉哈率领战士们来到甲板，俘获了跟随塔麦哈拉努伊前来的30人，无一人逃脱。天黑之后，70名战士坐着独木舟登上海岸。他们在黎明时分进入村庄，展开屠杀。[119]

随着时间的推移，特·劳帕拉哈与捕鲸者的接触程度大大加深，欧洲人很乐意将他的独木舟运上他们的船只。[120]有了外国势力的帮助，影响力逐渐扩大的特·劳帕拉哈追随夯吉与其他毛利人之前走过的路，于1830年到达悉尼，与马斯登见面。他还与新西兰公司产生了纠纷，该公司是为英国移民创建定居点而设立的。特·劳帕拉哈攻击了土地测绘员，最后还杀害了该公司的领导者阿瑟·韦克菲尔德（Arthur Wakefield，1799—1843年）。[121]土地方面的争端表明，战争与贸易使毛利人和外来者对立，当特·劳帕拉哈签署《怀唐伊条约》副本时，预示了殖民地的未来。[122]

到目前为止，新西兰发生变化的两个阶段逐渐明晰。首先，与英国人的接触改变了一些有关纠正错误的习俗；其次，武器的传播与暴力战争的蔓延再次对这些习俗造成了冲击。勇士和君主式人物出现了，他们利用英国人来扩大自己的野心。特·劳帕拉哈就使用了入侵者提供的运输工具。与此同时，英国的官僚体制与法律传到新西兰，表现出了保护毛利人和他们的土地不受欧洲人入侵的样子。

1814 年，托马斯·肯德尔跟随第一批传教士代表团到达新西兰，被任命为治安官。[123] 英国人还设立了驻新西兰特派代表的职位，并于 1833 年将其授予托里·詹姆斯·巴斯比（Tory James Busby）。毛利人称之为“国王的手下”，正如军舰被称为“国王的船”，水手则被称为“国王的战士”。[124] 通过这种方式，大英帝国就能将帝国的乐善好施投射在君主政体的话语与象征上。悉尼总督在写给巴斯比的任命函中特别提到了“伊丽莎白号”对新西兰的战争做出的贡献。1830 年，巴斯比来到新西兰时恰逢时局动荡。[125] 在巴斯比的安排下，新西兰出产的舰船在进入悉尼时都会悬挂传教士使用过的毛利旗帜，作为“独立国家的旗帜”。19 世纪 30 年代末，52 名酋长以“新西兰联合部落”的名义签署了毛利人《独立宣言》。[126] 这份《宣言》最早是在 1835 年由毛利酋长签署的。在巴斯比的设想中，1835 年《宣言》就是“新西兰的独立大宪章”，虽然这明显是被英国正式控制的第一步。[127] 巴斯比将酋长联盟视为毛利人的宪法主体，到任后不久便写信表达了为毛利酋长联盟建造一座议会大楼的愿望。[128] 他认为，这些酋长就是那个社会中的“贵族”，处在类似“国王”的大酋长的绝对权力之下。[129] 他希望能让酋长们学会和平共处，遵守作为政府的道德原则，作为回报，他们将得到能够标榜其独特身份的薪水和奖章。[130] 作为特派代表，巴斯比要制定法律，将需要批准的法律条文提交给酋长大会。作为英国人的代表，他还要征集传教士及其他定居者的建议和信息。巴斯比打算建立一支能在紧急情况下采取行动的民兵队，或是一支训练有素的“本地军队”。从这些角度来看待他的职位，巴斯比还承担起了马斯登扮演的宗教布道者的角色。他有时会苦苦抱怨，称新西兰的传教士对他并不服从[131]，他的指令还会与悉尼方面产生分歧。新南威尔士州州长就曾指责1835年《宣言》将立法权授予了酋长联盟。[132]

虽然巴斯比筹划的1835年《宣言》属于人道主义自由宣言，但在一定程度上也是对法国贵族查尔斯·菲利普·希波吕图斯·德·蒂埃里男爵（Baron Charles Philip Hippolytus de Thierry）的战略回应。这位男爵来自法国大革命时期外逃的一个家族，扬言要在新西兰建立一个免税的殖民地。男爵还计划让毛利人与欧洲人通婚、合作。19世纪30年代，在1835年《宣言》签署之前，毛利酋长曾直接向英国国王威廉四世发出请愿书，里面提及这个法国人的计划：

> 我们听说马里安的一伙人［这里指的是1772年被毛利人杀害的法国探险家马里翁·迪弗伦（Marion du Fresne）］要来夺走我们的土地。因此，我们恳求您成为我们的朋友，成为这些岛屿的守护者，以免其他人靠近并欺辱我们。要是你们的人有谁给我们惹来麻烦或作恶（因为这里还居住着从船上下来的逃亡者），我们恳求您能惩罚他们，令他们顺从，以免这片土地上的人民把心中的怒火发泄到他们身上。[133]

19世纪40年代中期，蒂埃里在主动提出为荷兰和法国开发殖民地后乘船穿越太平洋，并在塔希提致信英国驻新西兰特派代表，蒂埃里自封“新西兰酋长首领、努卡西瓦岛（Nukahiva）国王”，该岛位于玛贵斯群岛，是他在旅途中占领的。为了回应法国人如此反常的扩张举动，也为了应对法美双方（如法国天主教传教士和美国捕鲸者）在新西兰攫取财富日益引发的忧虑，巴斯比才主持签署了联合部落的《独立宣言》。[134]

巴斯比还提到了比利时的两兄弟是如何在新西兰购买土地的，以及一位“波兰伯爵”是如何书写自己在这个国家的旅行经历的。[135]与此同时，据说法国天主教徒正与爱尔兰人联手，传闻一位天主教的主教密谋派遣一艘搭载“士兵、传教士和商人”的船只抵达新西兰，以建立法国殖民地。[136]打着人道主义的幌子，巴斯比灌输式教育岛上的“混血儿”，以免他们落入罗马天主教徒之手，受到“与英国利益相悖的价值观”的影响，其实他这是在打帝国主义的算盘。[137]有一个故事彰显了巴斯比想象美洲人发动叛乱的妄念，以及他的种族主义心理，巴斯比在给自己兄弟的信中写道，他曾发现“一些从事捕鲸的美国黑人”会在灌木丛中教授毛利人巫毒之术：

> 大约二三十个新西兰原住民围坐在四周，中间摆着某种枯树枝搭成的祭坛，上面放着几件物品。三四个黑鬼在祭坛旁忙前忙后，看上去显然是在指导一名新西兰的毛利祭司展开某种神秘仪式。和新西兰人在一起的还有四五个白人，他们来自不远处的赫基昂加（Hokianga），据我所知都是些不法分子。这些人都服用了某种麻醉剂。[138]

在革命时代暴发的一系列令人眼花缭乱的利益角逐的背景下，备受争议的《怀唐伊条约》于1840年签署了。和巴斯比在1835年制定的条约一样，《怀唐伊条约》的拟定也有着双重目的：确立新西兰的合法独立地位，并将这些岛屿置于英国的保护之下。《怀唐伊条约》想要在这两方面达成的平衡自签署以来一直引发抗议，直至今日，关于土地的对立主张仍然能引起人们的共鸣。《怀唐伊条约》中最具争议的内容是“土地、住所和个人财产的主权都属于酋长、部落和新西兰人民”[139]，这条自相矛盾的条款核心在于亲属关系与王权关系之间的关联。

毛利人以为，他们是在与英国人建立一种家族关系，而选择了英国人，就要放弃“马里安的部落”——法国人。毛利人与英国人之间的亲属关系被认为来自共同的祖先和宗教，这种亲缘关系也让毛利人成为国王。1839 年，毛利人产生了召开“国王选举”会议的念头。[140]不过，在对毛利人争取王权的行为发表评论时，巴斯比却说：“我相信我们都同意，从他们自己人里选出一位国王是绝对不可能的。”[141]他在写给兄弟的信中表示，一位毛利酋长曾暗示，巴斯比本人有可能成为他们的国王，“我告诉他，在这片土地的习俗中是没有国王的，权力必须掌握在酋长联盟的手中”。[142]

1835 年《宣言》呼吁英国国王成为“新生国家之母”[143]，这样的措辞是由毛利酋长直接提出的。[144]巴斯比之所以不支持毛利国王或者自己称王，是因为对正在吞并领土的英国人来说，最终的主权并不属于毛利酋长。更准确地说，主权属于远在天边的英国现任君主维多利亚女王，并由她委托给了驻新西兰及驻悉尼代表。只有在服从维多利亚女王的情况下，酋长的地位才能得以存续。支持“独立”是反革命帝国的表象，帝国利用了这个时期关于政治和独立的话术。

难怪在接下来的几十年间，毛利人与英国人展开了一系列小规模冲突，因为他们也可以成为君主。19 世纪 50 年代后期，“国王运动”任命了第一位毛利国王，反对大英帝国占领其祖先的土地，还成功发动了针对英国人的武装抵抗。1858 年，该运动宣布了王国的边界，希望与殖民国并肩执政。有趣的是，“国王运动”颇具创意地吸纳了革命时代的其他故事，比如，海地革命就是“国王运动”的参考依据之一。毛利人从自己的世界观出发，对海地局势进行了解读。海地人在山上建起了一座防御工事，在那里悬挂自己的旗帜，挑衅法国人对他们发起进攻。“岛屿已经独立，也制定了法律，它的旗帜已经升起，议会也在为国家的利益而运转。酋长们达成一致，法律已经生效，许多港口都很富庶。”[145]

政治秩序的变化是以慢动作展开的，是通过部落、哈普的定义和部落内部的既定概念的演变，还有战争，以及毛利人对英国和全球事件的反应来实现的。从原住民的《独立宣言》到旗帜，英国的入侵巧妙地利用了革命时代的工具来对抗革命。毛利人也接受了君主政体的衣钵与革命时代的风尚——包括曾经发生在海地的事情——以回应英国。不过，太平洋其他地区其实也发生了类似的政治整合，使得这一切不仅仅是属于毛利人的故事，而是那些年间太平洋地区的整体特征。武器与思想、基督教与大不列颠帝国、英法对抗与他们的共同目标铸就了这些变化，但这些变化也并非单纯由外部力量造成的；准确地说，“变化”一词被纳入了毛利人与太平洋地区的政治词典。英国人得以利用这些冲突为帝国谋利。

第三章

印度洋西南：反抗的世界与不列颠的崛起

- 面向原住民土地之外
- 布尔人的爱国者起义
- 起义中的奴隶
- 毛里求斯与新闻
- 跨越法属印度洋世界
- 英国人的到来
- 帝国的道路：从革命到反革命

即便是我们这个时代，叛乱分子、造反分子和逃亡的独裁者也会在地下洞穴中寻求庇护。蛰伏在暗处与世界隔离，以使自己宏大的梦想存续下去。

事情发生在1788年，也就是法国大革命前夕，第一舰队抵达澳大利亚建立罪犯殖民地的那一年。那是世界末日预言应验的前一天，预言是叛乱分子扬·帕尔（Jan Paerl）在南非的荷兰殖民地边域发布的。斯韦伦丹（Swellendam）的行政官康斯坦丁·范·努尔特·盎克鲁吉特（Constant van Nult Onkruijdt）发现了帕尔的地下住所[1]，斯韦伦丹位于荷兰殖民政府所在地开普敦以东120英里处。作为行政官，盎克鲁吉特就是殖民地边陲的首席代表。那时，扬·帕尔的“千禧年运动”盛行，大约200人被他超凡的演讲魅力吸引，追随在他左右，将他视为“科伊科伊（Khoikhoi）之神”或“我们亲爱的主”。[2]他为追随者创造了一个新的世界，在那里，神将允许科伊科伊人夺回自己的财产、土地和牲畜。[3]

在帕尔的住所，盎克鲁吉特当即搜查了这名叛乱分子的个人物品，找到并没收了一把刀。[4]这可能就是帕尔第一次发表演讲时用过的那把刀，他用它刺了自己两次，表明刀子是无法伤害他的。对盎克鲁吉特来说，发现这处住所令人欣喜，他的积极干预取得了成效。

身处边域，盎克鲁吉特有他自己的原则：做他认为最好的事，忽略开普敦当权者的建议。一个多星期前，他致信开普敦方面，声称在斯韦伦丹农场上做苦役的科伊科伊原住民试图“阴谋”重获“整片土地，将其置于自己的控制之下，像他们的祖先一样进行统治”。[5]处理这则消息时，盎克鲁吉特站在了移民农民，即斯韦伦丹的布尔人（*trekboers*）这一边。在盘问了几个被俘的科伊科伊反叛分子之后，他想出了一个计划。趁科伊科伊叛军在高地集结之际，他命令手下的士兵对科伊科伊人位于河谷（River Valley）与森德河畔（Rivier-Sonder-End）的定居点发起了进攻和抢劫。考虑到科伊科伊人贫困潦倒的境遇，他们撤退到高地就意味着要切断与欧洲资本和文化的一切联系，所以这是一场非常激进的反抗行动。

发现帕尔的住所后，盎克鲁吉特展开广泛的调查，甚至采取了贿赂的手段，却仍旧没能成功找到这个反叛分子。在他掌握的信息的大致描述中，帕尔是个身材高大的混血儿。搜查的过程中，帕尔被打上了“混种人”的标签。他的母亲是斯韦伦丹的一名科伊科伊女子，与一名至少拥有部分欧洲血统的男子发生了性关系。虽然缺乏确切细节，但在 18 世纪晚期，跨越肤色界线、随随便便且往往十分暴力的性行为在南非并不少见。[6] 1790 年，帕尔被捕，在此之前一年多，盎格鲁吉特就已经辞去了职务。

帕尔掀起的这场运动尽管有其特殊性，却暗含着那个时代的特点。18 世纪末以前，开普殖民地及其周边地区在人口结构、土地所有权、移民与原住民及奴隶的关系等方面都陷入了危机。随着危机的蔓延，反抗的声浪不仅在科伊科伊人中盛行起来，也获得了其他群体的支持——包括布尔人、其他原住民，以及印度洋世界其他地方的奴隶。18 世纪和 19 世纪之交，无数人都怀揣着重塑开普殖民地世界的梦想来到这里，这里如同一座桥梁，连接了居住着抗议人群与团体的各大陆，各种起义团体在这里崭露头角、紧密交织。迁徙的人带来了政治变革的消息，还有千禧年说、遥远地方的文化，甚至还有来自印度洋其他地方的物资——起义从一拔拔的接触和交流中获取了力量。虽然这些起义与以陆地为基础的农业有关，但其中不少也依靠海上途径。

起义层出不穷，英国人全副武装地赶来，占领了这座荷兰殖民地据点，随之带来了另一种变革。1795 年至 1803 年，英国人初次来到这里是担心法国人进军，出于对拿破仑的恐惧，1806 年他们终于将这里占领。英国人还对法属印度洋世界发起了猛攻，这是对众多起义的一种反应。其中，毛里求斯岛，也就是当时的法兰西岛，同样至关重要，毛里求斯的共和主义为法属印度的旁观者们树立了榜样。这座岛屿位于印度洋西南，其共和主义起初受到了拿破仑一世治下总督的限制。1810 年，岛屿被英国人接手后，共和主义的发展也受到了限制。英国人不仅希望结束这里共和主义盛行的名声，也希望清理当地的海盗。这又是大英帝国的反革命行动。

在汪洋浩瀚的南方各地，各式原住民抵抗运动和起义的涌现为大英帝国的崛起提供了环境。这股浪潮与荷兰、法国后裔在寻求更多自治权的过程中引发的骚动有关。尽管我们主要的研究对象是原住民政治，但移民、劳工和欧洲定居者也是其中的重要组成部分，很难将原住民政治从中单拎出来。原住民的抗争与奴隶、布尔人的抵抗紧密相连，反过来讲，这种抵抗是通过已经基本被人遗忘的联系形成的。南方水域涌动的浪潮将开普殖民地与毛里求斯联系在了一起，进一步延伸到了巴达维亚和印度，还有海湾地区。

面向原住民土地之外

帕尔的“千禧年运动”标志着许多正在积蓄的力量。有了这些力量，革命思想才得以通过不同的方式蓬勃发展。荷兰人约翰内斯·尼古拉斯·斯沃特（Johannes Nicolaas Swart）占领了一片科伊科伊族群居住的富饶土地。族群领袖科巴斯·瓦伦丁（Cobus Valentijn）抗议这是非法的，并将此事上报给了盎克鲁吉特的前任行政官和盎克鲁吉特本人。不过，瓦伦丁的控告并没有收到想要的回应。帕尔也正是发现法律无法保护自己之后，才经历了“内心的皈依”，成为神。[7]

帕尔奋起抵抗前的43年，斯韦伦丹一直处于荷兰东印度公司的庇护之下，该公司负责治理南非的这一地区，并设立了管辖区域。在抵抗运动发生前大约10年，这个定居点还只有四所房子，其中一所由行政官使用。这不仅表明当地人口缺乏，还说明布尔人这时还没有大规模移居至此[8]，每个农民有权耕种6000英亩①的土地。开普敦的人口压力和灰暗前景迫使布尔人移居到了这里。18世纪后期，布尔人感觉土地越来越稀缺，河流是他们随意扩张的边界标志：先是以北边的斯韦伦丹和相邻的斯泰伦博斯（Stellenbosch）为界，同时向西延伸至加姆图斯河（Gamtoos River）。后来，为了平复民怨，边界又进一步推进到了大鱼河（Fish River）和布什曼河（Bushman River）以西，但移民农民仍旧怨声连连。1755年，他们致信荷兰总督：“除非殖民地进一步向东、向北扩张，否则居民将无法拥有自己和子女的

---

① 1英亩约为4050平方米。——编者

农场，不仅无法摆脱贫困潦倒的状况，恐怕还会过得更糟。”[9]

随着民怨愈发严重，荷属开普敦和布尔人之间出现了分歧，导致殖民者对这些布尔人有了成见。开普敦掌权者担心布尔人及其亲属会变成异教徒和目无法纪的野蛮人，于是将这些人说成是懒鬼。一位苏格兰植物学家、旅行家曾经写到自己拜访一名“荷兰布尔人”的经历。此人“拥有无数的牛群，却没有玉米，勉强有间房子栖身，虽然这里既能放牧也能居住”。他接着写道：“他们大多数人都性情懒惰，很少会修建房屋或耕种土地。”[10]这样的印象当然是不准确的，由于耕地是份苦差事，自给自足在这些离开了开普敦的穷苦白人中成为必须。他们为开普敦供给肉类和黄油，但交通状况十分糟糕，且成本高昂。瑞士自然历史学家安德斯·斯帕尔曼（Anders Sparrman）曾强烈要求在开普殖民地的港口之间建设更好的道路。他写道：“每年都有太多天被无谓地浪费在了通往开普的路上。”[11]

显然，开普敦与边域之间缺乏理解的情况越来越严重，引发了各种政治分歧，但与此同时，边域与开普敦的经济关系却越来越密切。即便是在这之前，布尔人在经济方面其实也并没有被孤立过。边域居民受城市恩惠，城市则依赖边域居民提供肉食。全球战争时期，停靠在开普敦的船只更多了，经济爆发式增长就与诸如此类的原因紧密相关。但爆发后随之而来的是经济萧条，随着18世纪70年代渐进尾声，萧条给边域造成了强烈影响，牲畜价格的下跌成为起义的背景。

除了经济因素，法国大革命前夕发生的边域危机也与和原住民的关系有关。这些年间，科伊科伊人和其他原住民、混血人种历经的沧桑宛若一幅大型拼图。帕尔的人生经历就是拼图中的一片。1713年，天花病的流行令科伊科伊族人口骤减，“道路两边随处可见瘫倒的人，仿佛是遭到了荷兰人的屠杀——有人说他们都被荷兰人施了魔法”。[12] 18 世纪中叶，科伊科伊人十分重视欧洲的武器、烟草、白兰地和畜牧技术，事实上，科伊科伊人与布尔人存在着重要的相似之处：他们都是 18 世纪初期勉强度日的农场工作者和牧人，这样的相似之处不可避免地使他们构成了一个相互依赖的体系。但是到了 18 世纪 70 年代末，局势就大不相同了，从以帕尔为中心的“千禧年运动”就能明显看出，反抗与独立的情绪已经越来越浓。到了 1797 年，通行证制度开始限制科伊科伊人在斯韦伦丹的自由移动。[13]

奥托·弗雷德里克·门泽尔（Otto Friedrich Mentzel）是开普敦移民。他称科瓦桑人（Khoisan）为“霍屯督人”（Hottentots）和“布须曼人”（Bushmen），还发表了令人不安的带有严重种族偏见的言论。这些人没有永久居所的情况被欧洲人当作扩张的借口。提到科瓦桑人时，门泽尔这样写道：

> 他们散居在开普殖民地东部、北部的大山中，没有固定的居所或栅栏村庄，而是从一个地方流浪至另一个地方，有时还成群结队地躲在沟壑与岩石之间，只要能勉强度日就极尽懒散。在食物耗尽之前，他们决不会去捕猎，饿到筋疲力尽时才去寻找猎物。他们的本性显然并不野蛮，也不残忍，但欧洲人像射杀狗一样射杀他们，对他们展开迫害，因为他们没有任何东西可吃，饥肠辘辘的他们便变得无所畏惧且胆大妄为，以至于他们以生命冒险，且嗜血成性。[14]

被门泽尔描述为积极扩张的行动实际上是一项掠夺与驱逐原住民的计划，布尔人的暴行在帕尔事件前后的那些年逐渐常态化，在力量微弱、以游牧为生的牧人中引起了反应。侵略的本质从俘获俘虏上就能体现：1795 年，格拉夫－里内特（Graaff-Reinet）关押了大约 1000 名俘虏，是布尔人突袭原住民定居点时俘获的。正如研究阿非利堪人（Afrikaner）的著名历史学家所写："在这个世纪的最后几十年里，格拉夫－里内特的农场成为残忍暴行的现场。"[15]

18 世纪晚期，欧洲人后裔除了与科伊科伊人的关系日益紧张，还和另一个定居在开普殖民地以东的原住民族——科萨人（Xhosa）——展开了长达百年的战争。科萨人愈发强烈地意识到，自己在种族上与科伊科伊人是不同的，同时又与他们有着广泛的交流，"科萨"一词就源自科伊科伊语，意为"愤怒的人"。[16] 18 世纪晚期，科萨人形成了更加集中的政治结构，第一次在布尔人农场以东的地方建立了定居点。随着相互对立的布尔人与科萨人定居点彼此接触，冲突接踵而至。科萨人发现欧洲人偷走了他们的牲畜，还俘虏了他们的壮丁与子女。欧洲人与科萨人之间的冲突采取的是突袭与反突袭的方式，随着布尔人战争陆续展开，科伊科伊人爆发了大规模的叛乱，他们从布尔人的农场逃脱后又对这里展开了突袭。布尔人与一个原住民族的冲突导致了与另一个原住民族的冲突。

帕尔事件发生后 11 年，也就是英国人第一次占领开普殖民地的 1795 年至 1803 年之后，持久的动乱贯穿了 1799 年至 1803 年。一些农场的叛乱分子杀害了那里所有的欧洲人。在此期间，470 座农场被烧毁，叛军抢夺了 584 匹马、3137 头公牛、22 230 头肉牛和 19 766 头绵羊与山羊。[17] 因此，叛乱对于原住民来说，就相当于去占有农业经济中最重要的东西。除了东部的科萨人，布尔人还必须屈服于第三个原住民族——北部的桑族（San）人。

殖民者称他们为布须曼人，他们会大量聚集，对农场发动突袭。尽管被殖民者以种族化的方式区分开来，桑族人与科伊科伊人其实未必是可以分割的。二者都在经受欧洲扩张侵略的压力，并以暴力予以回击。[18]

科伊科伊人、科萨人和桑族人等南非原住民的起义是欧洲人进行游牧扩张造成的。人口的压力、农耕的不稳定性和勉强度日的经济状况是关键因素，因此，掠夺也成了这些叛乱的特点。不过，虽然布尔人一直在镇压起义，却也将此刻的革命思想用作自己的一件武器。

布尔人的爱国者起义

尽管革命时代在南方被定义为原住民的政治觉醒，但其实也有布尔人参与。他们之所以要参与其中，是因为布尔人的身份与这片南方土地有着密切的关系。布尔人的叛乱是局部的，同时又与全球趋势相一致。

从 18 世纪 80 年代起，一种反对荷兰东印度公司的爱国主义思潮出现在开普敦，后来又在边域地区兴起。如果开普敦总督将科伊科伊人视为一个民族，那么此时的布尔人也开始维护自己的民族了。他们用“阿非利堪人”一词来形容自己的民族，通过这种方式与荷兰政府划清界限。布尔人的不安始于开普敦的那些将荷兰东印度公司视为旧制度代表的人。布尔人的爱国主义精神还从荷兰的革命中得到了启示——在法国大革命的余波中，巴达维亚共和国成立了。不过南非的爱国主义并没有受到欧洲局势的影响。

我们首先来看看遥远的北半球发生了什么。1785 年至 1787 年，在美国独立战争的影响下，爱国者通过起义占领了荷兰的许多城镇。该运动的核心是复兴荷兰的过去、重新建立联邦政府，抨击奥兰治君主国的衰落。与自己的南方同胞一样，这些身在荷兰的爱国者也不支持荷兰东印度公司。他们提倡的是天赋人权和原初的民主制度，同时十分珍惜平民主义基督徒的虔诚。起初，他们遭到了对手的全面打击，在普鲁士军队的帮助下才在法国大革命的余波中重组。1795 年，一支法国军队入侵荷兰，建立了巴达维亚共和国，一直到 1805 年为止，该共和国由荷兰爱国者统治。奥兰治王子逃往了英格兰。[19] 1796 年，荷兰东印度公司国有化。就在此时，民族主义情感在开普殖民地的百姓内心深处爆发。在 1795 年巴达维亚共和国建立之前，甚至是在 18 世纪 80 年代的荷兰爱国者运动爆发之前，爱国主义精神就已经在开普殖民地兴起，这与本国和殖民地被因果关系捆绑在一起的观点背道而驰。

1779 年，开普敦的布尔人发起请愿，要求拥有与荷兰东印度公司高级职员同样的权利。他们渴望自由贸易，谴责该公司的垄断做法，还对公司的腐败行为提出了控诉，为“局促的生活”以及“贫困潦倒”的前景怨声连连。他们将这样的负担归结为“重压之下，公民必然怨声载道”，而这样的压迫正是公司的高级职员造成的。[20] 一名布尔人在提到普勒滕贝格（Plettenberg）总督在 1785 年之前的履职情况时表示：“所有与政府进行的交易，都有贿赂现象。许多高级官员公开经营农业和商业，令殖民地居民普遍不满。”[21] 但是布尔人又指出，开普敦的治理模式是地方性的，布尔人有权惩罚自己的奴隶。布尔人请愿的核心是将自己同其他原住民区分开来的种族主义，他们的叛乱不仅针对传统权威，也针对原住民和奴隶起义。他们于1784年在荷兰起草了另一份请愿书，警告称“道德的彻底堕落即将到来”，还声称他们正变得“和布须曼人－霍屯督人（科瓦桑人）一样对殖民政府构成威胁”。[22]所有这一切都表明，将这一次的抗议单纯解读为由荷兰扩张引起的政治潮流是危险的。

在帕尔曾经活跃过的地方，布尔人的爱国主义思潮也兴盛了起来。1795年，布尔人在斯韦伦丹发动起义。60名自称“国民”的布尔人在自称“民族司令”的男子指挥下冲进了殖民者定居点。[23]当时的行政官安东尼杰·福尔（Anthonij Faure）被“免职”，取而代之的是一个“民族的”行政官。这些斯韦伦丹叛乱分子提出的要求包括取消纸币和自由贸易机构，他们还批判了福尔在与科萨人的战争中采取的行动，声称他站在了原住民那一边——这是南方的爱国者们不断重复的一种说法。

18世纪90年代，爱国主义在邻近的格拉夫－里内特地区持续的时间更长。再一次，行政官霍诺拉特斯·梅尼尔（Honoratus Maynier）遭到了佩戴三色帽章的叛乱分子的驱逐。叛乱分子认为自己处于荷兰国会的直接控制之下（国会是荷兰的国家立法机构）。[24]数名“人民代表”强行进入了地区议会。这些叛乱分子对梅尼尔向科伊科伊人开放法庭的做法尤为不满。叛军领袖之一阿德里安·范·加斯维尔德（Adriaan van Jaarsveld）在书写议程时用到了“volk”一词，意为人民或国家：

人民强烈要求打败科萨人。他们不愿明确表达出来的原因是，他们害怕随心所欲采取行动造成的后果，渴望袭击行动能由上级权威机构来执行。人民很早以前就想痛击科萨人，却害怕自己实力太弱，他们需要帮助。[25]

格拉夫－里内特的叛乱一直持续到了英国人统治开普殖民地，还卷入了荷兰的海上关系。1797 年，开普敦总督马戛尔尼勋爵（Lord Macartney）的秘书安德鲁·巴纳德（Andrew Barnard）致信东印度公司军官罗伯特·布鲁克（Robert Brooke），谈到了格拉夫－里内特叛乱分子是如何武装自己的，形容他们的“性情如同火山一般，为了加倍猛烈爆发会暂时偃旗息鼓”。巴纳德还写到了名为“希望号”（*Hope*）的南海英国捕鲸船是如何到达德拉瓜湾（Delagoa Bay）的。在那里，轮船需要补充饮水，于是派了一艘横帆双桅船去取水。几天之后，“希望号”注意到另一艘船，以为它是法国人的劫掠船，于是马上升起美国旗帜，假装自己是美国人。然而，“希望号”发现那艘船其实属于荷兰：

> 他们从巴达维亚装载了 600 桶火药和八门火炮——从十二磅炮弹到四枪（?）越野马车，射击精准。除此之外，船上还有成包的货物和咖啡。所有东西都要被运往阿尔戈阿湾（Algoa Bay）登陆。这个河湾位于斯瓦特科普斯河（Swarte Kops River）河口，距离德罗斯蒂（Drosdy）或格拉夫－里内特镇不到一天或半天的航程……这一切都是给他们准备的。一收到这些，他们就打算宣布自己独立于开普，并将按照法国的制度建立自己的政府。[26]

捕鲸船与荷兰双桅横帆船“哈斯杰号”（*Haasje*）对峙了三个星期之后，一艘葡萄牙船上的几名船员赶来帮忙，这才让英国人占了上风。荷兰人逆流而上，船上大部分船员都成了俘虏。但巴纳德写道："当地人在对峙过程中曾谋划盗走成包的货物和咖啡……"总督马戛尔尼勋爵致信伦敦方面，声称这次的远征"十分无知、计划不当"。[27]"哈斯杰号"的船长雅各布·德·弗雷恩（Jacob de Freyn）"派了一个黑人"去给格拉夫－里内特方面送信，希望能从德拉瓜湾前往阿尔戈阿湾，也就是巴达维亚总督吩咐他卸下物资的地方。[28]据"哈斯杰号"的三副所说："船只离开巴达维亚时，除了船长和当地的总督，没有人知道这条船的目的地。"船员们还以为自己要去的是德那地（Ternate）岛。[29]

巴纳德曾在1799年的报告中声称，还有人试图为叛乱分子提供支持，一艘名为"普雷努斯号"（*Prenouse*）的法国船只悬挂的是丹麦旗帜，在阿尔戈阿湾被发现后遭到炮击，被追出200英里。[30]此时，英国人已经在阿尔戈阿湾建立了一座要塞——"第二直布罗陀"。[31]与"普雷努斯号"之间的冲突引发的讹传声称，法国人为了支持荷兰爱国者，已经派了部队登陆。截至1800年3月，这艘船被捕获并炸毁后，报纸上出现了"该海域内法国舰队遭受最后一击"的报道，但法国劫掠船仍旧持续在毛里求斯出没。[32]此时，毛里求斯仍旧处在法国人的统治之下。虽然布尔爱国者的起义是在当地酝酿的，且与欧洲方面有关，但它也与南方海上各地发生了联系，并从巴达维亚取得了物资。

"普雷努斯号"事件与1799年格拉夫－里内特的布尔人试图建立自由国家是同时发生的。布尔人认识到，英国政权是软弱的，于是采用了"自由、平等、博爱"的标语，却被巴纳德轻蔑地称为"被诅咒的法国信条"。[33]格拉夫－里内特的布尔人领袖范·加斯维尔德曾因伪造罪入狱，被同伴释放后又被武装护卫队送往了开普敦。叛乱分子大量聚集，坚称要安排"一名英国行政官”，因为他们“已经不再是荷兰公民”。作为回应，英国人派出武装力量扑灭了革命热情，解除了叛乱分子的武装，并宣布戒严。针对该地区布尔人的叛乱问题，巴纳德在给马戛尔尼的信中写道：“他们将被送出殖民地，因为只要他们还在，该地区就永远不得安宁。”

然而，边境被如此庞大的英国军队攻破之后，殖民地爆发了全面起义：科伊科伊人趁机突袭了布尔人的农场，还与科萨人联起手来。这就是上文提到过的原住民起义，与英国人第一次占领开普殖民地紧密相关。布尔人的不堪一击是因为英国人拒绝为他们提供火药。[34] 布尔人内部传言称，他们被俘后将被杀害，妇女将被送给“黑人”，他们惊慌失措地逃跑了，因为他们的妻子“今年在大腿上抱着的还是白人婴儿，明年就会是黑人婴儿了”。[35] 以英国军队的军事行动为背景，英国政治家、南非旅行家约翰·巴罗（John Barrow）记录了布尔人与“霍屯督人”之间的悲剧性暴力事件，还提到了一件只能被归为军事犯罪的事：

> 我们刚和这些人分开，停在一座房前喂马，偶然看到一名怀抱着孩子的霍屯督年轻女子躺在地上，样子十分惨烈。她从头到脚都被某种可怕的鞭子抽打过。这种鞭子由犀牛或海象的兽皮制成，被称为“sambocs”。有人用野蛮而残忍的方式打得她几乎体无完肤，就连小婴儿的身体两侧也一样。孩子紧紧抱着母亲，躲开了野蛮怪物的鞭笞。[36]

就这样，布尔人的起义成为英方干预的背景，而英方的干预反过来又深化了 18 世纪末南非原住民的反抗。对巴纳德而言，武力是区分英国与其殖民前辈荷兰的关键。他指出，布尔人“认为自己不受政府的控制，还能像荷治时期那样，与软弱得无法同他们抗衡的政府玩同样的把戏”。[37]革命与帝国主义联系了起来。可悲的是，帝国主义最终只有通过更强力的军事打击和巩固英国殖民主义的行政机构来加强自身，才能将对手赶入地下。

布尔人利用美国独立战争与法国大革命的口号，以巴达维亚共和国为依托，倡导保守的殖民地文化。这种殖民地文化在当地催生了“革命”，包括布尔人坚信要严加管教奴隶，对原住民展开侵略性攻击。这些为大英帝国的反革命扩张奠定了基础。

起义中的奴隶

开普殖民地的革命版图是沿着多条路线区隔开来的，这一时期还有另外一群人也在非洲南部发动了起义，那就是从印度洋各地来到开普殖民地的奴隶。他们既不是原住民，也不是殖民者，却在推动开普殖民地革命的过程中发挥了至关重要的作用。

奴隶的民族多样性和在殖民地散居的状况妨碍了对起义而言十分重要的同志情谊。他们采取的暴力反抗都是个人化的，包括利用从科伊科伊人那里学来的知识毒害主人，或放火焚烧奴隶主的房产。[38]自杀也是一种绝望且悲惨的抵抗手段，但能让奴隶主付出高昂的经济代价。为了引起其他奴隶心中的恐惧，斯韦伦丹发生帕尔事件两年前，曾有奴隶主将一具溺亡的女性奴隶尸体从河里拖出来示众，直到尸体腐烂。[39]逃跑的奴隶会与边域原住民联合起来。混血族群被归为“杂种霍屯督人”（***bastaard*** *hottentots*），他们令殖民政府难以辨认出逃跑的奴隶。[40]

在被奴役的人群中，这几十年间从海外传来的革命言论被彻底修改，以适用于当地。1808 年，开普敦发生大规模奴隶起义。[41]起因是两个爱尔兰人告诉 30 岁的酒铺管理员路易斯（Louis）——“威廉·科尔斯顿（Willem Kirsten）的分居妻子”的奴隶——爱尔兰、英格兰、苏格兰和美洲“没有奴隶，只有自由人，所有人都应该是自由的”。[42]

这两个爱尔兰人 20 出头的年纪，在废奴思想广为流传的年代穿越大西洋和印度洋，再次表明了更广阔的背景影响着非洲南部。其中一人曾经在印度当兵，为东印度公司工作，是以因病退役者的身份来到开普殖民地的。[43]与爱尔兰人接触后，路易斯率领一群奴隶，控制了种植葡萄和谷物的黑地（Zwartland）、库贝赫（Koeberg）和泰格堡（Tygerberg）的 34 座农场。起义遭到镇压后，大约 300 人被监禁，其中 16 人被宣判死刑，244 人得到严重警告并被返还给他们的主人。那两名爱尔兰人在试图从萨尔达尼亚湾（Saldanha Bay）逃跑时被逮捕。[44]

1808 年的奴隶起义在某些方面与帕尔运动相反，因为起义分子并未宣布放弃欧洲文化，而是力图对其进行模仿。与帕尔不同，他们穿起了欧洲服饰，还骑上了马——这是白人才有的权利，还追捕逃跑的农民，就像农民追捕奴隶一样。举个例子，黑地农夫彼得勒斯·格哈杜斯·洛（Petrus Gerhardus Louw）的妻子雅克米娜·亨德里纳·劳布舍尔（Jacomina Hendrina Laubscher）告诉法官，她的丈夫不在家时，曾有一辆由八匹马拉着的马车来到农场，车上的两名白人男子自称英国官员，并称车上“同行的黑人是西班牙海军上校”。据推测，黑人就是路易斯。[45]这些起义分子带了七名奴隶，表明他们吸纳了殖民文化：

据说，这三人当晚穿着上文描述的服饰与她共进了晚餐。两名英国人一左一右地坐在假扮西班牙上校的人身旁，对面坐着出庭人和她的几个孩子，由他们的一个奴隶服侍大家用餐……

第二天早上，一行人带着这家人的十个奴隶离开了，给他们留下了“几根被涂成五颜六色的羽毛装饰、几个弹药筒和两只装有火药的枕套……”

被问到这个问题时，路易斯透露，自己之前和农场上的一个奴隶耶弗塔（Jephtha）进行过对话，耶弗塔曾经带着农场的谷物去过开普敦。路易斯请求耶弗塔把起义的密谋告诉了其他奴隶，希望能将这些奴隶集中在盐河，并为他们提供武装支持。当晚他们就前往开普敦，攻占了一座炮台，要求总督给予他们自由。[46]“如果有人拒绝把弹药库交给他们，他们就强行冲进监狱，释放囚犯，为奴隶的自由而战。”[47]

虽然这些都表明，这场起义是在当地背景下形成的，其来源却是更加广阔的印度洋。路易斯本身姓范・毛里求斯，说明他出生在毛里求斯。他声称自己三岁就来到了开普敦。[48]法院名单上的其他参与者还包括奴隶“阿多尼斯”（Adonis）。这个被特别标注出来的人来自锡兰，似乎是从事渔业的奴隶。此外还有来自爪哇的“库皮多”（Cupido），来自莫桑比克的“哥德尔德”（Geduld）和来自印度马拉巴尔海岸的“达蒙”（Damon）。[49]在审问起义分子的过程中，这些人的服饰以及路易斯购买的羽毛、夹克、肩章和剑的具体作用都备受关注。路易斯似乎是在有意识地模仿海地革命分子的服饰。[50]据其中一名爱尔兰人迈克尔・奥佩尔（Michael Hooper）所说，羽毛的作用如下：

> 路易斯告诉我，他要成为开普黑人的总督。詹姆斯（另一个爱尔兰人）说这些羽毛是给路易斯的。詹姆斯在路易斯睡觉前在他的帽子上放了几根羽毛——但我们离开时，詹姆斯拿起路易斯那顶放了羽毛的新帽子，又把羽毛摘掉了。[51]

起义分子还提到，他们会像水手暴动那样悬挂红旗。[52]不过开普敦这次奴隶起义的背景可不像加勒比海起义的背景那么简单，当时在开普敦奴隶中还广泛流传着伊斯兰教，这再次证明了从南方世界整体的角度去看待南非起义的重要性。

到了1707年至1708年，与奴隶们相对很少接受基督教洗礼的情况相比，令英国人深感忧心的是“伊斯兰教观念在奴隶中的广泛传播”。[53] 18世纪60年代，伊斯兰教已经成为开普敦奴隶反抗中的重要元素，尤其是在那些自称“武吉斯人”的群体。[54]审问中，路易斯曾被明确问到他的宗教信仰，他回答自己是个基督教徒，但没有接受过洗礼。他还被要求陈述基督教教义，这种审讯体现了英国人对伊斯兰教的恐惧：

> 我的女主人总是滔滔不绝地讲述基督教，让我将它牢记在心。她警告我不要信奉伊斯兰教……我相信上帝和基督，如果作恶就会遭到惩罚，如果行善就会得到奖励，灵魂不会泯灭，做什么都要负责——这就是我的女主人教给我的。[55]

1658年，在开普敦第一次成为荷兰的贸易大本营之后不久，穆斯林就来到了这里。[56]尽管借鉴了苏菲派传统，但这些信徒还是创造了一系列新的团体和仪式。他们不得不接受大部分成员都是奴隶的情况，同时在本土的忠实信徒中寻找领袖。19世纪初，族群领袖弗兰斯·范·孟加拉（Frans van Bengalen）在阿尔瓦清真寺（Awwal Mosque）的建设过程中发挥了关键作用。阿尔瓦清真寺是南非的第一座正式清真寺，创建时间可以追溯到1798年。范·孟加拉曾是一名奴隶，通过赎身获得自由后成为奴隶主。在19世纪的开普殖民地，穆斯林的标志性仪式包括意在驱邪的出生仪式、宗教学校成人仪式中的《古兰经》背诵，以及庄严的葬礼。19世纪初，谢赫·优素福（Shaykh Yusuf）等人的墓地也起到了仪式的作用。优素福来自东南亚，是以政治犯的身份来到开普殖民地的，1699年去世。和欧洲思想一样，伊斯兰教传入印度洋后其论述与实践也被本地化了，有所改变。

回顾开普殖民地的各个领域，对奴隶、原住民和布尔人来说，18世纪的最后20年与19世纪初标志着反抗策略的转变。以往发生的起义也有多种方式，但新元素均可追溯到革命时代的影响。例如民族主义意识形态、其他地方起义的新闻、经济波动与人口压力，这些元素塑造了不断更新的革命。不同原住民群体相互影响，由多个族群领导起义时，起义就跨越了族群。即便开普敦及边域的环境决定了起义的特定形式，但其实是更加广阔的南方海洋世界勾勒出了革命时代的激烈程度。

开普殖民地环境复杂，涉及众多不同类型的殖民者和劳动者，这就意味着起义的类型会是多种多样的。即便革命能够本地化，采取不同的形式，价值与意义也有可能完全改变——个别起义还能维护奴隶制，但是革命时代参与革命的人都将自己的土地和身份与南方海洋联系在了一起。革命还被卷进反革命的帝国中间，帝国主义力图将革命置于自己的羽翼之下，并加以镇压。虽然开普殖民地是位于地球尽头的一个小地方，但开普世界之中还有世界。

毛里求斯与新闻

如果说开普敦是荷兰殖民主义在南印度洋的中心，那么毛里求斯就是法兰西帝国的总部。从某种程度上来说，法国仿效了荷兰人对其西部邻近定居点的控制方式。虽然毛里求斯最初是由荷兰人殖民的，却遭到了荷兰东印度公司的遗弃，不料从 1715 年起被法国东印度公司接手。18 世纪末，法国东印度公司破产时，岛屿的控制权移交给了法国王室。根据 1785 年的王室法令，这里成为法国在印度洋的行政中心。虽然荷兰人到达时这座岛屿上尚无人居住，但自殖民之初起，这里就成为一个多元化社会，岛民包括欧洲各国家的人、奴隶，以及混血种族。如今，它追求以“彩虹”之国自居，这一点从它的旗帜就可以看出。

1790 年 1 月下旬，加布里埃尔·德·科里奥利（Gabriel de Coriolis）上尉指挥的舰船从波尔多来到法兰西岛，带来了法国大革命的消息。船长和所有船员都得意地戴着象征革命的三色帽章。查尔斯·格兰特（Charles Grant）生于一个移居法国的苏格兰家庭，他的父亲路易斯–查尔斯·格兰特（Louis-Charles Grant）曾任毛里求斯总督。查尔斯·格兰特写道：“革命的大火很快在殖民地各处燃烧起来，人们都戴起了帽章。”[57] 这则消息带来了令人震惊的影响：四天之内就有 300 人佩戴了帽章，其中还包括一些女子。那些没有佩戴帽章的人会遭到强烈的质问。大街小巷都张贴着传单，要求“公民们”模仿法国组成议会。

然而，现任总督德·康威（de Conway）伯爵无法忍受革命：他叫来船上指挥官德·科里奥利，批评他引发了此番骚乱，并下令监禁那些张贴传单的男子，召集更加保守的郊区白人大规模赶到路易港来。不过，“公民们”是不会允许这种事情发生的，他们释放了撰写革命小册子的人，坚持要德·康威也佩戴国家帽章。1790 年 4 月，新组建的殖民地议会召开第一次会议，在安吉·德霍德托（Ange d'Houdetot）的主持下共有 61 名成员参加。

在此之前，在前总督布吕尼·德昂特勒卡斯托的开明统治下，这里是有抗议传统的（上一章提到过），这位穿越太平洋的法国航海家在汤加待过一段时间，在到达旅行终点泗水前去世。1789 年，在德昂特勒卡斯托的管理下，手握投票权的白人在岛上集结。[58] 伴随 1790 年革命的最新消息的到来，对公民选举权的呼吁变得激进起来。经过进一步的发展，共和党人很快成功限制了德·康威总督的权力，坚持要在法兰西岛派遣哪位代表前往巴黎参加国民议会的问题上发挥作用。7 月，他们一拥而入控制了政府大楼。

1793 年 2 月，法国废除君主制的消息传到了这座岛屿，造成了激进的效果。殖民地议会下令，所有标志与头衔都必须摒弃暗示或直接提及王室的内容：王室法院变成了一审法庭，司法委员会变成了上诉法庭，公文被盖上带有自由女神像、“法兰西共和国”字样的印章。议长于连·巴尔贝（Julien Barbe）在给总督马拉蒂克（Malartic）的致辞中说道：

> 公民的总督，你曾经代表过一位被人民爱戴拥护的国王。人民赋予了你名副其实的高贵，你却不知道如何做法国人民的国王，所以人民颠覆了你的最高统治权……法国已经永远废弃了君主制，但它所积聚的力量依然存在，行政权力也被悉数保留。你仍旧是殖民地权力的代表，没有人能比你更妥善地保护这些权力。你要尽忠职守，证明自己会服从议

会的意愿，发誓效忠法兰西共和国。你发誓将一直忠于法兰西共和国，用尽全力维护它。[59]

共和主义者的暴乱基本上都发生在海上。法国海军驻印度洋的爱尔兰裔指挥官亨利·德·马克内马拉（Henri de Macnémara）于1790年5月赶到了这里。他曾被路易十六派往迈索尔的蒂普苏丹宫廷担任特使。[60]他对港口的船员受到的“犯罪诱惑”深感不安。[61]据他形容，这些水手过分“渴望独立，这在君主政体中是永远不可能的”，而且他们“很容易被虚幻的平等意识误导”。[62]他还记录了岛上士兵叛逃的情况，将其汇报给法国海军部部长。传言称，他密谋在毛里求斯殖民地议会任命的两名国民议会代表——查尔斯·亚历山大·奥诺雷·柯林（Charles Alexandre Honore Collin）和安托万·科德（Antoine Codere）前往巴黎的途中将其逮捕。风闻此消息，士兵们来到港口，冲上马克内马拉的船，将他监禁，随后将他送到了新成立的自治议会面前：

士兵动乱已经发展到了无法平息的地步。议会成员认为……为了他的自身安全……有必要将其关进监狱……

关于马克内马拉的遭遇，后世流传着好几种不同的说法，且都进行了润色。据19世纪末的评论家阿尔伯特·皮托（Albert Pitot）所说，马克内马拉曾数次被带到岛屿议会面前，一次还被强迫说自己爱国，另一次则被迫穿上了国民警卫队的制服。[63]皮托说，人们认为更换了制服就是改变了心意，于是蜂拥而来的人群高喊着：“马克内马拉万岁！”而据格兰特所说，在被士兵押送至监狱的过程中，马克内马拉还曾孤注一掷想要逃跑。经过他认识的一家钟表店时，他想要冲进去。作为法兰西帝国的权威人物，马克内马拉对自己的体格十分自信，认为单凭一支手枪就能吓退跟上来的人群。然而，这个插曲进一步激怒了士兵，引发了大规模的踩踏。马克内马拉随即被斩首。

后来一位评论家补充道，马克内马拉的头颅被砍下并被拿到镇上游街示众，最后被丢进了阴沟。[64] 另外一个人写道，他“残缺的尸体”被拖到资产阶级大桥（Pont Bourgeois）丢弃，后来被一名水兵埋葬。[65] 在这种小型社会里，暴力经常会以戏剧化、仪式化的形式出现，将流放者或逃跑的奴隶斩首就是例子。[66] 看到这种暴力行径指向了自己所在的阶级，格兰特写道，自己“愤怒得发抖”[67]，于是移居了英国。如果马克内马拉之死的传闻是真的，那他就没赶上去往巴黎的“安菲特律特号”（*Amphitrite*），以及船上两名去往巴黎的毛里求斯代表，他们在布列塔尼（Brittany）海岸附近失踪。[68] 来到毛里求斯之前，马克内马拉曾被路易十六从巴黎派往印度南部的迈索尔，陪同蒂普苏丹派驻法国的大使、迈索尔的执政王子回国。但是马克内马拉没能把蒂普苏丹的回信送回巴黎。[69]

斯韦伦丹和格拉夫－里内特的布尔人接管开普殖民地边域政府的时候，毛里求斯的殖民者也在尝试利用革命时代的局势。

这个故事主要关乎种族问题，议会的偏见体现在它将拥有人身自由的有色人种排除在外。当时法兰西岛的有色人种数量飞速增长，其中既包括获得自由的奴隶，也包括来自海外的移民。尽管有色人种曾在 1790 年强烈要求“行使上天和法律赋予他们的权利”，但是他们还是被排除在了议会之外。[70] 1794 年，建立自由有色人种特殊议会的要求也被驳回。[71] 1791 年的殖民地议会宪法允许 1800 名白人主导国家事务的方方面面，并任命了由 36 名成员组成的选举团体，进而任命了 300 名控制政府法律、行政和立法部门的公务员。[72]

四年后，尽管法国传来了废除奴隶制的消息，殖民者的偏见还是十分明显。共和主义者选择采取不同的做法。1796 年，巴黎派出了两名代表，推动奴隶制的废除。他们是律师勒内－加斯顿·巴克·德·拉沙佩勒（Réne-Gaston Baco de la Chapelle）和曾驻毛里求斯的记者埃蒂安·比内尔（Étienne Burnel）。不过，最后出于对生命安全的考虑，两人不得不逃离。因为在此之前，“几个年轻的克里奥尔人（Creoles）”进入了他们所在的政府大楼，说他们俩死有余辜。格兰特表示：“其中一名代表差点被手枪要了性命。”[73] 与此同时，法兰西岛驻巴黎的两名代表辩称，废除奴隶制会导致“自由人与奴隶的不幸，还会引发你死我活、两败俱伤的内战”。[74] 他们还说，有色自由人要求废除奴隶制的请愿书出自英国人之手，英国人希望将法兰西殖民地从共和国的手中分离出来。

1794 年，毛里求斯的雅各宾俱乐部（Jacobin Club）成立，他们在岛上发起恐怖统治，殖民地议会在此期间受到争议，进一步证明了岛上发生的事情的地方特性。该俱乐部源于“宪政之友”（The Friends of the Constitution）和更加激进的“无套裤汉联合会”（The Reunion of Sans-culottes）两个社团的联合。[75] 其最大胆的尝试是从毛里求斯租了一艘单桅帆船，将 100 多人送到了临近的波旁岛（island of Bourbon），那里一直都是欧洲列强在毛里求斯争夺的中心。此举的目的是逮捕波旁岛的当权者，这些人被控与英国人有书信往来。俱乐部特工将几名嫌疑人带回了毛里求斯，其中包括波旁岛总督、民事委员、路易十六的前外交部部长和海军陆战队前任指挥官。[76]

这些波旁岛的官员到达毛里求斯之后，雅各宾俱乐部的主席宣布："指控你们的是人民，审判你们的也会是人民。"格兰特写道："然后他们就被送进了地牢，在那里被囚禁了大约六个月的时间。"路易港的雅各宾俱乐部成员还修建了一座断头台。为了效仿毛里求斯，波旁岛也成立了一个雅各宾俱乐部。在向毛里求斯同胞介绍自己时，波旁岛的"无套裤汉联合会"是这样说的：

> 希望保持友好通信的兄弟和朋友，我们现在和将来的目的都是挫败法兰西共和国敌人的阴谋，纠正恶习；恢复和平、团结与安宁。[77]

毛里求斯与波旁岛之间的联系指向了横跨印度洋西南的革命纽带，相邻的殖民地可能会对彼此产生影响。

回到毛里求斯，在内部分歧的影响下，殖民地议会与雅各宾俱乐部"肖米埃"（*Chaumière*）针对司法权限爆发了争执。最终，实力更加强劲、支持者更多的议会逮捕了30名雅各宾俱乐部成员，解散了肖米埃，毁掉了断头台。1795年，反革命分子被释放。[78]奴隶制被废除的消息传来后扭转了局势，有利于议会削弱革命力量。海地起义引起的恐慌令人记忆犹新。在这座70 000多人口中有55 000人是奴隶的海岛上，人们自然会问：法兰西岛的奴隶也会揭竿而起吗？[79]这样一个问题及其引发的恐慌削弱了革命的信念。

在这些事件中，一场天花疫情自1792年起席卷了这座岛屿，如同饥荒一般抑制了人们的革命情绪。[80]然而，其他起义又接踵而至，起义者要求国民护卫队袭击岛上的法国士兵，让他们离开毛里求斯。1799 年，法国出台了债务清偿的法律，人们担忧毛里求斯也会沿用这项法律，债权人与债务人之间展开了一决胜负的较量。[81] 最终，随着拿破仑·波拿巴的总督德康于 1803 年到来，革命与异议戛然而止，岛上所有的共和主义机构与思想都被瓦解了。

不过，在此之前，毛里求斯已经成功成为印度洋革命的中心。虽然受到种族、阶级和各种私利的限制，革命目标却在这里得到了明确表达，并得到了具有当地独立精神的人追随，甚至比南非更为激进。岛上居民把这里看作只属于他们自己的自成一体的世界。

正如后来的废奴主义评论家约翰·杰里米（John Jeremie）所说："毛里求斯从其孤立的立场出发，对价值感和独立性一直抱有错误的观念，但是在对抗法国方面……这里的居民取得了成功。"[82] 毛里求斯岛民主张，他们有权为自己做出决定。事实上，1795 年，在针对奴隶制的争端中，毛里求斯就已经是一个独立的国家了。毛里求斯采取的革命方式，保守地解决问题的方式，一直与法国保持着距离。当年 4 月，巴黎方面宣布不承认法兰西岛殖民地议会，并将派遣法国代理人前去进行改革。法国舰船到达毛里求斯时，还被当作敌舰，每当有船靠近，信号系统就会发出警报。[83] 这座岛屿还曾拒绝收容恐怖时期被驱逐到印度洋的 70 名极端分子，彰显了它独立于法国的地位，那些人最终不得不在塞舌尔（Seychelles）登陆。[84]

这种独立的革命之所以能够成功，部分原因在于毛里求斯的经济需求。革命为私掠、奴役和打劫行为提供了机会，从海上掠夺而来的收益对于支持不断扩张的甘蔗种植园至关重要。截至 19 世纪 20 年代，甘蔗已经成为岛上的主要产品，并且在海岛上仍旧随处可见。糖业收益的巩固是革命的直接结果，尤其是在海地革命扰乱制糖地区的供应之后。[85]据估计，毛里求斯的革命导致了500艘船遭到抢劫或摧毁，“涉及金额超过500万英镑”。[86]这一时期，奴隶交易还在继续，而此时正是废奴运动集结力量之时。在这种情况下，革命力量可能都会被掌权人物削弱（他们将掠夺与牟取暴利结合在了一起）。事实上，正如一位近代历史学家所写，殖民地议会是由特派代表、富商、律师和军官组成的，这些阶层正是这一时期最大的受益者。[87]

在法国大革命结束后的十多年中，毛里求斯一直如同灯塔般矗立着。一系列引人注目的代表团纷纷来到法兰西岛就是确凿的证据。在此期间，从格拉夫-里内特来到毛里求斯的共和主义代表团是为解决英国人的问题前来求助的。其他代表团则来自印度洋世界的其他部分：迈索尔的蒂普苏丹正在与英国开战，其代表团前来寻求法国人协助；来自缅甸勃固的代表团也在为英国人的进攻担惊受怕。[88]如果说来自欧洲的消息带来了什么激进影响，那么其影响范围是不仅局限于毛里求斯的，毛里求斯好像正在发生着什么，这反过来也吸引了其他民族来到这座岛屿上。

跨越法属印度洋世界

跟随一个到达毛里求斯的代表团——来自印度南部迈索尔的蒂普苏丹代表团——我们就能理解，发生在毛里求斯的事情是如何与印度洋远方的局势融合与分化的。迈索尔的蒂普苏丹希望与毛里求斯的共和主义者合作，这一事实证明，毛里求斯的殖民者起义与南亚的抵抗文化是相互关联的。

1798 年，蒂普的使团到达毛里求斯。要不是法国私掠船船长弗朗索瓦·里波德·德·蒙塔德维特（François Ripaud de Montaudevert）的努力，这些人就无法抵达。里波德住在毛里求斯，娶了一个波旁岛移民的女儿。蒂普苏丹已经与英国人三次开战，王国领土因为这些冲突缩减了大半。难怪“差点葬身海底”的里波德于 1797 年到达印度芒格洛尔（Mangalore）海岸时，蒂普苏丹的心中又燃起了希望。[89] 里波德在被逮捕时信口谎称自己是法兰西岛与波旁岛总督派来的代表，并主动提出从这两座岛屿上征召 10 000 人为蒂普出战。蒂普没有顾忌大臣们的怀疑，任命穆罕默德·易卜拉欣（Muhammad Ibrahim）与侯赛因·阿里·汗（Hussain Ali Khan）组成使团，前往毛里求斯。

与对里波德的信任相比，蒂普反倒对英国人充满了疑心。他要求自己的大使装扮成商人，还准备了假护照，命令代表团必须秘密行事。[90] 这一时期，蒂普采取的是积极政策，四处广派使节，试图以平等参与者的身份将他的王国与世界舞台上的其他国家联系起来。他的目标是巩固这一时期南印度典型的君主制度，即通过朝贡关系，将朋友和级别较低的人纳入自己的朝廷。使团还肩负着贸易任务，他希望创建“工厂”，作为商业的基地。[91] 使团到访或短暂驻留的地方还有：巴黎、君士坦丁堡、马斯喀特、喀布尔、布什尔、巴士拉、巴格达、德黑兰、设拉子、阿巴斯港、开罗、麦加、麦地那、波旁岛、佩古与开普敦。早在 1787 年，就有被派往巴黎的使团因装备维修在法兰西岛停留了很长一段时间。[92]

1798 年，驻毛里求斯使团在里波德的直接监管下出发了。

这不是一次周游世界的旅行，而是一次专制主义的旅行。[93]据说使节们曾向蒂普抱怨：

> 世界的庇护者，祝你健康！他（里波德）在船上给我们分配的住处与水手们的相当，没有任何可供我们睡觉或坐下的地方。

里波德给这些使节们提供的饮水并不比分给东印度水手的多。缺水意味着他们无法自己做饭，这是对使节所处文化的侵犯。针对饮水的抱怨暗示着两种不同的文化和种族等级制度。使节们自视比无足轻重的劳工更高一级时，里波德却认为南亚使节的地位低自己一级。这条很有价值的信息表明了双方为那个时代的革命潜力设定了上限。

最终，里波德给使节们分配了一艘专门睡觉和吃饭用的特殊小船，船速应该能与主船并驾齐驱。还有另外一项基本权利里波德没有意识到，使节们试图在大洋彼岸建设自己的交流渠道。船上装载的成箱薄纱或丝绸里夹着写给达官贵族的书信，蒂普写给毛里求斯权威统治者的信也在其中。里波德拿着这些信，想要将它们拆开。当使节们提醒里波德要保有法国人的尊严时，他才答应把书信还给他们。

毛里求斯的档案馆中仍旧保留着详细记载该使团所带贡品的清单。贡品包括：小山羊、家禽、澄清的黄油、豆子、茄子、香蕉、菠萝、葫芦、胡椒、藏红花、盐、辣椒、杧果、桃子、卷心菜、洋葱、鲜花、面包，送给翻译官的葡萄酒和几包槟榔。[94]

抵达毛里求斯之后，蒂普的使团提出了大胆的建议，蒂普将消灭在印度的每一个英国士兵，而作为回报，他将给任何为他出战的法国人提供补给。值得注意的是，这些补给品不包括葡萄酒。因为作为一位穆斯林王子，他是无法提供葡萄酒的。他还承诺提供马匹、骆驼、小公牛，为伤者配备护工和轿子。[95]还有人讨论了在岛上建立“工厂”、进行“买卖”的可能性，好让迈索尔的农产品和手工制品能在毛里求斯出售，以换取军事用品。使团还要求在熟悉航海和船只建造的人的陪同下返程。[96]随着谈判的进行，狡猾的里波德溜走了。但蒂普的政治野心已经实现，因为他明白，自己和毛里求斯的命运将紧密相连。据此，使节们吩咐法兰西岛人：

> 只要想着保护你们的岛屿就好，因为我们的国王会让英国人疲于应付、狼狈不已，无法将注意力转向你们。此外，阿富汗国王泽马恩·沙（Zemaun Shah）和大部分印度列强已为这个目的与我们的国王联手，不把英国人赶出印度决不罢休。[97]

面对这样的提议，毛里求斯总督马拉蒂克陷入了尴尬境地，感觉十分无力。考虑到毛里求斯士兵的数量已经严重不足，毛里求斯还派遣了一些兵力帮助荷兰的巴达维亚政权，他拿不出任何的武装力量。他能做的就是发布一份宣言：

> 我们邀请愿意以志愿者身份入伍的公民在各自的辖区报名，在蒂普的旗帜下服役。这位王子也希望能够得到自由有色公民的协助。因此，我们邀请所有愿意在他的名义下服役的人前来报名。[98]

为了招募新兵，一艘舰船被派往波旁岛。大约 80 名男性应征，根据他们是“白人”还是“有色人种”，这些新兵被进行了区分。[99] 蒂普热情接待了他们，但对人数竟然如此之少感到相当惊讶。这些士兵的行程与毛里求斯之前派遣军队到达印度的行程一样。1781 年至 1783 年，法国在印度与英国人作战时，启用了大量主要以克里奥尔人或混血士兵为主的毛里求斯人；与此同时，法国军队也为蒂普的父亲海达尔（Haidar）率领的抗英部队补充了兵力。[100]

蒂普与法兰西岛的联系遭到了开普和圣赫勒拿岛上的英国人监视。[101] 马拉蒂克的征兵启事传到开普敦后，当年晚些时候又传到英属加尔各答，打破了蒂普隐藏自己阴谋的愿望。[102] 这个消息的公开证明了使团的行动，对英国人驱逐蒂普的计划十分有利。在英国人看来，法国军队的到来属于“战争行为”。[103] 在此之后，英国军队很快在马德拉斯集结，准备与蒂普开战。几封徒劳无果的书信并没有改变政治对峙的局面。1799 年，蒂普就被入侵的英国军队杀害了。[104]

蒂普的革命情绪被英国人成功用作了象征资本，他们将蒂普妖魔化为东方暴君，这是可以逐渐动摇原住民统治者地位的反革命策略。为此，我们在解释与蒂普所谓的共和主义认同相关的消息时，必须非常谨慎。在 1798 年使团到达毛里求斯之前，据说蒂普治下的首都塞林伽巴丹（Seringapatam）成立了一个俱乐部，由自称“法兰西共和国海军中尉”的里波德主持。该俱乐部的文件颇受争议，文件提到蒂普接受了一个自相矛盾的头衔——“公民王子”。[105] 针对该俱乐部是否是“雅各宾派”的问题，历史学家们展开了争论，有人指出这是社团在英国战争时期的特征，其文件有可能是伪造的。[106]

这样的解释很有说服力，但应该被放在更广阔的印度洋背景下来理解。该俱乐部是在毛印关系的影响下成立的，也是在毛里求斯共和主义议会内运作的。事实上，该俱乐部的文件是与毛印交流的一系列文件摆放在一起的。俱乐部体现了革命时代的政治可能性的地方特色，也体现了印度洋两岸交流的潜力。将法属印度、毛里求斯以及好望角发生的事情与欧洲局势区分开来，是很有必要的。这些地方的事务需要根据其自身情况进行评估。相较于“雅各宾派”这样的评价和归类，我们需要优先考虑原住民的政治架构。

当然，该俱乐部仅在星期日的弥撒之后召开过几次会议，是个昙花一现、例行公事的机构。[107] 蒂普本人在俱乐部中的角色并不明确，社团看上去更像是里波德的宣传噱头。里波德要求成员们“发誓仇恨所有国王，除了法兰西共和国的盟友、胜利的蒂普苏丹”。[108] 据说国旗被展开时，蒂普出现了。游行队伍在城里行进时，大家鸣炮欢迎。这能否被理解为臣民朝圣国王的仪式性节日？据说蒂普还发表了这样的宣言：

> 通过公开承认你们的政治诉求，我向你们证明了我对它的喜爱。我宣布自己是你们的盟友，保证它在我的任内将得到和我的姊妹国——法兰西共和国一样坚定的支持。去结束你们的节日吧！[109]

在对 59 名俱乐部元老成员发表致辞时，里波德为他们讲解了人权与宪法的思想。该俱乐部成员还根据法国在恐怖统治时期颁布的法律制定了一套准则，身为俱乐部成员的公民都要受到这些准则的限制。[110] 在南亚，人们对公民身份的早期定义都与暴力密切相关。所有公民都要宣誓捍卫法国，“死在（自己哨位的）武器下，捍卫公民自由生存或死亡的神圣权利”。[111] 凡是向英国敌人投降的人，或是在战斗中表现出些许软弱的人，都将被处死。俱乐部中的士兵数量很多，表明共和主义思想在塞林伽巴丹的强硬和权威对公民产生的影响。蒂普着手实施军队改革，使之成为印度最强大的军队，共和主义法律也许是这位激进主义统治者凝聚战斗力的有用工具。[112] 好战的英国人夸张地将该俱乐部定义为“雅各宾派”，后来又将该组织在蒂普治下的军事用途与象征意义相提并论。

里波德制定的法律主要惩罚违背兄弟情义和上下级关系的行为，尽管没有提到奴隶制，但对暴力对待奴隶的行为还是有所约束：“凡上级威胁要殴打下级的，即便他没有实施这样的行为，也应被革职，并剥夺公民权利一年。”[113]

蒂普认为，他的国家是上帝赐予他来管辖的。据称，他曾提议与法兰西岛和波旁岛建立家庭联盟关系。这符合印度南部诸王力图将邻国纳入其王国的方式：“你和你的国家”与“我本人及我的人民可以成为一个家庭；相同的誓言可以约束我们的生死”。[114] 这与蒂普如何赋予自己高度的权力是一致的。他宣称自己是“帕德沙”（***padshah***），这是莫卧儿皇帝使用的头衔。[115]

与毛里求斯殖民地完全效仿法国，甚至成为一个独立国家的情况不同，考虑到次大陆的政治传统与土邦文化，这种方案在南亚是行不通的。不过，印度其他地方还有五个法国殖民地前哨基地，它们都在试图进一步大举效仿毛里求斯。牵涉到这些地区，模式就变得更加复杂了。

与迈索尔隔岸相望的金德讷格尔和本地治里，毛里求斯发生的一系列事件在这两个地方出现了稍显逊色的复制版本。金德讷格尔总督的房子遭到了突袭，一位历史学家称，这是法国大革命的消息传来后不久，攻占巴士底狱一幕的重演。公众分成了保皇派与革命派。和在法兰西岛一样，这些革命者罢免了保守的法国总督，用共和主义议会来取代他。[116]在南边的本地治里，事态更为严峻。革命是在当地议会与常设委员会合并时成形的，并选派了代表前往巴黎。[117]常设委员会力图限制法国总督的权力。1785年至1790年，共有六名总督就职，这些总督实施了一些不得人心的改革措施，以期提高当局的财政收入，这也成为委员会的工作背景。[118]常设委员会还对本地治里殖民地的地位被降至毛里求斯下面提出过异议。

本地治里的海岸与内陆被区分为白人区与非白人区。在试图扭转自己劣势地位的过程中，本地治里想要在印度的法属殖民地中占据主导地位。如今，它将自己视为法兰西帝国在东方的中心。1791年，它为法属印度成立了一个殖民议会，法属殖民地的代表在议会中共拥有21个席位，其中有15席将留给本地治里代表，只有三席留给金德讷格尔，难怪后者当时并不承认本地治里的主导地位。相反，金德讷格尔试图将自己打造成一个与法国直接建交的独立国家。[119]

和在毛里求斯一样，谁属于议会、谁不属于议会的问题，以及谁能成为革命公民、谁又不能成为革命公民的问题在这两个法属殖民地再次呈现出紧迫性和特殊性。本地治里当地的泰米尔人（Tamils）要求有议会席位，自封为“国家总统”的议会议长却否认了他们的权利，屈尊俯就地向他们保证，议会在有需要的时候会向他们寻求帮助。考虑到许多泰米尔人是在蒂普与英国人打仗时来到本地治里的，还曾经历过掠夺，这扇门的关闭显得议会霸道且狭隘。[120]

如果这件事对当局来说还容易对付，那么托帕斯人（*topas*）的问题则十分棘手，他们相当于毛里求斯那些参选了却没有运气进入议会的自由有色人种。托帕斯人代表了葡萄牙在次大陆的早期存在，他们拥有葡萄牙人的名字，有些还拥有法国血统。本地治里的白人女性数量很少，法国男人迎娶的往往都是托帕斯人女子。在最初被议会接纳六个月后，托帕斯人就遭到了驱逐。为了表示抗议，他们写道：

> 托帕斯人认为，（巴黎的）国民议会……颁布了一项法令，为任何出生并居住在美洲法属殖民地上的自由有色人种赋予了公民权利。尽管可以肯定的是，这一原则还没有明确适用于毛里求斯和加勒比海……[121]

隔着大洋远眺其他殖民地，托帕斯人通过比较提出了作为公民的权利诉求。截至 1792 年，他们才获准返回议会。这样的反复表明了在印度洋革命时代争取权利多么艰难，议会中不同的族群分布广泛，在不同的地方被以不同的方式定义，却能觉察到彼此的困境。

法属印度洋世界和荷属南非的本质并不相同。毛里求斯能够吸引使团来访，而南亚国家在政治上是永远不可能与这座岛屿对等的。共和主义或雅各宾主义的传播也不可能一成不变。在迈索尔的蒂普苏丹土邦统治之下，这些革命时期的事件被用来支持一种特殊的、具有合并倾向的军国主义独裁政治。与此同时，除了效仿毛里求斯，法属印度的殖民地也在寻找自己的革命时刻，让自己成为中心。就算各式各样的接触与交流将毛里求斯与南亚连接在了一起，但在每个地方都复制与粘贴就会掩盖社会与意识形态的地方性区别。谁能加入共和主义议会的决定可能会随着时间而改变。总之，这个发生过反抗、互相援助和革命的地方会被人遗忘。

英国人的到来

随着19世纪的头十年渐近尾声，开普敦和毛里求斯这两个与荷、法帝国主义相联系，分别以陆地和海洋为依托，相互重叠却截然不同的世界依次受到了强烈的冲击。在此期间，趁着革命与共和主义的影响，英国人入侵了这些土地。那些相互重叠却又各具特色的局部化世界渐渐失去了控制。

接下来我们要讨论的是本书已经提过的地方。1795年英国军队第一次到达开普敦，1810年法兰西岛陷落，英国殖民主义的到来无疑是个海上事件，而英国人能够夺取荷法两国在印度洋的大本营，既得益于远方的海上地区提供的支持与供给，也是因为对竞争对手在印度洋上扩张的恐惧。英国人到来后，不仅见证了政治与治理方式的变化，也经历了意识形态、贸易和文化的改变，以及君主上位、对自由贸易的强调和对雅各宾派闹事者的监控。这些都属于反革命行为。

荷兰爱国者在法国的帮助下取得胜利后，将奥兰治亲王威廉五世流放至英国。威廉五世从位于伦敦邱园（Kew）的住所寄出一封信，命令好望角总督在"船只能够安全停靠的桌湾、福尔斯湾及其他海港"迎接前文提到的英国国王的军队，并把他们看作与荷兰联盟的友军，是来好望角防止法国入侵殖民地的。[122]英国人长期以来一直想要开普殖民地，之前就曾在1781年派遣远征队来占领此地，却被皮埃尔·安德烈·德·叙弗朗（Pierre André de Suffren）率领的法国舰队挫败。德·叙弗朗是被派来增援法国在印度洋的基地、包围面临被英国占领危险的荷兰领土的。[123]开普殖民地一役之后，叙弗朗停靠法兰西岛，在印度水域与英国人展开海战。1795年，英国人毫不拖延，又派出一支舰队前去占领开普殖民地。为了建立据点，英国人派出海军准将约翰·布兰科特（John Blankett）和少将詹姆斯·克雷格（James Craig）率领的500人的队伍，后来又派遣海军上将基斯·埃尔芬斯通（Keith Elphinstone）指挥六艘战舰前去，觊觎开普殖民地之心昭然若揭。[124]这份渴望源自他们担心法国人会从位于法兰西岛和波旁岛的根据地来夺取开普殖民地。[125]

收到奥兰治亲王从邱园寄来的信，开普殖民地的代理总督、特派员A. J. 斯莱斯肯（A. J. Sluysken）陷入了窘境。他该如何理解这个不同寻常的指令呢？他应该相信英国舰队吗？与英国对抗的荷法舰队难道不会和1781年一样也在前往开普殖民地的路上吗？他自己的军队就是一群乌合之众，由许多不同的欧洲民族组成，他还得向包括科伊科伊人和布尔人在内的抵抗开普殖民地旧制度的众多部族求助。停泊在开普敦郊外的英军的回信中，字里行间都透露着浓浓的君主政体味道，英国军队指挥官们认为，一旦巴达维亚共和国消失，共和主义最终会被君主政体取代，即便在荷兰也是如此：

> 不列颠国王陛下将受古老法律保护的荷兰共和国视为自己的朋友与盟友；尽管天意弄人，令共和国落入外国势力的

> 统治，但陛下并不认为重建宪法是不可能的，并且满怀信心地盼望上天能够公平地保佑他得偿所愿。同时，陛下也希望能够在古老宪法下保护自己的朋友及其财产，使其摆脱双方共同敌人的控制。[126]

这就好像英国还在设想一个没有革命的世界，并且是按照欧洲爆发革命之前的状况来对待开普殖民地的。他们认为，在上帝和盟约的约束下，古老的宪法和政体可以一成不变。这封信的作者埃尔芬斯通和克雷格还对未来的英法两国政权进行了比较：其中一个“太过沉迷于普世自由和人权的思想”，从而引发了“资金短缺……市场倒闭，小商业毁灭”；另一个则会形成“维持和平以及扩大的商业”，“法律、风俗习惯以及大部分国民幸福都能得以延续”。[127]

不过，斯莱斯肯并没有屈服于这番说辞。收到通过美国船只偷运来的报纸时，他下定了决心——报纸上称，荷兰的主管机构“荷兰国会”已经做出决定，再也没有必要效忠奥兰治王室了。[128]英国人要求割让殖民地的要求遭到了荷方否决，尽管遇到了抵抗，英国军队还是轻松地挺进了城镇。荷兰官员和布尔人都被招来，宣誓效忠乔治国王。在这个数年前还曾发生过众多起义、自由主义和共和主义蓬勃发展的地方，一位君主象征性地上任了。很快，在印度和开普敦之间展开自由贸易的前景成了开普敦、孟买和马德拉斯商人讨论的重点。1797 年，“布列塔尼亚号”（*Britannia*）与“伊莎贝尔号”（*Isabelle*）装载着 1000 桶火药从印度前往南非，还有 500 桶在运输途中被闪电击中爆炸。[129]

1795 年攻占开普敦是一场横跨印度洋的复杂帝国游戏。从 1780 年开始，荷兰东印度公司的势力就明显衰落，加之第四次英荷战争爆发的背景，导致战争爆发的一部分原因在于美国独立战争，以及荷兰在如何与英国进行贸易的问题上与英国存在分歧。英国对开普殖民地的侵略进一步加剧了。在将新南威尔士州作为罪犯定居点之前的那些年间，英国人也曾试图在非洲南部建立一座罪犯流放地。英国评论员和政客还对荷兰帝国的作风展开了恶毒的批判，这种批判与布尔爱国者的观点一致，认为荷兰东印度公司是腐败且垄断的。[130]

在计划 1795 年远征的过程中，英国人曾刻板地认为荷兰公司是“最专制、最具剥削性的”，从而催生了只能依靠掠夺为生、具有反抗倾向的饥民。亨利·巴林（Henry Baring）在给邓达斯的信中写道："我认为，他们深受雅各宾主义的影响。"[131] 与此同时，英国在北美的战败和荷兰爱国党的崛起使法国对荷兰的影响力逐步上升，法国人巩固自己在东方的帝国的梦想成为可能。1792 年，法国驻海牙大使在描述与荷兰的拉锯战时表示："在将荷兰从大不列颠的束缚中解放出来的过程中，大不列颠的商贸优势将快速衰退。法国将重新占有其竞争对手在东印度群岛失去的一切。"[132] 欧洲与北美发生的事件以这样的方式结合在一起，为英法两国在印度洋开辟了全新的地缘战略可能性。

这些年间，开普殖民地的文化也在两极之间摇摆。1781 年，英国舰队占领开普敦的企图被法国成功挫败之后，殖民地就变得越来越法式。[133] 在此期间，法语在开普殖民地普及开来。开普殖民地、法兰西岛和波旁岛也建立了越来越多的贸易联盟。不过，在 1795 年至 1803 年英国占领开普殖民地期间，开普敦的文化变得更加保守了。战争期间，英国人从荷兰船只上缴获了私人信件，这是他们的情感压制，这些信件永远无法被送到收信人的手中，而是被存在了海军部的档案室里。在这些信中，英国人多半会被视为占领者而非解放者。和英国人私奔的开普敦女性会遭到斥责，人们看到英国咖啡馆便会眉头紧皱。开普敦的一名记者写道："我们这里可怕的情况那边已经知道了，结果会是怎样？对我来说，一切都像一场可怕的梦，就是这么回事！"[134]

与此同时，开普敦的档案馆中还存放了大量有关"陌生人"抵达开普敦的报告。这些最初用荷兰语，后来用英语写就的报告证实，雅各宾主义在殖民地的传播带来了某种忧虑，这些忧虑尤其来自那些从巴达维亚抵达开普敦的人。向英国君主宣誓效忠成为移民的条件之一，法规要求移民携带许可证和"护照"入境，使得逃离欧洲政治变化的移民——比如逃离国内混乱的荷兰难民——面临重重困难。[135]按照要求，开普地区 16 岁以上的市民，或者拥有欧洲血统的定居者都要自行前往拥有市政权力的市民参议院进行登记。[136]

围绕英国人占领开普敦造成的紧张局势，安德鲁·巴纳德的书信内容表达得尤其明确。1799 年，当尼尔逊在埃及大败法国舰队的消息传到开普敦之后，乔治·马戛尔尼就因健康状况不佳离开了总督职位。巴纳德写道："几乎每天晚上都有火情警报……前天，人们还发现了一小把沾满了沥青的干茅草柴上绑着麻絮，大前天则是一根顶端绑着易燃物质的长芦苇……"[137]开普敦叛乱分子至今都没有受到英国人的影响，因为这种情况只有在市民议会之类的机构增选委员时才会发生。1803 年至 1806 年，权力一度被交还给巴达维亚爱国者，短暂打断了英国人的接管过程。他们试图在学校教育中引入一系列自由主义改革的内容，为了建立完善的社会，将《圣经》作为道德的衡量标准。[138]

印度洋的另一边，法属印度也被英国人的攻势震撼了，考虑到新入侵者到来前的革命情绪，震撼之情尤为显著。法国大革命令法国人对印度产生了更加浓厚的兴趣。[139]不过，在本地治里被英国人夺取前夕，殖民地的军粮“非常匮乏”，且英法宣战的消息于 1793 年 6 月 3 日就由马德拉斯经苏伊士运河传到了本地治里，这里的居民已经陷入了“无力且放弃的状态”。[140]有些人相信，一旦巴黎的物资送达，停靠在毛里求斯的船只就会如他们所愿，赶来援助本地治里。然而事实上，毛里求斯更加关注自己的困境，询问印度方面是否有计划袭击西南印度洋的法国基地。本地治里的殖民地议会与总督合作，在政府大楼开会成立了战争委员会，并召集了一个连的民兵，其中还包括一支托帕斯人军队。

对于这些身处困境的人来说，共和主义的仪式对于树立他们的自信至关重要。1793 年 6 月 25 日至 26 日，士兵们收到了“宪法旗帜”，随后还聆听了演讲。到了 8 月，英国与本地治里之间开始爆发冲突。这不仅仅是一场武力战争，也是针对法国殖民者精神与思想的战争。据战争委员会的一名成员形容，英国人送来的宣传品如同“小型的炸弹”。夺取本地治里之前，英国人给殖民地寄去了一份印有路易十六图像的宣传画，标语为“我死得无辜”。他们还送去了《马德拉斯公报》（*Madras Gazette*）的增刊，上面印着欧洲的新闻以及解释为何有必要复辟君主制。

本地治里刚一沦陷，革命就很快转向了其对立面：许多自称公民的本地治里人开始为路易十六哀悼。其他反对保皇党的人则去了法兰西岛。[141]用当时一名参与卫兵换防的匿名观察者的话来说：本地治里人“摘掉了他们的面具”。有些士兵还举行了一场教堂仪式，作为纪念路易十六的仪式，并庆祝圣路易斯节。仪式结束时，人们还高喊“国王万岁”“英格兰人万岁”。[142]尽管本地治里于 1816 年回到了法国人的手中，直到 1954 年一直处于法国的控制之下，但它永远只不过是历史残留的遗迹。为了能在

1816 年收复本地治里，法国人不得不承认英国人在印度的主权。

如果说 18 世纪 90 年代中期出现了一波英国进攻的浪潮，那么另一波浪潮就是在 1810 年至 1811 年到来的，这期间，法兰西岛与波旁岛被英国占领，一同落入英国人之手的还有印度洋革命中不可忽视的一部分——荷属爪哇岛。入侵爪哇岛的内容本书其他地方也会提及。要保护法兰西岛，就必须阻止法国以这座“海盗巢穴”为阵地对英国舰船展开的突袭。英国人越来越意识到，这些法属岛屿的防御十分薄弱[143]，挑战在于如何有效地占领这些位于西南印度洋的偏远殖民地。罗德里格斯岛（Island of Rodriguez）就是答案，自 1808 年起，为了对法国进行封锁、监视法国人的行动，英国人利用这座位于毛里求斯以东 300 英里的岛屿建立了基地。波旁岛是第一个没有爆发太大骚动就落入扩张陷阱的岛屿。

夺取法兰西岛并非易事。在 1810 年 8 月第一次进攻失败之前，英国人曾焦急地搜集过情报。一名亲英的法国保皇派线人报告，德康总督已经战略性地削减了自己的部队，派遣一部分军队前往爪哇，以便精心策划一场“体面的投降”。据说，德康已经把自己的大部分财产都寄回了欧洲。这名线人还声称，法国军队的行军路线在英国人进军之前刚被卖给了私掠船。告密者陈述了海岸情况的细节，并挑出毛里求斯东南海岸附近的拉帕斯岛（Isle de la Passe），说那里是很好的第一进攻点。[144] 有人还从一艘法国舰船上查获了一批信件，其中包括从毛里求斯寄去爪哇的书信。[145] 一位官员致信未来的英属毛里求斯总督罗伯特·汤森·法夸尔（Robert Townsend Farquhar）：

> 慵懒地躺在这里（波旁岛）时，让我们把目光转向法兰

西岛，冷却那些被成功激发的热情——冷静地望向我们必须争取的光荣战利品。德康把一个士兵身上所有的能量——天赋和能力都激发出来了吗？……你根据我的建议，迅速指挥军队占领了拉帕斯岛，将对德康产生重大的影响，此举能有效地保护大港区，阻断他在毛里求斯另一边的通讯。[146]

尽管满口豪言壮语，但英国人第一次进军东南海岸线时还是遭遇了失败。由于对面积广阔的珊瑚礁与沙洲缺乏了解，这一次的失败令英国海军十分尴尬。此役之前，法夸尔一直在查阅图标和地图，但一切皆是徒劳。[147] 参战的一位舰长惊慌失措地从拉帕斯岛发来报告称："不幸的是，"小天狼星号"（*Sirius*，报告作者的船）搁浅在一片不为人知的岸上。" 针对后来被放火烧毁的"小天狼星号"，作者在报告中写道：

我现在必须通知你，我们刚一上岸，就用尽一切可能的方法，用中锚和小锚将船拖拽出来，但没能成功。于是我拉出了一整根棕色缆绳和锚……却就是无法在当时强烈的狂风中让它在土地上移动一英尺。[148]

至于另外一艘当即就被敌军击中并搁浅的舰船"尼雷德号"（*Nereide*），报告称："遗憾地说，船长和船上官员、水手有死有伤。" 法国于 1810 年 8 月取得的这次胜利至今仍被人铭记，并成为这片沿海地区积极纪念的事情。在马埃堡（Mahébourg），俯瞰大港湾（Grand Port Bay）的一座朴素的 19 世纪纪念碑，就会令人回想起英法双方在海战中失去的生命。它面朝湛蓝的海水，晚上会被凝视着大海的年轻情侣包围。在镇上的博物馆中，有很多关于英国战败的展品。2018 年，我前去参观时，那里还展出了一大块英国沉船的碎片，以及最近才从沉没的英国舰艇上寻回的螺栓、钉子及其他船舶配件。房间的另一边展示的是“海盗”活动，展品包括令英国人闻风丧胆的“海盗之王”罗伯特·舒尔库夫（Robert Surcouf，1773—1827 年）的精美画像。所有这些都表明，毛里求斯的亲法文化一直延续至今。尽管英国人首战失利，但几个月后的 1810 年 12 月，在印度洋两岸的陆军与海军帮助下，他们从开普敦和印度总共调来 10 000 余人，扼住了这些岛屿。

有一系列全景画描绘了英军在毛里求斯有序登陆的场景。[149]其中一张绘于一艘运输船的甲板，展示了呈辐射线排列的小船正搭载着登陆部队驶向海岸。[150]运输船上正在进行激烈的讨论，大概是针对为部队提供军需的问题。还有一张是路易港的鸟瞰图，图中还有停靠在港口的英国舰队，景致如画，一片祥和宁静，看不到任何的人群或军队。相反，红色的旗帜正在船上和镇里的防御工事上迎风招展。[151]为了应对这次进攻，法兰西岛拼命召集足够的兵力，甚至不得不求助于英国战俘。[152]一名参与了这次袭击的军官表示，他希望法国人为人所铭记的是关于“战败的回忆”。“公敌的名字已经从这些国家的地图上被抹去；我们给了（法国）殖民体系以致命一击，同时也填补了连接帝国东西链条上的一环。”[153]英国人在毛里求斯扣押了大量武器与弹药，包括 8000 杆英制、法制的火枪。[154]

和本地治里的情况一样，法兰西岛的政治文化也发生了改变。或许更加恰当的说法是，保皇主义在被压抑了一段时间后，作为可接受的政治意识形态回归了。[155]新的英国总督罗伯特·汤森·法夸尔一到任就与贵族家庭友好往来，组织了舞会和其他社交活动。共济会也将总督与其他精英联系在了一起，事实上，共济会作为英国殖民精英和荷兰前辈之间的纽带，在早期的英属开普殖民地发挥着重要的作用。1810 年之后的许多年，法国流亡的保皇党人发现毛里求斯是个宜人的避难所。法夸尔在岛上精英中颇受欢迎，他欣然采纳自由贸易的做法十分符合商人家庭的志趣。而且虽然英国奉行废奴主义，他却接受奴隶制，这引发了争议。1810 年发布的一则公告鼓励商业发展，其中包括这样一条：

> 英国来此是为了与法兰西岛居民建立一种牢固而永恒的友谊。居民可以出售品质优异的商品，并和不列颠陛下的所有臣民一样，享受一切的商业优待政策。[156]

帝国的道路：从革命到反革命

这个时代，即便是在同一地方或地区，起义的类型也是五花八门。开普殖民地经历了奴隶起义、布尔人起义和原住民起义，这些起义又彼此纠葛。从毛里求斯如何应对革命的消息、力图维护自身独立性和在印度洋地区的中心地位，都能看出当地的动态。大范围的起义也体现了各自不同的经济、宗教和社会基础。然而开普殖民地迅速向非洲内陆蔓延，反过来吸引了许多不同的原住民和奴隶，毛里求斯则堪比一座总发射台，将革命的原则传播到整个印度洋。毛里求斯有许多不同的民族，但没有人声称自己是原住民。在法属印度和法属群岛，针对彼此的关系和与作为反抗对象的母国之间的关系，人们展开了激烈的辩论。荷属非洲南部的情况则受到了荷兰国内不太确定的革命结果和荷兰东印度公司模棱两可的地位的影响。

尽管存在这些差异，但在印度洋上的荷兰和法国殖民地，在这个军国主义的时代，在这个叛变或保守主义会遭到惩罚的时代，仍有人试图重塑政治，重新定义归属感、议会和公民身份。在不同寻常的联盟形成过程中——例如迈索尔的蒂普苏丹和毛里求斯共和主义者之间的联盟——差异是可以被遗忘的。原住民王国或族群、定居者族群都可以被定义为民族或国家，能在革命时代行使自己的外交权利。与此同时，当地的境况决定了混血族群、获得自由的奴隶、亚洲人、非洲人获得公民权利的机会。尽管扬·帕尔的经历很引人关注，但还是有明显的保守主义力量将原住民和有色人种排除在了革命时代之外。

随着 1789 年的法国大革命逐渐变成回忆，拿破仑于 1798 年挺进了埃及。1803 年，拿破仑战争拉开帷幕，革命越来越多地转向其对立面。对法国的恐惧、对荷兰人的刻板印象，还有迈索尔的蒂普苏丹的东方暴君形象——在这些因素的驱使下，印度洋上出现了反革命的帝国主义势力。它力图建立君主政体，发展自由贸易，对激进分子展开官僚主义式的监控。在法国和荷兰的土地上，英国这个单一政权的崛起打断并瓦解了企图重组起义的当地议会和社团。

革命政治思想的传播与英国帝国主义的到来都发生在海洋上：从其他地方引进物资、消息、战略和人力，还有文化与意识形态。这在实践中意味着，改变世界的梦想要建立在海洋的联系之上：从巴达维亚到格拉夫 - 里内特，或从本地治里到法兰西岛，抑或从英属印度、开普敦到罗德里格斯岛。在革命与帝国的时代，海洋与船只一样，都是通道。那些漂洋过海的东西被种植在面向大海的特定地方时，就能产生力量。所以，欧洲当然不是唯一的中心。诸如海地奴隶起义之类的事件，把大西洋卷进了本书之中，但它也不是起义者和革命者心中唯一重要的空间。南方的水域上既存在联系，也存在分歧。

第四章

波斯湾：

混乱的帝国、国家和水手

- 英国人拯救邮件的戏剧性事件
- 革命密码：英国人与瓦哈比派
- 入侵海湾地区：永不停息的战争
- 欧亚帝国与海上政治
- 革命时代的印度拜火教徒
- 阿拉伯半岛与印度之间的起义
- 革命与反革命的复杂局势

波斯湾是世界上最隐秘的海域之一，通过狭窄的霍尔木兹海峡（Strait of Hormuz）和阿曼湾（Gulf of Oman）通往印度洋。在革命时代和英国稳步崛起却又一波三折的故事中，波斯湾都应该占据中心位置。[1]但在大量的著作中，这里却几乎被人遗忘了。

欧亚大陆上，历史悠久的奥斯曼帝国和日益衰落的萨法维帝国外缘出现了新的政治形态，加之英法两国在这一地区的竞争格局，这些对波斯湾的革命时代而言都是至关重要的。与此同时，诸如国家、独立、理性的宗教、海盗，以及自由贸易之类的思想和概念在这里都得到了同步的应用，还出现了对帝国主义暴力行为的需求。不过，从根本上来说，海湾地区的革命时代事关拥有多种文化遗产的人在瞬息万变的世界中找寻自身出路的积极性。英国人利用这一时期的不断变化，将其转化为自身优势，施展反对革命的帝国策略，其反革命的手段既有文本书写也有武力入侵。

故事始于1804年在波斯湾发生的一场颇具戏剧性的“邮件拯救”事件。位于如今伊朗西南和波斯湾沿岸的布什尔［Bushire（Bushehr）］是一条往返印度的邮路中转要道，连接巴士拉（Basra）与君士坦丁堡。从印度经海路运往伦敦的邮件都会被寄放在布什尔。[2]殖民者痴迷于保护邮件不受任何来者的侵犯，完美展示了1809年和1819年至1820年英国远征波斯湾之前，各方殖民代理人和政治势力为了竞争海上邮路的控制权，展开了令人眼花缭乱的斗争。

英国人拯救邮件的戏剧性事件

弗朗索瓦－托马斯·勒梅（François-Thomas Le Même，1764—1805 年）生于圣马洛（St Malo）。1778 年至 1779 年美国独立战争期间，他在一艘法国商船上做志愿兵时遭到英国人俘虏，后来服役于法国海军直至 1783 年。正是他，在 1804 年 10 月第一次威胁到经由布什尔的邮件运输。[3]

1791 年，勒梅在到达毛里求斯后一直驻扎在此，自 1793 年起将这里当作他的私掠船基地。1804 年，他在波斯湾接连俘获了几艘英国船只，其中就包括弗劳尔先生（Mr Flower）乘坐的“飞翔号”（*Fly*）。“飞翔号”从一座名为凯伊斯（Qais）的小岛起航，那里距离如今的伊朗只有 10 英里的距离。他还在马斯喀特掠获了尤尔（Youl）船长指挥的“南希号”（*Nancy*），在布什尔的邮路上掠获了 R. W. 洛阿内（R. W. Loane）指挥的“什鲁斯伯里号”（*Shrewsbury*）。令人难以置信的是，他返回毛里求斯时竟然带了八艘被俘的英国船只，这正表明毛里求斯成为劫掠船和海盗的大本营。

然而，英国人似乎收获了某种精神胜利。在被勒梅俘获之前，“飞翔号”触礁了。船长吩咐手下赶在法国人得手前将英国东印度公司的邮包和值钱物品悉数丢进了海里。此举打响了这个阶段典型战役的第一炮，为了夺回英国邮件，一场大规模的争夺开始了。

把一包书信丢进海里肯定和让它落入法国人手中一样糟糕吧？不是的。如果勒梅代表了法国人对波斯湾书信往来的干预，那么弗劳尔、尤尔和洛阿内讲述的就是另一个故事：这三个航海员要合力拯救邮件。弗劳尔先生已经准确记下了邮包在凯伊斯岛外落水的地点。于是三人在布什尔购买了一艘大型的阿拉伯三角帆船，这种帆船被称为“*baghla*”，在阿拉伯语中是“骡子”的意思。它是阿拉伯最大的远洋船只之一，还带有欧洲人的设计痕迹。在“蹑手蹑脚地打捞邮包”三天之后，洛阿内写道，他们“幸运地”捞起了那个包裹。[4] 在此之前，洛阿内已经安全地将“什鲁斯伯里号”上的值钱物品运走了，他开始高度重视自己保卫大英帝国及其海军不受法国侵略的能力。[5]

还有一次，1804 年 11 月 1 日，就在“飞翔号”遗失的包裹被寻回之后，阿拉伯三角帆船遇到了“两艘大型单桅帆船”（印度洋上常见的船只，有时被看作属于“阿拉伯人”）。后者改变航线，向阿拉伯三角帆船逼近。[6] 据说这两艘单桅帆船属于卡西米人（Qasimi）的舰队，卡西米是散落于阿拉伯海岸的一系列海上部落或酋长国。如今的哈伊马角酋长国（Ras al-Khaimah）和沙迦酋长国（Sharjah）的统治者就是卡西米人的后裔。[7] 据洛阿内所说，他的船员在逃跑途中“扬起了每一寸船帆”，还“升起了英国船旗”以示投降，却还是有 60 名卡西米袭击者跳上了甲板。洛阿内对这些行凶者粗鲁的举动满腹牢骚，他用种族主义的语言表示，与“举止大方”地让他在布什尔下船的勒梅相反，这些“野蛮人”在实施不必要的暴力行径时“对国际法一无所知，对人类的法律漠不关心”。比起攻击卡西米人的无知，此话更多地暴露了洛阿内对卡西米人行为准则和政治组织的无知。据《水手编年史》（*the Mariner's Chronicle*）所写，这些袭击者一开始“见人就又砍又刺，还强迫所有船员跳船”。而据洛阿内所言，他和剩下的船员都被脱光衣服丢进了货舱。

最终，卡西米袭击者决定将这些俘虏卖到阿吉曼（Ajman）——如今的阿吉曼酋长国首府。在被出售之前，俘虏们住在一间泥棚里，自给自足，只能食用一些椰枣和咸水。珍珠是阿吉曼的主要商品，那里四周的海岸遍布贝壳。有些当地妇女会为俘虏们提供鱼、蔬菜和大米，但是俘虏们还是不得不四处搜寻，寻找贝壳来维持生计。詹姆斯·希尔科·白金汉（James Silk Buckingham）是一名自由主义批评家、东印度公司改革活动家，同时也是这一地区的旅行家。他写道："卡西米女子喜欢刨根问底，要是无法判定来自异乡的异教徒与真正的信徒有什么不同，她们是不会满足的。"[8]

鉴于他们的出现引起了当地人极大的好奇心，这16个俘虏开始收费让大家来参观自己。洛阿内从中看出了讽刺的意味，因为此时此刻，世界各地的有色人种都会被陈列在伦敦供英国人娱乐。他认为，所有地方都对新奇事物好奇和渴望。被人拿来展示，像英国的有色人种展览一样，无疑令他感到屈辱，但他想起了一句谚语："对不得不做的事情来说，没有法律。"[9]于是他竭尽所能制定策略，为了接近阿吉曼阿卜杜拉酋长（Shaikh Abdullah），他假装自己是名医生，能帮助酋长解决视力障碍的问题："我说服酋长允许我在他的手臂上切了一道口子。他以为这样就能排出损害他眼睛的体液。"三个星期之后，酋长宣布来访的商人可以买下这些俘虏。很快，有人花30美元买下了厨子，而被洛阿内形容为"印度人"的南亚木匠消失了。

塞缪尔·曼斯蒂（Samuel Manstey）是英国驻巴士拉的特派代表。与他相熟的一名瓦哈比派首领在前去"加入同盟军"的路上出手调停，改变了这些俘虏的命运。他要求释放俘虏，强调英国有实力惩罚任何胆敢侮辱他们国旗的人，还谈到了他"对英国民族的高度评价和他们之间的友谊"。接下来几年间波斯湾即将发生的事情（瓦哈比派的好战将令英国人大惊失色），与这份针对友谊的表述是十分矛盾的。作为回应，阿卜杜拉带着这些俘虏“四处巡游，重新开始掠夺”，并在凯伊斯岛释放了这些人，告诉他们从哪里找船前往布什尔。

接下来的10天，他们都躲在凯伊斯岛，被暴力浪潮包围。一支卡西米舰队袭击了凯伊斯岛，迫使岛民逃往大陆，岛民定居点被入侵者放火烧毁。与此同时，跟随洛阿内的水手饥寒交迫，最终在废弃的房屋附近碰到了几只正在吃草的山羊，这才满足了口腹之欲。洛阿内写到，他是如何“占有”了自己抓到的第一只山羊的奶头，吮吸到“此生尝过最美味的乳汁”。[10]这些人最终成为岛上唯一的居民，穿戴羊皮来遮盖“下体”。他们用凯伊斯岛遭到洗劫时被烧过的木材搭了一座竹筏，搭上停靠在凯伊斯岛的一艘船，驶向了位于波斯本土的卡拉特（Kalat）。

接下来的挑战是沿着陆路长途跋涉、一路向西。最终，他们于1805年1月到达了布什尔。到达布什尔之前，一行人曾出现过发烧和疟疾的状况，导致一些船员在旅途的最后阶段死去，其中就包括弗劳尔和尤尔。[11]途中，一个名叫克里斯蒂安·西柯尼（Christian Seacunny，“西柯尼”的意思是舵手，而此人显然是个基督徒）的东印度水手在穿越卡拉特与奇鲁（Chiru）之间的山谷时死去。

一行人在“一块又一块的岩石间爬行，耳边不断响起豺狼和其他动物的号叫”。[12]此时正是英国崛起过程中飘忽多变之际，为了回应山谷里的豺狼，一群人适时唱起了《统治大不列颠》。洛阿内想，这首歌在“这片荒无人烟的地方肯定从未有人听过”。他们到达布什尔之后，一支搜救队从奇鲁赶到山谷，发现了“一具几乎已经被豺狼吃掉一半的尸体”，那就是西柯尼的尸体。据说，这些人没有将他的尸体带回奇鲁的原因，是穆斯林认为触摸死去的基督徒就会“有辱人格”。

不过，尽管有人丧命，还遭到了法国人和卡西米人的干预，邮包最终还是安全地到达了孟买。在和战俘们一起被释放之前，洛阿内曾送给阿卜杜拉酋长一只六分仪，成功说服酋长将这些书信还给他们以作为回报。在凯伊斯岛上，众人花了两天的时间在沙滩上晾晒这些信件，白天为它们翻面，晚上再将其收集起来，以防它们沾上厚重的露水。[13]卡西米人突袭凯伊斯岛时，洛阿内和同伴们将邮包藏在了“地下的深洞中”。[14]有一次，洛阿内与纳希（Nakhilu）统治者拉赫马（Rahma）的下属酋长穆罕默德·阿吉（Muhammed Agi）发生了冲突。据洛阿内叙述，穆罕默德·阿吉通过欺骗战俘中的某些人，将邮包据为己有：

> 这种空前傲慢的行为激怒了我们，因为我们无法忍受（最终）失去这些东西。为了保护它，我们曾将自己陷入不幸的境地，后来又遭受了太多的痛苦。我（洛阿内）的心中百感交集、情绪激愤，瞬间怒火攻心，顾不得什么，冲向那个骗人的恶棍，一把抓住他的衣领。那一刻，我并没有考虑到如此轻率的行为会带来什么后果。[15]

这一次的争执过后，穆罕默德·阿吉将邮包还给了他们。白金汉对“这些不幸的受难者用几近虔诚的热情”保卫邮件的行为表示了赞许。他批评政府在孟买接收邮包时的反应十分冷淡，他们只收到了一封感谢信作为报答。[16]不过，一封感谢信对于这些如此关心邮件的人来说也是一份合适的礼物，尽管白金汉没有提到，政府向已逝的弗劳尔的家人支付了4000卢比，向洛阿内支付了2500卢比，已逝的尤尔家人收到的数额也一样。死去的东印度水手家属也得到了补偿。[17]

毫无疑问，这些消息的来源美化了所发生的事件。不过，1804 年拯救邮件的戏剧性事件表明，英国在波斯湾水域取得缓慢胜利的过程中，一些英国人在对抗法国人、卡西米人和其他敌对势力时顽强不屈、志在必得的决心。在海湾地区，英国人必须找到一条政治与宗教传统相结合的道路。在这片陌生的水域和陆地上，他们有时要像洛阿内及其同伴那样，屈从于暴力的殴打，还要直面疾病。身陷这场争夺，英国人认为对文明、理性和写作的热爱使自己与众不同，因而对信件和邮包如此珍视。不过，假设拯救邮包的故事表明了英国人的缓慢胜利，那么我们还有必要补充一点：试图通过写作、法律和行为准则来征服别人的不仅仅是英国人。

革命密码：英国人与瓦哈比派

和英国人一样，当地的政治精英也凭借娴熟的技巧在革命时代中一路前行。这种说法符合印度洋革命时代有关原住民和非欧洲民族创造力的广泛讨论。

在洛阿内对布什伊布岛［island of Busheab，如今的拉万岛（Lavan island），临近今伊朗海岸］的描述中，这一点得到了证实。该岛屿处在拉赫马酋长的统治之下，与洛阿内产生冲突的正是这位酋长的属下。拉赫马的财富是直接由掠夺“赫克托尔号”（*Hector*）累积而来的。1803 年，“赫克托尔号”满载价值连城的货物前往巴士拉，其中包括850捆东印度公司的布料。尽管孟买海军的三艘舰船都抵达了波斯海岸的纳希鲁，拉赫马还是拒绝将货物交还英国。直到他的儿子在1806年被劫持为人质，他才肯通融一些。[18]拉赫马的军事地位也依靠来自英国的武器。在这一地区，利用从印度船只上掠夺的武器来做防御工事十分常见。[19] 1803年，“警报号”（*Alert*）冒着暴风雨登陆后遭到了掠夺，拉赫马利用船上的枪支建造了一座小型炮台，“还在前面竖起了一道临时胸墙，像是决心要抵制任何试图强迫他归还这些不义之财的人”。[20]尽管被英国人贴上了“海盗”的标签，但拉赫马遵守的是与英国人不同的律法：“每个国家对其海岸上有可能遭遇海难的财产都拥有所有权。”[21]也许是害怕英国人的进攻，拉赫马对待洛阿内及其同伴十分友善，还在长途旅行快要结束时安排他们前往布什尔。

正如武器与财产在双方手中的转移表明他们曾经拥有一段共同的历史，关于邮包的故事不应该把英国人与那些普遍被说成对文字不感兴趣、胸无点墨的海盗分别开来。[22]如果说英国人全力倾注于文本、法典和法律，那么在这一方面，他们并不孤单。自1800年起，尤其是从1808年开始，在海上掠夺愈演愈烈时，瓦哈比派的意识形态也在卡西米人的心中生了根。

瓦哈比派运动源自1744年至1745年两方的联盟：穆斯林法官穆罕默德·本·阿布达尔－瓦哈比（Muhammad bin Abdal-Wahhab）酋长，来自罕百里派（Hanbali）教士家族，以及利亚德（Riyadh）附近的德拉伊耶（Dir‘iyyah）统治者。这些统治者属于沙特王朝，即如今的沙特阿拉伯王室。作为一套教义，瓦哈比派运动强调的是真主的统一，批判多神信仰的罪恶，即将真主与其他神明关联在一起的做法。阿布达尔－瓦哈比宣扬一神论，承认神的独一性的重要性。瓦哈比派运动将祈祷与斋戒的严格规定结合在一起，还力图消除任何对一神论教义不忠的行为，在摧毁穆斯林圣徒的神龛的同时，取缔小型朝圣活动，反对向天使、先知甚至先知穆罕默德祈祷，将这些悉数贴上了多神论的标签。18 世纪末 19 世纪初，瓦哈比派运动在阿拉伯半岛推行圣战路线，把在政治上对沙特王朝有利的联盟统一起来，建立了一个更加强大的国家——第一沙特国，超越了之前依靠部落制度和宗教信仰建立的联结。

自 1795 年起，瓦哈比－沙特国开始袭击奥斯曼伊拉克，洗劫什叶派圣地卡尔巴拉（Karbala）。它还突袭了叙利亚、也门和汉志（Hijaz），并于 1803 年至 1804 年接管了麦加和麦地那——伊斯兰世界无可争辩的中心。哈伊马角统治者拉希德酋长的苏菲派老师的坟墓遭人亵渎，说明瓦哈比思想也传播到了统领卡西米族的哈伊马角。统治者拉希德酋长不得不逃往对岸，即位于如今伊朗的林伽（Linga），他不甘忍受老师的坟墓被一块一块摧毁。[23] 最终，埃及对瓦哈比派的行为做出了回应，穆罕默德·阿里（Muhammad Ali）对刚刚成立的瓦哈比－沙特国发起了持续攻击，重新夺回了麦加和麦地那。沙特国的统治者阿卜杜拉·本·沙特（Abdullah bin Sa‘ud）被送往君士坦丁堡处决。[24]

用历史学家 C. A. 贝利（C. A. Bayly）的话来说："瓦哈比派反抗入侵的奥斯曼帝国统治，以及沙特阿拉伯各个城市正统宗教仪式的衰退，应该被视为一种世界革命。"[25] 近来，另一位历史学家表示："瓦哈比派排他主义、专制主义的观点，以及致力于将某种身份（即逊尼派）强加在被统治者身上，将宗教置于商业之上，以及破坏自由海港的做法挑战了海湾地区外向型的混血族群传统。"[26]

对瓦哈比派起义的赞颂和将其视为革命的一部分的解读源自该时期的殖民者的著作。事实上，在19世纪初和拿破仑一世的背景下，瓦哈比派教徒可以被描绘成类似“反对天主教君主发动的十字军运动”的瑞士各州和荷兰联合省的人民，在这种类比下，瓦哈比派反抗奥斯曼帝国暴政的行为可以得到正面的粉饰。[27]如果说这一时期的“革命”是个不稳定的术语——尤其是考虑到英国人对这个概念的看法——那么瓦哈比派运动就是革命性的。此外，欧洲评论家还会试图将过去的基督教与瓦哈比派进行类比来理解后者，他们是受到启发的伊斯兰“新教徒”。对这一观点最早的阐发之一来自英国评论家针对瓦哈比派运动的论述。当时东印度公司驻巴格达特派代表哈福德·琼斯（Harford Jones）写道，瓦哈比派是“阿拉伯清教徒的一个宗派”，如果不对其加以阻止，它就有可能成为“这一地区发生重大革命的导火索”。[28]根据他的定义，瓦哈比派的教义要求信奉《古兰经》的“字面意义”：

> 一个穆斯林，如果在履行宗教义务时对《古兰经》的字面意义、禁令和训诫稍有偏离，就是一个非信徒、异教徒或犹太基督徒；因此，向他发起战争是每一个瓦哈比派教徒或者自称真正穆斯林的人肩负的责任。[29]

然而，在这些欧洲人的描述之外，瓦哈比派运动本身就是一种革命，完全超出了过去基督教对革命的定义。在这样的观念下，对英国人、印度人，甚至是阿曼人实施掠夺都是法律和经文准许的——阿曼人遵循强调协商的舒拉（*shura*）议会制定的伊巴德派（Ibadi）传统。暴力行为是否合法取决于它指向信徒还是信徒之外。因为伊斯兰教的目标和定义是遵守严格的教义、律法，通过圣战进行扩张。至于什么样的海上暴力行为是“可以接受的”，则十分主观。因为阿拉伯语中没有一个能够等同于“海盗”的词。不过，认为这些暴力行径是偶发的、没有行为准则的就错了。[30]水上掠夺和袭击临近部落相似，攫取的利益可以促进国家建设规划。

对于英国在海湾地区遭遇敌人的事件，人们很容易认为英国人是与众不同的，这是因为人们只看到了洛阿内与拯救邮件的故事表现出的英雄主义表面价值。经文、法律、行为准则，加之“革命”一词在那个时代的用法，超越了欧洲人与非欧洲人、殖民者与原住民的界限。英国评论家会将瓦哈比派的教义与习俗和曾经的英国清教甚至宗教改革相比。瓦哈比派运动具有改革性，它符合革命时代下的南方世界原住民的能动作用，因为这并不是一种从欧洲传播出去的革命观念。对立双方都试图以类似的方式改变政治局势，而英国只是众多政治力量中的一支。

英国后续的入侵规模、军国主义、不受控制的暴力行径、不间断的条约制定，塑造了反革命的帝国主义形象，并改变了当时的政治局势。大英帝国通过采取与对手相同的措施压倒了对方，却在文明和种族上将自己与对手完全区分开来。在洛阿内之类的人穷兵黩武的行动之后，大规模的干预行动接踵而至。

入侵海湾地区：永不停息的战争

1809年至1810年，以及1819年至1820年，英国从孟买对哈伊马角酋长国发动了两次入侵行动。哈伊马角酋长国位于卡西米联邦（今阿联酋）顶端位置。[31] 这是两次应该被列入英国在海湾地区入侵史的军事远征行动，是在人们对卡西米海盗和瓦哈比派运动的恐惧驱使下发动的。在英国人心存恐惧的同时，英属印度在1790年之后与海湾地区的贸易逐渐兴起，所谓的海盗威胁也越来越大。

第一次入侵行动源自对法国在海湾地区和波斯地区活跃状况的担忧，第二次行动是在后拿破仑时代。行动都是由炮艇来发动，旨在确保海上航道的安全。这一目标和先于英国在海湾地区交火的葡萄牙是一致的。自16世纪起，葡萄牙就立足于霍尔木兹海峡和周边基地，远早于计划控制战略贸易通道，入侵海峡地区的荷兰、英国和法国。

对于这两次英国的远征而言，至关重要的是他们想要支持盟友阿曼。一位瓦哈比派编年史作者用比喻性的语言描述了1809年至1810年远征的结果：英国人旋转巨大的水晶球，令照耀在上面的阳光点燃了哈伊马角。[32] 1809年，马斯喀特的赛义德·本·苏尔坦（Sa'id bin Sultan）致信孟买总督，证明阿曼与英国交好的重要性："我愿由上帝作证，让所有的资源都由你支配，我满怀欣喜地相信，成功将永远伴随英国政府，愿它可以击败和征服所有敌人。"[33]

《波斯湾十六景》以绘画的方式描绘了1809年至1810年的军事远征，画作关注的是英国如何烧毁定居点，包括那里的商品、海军装备和建筑。[34]远征从孟买的阿波罗门（Apollo Gate）出发，画面中波涛汹涌的海平线上出现哈伊马角的影子。近距离视角描绘的是军队正准备利用小型舰船靠岸登陆。另一幅画中，一名受伤的英国军官以献祭的姿势躺在画面中央；还有一幅画，描绘了当地殖民者正绝望地挽救自己的财产。这类画作使英军的英勇献身与几乎衣不蔽体的哈伊马角人的自私自利形成了鲜明对比。

官方记录显示，哈伊马角被彻底摧毁了。据称，用于海盗活动的50艘船——包括30艘大型独桅帆船——都被摧毁。抢夺的财产中有一部分被转运到了马斯喀特。[35]阿拉伯和波斯海岸的其他地方也有船只被毁，远征队下令焚烧这些船只，这是对所谓的货物遭抢做出的“适当”回应。[36]

和所有侵略行动一样，尽管有艺术创作的鼓吹，这次远征的政治结果是不完整的。有一种说法称，伴随卡西米政治结构的瓦解，瓦哈比派的影响得以扩张。[37]马斯喀特统治者指出，除非远征军再次出征，否则他可能会被瓦哈比派支持的卡西米人征服。作为回应，英国选择用“多种火炮、火枪和弹药”来武装马斯喀特统治者；[38]大约10年之后，马斯喀特要求派兵的事才得到了真正的回应。1819年至1820年，英国再次派出远征队前往哈伊马角。

在此期间，包括1814年的短暂休战期，尽管英国人与卡西米人的外交关系一直存续，但英国在哈伊马角丧失了统治权，这就意味着英国当权者无法控制海湾地区的海上暴力行为。1814年就发生过一件特别尴尬的事情。东印度公司的一艘官方运货帆船被俘虏，这艘帆船原本是用来与哈伊马角展开外交活动的。[39]1819年，哈伊马角的哈桑·本·拉赫马（Hasan bin Rahma）试图通过提出新的休战协定阻止英国远征队，这一次，他接受了英国的海洋法律文化，谈到了“标志与边界”的必要性，以及旗帜的恰当使用。这些问题曾激怒过洛阿内，因为卡西米人就登上过他的船。[40]不过一切为时已晚，第二次远征摧毁的船只和防御工事数量比之前多一倍。远征队一位重要人物的妻子这样形容哈伊马角遭到的破坏：“空气完全着了火——没有可以呼吸的气体。我热得如同在发烧。回想起来，地平线宛若一片火海。”[41]

在英国人的报道中，瓦哈比派运动的兴起为1819年第二次远征提供了理由。1819年远征之后，英国与他们眼中的海湾地区的统治者签订了一系列休战协议。用英国人的通俗说法来讲，此举使得这条海岸线成为“休战海岸”。休战协议企图将自由帝国对海上文明行为的定义传播到波斯湾，这对英国贸易的扩张是至关重要的。但是我们不应过分强调这些协议对该地区的渗透。[42]根据1820年的《一般性条约》，海盗与掠夺行为被定义为“全人类的敌人”，因而必须停止。海盗行为的非法性是因为它与战争的合法性背道而驰：

> 一场公认的战争是政府之间发生对抗前进行过公开声明并下达过指令的；不经过政府公开声明和下达指令就草菅人命、强取豪夺的行为就是掠夺与抢劫。[43]

按照这种观点，船只是需要有国家认同和联盟的，在革命时代将被充分强调的身份问题（无论是国家还是公民）运用到了航运之中。根据该条约，阿拉伯船只在陆地和海上都必须带上“一面红旗，无论上面是否有字母”。这面旗帜的特征十分清晰：红色“旁边要搭配白色，白色的宽度与红色相同……整面旗帜的外形被英国海军称为白透红”。在其他地方，远征队的领袖威廉·格兰特·基尔（William Grant Keir）解释了他的逻辑，考虑到人们认为红旗代表海盗，所以通过结合一道白色来表示和平。[44] 一个通过条约和官僚作风建立的政权占领了海湾地区。[45]

根据《一般性条约》的条款，每一艘阿拉伯船只还必须携带一份注册文件，上面有"酋长的签名"，还有船只的名称、长度、宽度和容量。这种规定将船只与酋长紧密联系在一起，也使酋长成为公开服从英国的人，酋长会派特使到英国在波斯湾的驻地，以示服从。条约还明确提到了曾让洛阿内十分困扰的事情——即便他的船员已经放下了武器，却还是遭到了袭击：

> 在人们放下武器后还将他们处死，属于海盗行为，而不是公认的战争行为；如果在穆斯林或其他人放下武器后还要处死他们，就该被视为破坏和平。友善的阿拉伯人将与英国人一起对抗他们。神若愿意，与他们的征战必不止息，直至行此事的人和下令行事的人投降。

"征战必不止息"令人想起了瓦哈比派的措辞，然而在英国人这里，它却摇身一变，成为英国法律文化的声明。条约的最后两项进一步明确了英国帝国主义的标志：废除奴隶制，并宣扬自由贸易，因为友好的阿拉伯人会在所有英国港口受到欢迎。1820年1月8日，哈伊马角的哈桑·本·拉赫马和迪拜（Dubai）、阿布达比（Abu Dhabi）、沙迦与巴林岛（Bahrain）的酋长，以及阿吉曼酋长国酋长在哈伊马角签署了这项条约。据说马斯喀特的统治者拥有一桩在东非获取奴隶的稳定交易，因此对协议中反奴隶制的条款不太热衷。马斯喀特在桑给巴尔岛（Zanzibar）的大本营是法属毛里求斯岛和波旁岛的重要奴隶来源，这一点本书后续还会提到。[46]不过，这对英国的海上帝国已经不是什么障碍了。

条约的签署在阿拉伯沿岸明确划分出了各个国家及其代表的势力范围，与10年前的情况形成了鲜明的对比。当时英国还很难决定在波斯湾沿海应该承认哪个部落为国家。[47]与此同时，英国对波斯湾沿岸岛屿和海上航线的勘测也在加紧进行中。[48]

在由成文法典和官僚主义指令建构的庞大新政权下，殖民法反对的是那些不承认条约的人，即海盗和激进分子。针对海上问题，哪些做法可以被接受，瓦哈比派和阿曼人拥有自己的法律规范和文化规范。英国报纸对劫掠行为采取防御性的反击，打击了当地政权，甚至在此过程中整顿了政治单位。战争刚一结束，战火刚刚熄灭，条约的制定与官僚主义就出现了，紧接着是制图学兴起。这些策略是相互关联的，正如协议中有关战争的条款所示的那样。

充满破坏行为与官僚主义指令的英国军事远征使殖民者的反革命控制扩展到地球上的这个角落。从1809年起，伴随军事远征的发生，入侵者与原住民之间的差距越来越大。到了19世纪中叶，英国在官僚政治方面的权威地位已经十分明显。与此同时，面朝大海的阿拉伯地区原有的政治单位不得不接受1820年签署的条约以及其中暗示的国家概念。后来，1820年的《一般性条约》又促成了1853年的《永久停战协议》。[49]

欧亚帝国与海上政治

在追溯革命时代、英国崛起和波斯湾众多事件间更深层次的联系时，针对 1819 年远征，还有一点相关内容要顺带提上一句。[50] 这些面朝波斯湾的海上政治单位背后，是古老的欧亚帝国。波斯湾政治组织和意识形态的不断变化，反映了这些以陆地为基础的古老帝国的重大变化，又与欧洲势力相互作用。这些变化与史无前例的全球化是同时发生的。

还要顺带提上一句的是，在给 1819 年远征队的领袖威廉·格兰特·基尔下达的指示中，孟买政府曾特意谨慎地要求这支远征队不要干涉波斯及奥斯曼帝国的事务。基尔还得到指示，要摧毁“各种海盗船只与舰艇”，并实施“严厉的惩罚”。此举的意图在于让哈伊马角回到奥斯曼帝国的手中，从而让奥斯曼帝国战胜瓦哈比派教徒。就这样，这项由奥斯曼帝国发动的“袭击瓦哈比派”的任务就落到了英国远征军身上。基尔得到指示，不得对最近才“属于易卜拉欣·帕夏（Ibrahim Pacha）权威”的领土采取任何军事行动。易卜拉欣·帕夏是埃及的穆罕默德·阿里帕夏之子。基尔还被告知，要谨慎地配合波斯行动，以免侵犯“我们神圣君主的盟友波斯陛下”的主权。对波斯官员来说，宣告英国政府致力于自由贸易是为了强调远征对波斯的利益效用。

波斯湾地区盛行海上暴力行为，这是奥斯曼帝国对海湾这一地区的无力控制导致的，还与 18 世纪末萨法维帝国（Safavid）的衰落催生了阿夫沙尔（Afshar）、赞德以及波斯王朝有关。这些王国——包括埃及在内——地处帝国边缘，无法在军事装备方面与英法两国媲美。复兴的阿曼港口城市马斯喀特是追溯这段历史的好地方，这里推行面向海洋的政策，旨在从欧洲人的新型贸易关系和海上政局中获益。从庞大的欧亚帝国向马斯喀特等小型政治单位转变，是欧亚地区革命时代的特征。非欧洲人利用新的政治实体，开辟了属于自己的出路。

至今仍旧统治着阿曼的赛义德王朝成立后，马斯喀特作为阿曼商业、政治中心的地位得以巩固。[51] 该王朝的第一位统治者名叫艾哈迈德·本·赛义德（Aḥmad bin Sa‘id，1749—1783 年在位），父亲是一名咖啡商人，表明贸易对该家族的建立十分重要。1749 年，艾哈迈德·本·赛义德被推选为伊玛目，以距离马斯喀特约 75 英里的非海滨城市鲁斯塔克（Rustaq）为大本营。后来，沿海的马斯喀特地位日益重要，借鉴了 17 世纪至 18 世纪初亚里巴王朝（Ya’ariba）统治的传统，在驱逐葡萄牙人之后试图将内陆与沿海地区连接起来。阿曼人也有悠久的海洋文化，可以追溯到波斯的萨珊王朝，也就是伊斯兰教崛起的早期历史之前，这一传统是 18 世纪末海上冲突的背景。[52] 到了革命时代，阿曼统治者已经掌握了许多可供支配的船只。[53]

阿曼人眼下的目标是让马斯喀特成为海湾地区新的守门人和首选港口。艾哈迈德·本·赛义德的孙子哈迈德·本·赛义德（Hamad bin Said，1786—1792 年在位）及其在马斯喀特的继任者们监督了这项计划的实施。马斯喀特成为阿曼无可争议的珍宝。[54] 和祖父一样，哈迈德对海上贸易格外感兴趣。在哈迈德统治马斯喀特期间，与信德省（Sindh）和阿富汗（Afghanistan）的贸易联系得到了进一步发展。哈迈德的继任者，叔叔苏尔坦·本·艾哈迈德（Sultan bin Ahmad，1793—1804 年在位）与巴达维亚、设拉子、阿比西尼亚（Abyssinia）之类的港口签订协议，巩固了海上贸易和政治地位，与广泛的国家建立了友好关系。[55]

苏尔坦·本·艾哈迈德还正式宣布了英国东印度公司与马斯喀特之间的合作关系，为英军前往哈伊马角的军事远征提供了支持。1798 年，一名驻马斯喀特的特派代表与“崇高且强大的英国公司”签订了一项协议。[56] 协议是在英国人的推动下签署的，签订该协议的部分原因在于他们担心法国人要在马斯喀特成立一家工厂。苏尔坦·本·艾哈迈德同意和孟买“增进友谊”，“从今天开始，(孟买)酋长就是朋友……同样，酋长的敌人就是敌人……”。这份庄严的友谊是通过战争来定义的——这在之前毛里求斯与蒂普的遭遇中也有体现：

> 在英国公司与他们(法国和荷兰)的战争仍在继续时，出于对英国公司友谊的尊重，在我的领土内将决不允许他们驻扎，也不允许他们在这个国家里拥有一席之地。[57]

苏尔坦·本·艾哈迈德还放弃了与法属毛里求斯的贸易关系，允许英国人在阿巴斯港(Bandar Abbas)自由地建立工厂。这份友谊的核心在于，英国企图在波斯湾建立一个海上自由贸易基地，并将渴望的目光投向了巴林岛。[58] 关于友谊的宣言为这一目标提供了许可，孤立了竞争对手，并由此延伸出了帝国对国家的定义。

有了这个同盟，马斯喀特将自己打造成海上贸易仓库的梦想在短时间内得以实现。用一位历史学家的话来说：“阿曼在 19 世纪最需要的就是强大的领导和军事力量，但是得到的却是由商业起家的王公主导的无能的统治，他们的才能与资源几乎全都和海洋有关。”[59] 不过，仅仅把这个故事说成是政府软弱无能并不恰当，因为转向海洋反映了全球政治环境的变化、英法两国的崛起，以及以陆地为大本营的庞大帝国面临的困境。而马斯喀特领导人的行为表明，他们正十分积极地尝试将自己置身于这样的发展过程中，这并非是无效的做法，可以“通过扩大和加强对现有印度洋网络的参与，在‘全球化’世界体系中占据一席之地”。[60]

区域间的动态影响也发挥了作用。沙特国家的巩固和瓦哈比派运动的兴起给阿曼作为海湾地区看门人的角色带来了负面影响，并引发了巴林岛与卡西米人和马斯喀特的直接对立。[61] 1799年，苏尔坦·本·艾哈迈德第一次入侵巴林岛，激怒了波斯。当苏尔坦·本·艾哈迈德再次试图入侵巴林岛时，又遭到了瓦哈比派教徒的介入，被驱逐出了马斯喀特。1803年，阿曼遭到哈瓦比派教徒从陆路与海路的入侵，迫使阿曼向德拉伊耶（Dir‘iyyah）进贡。[62] 1804年，苏尔坦·本·艾哈迈德在奥斯曼人协助他对抗沙特人的一次军事行动中死亡。在他死后多年，由赛义德·本·苏尔坦（1804—1856年在位）统治马斯喀特，该地区进入了一段更加动荡的时期，突袭和反突袭频繁发生，卡西米、巴林岛、马斯喀特、沙特、波斯、英国和法国组成了复杂的网络，1809年至1810年远征哈伊马角就发生在这样的背景之下。尽管阿曼执着地渴望独立与主权，但是在军事方面还是不得不与英方合作。

如果1819年的英国远征是在完全不了解该地区政治的情况下进行的，那么值得注意的是，从长远来看，英国的军事干预改变了海湾地区的经济格局。突袭不再有利可图，导致该地区的政治局面也进行了重新配置，国际政治打败了地区政治。英国人通过条约带来了和平，而这意味着，商人们不再需要向阿曼寻求保护，这就是签订条约的另一影响——巩固殖民地贸易。1786年，马斯喀特的关税据估与国内税收相等；[63] 然而，20年后，在水域一片静谧的新背景之下，阿曼为了充实国库不得不将目光投向其他地方。

1820年之后，阿曼越来越多地将自己的活动中心设在了东非。虽然在此之前，阿曼的移民、宗教团体和商人与斯瓦希里（Swahili）海岸已经建立了长期的联系。不过这一转变主要缘于英国自由贸易意识形态的兴起，因为它满足了阿曼参与海洋政治与贸易的愿望。到了19世纪中期，伴随英国对阿曼的影响越来越大，在赛义德·本·苏尔坦死后的继承纠纷中，阿曼与桑给巴尔岛被分成了两个独立的政治单元。[64]

难怪19世纪初来到马斯喀特的英国人会对这里平和且文明的居民赞赏有加。虽然他们也会担心气候反常，却还是对这里的鱼、石榴和杧果感到满意。[65]这就是英国自由贸易下的生活，它改变了马斯喀特的原生态生活和海湾地区的政治局面。英国反复向阿曼强调有益于两国关系的正是这种自由贸易。

阿曼采取灵活的策略应对两次侵略性远征。波斯湾两岸的奥斯曼帝国和波斯帝国内陆发生的事情是这一时期的背景，古老的帝国尝试重建自己的力量，才使得马斯喀特的政治和商业发展生机勃勃。

萨法维帝国是伊朗历史最悠久的王朝，却在1722年宣告终结。当时，阿富汗入侵者在伊斯法罕（Isfahan）城外的古尔纳巴德（Gulnabad）与伊朗军队相遇，并取得了决定性的胜利。[66]该帝国曾在1600年前后达到鼎盛。在后来的围困中，伊斯法罕城遭到了破坏，因粮食短缺、疾病肆虐，导致人口急剧减少。自17世纪起，萨法维王国经历了一系列错综复杂的问题。其中至关重要的是白银通过欧洲舰队从拉丁美洲流传到了亚洲，一位历史学家是这样解释的："伊朗既不像欧洲那样居于核心位置，也不像亚洲那样处于边缘——它会购买亚洲的产品（和欧洲人一样），也会出售自己的丝绸（和亚洲人一样），但欧洲的公司却能从交易中获取双倍的收益。”[67] 地处亚洲和银矿丰富的欧洲之间，萨法维统治者发现自己的白银已经耗尽，还身陷通货膨胀的困扰。从社会和政治的角度来看，这导致了军队的萎缩，一些部落发生了叛乱，还有最致命的来自阿富汗的威胁。这一时期的另一特点是，可以对统治者施加压力的“乌理玛”（‘ulama，即穆斯林法律学者）的权力越来越大。包括索罗亚斯德教在内，宗教少数派在宗教迫害中离开了伊朗。

18 世纪后期萨法维王朝覆灭后，波斯陷入了混乱，军事投机分子取代了之前的中央集权统治。其中最著名的统治者是在伊斯法罕城建立了阿夫沙尔王朝的纳迪尔沙（Nadir Shah）。他是个激进的军国主义分子，强制推行逊尼派教义，其目标是在宗派之间寻求调和之路，而非按照国家传统致力于什叶派教义。1739 年，纳迪尔沙洗劫了德里。18 世纪 50 年代后的一段时间，波斯中部和西部都处在设拉子的赞德王朝统治之下。18 世纪 60 年代至 80 年代，赞德王朝推行海上政策，接管了巴林岛和巴士拉，并且在与阿曼的战争中展示了自己的力量。1799 年，卡里姆汗 · 赞德（Karim Khan Zand）去世，赞德王朝在七任继承人的快速更迭中分崩离析。法国大革命那一年，卢图夫 – 阿里汗（Lotf-Ali Khan）登上王位。[68] 在他统治期间，设拉子于 1795 年落入了谋求波斯统一的卡扎尔人（Qajars）之手。卡扎尔人选择定都德黑兰。

这些事件为位于海滨的马斯喀特的崛起奠定了更深层的条件，使其成为一个独立的政治单位，对主权的坚定信心又使其在革命时代发挥了作用。在波斯人控制阿曼一段时间后，阿尔布·赛义德家族就兴起了。波斯于1737年派遣了5000名波斯军人驻守并统治阿曼。但到了18世纪末期，随着波斯人实力的衰弱，情况发生了逆转。卡里姆汗力图让阿巴斯港和布什尔成为海湾地区领先的中转站，增加税收以与马斯喀特抗衡。但是，作为重要转口港的马斯喀特胜出了——波斯作家曾为马斯喀特俘获伊朗船只、允许异教徒对其进行劫掠表示惋惜。[69]与此同时，马斯喀特方面还致信英属孟买政府，要求它不要允许卡里姆汗从东印度公司购买船只：

> 卡里姆汗在克拉克岛、本地治里和布什尔进行掠夺，占有了几艘驶向巴士拉的英国船只，还骚扰了许多穷苦之人。他们意图征募大量军队，对我进行骚扰。最终，我被迫派遣军队和船只前往上述岛屿，使用弓箭、刀剑、枪支等武器奋战了一整个下午，大败卡里姆汗的军队，夺取了他的一艘舰船，并俘获了约6000名士兵、马匹。不过，他们在被我慈悲地释放之后，却还是要来骚扰我。因此，我以友邦的身份致信阁下，希望你能致信孟买总督，不要允许任何卡扎尔人（或波斯人）在你的领土购买或建造船只，因为卡里姆汗是个伺机的敌人，如果他得到了舰船，就会阻止我们和其他的商人前往巴士拉。也请阁下致信海德尔·阿里汗，不要让卡里姆汗得到任何船只，这将对我们双方都大有益处。如果能够得知阁下安好，我将不胜欣喜。请允许我为你效力，我将执行你的一切命令。愿上帝赐你永远的繁荣。[70]

18世纪末，尤其是卡里姆汗死后，马斯喀特方面曾短暂手握霸权。邻国的不确定性意味着波斯最终未能在海上取得成功。

没能在革命时期找到出路的波斯成为俄罗斯、英国和法国之间外交角力的棋子。19 世纪初，当卡扎尔人就领土问题与俄罗斯开战时，英法两国争相帮助波斯军队完成了现代化。[71]

马斯喀特的崛起，临近波斯湾的小型政治单位转向海洋，也取决于阿曼西部另一个历史悠久、幅员辽阔的庞大农业帝国的命运。

和萨法维王国、莫卧儿王国一样，奥斯曼帝国也是依靠底层农民赚取农业盈余的欧亚超级大国。通过中间人网络，皇帝享受到了盈余，中间人则担负军事、税收、行政管理等职责。和东部邻国一样，奥斯曼帝国也要依赖特定省份的中间人宣传忠诚的思想，以此进行战争、赢得贡品、加强文化凝聚力。有一种重要的说法，伴随中心的衰落、千禧年说的传播，“部落的分裂”造成了危机。[72]帝国经济的去中心化也引发了城市化进程，边缘地区出现了一系列新的社会阶层，对上层朝廷的权威发起了挑战。历史学家不认为这些帝国经历了不可挽回的衰落，而是强调它们对外围地区的政治单位灵活且有弹性的控制。

如果说阿曼是这样一个政体，那么埃及就是另一个。1798 年至 1801 年，拿破仑入侵埃及，旨在攻击大英帝国，埃及被直接卷入了拿破仑战争。鉴于埃及的实力伴随拿破仑的到来日渐衰弱，奥斯曼帝国也发生了转变，而这也许解释了 19 世纪初沙特－瓦哈比派在阿拉伯半岛的兴起。1812 年至 1818 年，穆罕默德·阿里发起了反对瓦哈比派的运动，这是埃及对瓦哈比派运动的回应。埃及军队驻扎在阿拉伯半岛。1837 年，当沙特拒绝向这些军队进贡时，来自埃及的远征军再次长驱直入。据德黑兰的一名英国人说，到了 1819 年，马斯喀特的伊玛目曾表达过自己“害怕拥有像穆罕默德·阿里帕夏这样有魄力的邻居，他最近反抗瓦哈比教派的成功使他在亚洲这片地区名声大振”。[73]

奥斯曼帝国治下的埃及、瓦哈比派和阿曼之间的纠葛吸引波斯成为阿曼的盟友，这着实令人惊讶。阿拉伯半岛的内陆地区在商贸和经济上被视为闭塞落后的地方，就连椰枣和牲畜都无法盈利，只引起过奥斯曼帝国零星的兴趣。把握住阿拉伯半岛的关键在于圣地麦加与麦地那，但这两处圣地并不在半岛荒芜的内陆。这时奥斯曼帝国正处在变革时期，它为什么要在埃及人对抗瓦哈比派时如此坚决地吞并这片地区呢？

一种解释会说，奥斯曼人是在回应麦加与麦地那遭到的袭击。瓦哈比派受到宗教狂热的驱使，而位于阿拉伯半岛内陆的内志（Najd）没有粮食剩余，于是沙特突袭了伊拉克和叙利亚等更加富有的省份，能从通往麦加与麦地那的朝圣之路中受益的汉志也没被放过。瓦哈比派拆除神殿、掠夺朝圣的商队，既是出于经济目的，又是与一神论信仰紧密相连的神学原则。针对这种由经济驱动的意识形态，奥斯曼帝国很快做出了回击。然而，穆罕默德·阿里为了打击信仰千禧年说的伊斯兰教徒远征阿拉伯半岛腹地，并不是因为沙特和埃及之间的文化冲突，也不仅仅因为瓦哈比派对奥斯曼腹地展开的劫掠，亦不像某位历史学家所说的，在于奥斯曼人对瓦哈比派的“恐惧”——“人类最基本的本能”。[74]相反，和来自英国的威胁一样，革命时代海上贸易环境与政治环境的变化都是值得考虑的重要因素。

在阿拉伯半岛的另一端，瓦哈比派与他们的合作者卡西米部落正在从波斯湾不断变化的海上贸易环境中获益。18 世纪末，以海洋为基础，与波斯湾出产的珍珠、椰枣、羊毛和鸦片紧密相关的贸易复苏。贸易崛起所需的劳动力也是通过海洋输入的，主要是来自东非的奴隶。奴隶的到来既是阿曼商人社会发展的结果，也是阿曼与桑给巴尔岛发展政治联盟的结果。[75]这些面朝大海、欣欣向荣的波斯湾沿岸中心地区十分值得注意。早先阿拉伯半岛上的决定因素——例如水源和农耕潜力——已经不再是什么制约因素。[76]因此，奴隶制再度出现，从与家庭和农业相关联的工作，转变为珍珠采集、港口装卸、在独桅帆船和其他远洋船只上劳作的工作。哈伊马角是主要的奴隶转口港，除此之外还有巴士拉、布什尔、阿巴斯港和迪拜。大批奴隶从这些地区被进一步送往波斯和奥斯曼。马斯喀特的港口有一群支持海上贸易的折中主义者，包括放贷和卖保险的印度教徒、亚美尼亚人和犹太人，他们都不必受制于伊斯兰教的律法。[77]随着18世纪的逐步发展，孟买成为波斯湾主要的珍珠转口港，这体现了波斯湾与更加广阔的印度洋之间的联系。

既有奥斯曼帝国和波斯帝国古老而深刻的历史哺育，又享有海上贸易几十年间的发展成果，波斯湾沿岸的小型政治单位（尤其是阿曼）由此得以重新崛起。这本身就是一场政治实践的革命，由顺势而为、实力强大的本地精英发起，宗教狂热者的出现也起到了推波助澜的作用。除此以外，这些投机者与革命时期更广泛的力量（即拿破仑战争中英法及其盟国之间的对立）进行了互动，收获了更大的成功。马斯喀特的外交策略并不代表波斯湾的独特性已经消失，只是体现了在全球化背景下地区之间的相互作用。

法国并没有信守承诺派一名特派代表帮助阿曼，于是阿曼开始与法国脱钩，转而发展与英国的外交关系，因为英国在印度正扮演着越来越重要的角色。后来就连迈索尔的蒂普苏丹在马斯喀特也有了一家工厂。

但令英国懊恼的是，马斯喀特在与东印度公司签订协议后并没有废除与法国的关系。[78] 这是因为在奥斯曼与波斯的交汇处，不断变化的政治格局令阿曼有了能在全球外交中发挥作用的信心。赛义德·本·苏尔坦在 1809 年对远征军说过这样的话："一个积极活跃、手段高明的王子不仅能够维护好本国的统治秩序，还能让不羁的海上对手心生敬畏。"[79] 与此同时，在阿曼的另一边，被英国人批评为"瓦哈比派海盗"的海上掠夺并不是贸易衰落的表现，与今天英国人的评论正相反，这应当是贸易复兴的象征。[80] 海上劫掠的出现恰逢干旱时期，原住民部落向波斯湾沿岸迁徙。[81] 从这个意义上来说，这是地区状况以及全球贸易发展双重作用的结果，也算是一种机会主义的反映。

驻德黑兰的卡扎尔-波斯宫廷的特派代表亨利·韦洛克（Henry Willock）曾在马德拉斯军队中服役，他的书信很有意思。[82] 1819 年远征前，韦洛克奉命前往哈伊马角请求国王提供陆军力量，补充英国海军的兵力，可国王并不乐意合作。波斯方还想给英国一个教训，让他们知道国家之间该如何交往。韦洛克称，宫廷里的"众大臣"：

> 声称如果波斯湾沿岸的本地人有什么冒犯行为，波斯国王将替自己的臣民接受惩罚；如果英国臣民的财产遭到了劫掠，获得赔偿的正确方法是告知波斯政府，但是没有人这样做。因此对于英军而言，明智的做法只有对抗卡西米人……[83]

韦洛克坚持认为，参与海上劫掠的波斯湾沿岸居民其实是独立于波斯的，而英方渴望"在这些港口建立波斯的权威"，以压制卡西米人的影响。[84] 这关系到英国想要在这里把波斯人和阿拉伯人区别开来的敏感问题。[85]

远征过后，新一轮的主权争夺开始了，争夺的焦点是海湾地区岛屿的主权归属问题，这时的英国人正急于在这里寻找可供立足的大本营。最终，英军在靠近波斯大陆的狭长岛屿克什姆（Qeshm）岛实施了登陆。阿曼曾宣称对海湾地区的一些岛屿拥有管辖权，因此英国通过诉诸阿曼的名义，宣布此次登陆行动合法。然而，波斯方面拒绝承认阿曼拥有这一权利，阿曼与英国的关系也陷入了紧张的状态。[86]

尽管波斯和英国都在这片水域上明确了国家、法律和主权的问题，但它们都并没有考虑革命时代的真正精神。相反，波斯和英国对“独立”等概念的玩弄隐藏了帝国的真实想法，它们的目的是反革命的。韦洛克就曾指出波斯犹豫的原因：“作为务实的政治家，波斯人看透了我们在印度建立机构的本质，最初只是一小块资产，最终成为一座庞大的帝国……”[87] 看到了这一转变，“波斯人的虚荣令他们认为，自己的国家是宇宙中最受青睐的地方，是所有邻国羡慕与渴望的对象”。[88] 当“国家领土不可侵犯”这样的语汇形同虚设时，英国已在克什姆岛登陆，波斯又开始采用自然领土的概念，它要求“凡是到过波斯湾或曾在阿拉伯和波斯湾沿岸登陆过的人，抑或研究过帝国领土地图和地理文献的人”都必须知道，这座狭长的岛屿属于波斯湾沿岸地区。[89] 1822年至1823年，英国与波斯之间展开了激烈的外交冲突，甚至出现了武力冲突。后来，英军从克什姆岛撤退。[90]

英国无疑是在展示自己的力量。不过，进入19世纪20年代后，古老的帝国和新政治单位也都对波斯湾沿岸的革命时代产生了影响。这一时期的许多政治力量都会投机取巧地介入，扩大贸易规模、增加政治和国家建设条款。

波斯湾是一片被陆地包围的海域，它的沿岸被看作是断层线崖。不断发展的沿海政权、古老帝国和外来帝国力量都在此地调整着自己的治理之术，英国定下的条款越来越多。同心圆政治的局面逐渐形成，地方—区域—全球，或阿曼人—埃及人—瓦哈比派，抑或波斯人—奥斯曼人，以及法国人—英国人，在这些相互对立的关系之间，形成了紧张的局势。无论在哪一组对立关系中，如果英国的贸易和外交不能产生出超越这种结构的政治力量，那么其代理人的角色和局限性就是显而易见的。追溯革命时代原住民与非欧洲人从下而上蜂拥而来的原因时，需要考虑沿岸的小型政体（甚至还有其人民）的水平，飞速发展的海上贸易将各种政治力量吸引到了这片水域。从人们对船只的需求就能明显看出他们所采取的灵活路线，我们将要讨论的就是这一点。

革命时代的印度拜火教徒

现在，是时候从一个截然不同的角度——从孟买看向波斯湾海域了，另一股政治力量对这个地区产生了影响，那就是英属印度。革命时代的波斯湾不仅仅是一片封闭的海域，还是一片能够从多条轴线、多个方向接近的水域。正是这个时期多种多样的联系使各种变化成为可能，海湾地区对革命精神做出的贡献需要全方位的探讨。

1819 年 2 月 10 日，一艘新船漂浮在孟买海港的码头旁。这艘名为“阿鲁姆国王号”（*Shah Alum*）的船并没有根据传统的新船命名仪式泼洒葡萄酒。[91] 据《亚洲日报》(*Asiatic Journal*) 报道，这艘船“明显散发着玫瑰水和玫瑰花精油的味道”。第二天一早，海港旁所有的阿拉伯船只都向这艘船表示了敬意。这艘船要开往波斯湾，前往马斯喀特，加入赛义德·本·苏尔坦海军。

“阿鲁姆国王号”是印度拜火教造船工人建造的，这些工人以熟练建造坚固柚木船而闻名。和欧洲舰船相比，他们建造的船是经得住适航性测试的。《亚洲日报》指出，“阿鲁姆国王号”将有望得到一位穆斯林圣人的赐福，但它却是按照马斯喀特驻孟买的某位欧洲特派代表的建议命名的。“阿鲁姆国王号”下水的时间正是 1819 年——英国第二次远征哈伊马角的年份，这一年标志着英国与阿曼的关系又向前迈进了一步。

18 世纪末至 19 世纪初，针对橡木和柚木作为造船材料孰优孰劣的问题，人们展开了大量的争论。[92] 影响这些争论的因素包括法国大革命和拿破仑战争中船只短缺的问题，以及 1795 年运送大米和小麦的印产船只抵达伦敦后引起的讨论。[93] 这是革命时代出现的一场精心策划的讨论，在一本重要的小册子中，战斗中的伤亡情况曾被人拿来辩称柚木优于橡木。据 1810 年率领英军登陆毛里求斯的阿伯克隆比将军 (General Abercrombie) 证明：“和橡木相比，炮弹打在柚木上的危害性较低。”在对柚木表示支持时，阿伯克隆比以水手的安全为论据，成功地驳斥了身陷经济困境的英格兰造船商，他们担心自己的生意会被印度造船厂夺走。[94]

这一争论和与之相关的紧张局势是通过分割印度洋得以解决的，好望角以西的贸易仅限于英国制造的船只，所谓的“乡下船”(country ships)，即印度出产的船只只能出现在印度至东印度群岛和马来半岛的航线上，以及印度至中国和波斯湾的航线上。这些印度出产的船只可以被用作英国的私人商船，但不得被用于通往欧洲的航线。[95] 偶尔东印度公司也会雇用印度船运输邮件、搭载军队，曾经丢失过邮件的“飞翔号”就是 1793 年在孟买制造的。[96]

在这样一个故事中，印度拜火教造船商以及更广泛意义上的商人家族、船主、放债人、掮客和印刷商都会被视为英国帝国主义背景下最成功的“买办阶级”中的一员。[97] 他们显然很容易适应英国文化，举例而言，孟买造船厂曾用一系列“造船大师”的肖像画来纪念画中人对英国的奉献与服务。[98]

孟买的第一位造船大师拉夫吉·纳萨尔万吉（Lavji Nasarvanji）1735 年从苏拉特（Surat）迁至孟买，并在这里建立了瓦迪亚家族。他的孙子，第三代造船大师贾姆希吉·巴曼吉（Jamshedji Bamanji，也称波曼吉，1754—1824 年）的肖像画就展示了印度拜火教徒是如何适应英国规范的。贾姆希吉·巴曼吉与堂兄弗拉姆吉·马纳克吉（Framji Manakji）都拥有“造船大师”的头衔，英国人也从自己的视角为后者绘制过肖像。[99] 从贾姆希吉·巴曼吉的肖像画中可以看到他身着白色长袍，洋溢着充满活力的美。长袍外包裹的羊绒披肩上还有金色、红色和绿色的刺绣。他一手拿着圆规，另一只手拿着图纸，一把尺子塞在长袍里，另一把尺子放在桌子上，可能是东印度公司于 1804 年送给他的，上面的铭文歌颂了他“始终不渝的忠诚与久经考验的服务”。[100] 他的服装做工与其造船手艺相匹配，都是可供欣赏之物。

贾姆希吉·巴曼吉窗外停靠着的“明登号”（*Minden*，1810 年），是“第一艘也是唯一一艘在母国范围之外建造的英国船只”，是按照贾姆希吉·巴曼吉手中的设计图建造的。[101] 与“阿鲁姆国王号”不同，这艘船是在“当着数千观众的面打碎瓶子”的仪式之后才下水的。[102] 与欧洲的肖像画传统一致，贾姆希吉·巴曼吉肖像画的背景包括一把椅子、一扇能够看到外面世界的窗户和窗帘。与此相应，贾姆希吉之子肖像画的背景是辽阔的山景、椰子树和一艘漂浮在清澈水中的船。

贾姆希吉·巴曼吉的肖像并没有强调与生俱来的天赋和充满男子汉气概的英勇等被认为属于英国探险家的特征。准确地说，肖像画描绘的是工作的辛劳。贾姆希吉·巴曼吉本人看上去十分疲倦，一只眼睛几乎紧闭着，还皱着眉头。他的堂兄弗拉姆吉·马纳克吉在摆姿势时手里还握着眼镜。[103]贾姆希吉·巴曼吉的“明登号”下水之后，其工艺品质和柚木质量的卓越被人们口口相传，大家对他本人也是赞颂不已。海军部部长这样评价：

> ……前期我第一次视察这条船时，其主要木材都是公开供人检查的。有了这样的木材，我不禁感到欣喜，因为我在英国没有见过任何船只用过这么多此种木材。通过鸠尾榫接合的方法将横梁固定成牢固夹板的方式（英国造船厂不会使用的一种方式）令我十分满意，因为这样能赋予船只更大的动力。随着工程接近完工，我每天都在观察进展。我必须说，我对这条船的坚固性以及它的手工搭建方式非常满意……[104]

有时，造船大师们也会愤愤不平，因为他们的大量劳动得不到英国人充分的回报。弗拉姆吉去世时，贾姆希吉和拉斯塔姆吉·马纳克吉（Rustamji Manakji）曾写道，要是他们从事的是自由商贸而非船只建造，肯定能变得富有得多。他们还指出，在加尔各答用劣质木材造船的欧洲人都可以“为自己和家人提供食物以及生活必需品”。对于有 18 口人的弗拉姆吉一家和贾姆希吉一家来说，情况就大不相同了。[105]

印度拜火教徒第一次从波斯来到古吉拉特邦（Gujarat）——也许是在18世纪——也就是阿拉伯人攻打伊朗之后，为了保护自己不因拜火教信仰而遭到迫害。[106]自17世纪起，他们就在苏拉特海港开始从事造船业，逐渐接受了城市化的生活方式。也许是为了应对反复发生的饥荒，越来越多的拜火教徒搬往孟买。1811年，孟买市的拜火教徒就已经达到10 000人。他们中大多数人是农民和工匠，后来转为从事贸易和工业。他们手中日益增长的财富来自棉花或鸦片贸易、借贷和中间人业务的利润。随着时间的推移，他们在印度的政治格局中占据了开创性的位置，在英国，最先成为议会成员的三名亚洲人全都是拜火教徒。[107]有人说他们是次级帝国主义者。从这个角度来看，相比印度教徒或穆斯林，拜火教徒的职业流动性更大，从而更易适应大英帝国。和某些资深的印度精英不同，他们在大英帝国范围内并不会因为政治或行政地位而感到失落。相反，他们欣然接受了英语和航海文化。

然而，这并不是事实的全部，从其他方面来看，"阿鲁姆国王号"、"塔基伯号"（*Tajbaux*，1802年）、"卡罗莱号"（*Caroline*，1814年）、"诺瑟里号"（*Nausery*，1822年）都是为阿曼而非英国制造的船只。拜火教徒也曾为马斯喀特建造船只，而不仅仅是为英国人，这符合该族群的迁移历史，以及沿海阿拉伯精英长期从印度进口木材和船只的事实。有一种理论认为，阿曼人在17世纪就开始使用印度建造的船只，当时，波斯湾与印度之间的货运服务都是由阿曼人经营的。[108]据估计，1802年至1835年，孟买共有八艘船只是为马斯喀特建造的。[109]阿拉伯人和波斯人驾驶的其他船只也很有可能是在印度沿岸制造的。18世纪初，波斯的纳迪尔沙国王也会在印度建造和修理船只。[110] 1809年至1810年赴哈伊马角远征之后，英属印度政府曾颁布过一项禁令，禁止从海湾地区进口木材，以制止他们眼中的瓦哈比派海盗的威胁。但卡西米人还能继续从印度西南海岸最远端的特拉凡科（Travancore）等地获取木材。[111] 1820年，第二次远征过后，人们针对类似的禁令还曾展开过讨论。[112]

英国无法控制印度沿岸的船只制造，就像他们无法垄断用来造船的珍贵木料一样。[113]英国人曾急于对印度西南海岸马拉巴尔（Malabar）和卡纳拉（Kanara）的造船林区做出准确评估。[114]在马斯喀特，一艘印度船只的到来会带来巨大的影响。举例而言，在赛义德·本·苏尔坦的海军遭受瓦哈比派教徒攻击时，"卡罗莱号"就曾赶来支援。据说，为了鼓舞士气，苏尔坦还在"1000名手持长矛的士兵"护卫下亲自登上了这艘船，随从中"还有一群他自己的奴隶"。"卡罗莱号"很快开始向敌人开火。[115]不过，据孟买政府的弗朗西斯·沃登（Francis Warden）所说，"卡罗莱号"差一点就被哈伊马角的卡西米人接管了。[116]

直到19世纪20年代，在孟买造船业衰落，最终被英国铁质蒸汽船取代后，波斯湾与孟买之间的联系继续在英国人的眼皮底下运作。[117]这种联系缘于在革命时代，船只在战争以及战争影响下的贸易中，发挥着不可替代的作用。印度拜火教徒也许曾经从大英帝国身上获利，但他们不应因此被排除在革命时代之外，他们的革命性也不应被否定。[118]

印度拜火教徒在孟买早期的政治活动进一步支持了这个观点，因为他们开始认为自己是一个民族，并且对自己在波斯的历史表现出了积极的兴趣，以回应英国传教士对拜火教的批评。[119]拜火教徒大举迁至孟买的行动加强了他们的民族认同，支持了他们不被印度文化同化的愿望。他们还试图改革自己的政治管理机制，18世纪初，拜火教五人长老会（一种民族自治议会，理论上由五名当选领袖组成）在孟买成立。到了1818年，长老会由公开会议中的18名成员来运行。[120]

通过议会进行自治是革命时代的典型标志。瓦迪亚家族就是在五人长老会中占据领导地位的家族。议会将与婚姻、收养、财产和慈善相关的事务纳入了自己的管理范畴。拜火教徒中的暴发户与具有悠久历史的商业精英之间、西方风俗与传统规则之间的紧张关系令五人长老会失去了政治力量。截至19世纪30年代末，长老会被新一代拜火教徒指控犯有贪污、重婚和偶像崇拜的罪名，长老会从此衰落。

自18世纪初，拜火教徒就开始前往伦敦声张自己的权利，对英国人提出了批判和指责。前往伦敦的教徒中有两名是瓦迪亚家族的造船专家——贾姆希吉·巴曼吉的孙子贾汗季·瑙罗吉（Jehangir Naoroji）和赫吉霍伊·米赫万吉（Hirjibhoy Meherwanji）。两人于1838年到达伦敦，是被送去学习造船新技术的，因为当时的孟买造船厂已经衰落。他们不仅到访了造船厂，还参观了大英博物馆、动物园和伦敦的其他景点，记录了"巨型蒸汽机"的发展以及它是如何"越来越广泛地被应用于航海的"。[121]

在查尔斯·福布斯（Charles Forbes）的资助下，这两名造船师还参观了下议院。福布斯曾在孟买居住，经营着福布斯公司，返回英格兰后从政，以无党派人士的身份入选议会，反对东印度公司的垄断行为。[122]在"改革还是革命"的抉择中，英国正式通过了扩大经销权的《1832年改革法案》。在这个问题上，两名造船师利用自己参观议会时目睹的一场辩论，得出了观察结果。他们当着所有议员的面坐在旁听席的“最前面”，身着“民族服饰”旁听了八个半小时，一直听到深夜两点半。

瑙罗吉和米赫万吉在日记中写下了这样的结论：“英国宪法被公认为世界上最好的宪法，是其他国家在立法方面的完美模板。”不过，和该观点掺杂在一起的是对特有的“贿选”行为的谴责。他们还指责《改革法案》允许售卖穷人的选票，这让行贿、受贿的情况愈发严重。这样的评价可以从困扰孟买拜火教五人长老会的问题角度来解读。19 世纪 30 年代末，针对英国改革的辩论与对孟买权利的质疑是同时发生的。

总而言之，拜火教徒的造船故事与本章前几节的政治活动是一致的。拜火教徒保持了海湾地区与大英帝国之间的联系，并重塑了当地政治。换言之，这个故事既是局部的，也是全球性的。拜火教徒的地方政府与革命时期特有的原住民活动激增相吻合。和卡西米人和阿曼人一样，这些流动人口、流动族群之间有着令人意想不到的联系。传统意义上的“土著”可能会扩大范畴，把这种具有复杂流动路径和传统的族群包括进去。

不过，孟买通过船只与西方建立的联系并不只有社会地位优越的造船师，还包括定期往返这条航线的劳工、商人和奴隶。革命时代，这些往返于波斯湾和西印度的船只上很少出现能够改写宪法文化的政治精英，但是他们会通过暴力形式进行反抗。

阿拉伯半岛与印度之间的起义

英制和印制船只瓜分了英属印度洋世界的“国家贸易”，但事情并非如此简单，在革命时代，波斯湾、孟买及其他西印度港口与阿拉伯舰船的联系正变得越来越紧密。[123]

19世纪初，往返苏拉特的阿拉伯船只在数量和吨位上都超过了英国船只。[124]清点阿拉伯船只是一项艰巨的任务，因为某些阿拉伯船只是打着英国的旗号航行的，也许很多未被记录。阿拉伯航海活动的兴起直接源于拿破仑战争，其船只被视为中立，不会受到英国或法国的攻击。某些欧洲船只——尤其是法国与荷兰船只——会利用这样的优势，悬挂阿拉伯船旗，进一步增加了清点阿拉伯船只数量的难度。当帆船及体形较小的小帆船被阿拉伯人用于印度西海岸和波斯湾之间的贸易往来时，欧式船只的应用也越来越普遍。某些欧式船只是阿拉伯商人从法国购置的，而它们又是法国人从英国人手中俘获的。

这时的贸易各种商品往来频繁，其中既包括印度瓷器与谷物的出口，又包括阿拉伯半岛的芦荟、铜料、念珠、马匹和珍珠的进口，奴隶贸易也在两地之间进行。直到19世纪30年代中期，英国商人指责阿拉伯商人从事间谍活动，隐瞒与法国的贸易，经过持续的抗议才将阿拉伯船只归入了与其他外国船只同等的类别。从这个角度来看，马斯喀特统治者与孟买造船商之间的关系符合更广阔的超越地区性的联系。在那几十年间，阿拉伯半岛与西印度之间的联系变得越来越紧密，英国则试图在两地扩张自己的官僚体制网络。

通过拼凑19世纪初为数不多的有关波斯湾、阿拉伯半岛和波斯的英文游记，我们也许可以再现阿拉伯船和悬挂英国船旗的阿拉伯船只上那些劳工与奴隶的经历。詹姆斯·希尔克·白金汉在描写1804年拯救邮件的任务时，提到了航行于马斯喀特和孟买之间的船上会使用的语言："在他们的大船上，桅杆、船帆、绳子，以及行进中的指挥命令，都和在印度一样，是阿拉伯语、波斯语、印地语、荷兰语、葡萄牙语和英语的混合体……"[125]不过他还提到，这些杂糅的语言逐渐归于单一，形成了船上各色船员都能理解的"印度斯坦语"（Hindoostanee）。这种语言夹杂着些许残留的葡萄牙语元素，显见于旗帜、罗盘和小舰队的词语中。[126]

语言的复杂程度是与船员的背景相符的。1817年，马德拉斯陆军的威廉·赫德（William Heude）中尉从印度前往波斯湾，再经陆路前往英格兰。旅程刚开始时，他乘坐的是一条悬挂英国船旗的阿拉伯船只"福齐尔·卡里姆号"（*Fuzil Kareem*），他为我们提供了船上的种族划分情况：

> 船员中有50名东印度水手，90名乘客：其中30人为波斯人，身材肥壮、十分能干，却难以控制；剩下的是阿拉伯人、土耳其人、犹太人和异教徒，品性各异、阶级不同，来自各行各业。有商人，有前往卡尔巴拉[Kurbulla（Karbala）]圣墓的朝圣者；还有马商、士兵、士绅和奴隶；他们是从各个地方赶去孟买的……[127]

赫德还表达了自己内心的疑虑：船上的一个土耳其人是否是法国人"在胡子和头巾的保护下"伪装的？他还写到了船上那些人的迷信，由于没有风，他们在距离马斯喀特60英里的"魔鬼沟壑"耽搁了一阵，据说是因为"先知的手指"。当一个阿拉伯人和一个犹太人遭到浪击落水时，其中一个土耳其人便指责他们是恶人。其实那些年间，在孟买和波斯湾之间的旅途中，有乘客丧命是经常发生的事情。船上条件恶劣，许多人都和货物、商品挤在一起，这会加剧人员的伤亡。[128]赫德写道，和往常一样，这两个人在不到一天的时间里就被人们忘却了。

前往马斯喀特的途中，共有25艘船是在拜火教徒建造的“卡罗莱号”护卫下驶向孟买的。赫德还对马斯喀特的奴隶市集做了一番有趣的描述：

> 二三十名年轻的非洲人穿越沙漠被带到了这里。他们主要来自桑给巴尔海岸，被排列在市集两侧，根据他们的性别……（主人）会在队列之间行走，用手触摸打算购买的奴隶的皮肤，看上去极其挑剔；他们竟然能将检查的范围扩大到如此微小的细节，令我十分吃惊。在面对比骆驼和马更有理性的动物时，他们绝算不上行家。[129]

在那个强调理性力量的时代，人们认为人类与动物是有区别的。可令人感到矛盾与不安的是，奴隶却被赫德拿来与骆驼和马匹相比。这表明，即便是在19世纪20年代奴隶制已经被废除之后，文化焦虑和种族主义观点还在困扰着英国人。与此同时，他的观察始终具有性别意识，因为阿拉伯人在选择“年轻女性”时会显得格外谨慎。[130]

赫德的大部分描述都显得相当冷淡。事实上，《爱丁堡评论》（*Edinburgh Review*）曾抨击这位作者写了许多“关于土耳其醉汉的闲言碎语和拙劣故事”，而不是如他的写作目标那样，为了“满足他对自己途经国家的理性好奇心”。[131]这样的感受符合赫德对“福齐尔·卡里姆号”上爆发的一场叛乱的描述，他就是搭乘这艘船离开马斯喀特的。船上的一场口角爆发过后，波斯人试图勒死一名东印度水手，却遭到大副制止，于是波斯人起来反抗这名大副。暴动是在清晨爆发的。“叛乱分子”被驱赶着“去了船尾”，“令人欣喜的是，没有人流血”。[132]

在这些船上，语言与族群的混杂性并没有让敌对族群间的关系正常化。上述事件发生后，船只就遇到了一艘不受任何法律约束的海盗帆船，海盗放纵粗野的残忍行径超越了文明的限制和互相信赖的神圣原则。[133]这艘阿拉伯船发生暴动时，波斯湾同一区域还发生过与瓦哈比派运动相关的革命事件。事实上，各类评论家、旅行者和水手曾将这类暴动和海盗的海上劫掠放在了一起，还进行了比较。据说，起义与海盗行为都是对法律的威胁，其过程包括不必要的“野蛮残害”。[134]

另一位旅行者温琴佐·莫里齐（Vincenzo Maurizi）的经历也很丰富。他曾于1809年至1810年和1814年至1815年住在阿曼。他在自己作品的扉页上写道，他在“东方许多地方做过医生……是马斯喀特的苏尔坦对抗卡西米人和瓦哈比派海盗的军队指挥官”。然而马斯喀特的赛义德·本·苏尔坦却指责他在一名英国军官的建议下成了拿破仑的间谍。事实可能的确如此，莫里齐和家人因为亲法而身陷麻烦，离开了意大利的家。[135]一次，莫里齐未经赛义德·本·苏尔坦的允许（苏尔坦想让他留下工作），逃离了马斯喀特，搭上了“用从（印度西南）马拉巴尔海岸运来的一整棵树制作”的柚木小船。[136]这趟旅程充满了艰难险阻。船员包括两名领航员，一个是阿拉伯人，一个是南亚人，还有服侍印度商人的“许多杰地加尔人（Jedegals）”。莫里齐家的仆人来自巴尔卡（Barka）和马斯喀特之间的一个村庄，也在船上随行。

此行的危险在于小船面对“巨大的水龙卷”之类的巨浪时非常脆弱，“我的穆斯林同伴们马上就开始惊声呼唤‘真主，真主’，杰地加尔人则大声呼喊‘佛祖，佛祖’”。[137]莫里齐设法将一袋椰枣推下船，减轻船身的一部分重量，然后又将几包运往印度和中国的鱼鳞推下了船。这些鱼鳞是“用来制作美丽日本漆器”的材料之一。最终，颇具讽刺意义的是，莫里齐又安全回到了马斯喀特。不过这一次的旅程令他对“如同意大利农民的鞋子般满是补丁”的小船的危险性感到吃惊。他觉得，这样的船“建造出来，除了将船上的人送去另一个世界之外，没有别的作用”。

莫里齐的经历简要描绘了波斯湾、阿拉伯半岛与西方世界相连的贸易世界的环境。位于波斯湾入口处的隅石（Quoin）岛是祈祷者向神灵祈福的地方，1817年，一艘英国“乡下船”将一艘小船放在这里作为祭品。小船上“装有船帆，载着船上装载的所有待售货品的样品”。[138]在孟买和波斯湾间恶劣的航行条件下，各种船只的航行次数越来越多，所需的船员数量越来越多，为起义提供了肥沃的土壤。

由于东印度公司保存了详细的记录，包括参与起义的船长、仆从、奴隶和水手们的证词，我们才有可能追溯18世纪80年代之后，“乡下船”上东印度水手爆发起义的事情。[139]东印度水手有自己的帮派，要听从招聘他们的水手长指挥。关于自己手下劳动力的事宜水手长会与欧洲船长协商合同。尽管这些劳动力大多都是印度人，却也有来自印度洋彼岸、血统各异的人。而按照船只所有者来划分贸易类型与《航海法》的影响有关。根据《航海法》，尽管船只对东印度水手的依赖性很强，但离开伦敦的英国船只上必须多数为英国船员。[140]在实践中，这意味着东印度水手通常都会在前往伦敦的船只上工作，因为这类船只在从印度返回英国时是需要水手的。但这些水手到达伦敦后便会陷入失业的困境，有时会变成返程中的乘客。

由于《航海法》的立法约束，船上的东印度水手在收入和被剥削程度上都与英国船员存在差距，引发了东印度水手的愤恨与冲突，双方的敌对情绪愈发强烈。东印度水手问题成为大英帝国自由主义改革者辩论的焦点，还引起了人道主义分子的关注。[141]然而，改革的企图非但没有改善东印度水手的处境，反而进一步引发了官僚作风。拿破仑战争结束后，所谓的《东印度水手法令》进一步阻止了英国船只合法雇用印度海员。[142]孟买与波斯湾之间的贸易往返航线上，来自更加广阔背景中的客观因素限制了水手起义的性质。

国际船只上发生的东印度水手起义涉及复杂的联盟与不满情绪，水手长及其副手充当了起义的领袖，也是抗议爆发的焦点。有些时候，就连孤独的欧洲人也会加入起义的队伍。起义从罢工到控制船只的暴动都有，针对这种起义，政府的防御十分薄弱。到了19世纪中叶，大英帝国到处流传着哗众取宠的记者们道听途说的报道，称加尔各答、孟买和马德拉斯都出现了水手放火烧船的事件：截至1851年，共有14艘船被烧毁[143]，都被当作“故意纵火”论处。

和开普敦奴隶起义一样，这些起义的特点就是模仿。起义首领会效仿被罢黜的船长，占领他们的船舱。1804年，“警报号”在从加尔各答前往孟买的途中被水手长夺权时就是如此。在水手长的带领下，这艘船升起了阿拉伯国旗，驶向了木卡拉（Al-Mukalla，位于今也门）。有消息传开，称起义分子谋杀了所有欧洲人，于是英国驻孟买政府派出一艘巡洋舰，去收服这艘船。在公开报道中，这些船员被种族主义措辞称为“头脑不清楚的人，起初是阿拉伯人从非洲东海岸抓来的奴隶，后来皈依成了穆斯林”。[144] 孟买政府迫切希望镇压这起“耸人听闻的成功阴谋”，在“警报号”返回印度的途中“尽可能收押众多的海盗”。[145]

1821 年，往返孟买与波斯湾之间的“孟买商人号”（*Bombay Merchant*）上也发生了起义。这艘船到达木卡拉时提出了一个相对简单的要求，那就是允许水手长和船员上岸。船长亨利·威廉·海兰德（Henry William Hyland）拒绝了这个要求，坚持“一次只能允许一个人离船”，使局势演变成了一场大规模的反抗。[146] 最终，“水手长和几名船员对船长下了手。船长好不容易才从他们的手中逃脱出来”。船员设法离船上岸，船长也不得不弃船，乘坐另一艘船返回印度。水手长指挥“孟买商人号”成功返回了孟买，并完成了货物的递送，“令货主十分满意”。事实上，水手长是在船长到达之后几个月才到达孟买的。船长海兰德对“孟买商人号”上这些突发事件的描述十分生动。在呈交给孟买政府的请愿书中，他写到船员的“暴力行为”时，形容其为“叛乱和海盗行为”，只有通过“合法的起诉令他们得到应有的惩罚”，才能避免将来可能出现的更加离谱的暴动。[147]

后来，印度洋上发生的起义转向了意识形态的对立。英国人将海盗与起义的东印度水手相提并论，还把对瓦哈比派的种族主义和宗教偏见套用在“乡下船”上的穆斯林乘客身上，认为他们去朝圣的伊斯兰教信仰是一种迷信，这种疑虑还令他们恐惧越来越多的东印度水手将信仰伊斯兰教。复杂的背景也令这些船的性质含混不清。比如，“孟买商人号”曾在 1810 年被英国用于夺取毛里求斯，根据停战协议将岛上的法国卫戍部队运往欧洲，这件事标志着英国对毛里求斯的占领。[148] 英国人、法国人、商人和波斯湾的统治者们都使这些船只的用途发生过改变。如果说波斯湾周围的政治、宗教、法律和治国之道是复杂多样的，那么船只的所有者与用途也是一样，这些漂洋过海的经验都是一种非正统的叙事。

革命与反革命的复杂局势

波斯湾革命时代的政治局势纷繁复杂，变幻莫测。用孟买政府大臣弗朗西斯·沃登在 1819 年说过的话来形容就是，“代表不同利益的各方势力”都在波斯湾“各式各样的革命”中“争夺优势”，波斯与奥斯曼帝国在“动荡不安的局势”下产生了瓦哈比派势力。[149]

在一定程度上，这一时期海上的政治、掠夺与贸易的扩张是陆地帝国重建的结果，也是诸如马斯喀特这样的滨海政体得以巩固的结果。波斯湾的政治圈包括竞争对手欧洲，尤其是互相争夺邮路、商路和通往亚洲与中东战略途经的英法两国；还包括英属印度，波斯湾依赖通向孟买的航线，而孟买却试图控制这条航线——比如派遣军事远征队前往哈伊马角。

这一时期的复杂，是无法通过这样简单地罗列一层层的政治单位来理解的。准确地说，令波斯湾真正活跃起来的是移民、技工、水手、奴隶、士兵和外交人员，这些人都找到了自己的出路。革命时代的波斯湾历史不应简单地被描述为瓦哈比派叛乱的故事。事实上，波斯湾不仅代表现代地图上标记着这个名字的地理区域，也代表革命时代精神空间的一部分。从多个角度来看待波斯湾的问题，就有可能把波斯湾这个概念置于如今人们争论的话题中：把这片海湾命名为“波斯湾”还是“阿拉伯湾”好？抑或是“奥斯曼湾”或“伊斯兰湾”？要不要把非洲与亚洲和它的关系排除在外？[150]这里讲述的波斯湾历史在文化传承方面绝对是多元的，记录当地的、非欧洲的政治实践属于一项更加伟大的事业，因为正是这些非欧洲的实践构成了革命时代中被人遗忘的段落。

英国人开始通过法律和文件将权利、公民等概念带入海湾地区，旨在掌控海湾地区的国家、政治、贸易甚至是劳动力。事实上，19 世纪 30 年代末，英国对法国的优势就比较明显了，因为当时法国的船只都会在英属孟买进行改装。[151]在此之前，马斯喀特爆发革命时，曾有短暂的一段时间有声张主权的信心。蒸汽时代到来之前，人们对航船的需求改善了拜火教徒的境遇。而在 19 世纪 30 年代新的法律规范出台之前，从拿破仑战争中受益的是阿拉伯船只。

以上种种，都是通过自下而上的方式与波斯湾建立起关系，在这个过程中既有压力，也有机遇。跨越这张关系网，精英、商贸人士或技术工人通过推行自己的政治思想，找到了出路。那些被囚禁在单一关系中的人——比如受《航海条例》束缚、待在船上的东印度水手——没有取得太大的成功。而那些通过改良主义宗教创造性地改造古老帝国文化的人，或是利用南亚与中东造船业的联系，在主顾之间来回游走的人，在革命时代获得了成就。

可悲的是，革命的多元格局竟然是与反革命的帝国主义联系在一起的。关于确立主权、出台法律、国家建设的问题各方达成了共识，但都被英国越界干涉。随着时间的推移，确定波斯湾界线的竟然是孟买，这体现了 19 世纪中叶英国殖民统治在印度的支配地位。但英国旅行者和官员却发现自己的地位存在争议，被波斯湾与印度相连的这片水域弄得模糊不清。就在他们的眼皮底下，贸易、朝圣之路、奴隶制和造船业仍在飞速发展。尽管法律试图明确海盗行为、盗窃行为、奴隶制和外交的定义，但在实践中却还是十分混乱，难以判定。革命时代的反抗跨越了不同的地域、政治时期与政治群体。英国把背景不同的奴隶制和叛乱联系起来，仅仅得出了一个混乱的定义。

人们倾向于用普遍性的观点来解释革命时代的争斗，以及政治和贸易发生的转变。然而，正如拜火教徒的崛起和东印度水手的叛乱所展示的那样，这些转变都是特别的，需要结合不同的困境或不同的人群具体情况具体分析。接下来塔斯曼海发生的事情会将这一时代高层政治的斗争与性别、种族秩序的改变联系起来，因为每个人都身陷一个不断变化的世界。如果本章讲述的是在多元政治格局中各个族群发挥的作用，例如拜火教徒或马斯喀特在地方、区域和全球之间起到的作用，那么下一章中，就是澳大利亚原住民发挥的作用。当反革命的帝国主义通过自由主义、官僚主义大行其道时，原住民所发挥的作用就是一种表态。

第五章

在塔斯曼海：反革命的标志

- 在种族与性别上的反革命
- 在革命时代夺取塔斯马尼亚岛
- 塔斯马尼亚岛
- 海豹捕手、原住民女性与殖民时期的人道主义者
- 水上迁徙的原住民
- 系统性殖民
- 结　论

人们都认为，最接近逝者的方式就是与他们的遗物在一起。对于科拉·古斯博里（Cora Gooseberry）来说，这样的观念既是正确的，又是错误的。科拉是一名尤尔拉（Eora）女性。“尤尔拉”一词指代的是居住在悉尼沿岸地区的30多个原住民部落。[1]她是邦加里的遗孀，首个在书面上被称为“澳大利亚人”的人。

代号为R251B的遗物是一块月牙形的黄铜胸甲，据说是科拉曾经佩戴过的物品。我在悉尼的米切尔图书馆里对它进行过仔细观察，发现它的重量很轻。图书馆阅览室的四壁立着几乎顶天立地的塔斯马尼亚黑木书柜。[2]胸甲正面的铭文也许是在嘲弄澳大利亚原住民与殖民者建立密切关系的方式。但我不知道这些铭文是否也证明了科拉对权威地位的兴趣。铭文用大写字母写着：科拉·古斯博里，弗里曼·邦加里（Freeman Bungaree，她丈夫的名字），悉尼女王和植物学湾女王。

代号为R252的遗物是科拉的另一件物品，被形容为一只“朗姆酒马克杯”，由青铜制成，带有把手。殖民者认为，悉尼的澳大利亚原住民都是嗜酒的。[3] R252是藏书家大卫·斯科特·米切尔（David Scott Mitchell）在19世纪收藏的。这座图书馆正是以他的名字命名。在没有任何证据的情况下，米切尔就告诉自己的助理，这只马克杯之所以顶部比底部宽大，是因为“人们用穿索锥为她将杯子撑大了，这样就能装下更多的朗姆酒”。它被摆放在“米切尔椅子后面”的一座壁炉架上。[4]不过，这只造型粗糙的马克杯有没有可能是科拉在港口（如今的悉尼）寻找自己的出路的证明呢？在殖民时期的新南威尔士，朗姆酒本身就是一种货币。如果是这样，那么原住民酗酒的说法就是谣传。

据19世纪40年代的一份悉尼报纸所说，科拉是塔希提“波马雷女王的妹妹”，这符合胸甲上使用了代表王室的“女王”一词。塔希提的波马雷四世（Pomare IV）曾在英法对她虚构的家园展开争夺时，将自己塑造成女王和母亲的形象[5]，但波马雷四世与科拉之间还是存在区别的。悉尼是一座因为大量白人殖民者涌入而建立的城市，殖民者将澳大利亚原住民从这片土地上赶了出去。和塔希提、汤加或太平洋其他地方的人不同，澳大利亚原住民并没有王室血脉。如果是这样，科拉的女王身份是否只是殖民者的一种想象，和酗酒的刻板印象一样。

有一种方法能从科拉的胸甲上追溯澳大利亚原住民的观点，从而对她进行更加真实的了解，那就是专注于大海和性别。科拉留下的两块胸甲上都雕刻了鱼，这也许并非意外，她有一个名字就是“山羊鱼”的意思。[6]在捕鱼方面，沿海的尤尔拉女性发挥着十分重要的作用。在欧洲的渔网和船只传到这里之前，她们是乘坐独木舟、用鱼钩和鱼线来捕鱼的。[7]早期的绘画作品就曾描绘过她们乘坐独木舟的样子。悉尼早期的日志记载者也曾对澳大利亚原住民女性驾驭船只、娴熟使用独创鱼钩与鱼线的技巧发表过评论。原住民女性还会用拖船带着儿童外出捕鱼，男性则通常是在岸上用矛刺来捕鱼。[8]

19世纪早期，天花疫苗的发明者爱德华·詹纳（Edward Jenner）的侄子乔治·查尔斯·詹纳（George Charles Jenner）绘制过一系列肖像水彩画，展示了澳大利亚原住民的样貌。一名澳大利亚原住民男性手举矛刺，低头注视水面等待着，仿佛是在期待一条鱼。在另一幅画中，一名原住民男性正将一条鱼递给画面之外的某个人。一名女性带着孩子坐在独木舟中，手里还牵着一根线。[9]尤尔拉原住民女性在悉尼沿岸地区捕鱼凸显了海洋生活的流动性特点，她们在新南威尔士的河流上与沿海地区航行，不是游牧民和流浪者。

在有关悉尼的早期记载中占据主导地位的女性是澳大利亚原住民贝尼隆（Bennelong）的妻子巴兰加鲁（Barangaroo）。贝尼隆被悉尼的首位总督阿瑟·菲利普（Arthur Phillip）带去了伦敦，1895年返回悉尼。近来，巴兰加鲁的叛逆、对丈夫接纳英式生活的厌恶引起了人们的讨论。一份分析报告写道，她“坚持裸体”，即便是在总督的餐桌旁，比起裙子她更喜欢裸体。[10]有人认为，作为一个渔民，她比不过英国渔民的捕鱼量，因此她对男性殖民者的独立特权感到不满。[11]她的所作所为以及坚定的态度与革命时代关于原住民生存与抵抗的叙述是一致的。

女性参与捕鱼会导致英国男性将她们描绘成缺乏性吸引力的人。第一舰队的外科医生乔治·沃根（George Worgan）注意到，原住民女性的身上散发着一股“臭鱼油”的气味。他写道，她们会将鱼油涂在身上，与皮肤上长期积累的烟灰混合在一起，烟灰是出海时从船上篝火飘散到她们身上的。为了证实殖民地乏味的性文化，沃根继续写道：“……这样的个人魅力与点缀，让人对风流韵事的所有向往和对美好性爱的所有念头……都烟消云散了。”[12]

在科拉的故事中，原住民妇女的渔妇形象被由原住民男性担任航海助手的形象所取代。因为在英国人的眼中，科拉的丈夫邦加里令科拉完全黯然失色。邦加里娶了好几位妻子，曾于1801

年至1803年跟随探险家马修·弗林德斯环绕澳大利亚航行，绘制出了这座岛屿的轮廓。奥古斯塔斯·厄尔曾为他绘制过一系列的油画，这些油画中至少有18幅留存了下来，其中一幅令邦加里声名鹊起。[13] 画中的邦加里摆出首领的姿态，身着红色的将军服饰，向看画人致意。他身后的悉尼海港停靠着三艘英国战舰，还有一艘船可能属于法国探险队的朱尔斯·迪蒙·迪尔维尔（Jules Dumont d'Urville）。

殖民者将自己不再需要的陆军和海军装备都送给了邦加里。1822年，悉尼的改革派总督拉克兰·麦格里（Lachlan Macquarie）在动身前往伦敦的前一天还赠送了他一身套装。用麦格里的话来说："我给了他一套旧将军制服，把他打扮成了一副酋长的模样。"制服是在一场"伴着格罗格酒的盛宴"中被送出的，麦格里还要求自己的继任者为邦加里提供一艘"带渔网的渔船"。制服的授予恰逢邦加里及其部落被重新安置在乔治角（George's Head）的一座牧场。赠礼与重新安置都属于改良计划的一部分，符合麦格里改革并控制殖民地的反动企图。[14]

厄尔为邦加里绘制的油画与殖民时期对他的描述是一致的：这个男人就是进入悉尼的入口。俄罗斯、法国和英国的旅行者常常提到邦加里如何乘坐他的"树干独木舟"前来迎接船只，看着船只驶向港口，他会说"欢迎来到我的国家"，而且"试图拿走旅行者不太愿意交出的东西——一部分现金"。[15] 从更广泛的背景来看，这幅画让人想起开普敦的路易斯·范毛里求斯或海地的图森·卢维杜尔（Toussaint Louverture）等原住民是如何穿上军装，戏弄并颠覆殖民地文化的。[16] 厄尔本人还为巴西一位名叫多娜·玛丽亚·德·热苏斯（Dona Maria de Jesus）的女战士绘制过一幅画，她参加过巴西反抗葡萄牙的独立战争，让他的作品与拉丁美洲的革命时代联系在了一起。[17]这一时期，除了邦加里之外，还有一个名为比利·布鲁（Billy Blue）的牙买加船员也会前去迎接悉尼的访客，令故事又与大西洋有了联系。[18]

在这幅画的另外一个版本中，酋长的权威明显遭到了贬低。这幅画出自作品集《新南威尔士与范迪门斯地图景》，画面中邦加里的身旁还有一名女子：

> 这幅肖像画描绘的是他脱下帽子，向登陆的陌生人鞠躬致意，身旁陪伴他的妻子则抽着烟斗。[19]

在这幅画中，船只被替换成了闪烁着深蓝色光芒的酒瓶，背景中的房屋代表了悉尼的扩建，但邦加里与陪伴他的女子（也许是他的妻子之一）却超然于这些景物之外。英国人对澳大利亚原住民以剪贴式的方法表现，又以此方式将两性区分开来。通过新的表现方式，邦加里被放在了更显著的位置，画中也蕴含着更加强烈的种族差异观点。

在厄尔的画中，邦加里的脖颈上挂着一块胸甲，上面写着“邦加里，布罗肯湾部落酋长，1815年”。向澳大利亚原住民授予胸甲的传统是麦格里总督发起的。这也许源自他在美国的经历。邦加里有可能是第一个受勋者。[20]邦加里死后，他声称自己是国王的言论再次被人提起，并遭到了带有种族歧视意味的嘲笑。他去世时，有人在船舷上拙劣地模仿胸甲上出现过的头衔写道：“原住民国王陛下邦加里，悉尼部落的最高首领。”[21]还有人称他为“受人尊敬的内八字陛下”。[22]1857年，在那个流行人体测量的年代，据说他的头骨曾被澳大利亚博物馆收藏，却没有保留下来的痕迹。1852年，有人发现科拉死于悉尼卡斯尔雷街的悉尼阿姆兹酒店（Sydney Arms Hotel），死因为自然死亡，享年75岁。[23]《贝尔在悉尼的生活》（*Bell's Life in Sydney*）在发布她的讣告时表示，她“是悉尼原住民部落的最后一名后裔，她的王国最终连一颗醋栗都不值”。[24]

在科拉与邦加里的例子中，我们从科拉胸甲的故事以及厄尔为邦加里绘制的图画明显可以看出，英国人在当时采用了与君主制和酋长制相关的词语。他们这样做是为了根据帝国主义改良派在赠礼与教育方面的计划，整顿澳大利亚的原住民。欧洲人自认高人一等且变化无常的表述取代了原住民的习俗，比如原住民妇女捕鱼的习俗，这些都被看作是一种新的种族和性别秩序建构。这种建构可以从厄尔剪贴式的再创作看出，也可以通过在讣告中嘲笑式的将二人称作国王看出。这样的种族和性别概念无疑是扭曲的，但我们还是有可能打破这种秩序，找到原住民的视角与存在。

在种族与性别上的反革命

奇怪的是，在新南威尔士的酋长制、君主制被殖民统治废除的同时，澳大利亚原住民的社会组织中出现了罕见地被形容为共和主义者的人，再次凸显了革命时代各种思想之间的联系。

厄尔的画作是描绘早期悉尼的作品中最发人深省的，这位艺术家还绘制过一幅水彩画，描绘的据说是1826年的一场原住民会议。[25]据《悉尼公报》报道，共有210名“原住民”和100名

“居民”参加了这场会议。会议的主题是平息起义和动乱。据说澳大利亚原住民和“众多王亲贵族”一样幸福——“事实上，我们怀疑波拿巴在他事业最辉煌的时候，能否这样无忧无虑、心绪平和”。这位记者还指出：“臣民、治安官、酋长、妻子、女儿、情妇乃至国王都乱七八糟地混迹在一起，彼此还十分熟络，仿佛他们都是彻头彻尾的共和主义者。”[26]

与共和主义的联系在其他地方也有显现。早期悉尼颇受追捧的评论家沃特金·坦奇（Watkin Tench）曾写道：“他们的体制是完全公平的。”[27]《悉尼公报》的作家表示，传教士试图探究原住民的“政治阴谋”，发现陪审团、税务管理机构和公民代表带来的益处将使英国人“赞扬并欣然接纳这成百上千，甚至是上百万的人类同胞，不仅把他们看作臣民同胞，同时也是基督徒同胞”。当时的政治词汇是多种多样的，澳大利亚原住民时而被幽默地称为君主和酋长，时而又诙谐地成为共和主义者。这些都是自由主义和人道主义的影响，以及殖民政府赋予他们的。

在麦格里总督及其助手心中，稳定的家庭关系与性别规范对于文明社会而言至关重要。这意味着，原住民受殖民词汇影响的同时，个人的转变也在进行之中。在针对“原住民的性格与普遍习性”的问题致信伦敦时，麦格里写道，澳大利亚原住民的生命是如何浪费在穿梭于树林间这件事情上的。他们会在 20 至 50 个小规模部落间游走，通过负鼠、袋鼠、蛆虫和“田野、海岸上的动物与鱼”勉强度日。[28]他还附上了威廉·谢利（William Shelley）寄来的一封信，谢利曾短暂管理过与原住民会议相关的原住民学校。

谢利清晰地讲述了教育与种族、性别之间的关系。原住民学习英式作风“普遍会遭人轻视，尤其是英国女性的轻视”。在提议为自己学校的男女生分配不同的房间上课时，谢利写道：

> 没有哪个欧洲女人会嫁给一个原住民，除非是被人抛弃的荡妇。也没有哪个原住民女人会被欧洲人暂时接纳。一个原住民，不管是男是女，即便从婴儿时期就在欧洲人中间接受教育，长大后也会遭到欧洲异性的排斥，必须去荒野上寻找伴侣。[29]

谢利的论点暗示，原住民女性必须和原住民男性结婚，就像欧洲人必须和欧洲人结婚一样。他的学校就是为了培养这样一群人。基于这样的性别和种族观念，邦加里的男子气概引起了欧洲人的注意，使之成为英国人眼中的澳大利亚原住民代表。1799 年，邦加里第一次跟随弗林德斯前往如今的布里斯班（Brisbane）北部，考察赫维湾（Hervey Bay）。他们乘坐的单桅帆船名叫“诺福克号”（*Norfolk*），是用诺福克岛的松木制成的。之后跟随弗林德斯环澳大利亚航行，然后还跟随诺福克岛前任总督菲利普·帕克尔·金（Philip Parker King）上尉出海，于 1817 年前往澳大利亚西北。值得注意的是，与弗林德斯相关的大量文本中都曾出现过他的名字：“邦加里，布罗肯湾北部原住民，性情良好、举止开放且阳刚。”[30] 在别的地方，后来的范迪门斯地（或塔斯马尼亚）总督戴维·柯林斯（David Collins）曾形容邦加里是“无畏、勇敢且毫无戒心的”。

来到诺福克岛，邦加里担当弗林德斯的使者会见原住民。他没有带任何武器，裸体上岸，和岸上的原住民一样。最近，一些人说，穿欧洲服饰会扰乱澳大利亚原住民对性别的判断，那么邦加里裸身前往也许可以被看作原住民阳刚之气的展现。[31] 和弗林德斯在一起时，邦加里曾力图像悉尼沿岸的原住民男性一样，用鱼叉捕鱼，而不是像女性那样使用鱼钩和鱼线。有一次，两人肩并肩捕鱼，弗林德斯用枪射击，邦加里用鱼叉刺，一共捕获三条大鱼，但两人谁也没有把捕获的鱼拉上来。还有一次，邦加里给了当地人一根鱼叉和一根投掷棒，向他们展示如何在浮石河（Pumicestone River）里利用这些东西。[32] 在环澳大利亚航行的途中，以及后来陪伴金出航时，邦加里也以“裸体使者”和“投矛者”的身份同行。[33]

弗林德斯对居住在浮石河源头的原住民的捕鱼方式尤为好奇，他们使用的方法对邦加里而言是前所未见，所以邦加里也会对他们的捕鱼方法感到好奇：

> 这群人中不论谁看到鱼，都会敏捷地绕到它的身后，撒开捞网，其他人则在另一边防止鱼逃跑。不管钻进谁的渔网，这条鱼必然会被抓住。看到鱼，他们有时会带着渔网跑到水中央，结果应该都还不错，因为他们很快就会在沙滩附近燃起篝火，在旁边坐下。毫无疑问，这条鱼刚离开水面，他们就把它拿到火上炙烤，大快朵颐了。

通过对捕鱼行为的观察，弗林德斯构建了一种文化与种族差异的理论。欧洲人对差异的看法掩盖了原住民的看法。弗林德斯称，在使用渔网而非鱼叉的地方，人们彼此形成了联盟。因为渔网提供了一种更有把握的捕鱼方式，能令使用者有序地安定下来。另外，鱼叉代表着暴力：“杰克逊港的居民大部分都随身携带鱼叉、投掷棒和棍子，即便是在人口稠密的悉尼城镇也是如此……在极端情况下，这也是纠正妻子行为的工具……”[34]

1804年，据《悉尼公报》报道，邦加里在悉尼丢出了“一根有点像土耳其短弯刀的弯曲带刃重型木棒”，展示了一项奇观。这根木棒可以追溯到奥斯曼世界。对这位作者来说，邦加里的表演展示的是充满恶意的“原住民的好斗”，冲突显现了，实际上邦加里是个以“彬彬有礼著称的原住民”。[35]邦加里显露出由英国殖民者定义的男子气概时，他才是可被接受的，而这种男子气概在革命时代往往等同于绅士般的表现。原住民的性别观念必须屈从于更强有力的殖民者及其礼仪。

19世纪30年代，一系列可以手绘上色的黑白平版印刷画在悉尼流行起来，有关种族与性别的殖民观念在这批画中体现得淋漓尽致。这些画作出自悉尼某印刷公司雇员威廉·亨利·费尼霍（William Henry Fernyhough）之手，是他到达悉尼之后不久创作的。这些平版印刷画的小样也许出自德国艺术家查尔斯·卢笛厄斯（Charles Rodius）的画作与素描。[36]观赏者与画中的模特显然存在一定的距离。画中全黑的科拉·古斯博里面向左边，没有任何五官，并没有想邀请人与她对话的样子。[37]

从人口统计的角度来说，悉尼是一个白人占主导地位的殖民地。种族与性别新秩序的兴起与悉尼的白人化有关，原住民女性也在其中发挥了作用。有人曾在悉尼看到科拉与她的家人在靠近酒店和市中心的市立广场上露营——这个广场曾被麦格里用围栏圈起，作为休闲花园。与她一起露营的那群澳大利亚原住民会展示丢掷飞去来器。[38]科拉不仅是原住民的象征，一直到19世纪30年代前后，她的人生经历仍旧和悉尼殖民地的一个流行观点相符：“是时候摆脱悉尼是一座‘白人城市’的想法了，摆脱原住民从画面中消失、从‘历史的舞台’上消失的念头——这根本不是真的。”[39]澳大利亚原住民在这座城市里为自己找到了落脚之处。

与这种说法相符，在 19 世纪中叶一份罕见的报告中，科拉曾为艺术家乔治·安加斯（George Angas）提供北岬角（North Head）原住民崖刻的信息。起初，她拒绝向安加斯展示这些崖刻，称那里是“禁地，她无法前往”。可安加斯说：“在往烟斗里塞上一些黑人烟草之后，（她）就变得健谈了不少……”[40] 科拉符合悉尼早期原住民妇女的文化媒介角色，这样的角色反过来强化了种族刻板印象。[41]

米切尔图书馆外矗立着一尊马修·弗林德斯的雕像，注视着以麦格里总督的名字命名的街道。在英国殖民者的眼中，这座雕像的表情十分自豪，充满了年轻男子的阳刚之气。1925 年，这座雕像是为了纪念收藏弗林德斯文献而落成的。重要的是，邦加里并没有出现在这里，科拉和邦加里的另一名妻子莫塔拉也没有出现。不过，弗林德斯最近有了另外一个伴侣，那就是他最喜欢的小猫特里姆（Trim）。特里姆是一只著名的澳大利亚小猫，就连图书馆的咖啡厅都是以它的名字命名的。1996 年的揭幕仪式上，胖乎乎的特里姆用四只脚站在弗林德斯的身后，向右歪着脑袋，注视着图书馆的一块彩色玻璃外立面。献给它的一块牌匾上写着：

> 特里姆，马修·弗林德斯勇敢无畏的猫，曾于 1801 年至 1803 年随主人环澳大利亚航行，随后陪伴他被流放至毛里求斯，直至去世。

他的猫之所以能被放到这座台子上，部分是因为弗林德斯被德康总督囚禁在毛里求斯时为它写过一份颂词。颂词充满一个时间太过充裕的人的痕迹，同时还蕴含了讽刺的意味，显得过分做作。特里姆似乎既是一名天文学家，又是一名务实的海员，据说还有印度血统。弗林德斯提出，特里姆与一只登上过挪亚方舟的猫有关，据说还与邦加里产生过特殊的联系：“如果它需要喝水，就会朝着邦加里喵喵地叫，然后跳到水桶上；如果它需要吃饭，也会把邦加里叫下来，直接钻到他的工具箱里，那里通常都会留着一块黑天鹅肉。”[42]

在弗林德斯和他的猫如英雄般矗立的同时，像邦加里和科拉这样的原住民却被移出了历史的记忆。殖民时期的性别与种族规范会被用来修正澳大利亚原住民的自我意识。科拉与邦加里的故事还证明了海上发生的事情影响着殖民地的规划，比如，殖民者将邦加里安置在岸边的一座农场中，让他欢迎到访的船只。相比捕鱼的原住民女性，邦加里的导航员助理身份更加引人注意。酋长、君主等带有政治色彩却毫无意义的概念被加诸澳大利亚原住民身上，使反革命的帝国对他们施加控制。然而这样的反革命并不彻底，原住民显然尚有生存空间——包括科拉·古斯博里晚年生活的市中心，以及下文提到的塔斯曼海。

在革命时代夺取塔斯马尼亚岛

上述这些故事都与18世纪末19世纪初英国的发展历程相吻合。我们把视线从澳大利亚主岛移开，穿越巴斯海峡，从最初的范迪门斯地转向后来的塔斯马尼亚的过程中，我们能看到那个时代的殖民竞争。[43]

19 世纪初的那些年间，悉尼人一直担心法美两国在新南威尔士以南这片区域的利益争夺会导致违法行为。一支猎捕海豹的远征队从法兰西岛出发，在澳大利亚主岛与塔斯马尼亚岛之间的姐妹群岛失事。总督金从悉尼致信伦敦，几乎如释重负地表示，这场灾难将阻止更多人“前去那一地区探险”。此话表明，毛里求斯在英国人心中就是共和主义与海盗的堡垒。[44] 令人担忧的不仅是法国人，1804 年，金发布了一份公告，称美国人在塔斯马尼亚与澳大利亚之间的巴斯海峡从事海豹猎捕作业是“违反国际法”的行为。[45] 事实上，那支失事的海豹猎捕远征队中也有美国船员。[46] 总督还强调了这种偷猎行为对悉尼殖民者意味着什么：“除了造船工匠与其他手工艺人、劳工”，有 123 人的生计会因这些外来者而岌岌可危。[47]

在悉尼海港，来自毛里求斯的海豹猎捕远征队遇到了尼古拉斯·博丹的法国探险队。博丹的探险队离开悉尼后几个小时，一则谣言就在殖民地传播开来，称法国海员们奉命要在德昂特勒卡斯托海峡的塔斯马尼亚岛上建立一座基地。紧接着，金声称，一位名叫帕特森的英国海军中校曾经讨论过把这里选作殖民地。总督一刻也没有耽误，立即派出一艘“殖民地舰船”和所有他能召集到的“科研人员”。

为了挫败法国人，英国人很快发布了一系列的指令。船上的海军候补少尉接到命令，对海峡进行检查，还在那里升起了英国国旗，并留下了一名卫兵。[48] 正如塔斯马尼亚某著名历史学家所写的那样：“如果当时英国没有与法国交战，就不太会去占领范迪门斯地。”[49] 1802 年的升旗事件发生在巴斯海峡的金岛（King Island）；1803 年，一队士兵占领德文特河（Derwent River）；

1804 年，又有一群囚犯在如今的霍巴特（Hobart）登陆，标志着塔斯马尼亚正式被吞并。

金迫切想要炫耀自己智压法国人、大获全胜的成果，告诉曾经陪伴库克船长的植物学家约瑟夫·班克斯：

> 海军候补军官受到了博丹先生的友好接见。博丹先生在给我的答复中表示，我竟会以为“他心存这种见不得光的意图”，令他十分伤心。不过，尽管海军候补军官将英国国旗插在了他们的帐篷附近，法国船只停靠期间它也一直飘扬在那里，博丹先生还是表现出了最友善的态度。[50]

这样的言语来往中既有不愿直接透露的敌意，也有公开展示的谨慎，因为博丹一家在悉尼时就与金的家庭有过交往。博丹在离开金时还曾写道：“我们的友谊对我而言是如此的珍贵，且永远都将如此。”[51]

拿破仑战争中，英法之间的竞争还有另外一个层面。跟随博丹的弗朗索瓦·贝隆（François Péron）是个性情鲁莽的战略家、激进的爱国者和博物学者。他在远征队中担任动物学家，和传统的科学家一样，他在这趟旅程中也不听从船长的使唤。[52]受到金的刺激，贝隆直到 1810 年去世前一直在为法国政府编撰一本回忆录，解释为何有必要吞并新南威尔士，还指控英国人是在“入侵”。[53]他问道：“英国国旗是唯一一面可以在南半球升起的旗帜吗？”

金岛的升旗事件发生之后，贝隆用“阁下”这个高贵的词称呼读者，告诉他们“没有任何时间可以浪费了”，“我们必须不惜一切代价，抗击这个国际性的怪物（英国），否则世界贸易都将落入它之手”。[54] 与英国人在悉尼的憧憬一样，贝隆也将自己的目光投向了东方和西方，想象着占领新南威尔士就能够掌控南方的渔业，决定美洲西部和马鲁古群岛（Maluku Islands）的命运。他坚称：“这样一来，新荷兰（澳大利亚）肯定就能立即……从英国人手中夺回。”[55]

有关博丹之旅的书出版时，贝隆的呼吁才得以曝光，引发了法国人对流放犯人的殖民地的讨论。除此之外，没有证据表明他的呼吁得到了直接回应。1813 年，法国企图占领新南威尔士的计划在澳大利亚流传开来，其源头也可以追溯到贝隆身上。[56] 如果说升旗事件让塔斯马尼亚成为殖民地，那么贝隆的言行还以另一种方式产生了影响。它导致了马修·弗林德斯入狱。马修之所以被捕，是因为贝隆致信拿破仑一世时期的法兰西岛总督，称马修正在寻觅一处军事基地。[57]

贝隆的回忆录是从全球革命时代的角度来解读悉尼当地政治的。虽说起义是悉尼原住民的行动，但爱尔兰人在其中也发挥了作用，还有国际大背景的加持。贝隆是这样描写悉尼的爱尔兰人的：

> 我们有多久没有看到这些不幸的被驱逐者，他们双眼满含泪水，大肆谩骂着英格兰，苦苦哀求波拿巴，咒骂压迫他们的人会遭到报应。多少次，他们没能登上我们的船只逃跑，而他们还固执地认为这些船是由他们的解放者和朋友驾驭的！哦！又有多少次，我们被迫交出这些不幸的灵魂，将他们丢在附近的海岸上时，连泪水都不曾流下。[58]

这位法国爱国者还提到了 1804 年由爱尔兰人领导、部分英国人参与的城堡山起义（Castle Hill Uprising）。他表示，起义过后，爱尔兰人伤亡惨重，遭到了驱逐和更加严厉的监视。他猜想，如此悲怆的境地会令爱尔兰人怀揣“坚定不移的忠诚”加入法国的事业[59]，悉尼的爱尔兰人就曾参加过亨伯特将军在爱尔兰的军队。1798年，这支军队曾以革命原则为基础，奋起反抗英国。[60]在贝隆看来，法国接手新南威尔士之后，训练有素的爱尔兰兵团将发挥至关重要的作用，确保法国在悉尼的殖民地不会落回英国人手中。[61]

对于整个世界，爱尔兰人也有自己的想象，从他们当时逃离新南威尔士，经陆路前往中国的努力就能见得。[62]在写到这样一个爱尔兰族群时，坦奇曾提及他们相信新南威尔士的背面有一条河，将他们与“中国的后方”分隔开来。跨过这条河，“他们就会发现自己正身处一群古铜色皮肤的人中间，得到他们友好地欢迎与款待”。[63]

和那些年途经悉尼的所有观察家、旅行家一样，博丹远征队中像贝隆那样的爱国者把这里视为一处海上枢纽。远征队第二艘船上的博物学家指挥官就曾描写过在悉尼港口与塔希提岛之间从事肉类贸易的船只。他提到，还有另外一些船只会穿过这片水域，前往印度和中国。还有一家在新西兰拥有船只的贸易公司，它从英格兰返程时会经过巴西，将那里的罪犯带到这里，殖民地会派遣“两艘轻巡洋舰来保护它”。[64]对法国人而言，悉尼的价值在于它能控制世界南端的往来，英国人也认同这一看法。

英法之间的交流与竞争并不简单。在悉尼称兄道弟的朋友有可能会在塔斯马尼亚岛因为一面旗帜而成为竞争者。不过这种复杂的关系促使英国人前进。革命时代对这个故事的影响不仅体现在列强对峙、海上竞争与海上贸易方面，而且塔斯马尼亚在文化、知识和环境的发展方面也符合那个时代的模式。军事化的信息收集和自然的“进步”相辅相成。

塔斯马尼亚岛

如今的塔斯马尼亚首都霍巴特看上去似乎就是地球的边缘。我到访那里时，巨大的亮橙色“南极光号”（*Aurora Australis*）破冰船正停泊在深海之中，为前往南极洲作业做准备。沿着萨拉曼卡码头（Salamanca Wharf），一排19世纪30年代乔治王时代艺术风格的仓库如今已被改造成时髦的商铺和餐厅。仓库前摆着的一样东西提醒了我们，是什么令塔斯马尼亚成为早期的殖民地——一口巨大的黑色鲸鱼炼锅。它是用来熬煮剥皮后的鲸脂，提炼鲸油的。炼锅附近矗立着阿贝尔·塔斯曼（Abel Tasman）的纪念碑，上面满是船只与星星，通过这些幽默又古怪的符号组合，来纪念第一个发现塔斯马尼亚的欧洲人。炼锅提醒参观者，塔斯马尼亚的海豹捕手和捕鲸人对早期澳大利亚的殖民地经济而言至关重要，直到19世纪30年代才被羊毛贸易超越。塔斯马尼亚南部的捕鲸活动主要由资本密集型公司主导，海豹捕捞则是从岛屿北部出发进行的。[65]

海豹与鲸鱼都曾出现在贝隆的作品之中。据估计这50年间，岛屿南部的海豹捕捞业一共捕获海豹700万头，成为剥削自然的极端案例。贝隆形容这是一项“非同寻常的贸易——无疑是人类迄今为止最大胆、最赚钱的买卖之一”。[66]他惋惜地表示，环球航行曾被视为重要且辉煌的壮举，如今在这些商人和水手间却已变得司空见惯。[67]与此同时，弗林德斯在穿越巴斯海峡的途中也曾在日志中写到过海豹，海豹的随机分布“超出了（弗林德斯）的理解”。“它们会留下一座空着的岛屿，然后覆盖其他几座岛屿的沙滩，还要在同一座岛屿上留出一个点，完全看不出为什么……”他推测，答案在于“溪流和旋涡，或许还有许多其他‘难以察觉’的原因”。[68]

贝隆对海豹的观察运用了人类学的方法，1802 年他在巴斯海峡的金岛上搁浅 12 天，有过与海豹近距离接触的经历。[69]事实上，在海豹的分布问题上，法国博物学家的理论比弗林德斯笔下的更加复杂。[70]在关于这段旅程的官方记载中，从巴斯海峡到福克兰群岛（Falkland Islands），再到胡安·费尔南德斯岛（Juan Fernandez Island），贝隆概述了海豹栖息的岛屿南部的地理环境，“尤其是其中的荒岛”。[71]在弄清象海豹为什么会出现在某些岛屿而非其他岛屿的过程中，贝隆推测，这取决于那里的“淡水小池塘，象海豹喜欢在里面打滚”。[72]

据说温度也是影响分布的一个因素，因为象海豹不喜欢极端的高温与低温。贝隆注意到，怀孕的海豹都处在其雄性伴侣的保护之下，后者还会“通过啃咬”驱赶雌性海豹去执行照顾幼崽的任务。[73]“哺乳期会持续七八周的时间，期间，家庭成员谁也不会进食或下海。”三年之后，幼崽就会长成有性需求的雄性，还会“彼此辱骂，无休止地打斗”。[74]在水手们的启发之下，贝隆将获胜的海豹与“妻妾成群的土耳其老爷”相比，使“嫉妒又专横的”海豹获得了“巴沙”（The Basha）的绰号。[75]

对海豹的关注体现了人们对自然的经验主义、浪漫化、拟人化，甚至是性别化和种族化的观察。这样的观察符合当时典型的自然“改良”思想。根据这种思想，殖民者力图从理论上解释和提升大自然的馈赠，对其加以更加完美的利用。[76]革命时代，对塔斯马尼亚的占领，被英法两国对海豹展开的自然历史观察夹在了中间；对二者来说，掌握了自然历史就离吞并不远了。控制海豹贸易之所以重要，不仅是因为贸易航线可以跨越新兴的政治边界，比如毛里求斯的失事海豹捕猎船为英国占领塔斯马尼亚提供了理由。更确切地说，对自然的开发利用在商业方面是有利可图的，人们都竞相从中获利。

为了让大自然物尽其用，新的殖民者还记录下了塔斯马尼亚岛郁郁葱葱的怡人环境。对该岛后来的总督柯林斯而言，范迪门斯地不会让人嫌恶，没有“（澳大利亚主岛那种）马上就让人放弃勤勉的大片土地”，“没有任何诱人的项目，却能留下最温暖的想象”。而对弗林德斯来说，某次穿越巴斯海峡时，在塔斯马尼亚喝到了自己喝过最甘甜的水。[77]与之相反，新南威尔士却意外贫瘠，从澳大利亚原住民与殖民者针对渔业问题争斗不休这一点就能明显看出。[78]新南威尔士还被蓝山（Blue Mountains）阻挡，直到1813年，欧洲人才翻越蓝山。[79]

人们认为塔斯马尼亚物产丰富的看法符合18世纪末19世纪初海岛代表物质丰裕的观念。弗林德斯与贝隆针对海豹的科学观察与当时对澳大利亚原住民的论述相呼应。的确，殖民时期对海豹和人类的描述呈现出了对称性特征，海豹数量的减少与塔斯马尼亚原住民人口的大幅减少是同时发生的。

海豹捕手、原住民女性与殖民时期的人道主义者

那个时代的海豹捕手被称为“海狼”（seawolves），与革命时代的海盗“齐名”，波斯湾地区的海盗就被称为“海狼”。[80]

自1810年起，海豹捕手们就与原住民妇女一起生活在巴斯海峡。这个族群会使用多种语言，包括英国人、爱尔兰人、美国人、葡萄牙人、东印度水手、新西兰人、塔希提人和澳大利亚原住民。[81]到了19世纪20年代，海豹捕手的故事在悉尼流传开来，他们被牧师约翰·麦格威（John McGarvie）形容为在海峡上岸的“逃亡者”。后来，他们认识了“老芒罗”，被老芒罗和他的“黑人妻子”领进来，知晓了“危险海峡中的道路秘密”。詹姆斯·芒罗（James Munro）是最早定居在这里的海豹捕手之一，被称作保护区岛（Preservation Island）的“主人和国王”。[82]“逃亡者”的说法表明某些海豹捕手是逃跑的罪犯。

海豹捕手也许可以被视为革命时代的产物。在回顾这段历史前，首先必须强调的是，自19世纪20年代末起，塔斯马尼亚原住民的抵抗活动激增，贸易只是极端暴力事件的一个方面。在残酷的塔斯马尼亚战争中，原住民遭到迫害，殖民者则遭到报复性的暴力袭击，导致冲突的一个关键因素就是那些曾在拿破仑战争中服役，后来到范迪门斯地定居的人的到来。这些人中既包括英国殖民官员的后代，也包括英国的王公贵族。1817年至1824年，随着殖民地人口增长了六倍，这座岛屿从“以小规模农业、捕鲸业和海豹捕杀业为基础的‘克里奥尔人社会’，变成了以精细羊毛生产为基础的畜牧经济体”。[83]

遏制殖民者与塔斯马尼亚原住民暴力对抗的政策就带有反革

命意图，是一种意在智胜原住民的谨慎策略。既要投身军国主义，又要投身人道主义的矛盾符合该时期兼容并蓄的特征，也是这个政策的驱动力之一。这一时期塔斯马尼亚发生的事情有明显的帝国主义反革命迹象。举例而言，军事哨所和武装警察的设立，以及派遣武装团体对殖民地进行搜索，使这里成为当时治安最为严苛的地区之一。[84] 自 1828 年起，这里还实施了三年多的戒严令，美其名曰通过暴力行动来达成和解，事实却是杀害塔斯马尼亚原住民。还有 1830 年的“黑线”，这一策略可能源自对抗法国的策略，是利用印度战争、半岛战争，以及帝国狩猎的经验设计出来的。这条由军队、罪犯和殖民者排成长队组成的“黑线”，力图将塔斯马尼亚原住民驱赶到一片封闭的区域。除此之外，反革命并不只意味着用军事手段来俘虏塔斯马尼亚原住民，它也是一种意识形态的改变。在奴隶制废除后，在福音派宗教作用下，欧洲人口口声声所说的文明，却致力于将塔斯马尼亚原住民流放并囚禁在巴斯海峡，从而导致了他们的死亡。

当时的文章——包括人道主义作品——也会被用来干涉巴斯海峡的海豹捕猎和捕鲸族群，以福音派人道主义者、后来的原住民“保护者”乔治·奥古斯塔斯·罗宾逊（George Augustus Robinson）的作品为例。[85] 对罗宾逊而言，海豹捕手都是些“可怜人”，因为“为了废除奴隶贸易，英国政府已经花费了数百万——女王陛下的殖民地还存在奴隶贸易无疑是不道德、不光彩的。这些人是在违抗政府”。[86]

至此，已经有人呼吁对海豹捕猎族群进行管理。这样的呼吁符合自由帝国时代的帝国政府改革。1826 年，在某海军官员提交给范迪门斯地总督阿瑟的一份报告中，他将巴斯海峡形容为“暴力、劫掠和各种犯罪行为持续发生的地方”。报告呼吁对海豹捕猎船上的船员采取更严格的检查，以阻止逃亡的囚犯从悉尼来到巴斯海峡成为海豹捕手。他还呼吁将海豹捕猎季节限制在五六个星期之内，以免海豹幼崽年纪太小就遭到捕杀，并在一座岛屿上建设一片配备民兵与军队的“政府据点”。[87]设立武装据点的要求预示了罗宾逊的塔斯马尼亚原住民保护区的成立。[88] 1833 年，塔斯马尼亚战争期间，一项关于范迪门斯地航运的法案得以通过，内容包括防止逃犯偷渡上船。[89]随着蒸汽航运和巴斯海峡两岸农业贸易的兴起，海豹捕猎族群终被取代。[90]

对罗宾逊本人而言，自由改革活动还体现在拯救那些与海豹捕手生活在一起的原住民妇女。作为一名“人道主义者”，他写道，这些妇女都是被人强行“从她们的家园带来的”。这种绑架行为中有白人男性的参与，他们会将女性的手捆绑起来，强迫她们登船，再将她们运至巴斯海峡群岛。在被控制的人中，一个“最受喜爱的会被选出来，免除劳动，而其他人都要被迫服从此人”。[91]据说，一个名叫托马斯·塔克（Thomas Tucker）的海豹捕手曾在“十分积极地”追求原住民女性的过程中开枪射杀了几个塔斯马尼亚男性原住民。从这些女性身上的伤痕也能明显看出，她们承受了“不应承受的残忍行径”。罗宾逊展示了一份用她们的姓名和经历编辑的名录，还明确指出了哪些人已经得救，被安置在他的机构中。名单里，有一名女性被“有色人种男性”带走，另一名仍“拥有一个黑人丈夫”，其他人则在海豹捕手中间被当作货物交换和出售。据描述，这些女性还会遭到棍棒的殴打。一名女性告诉罗宾逊，她弄丢了海豹捕手的一只狗，之后便被他打伤了头。在一个令人毛骨悚然的故事中，罗宾逊是这样形容一个名叫沃尔斯梅尔耶波蒂尔（Worethmaleyerpodyer）的女性的：

> （这名女性）大约20岁的年纪……是笛手河（Pipers River）地区的原住民，被名叫詹姆斯·埃弗里特(James Everitt)的海豹捕手（1820年他乘坐的捕鲸船失事后来到了海峡）从她的部落强行带走。后来在伍迪岛（Woody Island）上，就因为她没有把红嘴海燕清洗干净来取悦他，他就用火枪恶毒地射穿了她的身体，将她谋杀了……[92]

有人把沃尔斯梅尔耶波蒂尔的坟墓指给了罗宾逊看。[93]

不过，尽管罗宾逊的作品表明他致力于解放与自由理念的传播——这传承了废奴制的思想，但他认为这些女性是微不足道的。关于塔斯马尼亚的早期历史，罗宾逊的作品可能是最富争议的，原住民地位的问题成为澳大利亚历史争论的焦点。

对某些人来说，罗宾逊正是"种族灭绝"的推动者。据这些评论家所说，19世纪30年代中期，在总督乔治·阿瑟的支持下，罗宾逊将大部分塔斯马尼亚原住民围捕起来，以开化与和解的名义，将他们转移到了巴斯海峡的弗林德斯岛。漂泊在荒芜的异土，塔斯马尼亚原住民很快就因疾病伤亡惨重。在另一些历史学家看来，罗宾逊是个追逐私利、唯利是图之人。而对剩下的人来说，罗宾逊夸大了原住民遭受的暴行，只提到了殖民者对塔斯马尼亚原住民的屠戮，却隐瞒了原住民对殖民者犯下的罪行。按照一位近代评论家的话来说，罗宾逊"时常与自己的同事争论，永远都坚持自己的主张"，而他在历史学家中的地位也是如此。[94]职业生涯的后期，他怀着不安的心情跨过巴斯海峡，于1839年成为澳大利亚主岛菲利普港的首席原住民保护官。

罗宾逊在报告中提到了那些从海豹捕手手中逃脱、重新回到原部落的女性。这意味着，即便是从内容来看，他的作品也不能被视为认为女性微不足道。一个被罗宾逊称为塔雷雷诺雷尔（Tarerenorer）的女性从海豹捕手的手中逃跑之后，在“殖民者定居区犯下了可怕的罪行”，要被送回给海豹捕手，后来却被安置在罗宾逊的监护之下。[95]不过，想到这些女性可是养家糊口的主力，负责从岸边和大海中收集食物，并以游泳、潜水和航海而闻名，罗宾逊对她们的描写确实可以被看作一种轻视。[96]相反，霍巴特的詹姆斯·凯利（James Kelly）对原住民女性在这些方面的能力做了更加全面的描述，以免她们仅仅被视为被绑架的女性。

凯利的船员给了六名女性每人一根棍子，想看看她们会怎么做。这些女性偷偷走到海豹附近，带着棍子躺在了它们身旁。“海豹们抬起头看了看新来的客人，嗅了嗅她们身上的味道”，紧接着，她们模仿海豹，跟随它们做着同样的动作，抬起手肘和双手，还像海豹一样挠起痒来。过了一个钟头，她们才突然起身，击打海豹的鼻子，将它们杀死。“突然间，她们全都跳了起来，仿佛是中了魔法，一人杀死了一只海豹……然后开始高声欢笑、手舞足蹈，仿佛在海豹面前取得了巨大的成功。”没过多久，她们拖着死去的海豹下水游泳，把它们带到了船员面前——这可能需要很大的力气。第二天，这些女性就成了捕杀海豹的带头人，还烤起了海豹的鳍和肩膀上的肉。

凯利对这些女捕手的生动刻画是在乔治·布里格斯（George Briggs）的帮助下完成的。布里格斯是居住在海峡的海豹捕手，颇受同伴的认可，在海峡地区拥有“两个妻子和五个孩子”。凯利写道，布里格斯还“学会了原住民的语言”。[97]据凯利所说，这些女性在他们准备离开时哭了起来，要求布里格斯等她们跳一支舞，作为交易完成的标志。[98]就这样，包括男性和孩子在内的300人在旋涡石角（Eddystone Point）跳起了舞。女人们开始“围着成堆的海豹尸体拉起圈跳舞……摆出了最奇特的姿态”。“男人们手举长矛与棍棒，展开了某种战斗表演——围着成堆的海豹尸体手舞足蹈，并用长矛刺向它们，仿佛是在杀死海豹……”[99]

遗憾的是，历史学家围绕罗宾逊展开争论时，很少有人会去阅读他最初的日记，而是会看经过删减的日记汇编。这些日记的原件收藏在米切尔图书馆，内容丰富，尺寸各异，质地不一，一部分是手抄副本，一部分用墨水笔写就，其他的则是用铅笔记录的，一看就是实地考察时匆匆记录的，其中还包含一系列与主日志一样有趣的简短笔记。这些草草完成的文字提到了罗宾逊是如何了解塔斯马尼亚原住民妇女的，他对她们进行了仔细的观察。比如，在1830年的一本破旧米色日志的末尾几页上，罗宾逊用铅笔和墨水笔交替着潦草记下了几个塔斯马尼亚原住民的名字，其中还包含一些零星的简介信息：居住在各个岛屿上的“民族”名称、地貌的大致景象（比如“波特兰海角附近山峦起伏”）和地名。突然，纸上出现了一道横线，随后是一个用墨水笔绘制的圆圈，附注写道：

> 岛上原住民女性的身体上刻有模仿日月的圆形。有些比这个的轮廓还要大得多。我见过某个女人的身上有四个这样的圆形，其他人则是两个或者三个。[100]

这些分类信息中还夹杂着一些女性会说的词语集合，包括用铅笔书写的“Try-yer-lee”一词，意思是“东边，白人”；还有“Parlee”，意思是“黑人东边”；“Tyereelore”指代的是在海峡东部与白人男性生活在一起的人。[101] 此外，年龄的差异也要注意：年轻女性、年迈女性、年轻男子和年迈男子使用的词语是不一样的。这种工作方式属于人种志学，也就是后来人类学的前身。实地考察的工作者会埋头研究当地人的语言与习俗，把他们当作样本来观察，研究其特征。在罗宾逊的日记中，被研究的对象就是女性的皮肤。由于塔斯马尼亚的帝国主义是从军事化斗争中崛起的，其崛起过程伴随着搜集信息的努力，这一点从关于海豹的自然记录和塔斯马尼亚原住民的民族志中就能看出。不过这样的信息搜集没有原住民的协助是无法进行的。

在另一本日志中，几幅铅笔素描描绘了海峡东部那些与白人男性生活在一起的人所跳的舞蹈，素描的背景是位于罗宾逊岛对面的海豹大本营。日志中，这座岛屿是用墨水笔草草勾勒的。[102] 几名女子——画中只有女性——没有穿袋鼠皮，身上除了颜色十分艳丽的帽子之外完全赤裸。[103] 罗宾逊在附注中写道，这些女子给了他几串用贝壳串成的项链，他则给了她们一些珠子、针垫和纽扣作为回报。[104] 用他的话来说（也许是文书抄录的）："这个夜晚过得十分惬意。女性海豹捕手和我生起篝火，又唱又跳直到分别的那一刻。她们似乎很享受彼此的陪伴。"[105]

据一名拥有东部白人血统、在弗林德斯岛长大的学者所说，塔斯马尼亚原住民从 19 世纪 20 年代起便开始表演新的舞蹈。女子偶尔会模仿海豹，孩子和男子也会追随她们。[106] 在罗宾逊的另一幅素描中，几名女子穿着袋鼠皮制成的衣裙出现在海豹捕手的身旁。尽管画面十分粗糙，却还是能够看清其中一名海豹捕手的脸被人用铅笔涂成了深色。这人也许就是"名叫约翰·韦迪耶（John Witieye）的新西兰原住民"。他来自岛屿湾地区，与第二章中提到过的基督教使团福音派倡导者塞缪尔·马斯登相识。他是毛利人，名叫马塔拉（Matarra），曾经去过英格兰，并在巴斯海峡娶了一名原住民女子。[107]

这些东部白人是罗宾逊的帮手和中介，曾经帮助他与内陆的原住民族群，以及罗宾逊希望“保护”的女性建立了联系。正是从海豹捕手以及通过海豹捕手从塔斯马尼亚原住民那里得到的信息中，罗宾逊才得知罗宾斯岛（Robbins Island）上躺着一具原住民女性的尸体，她是被原住民男性用长矛刺死的。[108]

这样的信息传递过程表明了各方之间的联系，在帝国毋庸置疑的实力及其种族分类计划面前，这种联系将成为一种可持续的遗产。这些混血族群的后裔流传至今，宣称塔斯马尼亚原住民的传统就是他们的传统。这与19世纪人们声称塔斯马尼亚原住民已经灭绝的记载正好相反。[109]拥有原住民血统的学者说，尽管塔斯马尼亚西北部的原住民人口曾经出现骤降（尤其是在塔斯马尼亚战争期间，处于武装团体控制的情况下），但这种连续的血脉不应该被否认。[110]

塔斯马尼亚的历史是一个充满极端暴力行径与殖民主义的故事，但原住民的观点、传统以及殖民者对原住民的依赖并没有从故事中消失。在发动人道主义武装干预、通过暴力手段清除原住民之前，英国帝国主义的反革命举措不得不考虑原住民的传统。罗宾逊需要女性原住民作为中间人，却采取了人种志的带有入侵者视角的表达方式，没有说明这些女性发挥了多大作用。

水上迁徙的原住民

要想全面理解罗宾逊与海豹捕手的会面，还要看到另外一个背景：出海航行的人不仅有塔斯马尼亚原住民，还有来自澳大利亚、奥特亚罗瓦 / 新西兰的原住民。南方海洋上既有殖民活动，也有原住民活动。

居住在巴斯海峡的海豹捕手乔治·布里格斯会在原住民女性的陪同下前往悉尼，或许还曾去过新西兰。詹姆斯·芒罗的几名妻子中既有来自澳大利亚主岛的原住民，也有来自新西兰的女子。[111] 在巴斯海峡，与海豹捕手一起生活的女子中，至少有一名是信奉印度教的印度女子。水上迁徙的范围意味着，塔斯马尼亚的海豹捕猎故事应该被置于新西兰和澳大利亚主岛的海豹、鲸鱼捕猎故事的背景下来看。英国的贸易如同结缔组织般将这些地方连接起来，为原住民男女的旅行开拓了新的领域。

从海豹捕手和捕鲸者的文化中，我们就能看出这些联系带来了什么结果。克里奥尔方言的出现，标志着欧洲人被“本土化”，原住民被“欧洲化”。同理，捕鱼和狩猎的知识在欧洲人与原住民之间相互传递。[112] 原住民的性别观念在这里也发挥了作用，因为原住民女性会指导白人男性如何在恶劣的条件下生存。[113] 捕猎海豹的女性也拓展了自己的传统角色，以便在飞速演变的欧洲贸易环境下找到自己的出路。

正如科拉和邦加里那样，殖民者对种族、性别和婚姻的理解压住了原住民自己的观念。在大英帝国及其贸易、文化站稳脚跟的过程中，两对夫妻的故事反映了原住民（毛利人、澳大利亚原住民和塔斯马尼亚人）女性地位的变化。他们的故事是历史学家拼凑起来的。[114]

首先是威廉·佩勒姆·达顿（William Pelham Dutton）的故事。他生于悉尼，长在霍巴特，声称自己是澳大利亚维多利亚州波特兰市的开辟者。他的配偶是塔斯马尼亚原住民女性任冈希（Renganghi），也叫萨拉（Sarah）。[115] 以波特兰市为大本营，达顿与伦敦和中国进行海豹皮贸易，然后从海豹捕猎行业转向了捕鲸业。任冈希曾在达顿担任“亨利号”（*Henry*）船长时陪伴他一同出海。据说她是达顿从澳大利亚沿海的袋鼠岛的海豹捕手手中营救出来的。两人居住在波特兰市的一间茅屋里，育有一女。达顿外出捕鲸时，任冈希就负责管理两人的捕鲸站，与其他捕鲸人一同工作。1836 年，达顿出海执行捕鲸任务时，任冈希被迁至罗宾逊保护下的弗林德斯岛。

达顿与任冈希进入了一片将塔斯马尼亚、新西兰和澳大利亚联系在一起的海上世界。1840 年至 1841 年，达顿曾指挥过一艘名为“非洲人号”（*Africaine*）的船只，其航海日志很有意思。在这份日志中，你很难确定“非洲人号”的位置，因为它的路线总是在澳大利亚主岛、塔斯马尼亚和新西兰之间游移。日志并没有将陆地作为参照点，而是以捕获物为标志。对风与海的枯燥描述间穿插着鱼尾的图画，表明船只成功捕到了鲸鱼。这也是当时其他的捕鲸航海日志的记录方法，鱼尾的数量就等于捕获的鲸鱼数量。[116]

还原任冈希的人生需要熟练地应用档案资料，依靠零散的文字材料，例如将她放逐到弗林德斯岛的爱德华·亨迪（Edward Henty）对她的描述：

1835 年 1 月 5 日，星期一

> ……纵帆船“蓟花号”(*Thistle*) 动身前往朗塞斯顿 (Launceston)。乘客 H. 卡姆菲尔德 (H. Camfield) 以及属于威廉·达顿的一名黑人女子将在金岛登陆。[117]

第二个故事属于汤米·蔡斯兰 (Tommy Chaseland)。与达顿相反，新西兰南岛上的居民对他记忆犹新，因为奥塔戈 (Otago) 的一个区和一座海角都是以他的名字命名的。他是澳大利亚原住民女子与英国囚犯的儿子，曾在塔斯马尼亚与悉尼之间，以及更广阔的海上航行，担任船员。1824 年在新西兰定居前，他去过玛贵斯岛、塔希提岛等地，还到过加尔各答和毛里求斯。[118] 他开始使用自己的毛利名字塔梅·蒂蒂热纳 (Tame Titirene)，这个名字也许取自红嘴海燕的名字“蒂蒂”。[119]

蔡斯兰融入毛利世界的过程并非一帆风顺。他参与过针对毛利人的复仇行动，因为海豹捕手们认为毛利人对自己犯下了罪行。[120] 他还成为南岛福沃海峡 (Foveaux Strait) 海豹捕捞船上的首领。这些捕捞船属于罗伯特·坎贝尔 (Robert Campbell)，一名刚刚搬来悉尼的商人。[121] 蔡斯兰与名叫普娜 (Puna) 的毛利女子的恋爱关系第一次被记录在案，是他驾驶的海豹捕捞敞舱船从查塔姆岛 (Chatham Island) 出发并失事之后。据 20 世纪早期收集的一段口述历史描述，普娜帮助了蔡斯兰，坐在船头祈祷，直到暴风雨减弱。[122] 蔡斯兰被安顿在毛利酋长们为海豹捕手留出的鳕鱼岛，他再次感觉自己对普娜深有亏欠。据说船只遇难后，是普娜将蔡斯兰拽上了岸。到了 1844 年，普娜已经承担起“做饭和铺床的家务”。在另一段回忆中，她被形容为“能够成为文明人的贤内助……的少有几个毛利女子之一”。[123] 那时，蔡斯兰已经成为著名的捕鲸者，在新西兰都首屈一指。据说他变成了一个“好打扮的男子”，喜欢穿普娜为他熨好的白衬衫。[124] 用历史学家丽奈特·拉塞尔（Lynette Russell）的话来说：“尽管他从未成为白人，但人们在描述他时并不会暗示他只不过是个有色人种。”[125]

与任冈希和达顿同居的故事相反，普娜与蔡斯兰的恋爱关系过渡到了自由帝国主义时期，1843 年还在詹姆斯·沃特金（James Watkin）牧师的祝福下结为夫妇。普娜也接受了洗礼。[126] 六年之后，普娜去世了。汤米又迎娶了一个毛利妇女与葡萄牙水手的年轻女儿。[127] 普娜死前是可以决定自己命运的，而她能拥有这种权利是因为她出身于强大的毛利塔胡部落（Ngai Tahu）酋长家族。[128] 不过，这份世袭的特权先是被置于海豹捕猎与捕鲸的复杂背景之下，后来又被置于对英国殖民地的文化期望之中。

这两则故事都不是特例，但是它们之所以能够被重述，是因为故事中的男主人公与众不同，在海豹和鲸鱼捕捞业中处于领袖地位，这意味着他们留下了更多的历史痕迹。尽管两则故事有所不同，但都说明了在塔斯马尼亚、新南威尔士州与新西兰之间的三角区，海豹与鲸鱼捕捞行业允许男性与女性发展战略合作关系，也表明了英国帝国、贸易、宗教作为原住民的生存背景发挥着作用。

地点不同，情况也会有些许不同。在新西兰的南部——蔡斯兰的大本营——海豹捕猎遵循了塔斯马尼亚早先发生改变的模式。事实上，新西兰的海豹捕捞业是随着人们迁出巴斯海峡才发展起来的。[129] 到了 19 世纪 30 年代，在新西兰的南部，伴随人们从海豹捕捞转向捕鲸，捕鲸站成为建立跨文化恋爱关系的地方，捕鲸者通过与原住民女子结婚获得了登陆的权利。[130] 与此同时，尽管有很多混血种族存在的证据，但塔斯马尼亚“原住民灭绝”的说法还是生了根。新西兰南部的故事应该与第二章中提到的岛屿湾故事形成对比，因为人们在岛屿湾签署了《怀唐伊条约》，并建立了政府所在地。[131]

系统性殖民

接下来，英国殖民者从海洋转向了占领内陆，并开辟牧场，一步步进入殖民扩张的下一阶段。

导致这种转变的关键因素之一就是海豹捕捞、捕鲸业和以陆地为基础的殖民地之间的关系。首先，海豹与鲸鱼捕捞业的从业者在贸易方面都变得更加老练，他们的生意跨越塔斯曼海，与伦敦、加尔各答、广东、开普敦及太平洋诸岛联系在了一起，摆脱了悉尼军官对贸易的控制。[132] 其次，他们开始设定自己的条件。在此之前，他们既要在印度受到东印度公司的控制，允许其坐享从好望角到合恩角（Cape Horn）的独家贸易特权，又缺乏当地货币。最后，他们从海洋转向了陆地，因为海洋已经遭到了肆无忌惮的掠夺。在战争爆发、经济封锁和欧洲经济衰退的情况下，向陆地转移可以改变海上贸易的背景。[133] 渔业逐渐被其他贸易所取代。

为这种转变提供支持的是“系统性殖民”理念。该理念反对文盲、种族融合、奴隶制和掠夺，与上一阶段粗放式殖民正好相反。“系统性殖民”是一种哲学，旨在纠正殖民者功利且缺乏组织的状态，成立了跨越塔斯曼海的殖民股份制公司。1825 年，范迪门斯地公司（Van Diemen's Land Company）根据《英国议会法案》成立，旨在将其在塔斯马尼亚的资本投到羊毛生产上，以供应给英国本土的工厂。它在塔斯马尼亚西北海岸获批了一块 25 000 英亩的土地，一侧紧邻大海。截至 1830 年，该公司已经获得了一系列的土地。

早年间，这家公司曾是塔斯马尼亚其他殖民者嫉妒的对象，被视为“和垄断没什么区别”。[134] 尽管将农业视为主要目标，但公司还想出资从事海豹与鲸鱼的捕捞，并在第一份年度报告中表明了向捕鲸者和海豹捕手提供贷款的意向，好让他们维护房屋、码头和其他建筑物。[135] 曾与该公司签订契约的苦力很多都跑了出来，控诉公司的待遇太差。罗宾逊等人道主义者还将塔斯马尼亚原住民和公司代理人之间爆发的冲突记录了下来。[136] 范迪门斯地公司在饲养绵羊、获取羊毛方面并不成功，于是扩大了经营范围，以塔斯曼农业有限公司（Tasman Agriculture Ltd）的名字存续至今。

在大洋彼岸的新西兰，从爱德华·吉本·韦克菲尔德（Edward Gibbon Wakefield）的思想带来的影响中，海豹捕手、捕鲸者和公司认可的土地征用间的联系可见一斑。韦克菲尔德就是推动“系统性殖民”的思想家，提议要出售而非免费分配土地。他认为，此举可以提升劳动力、限制殖民者向土地所有者转型，从而令殖民地经济得以扩张。韦克菲尔德对新西兰的兴趣尤其浓厚，新西兰殖民公司（New Zealand Colonization Company）于 1838 年成立。1839 年，他的兄弟威廉·韦克菲尔德（William Wakefield）来到了新西兰，与他一同到达的还有爱德华·吉本·韦克菲尔德的儿子爱德华·杰宁汉·韦克菲尔德（Edward

Jerningham Wakefield)。《怀唐伊条约》谈判期间，威廉·韦克菲尔德与毛利人就土地的问题讨价还价，还指出悉尼与霍巴特的投机者是如何随意占领新西兰土地的。[137]鼎盛时期，新西兰殖民公司曾拥有100万英亩的土地与四座城镇，分别是惠灵顿、新普利茅斯（New Plymouth）、旺加努伊（Wanganui）和纳尔逊（Nelson）。[138]

威廉与爱德华的日志中经常出现海上工人。[139]威廉写道，捕鲸者们渴望一片英国殖民地。他对自己旅途中碰到的捕鲸站进行了描述，其中就包括“新西兰最欧化的酋长”奥塔戈的塔亚鲁阿（Taiaroa of Otago）领导的、拥有无数捕鲸船的捕鲸站。尽管威廉把与酋长谈判列为自己的工作内容，但一位巴雷特先生闯入了他的日志之中。迪基·巴雷特（Dicky Barrett）是一名熟知新西兰地理情况的捕鲸者，威廉对他评价很高，他给塔胡部落带来了巨大影响，并迎娶了酋长的女儿瓦凯瓦·拉文尼娅（Wakaiwa Rawinia）。[140]威廉在尼克尔森港（Port Nicholson）协商购买土地的事情时，巴雷特是他的重要助手，曾让威廉出面介入酋长们的会议，对是否出售土地的问题展开了讨论。[141]威廉的日志会在“通过巴雷特”和“我”之间快速转换：

> 在（辩论）得出结论时，我通过巴雷特先生正式询问各位酋长，他们是否已经下定决心。他们问我：“你看过那些地方了吗？喜欢吗？”我回答：“我想要的已经全都看过了，很好……”[142]

1840年，购得土地后，公司的业务又转向了勘测、城市规划和码头建设。威廉写道，自己已经任命巴雷特为“原住民代理人”，职务是成为“殖民者与深色皮肤邻居之间的中间人”。这份工作有 100 英镑的年薪。[143] 韦克菲尔德还让巴雷特当上了港务长，应该也不足为奇。[144] 将捕鲸者编入公司的做法凸显了“系统性殖民”的意图：侵占和改变新西兰现有的人际关系与定居点。[145] 最终，巴雷特建起了“巴雷特酒店”，后来又变成了惠灵顿市民中心。他还开起了养牛场，标志着其事业已经从海洋转向了陆地。[146]

在这一时期，革命时代的回响仍然十分清晰。这一点从乔根·乔根森（Jorgen Jorgenson）的职业生涯就能看出。他出生在哥本哈根，曾与弗林德斯共过事，还参与过海豹和鲸鱼的捕捞。后来，他成为范迪门斯地公司的雇员，和以前在海上航行一样，游历和探索着内陆。[147] 在过渡时期，他回到了欧洲，被卷入了拿破仑战争。哥本哈根被一支英国远征军占领后不久，他袭击了几艘英国船只，被当作战俘关押在英格兰。后来，他发动了革命，使冰岛脱离丹麦，由此获得了“冰岛守护者，海陆总司令”的称号。[148] 最终，他以罪犯的身份被遣送至塔斯马尼亚殖民地。曾在大海上因劫掠、从事贸易和冒险活动而闻名的他，成为塔斯马尼亚原住民的治安官，把矛头指向了丛林居民和偷羊贼。[149]

在悉尼，新的自由贸易模式促进了殖民地的规范管理。坎贝尔有限公司的斯科特·罗伯特·坎贝尔（Scot Robert Campbell）的人生故事，就是这一转变阶段的完美示例。从印度来到悉尼之后，坎贝尔很快对海豹捕捞产生了兴趣，以此支付从悉尼买来的货物。他的公司并不是这些年间在悉尼试水的唯一一家。[150] 坎贝尔修建了一座私人码头，用加尔各答的进口柚木修建捕鲸船，还在殖民地和塔斯马尼亚囤积印度运来的马匹与家畜。19 世纪初，他因为降低了外国商品在悉尼的价格广受欢迎，还以打击垄断而闻名。[151]他通过与伦敦方面直接进行贸易，而挑战了东印度公司的垄断。1805 年，他带着 260 吨海豹油与 14 000 张海豹皮和家人乘船回到伦敦。[152]

几十年过去后，坎贝尔从商界转向政坛，被任命为地方执法官和海军军官，还被卷入了一场反对总督威廉·布莱的叛乱，威廉·布莱曾因“邦蒂号”叛乱而闻名。1825 年，坎贝尔成为立法委员会的成员，请愿停止移送罪犯，鼓励自由移民。他反对陪审团自由原则，在该原则通过时曾发声，它使“我的孩子就日复一日地坐在陪审席上，暴露在那些被祖国的监狱所排斥、成群结队坐船来到这里的罪犯面前”。[153]从政期间，他还逐步增加了对适于放牧的优质土地的投资，其中就包括如今堪培拉所在的地带。1831 年，他拥有 2000 只羊和 600 头牛。[154]

让我们把目光转向詹姆斯·凯利的故事，看看变革是如何给海上贸易商带来重大影响的。上文曾经提到，詹姆斯·凯利观察过原住民海豹捕手的工作，他的名字在霍巴特仍然有一定的影响力。“凯利阶梯”（Kelly’s Steps）是一座历史悠久的户外步梯，已经成为旅游路线上的一站。凯利生于新南威尔士州，属于“货币小子”（currency lad）——囚犯家庭出生的第一代自由子女。他加入巴斯海峡的海豹捕捞业，成为凯布尔与昂德伍德悉尼公司（Sydney firm of Kable and Underwood）的学徒，学习“海员的技术与秘诀”。[155]后来，他因 1821 年环游范迪门斯地声名鹊起。从霍巴特出发，他还曾前往新西兰南部猎捕海豹，在那里与毛利人发生冲突，并报复毛利人。1821 年，他在霍巴特被任命为港务长，从而转向捕鲸业，建立了自己的捕鲸站，同时还经营着为捕鲸者提供物资的农场。

凯利留下的文件大部分都是捕鲸的航行协议，凸显了这个行业的不确定性。凯利的船员必须签署航行协议，承诺“听从指挥，从一个地方前往另一个地方”。他们的报酬是按可销售产品的比例来支付的，比如航行途中获得的鲸油和鲸骨。[156] 1824年，凯利宣布破产。[157] 这个事实证明，凯利这样的人是无法获得百分之百的成功的，那些没有他知名的人，经历的也是一次又一次的财政危机。

商人与地主阶级崛起的不确定性不仅体现在塔斯曼海与巴斯海峡两岸新兴殖民地的街道上，两性关系由此发生的变化也给家庭带来了影响。在新环境中，原住民与非原住民男女，或商人、海豹捕手和捕鲸者私通的情况时有发生，于是导致了“白人化”政策的出台。[158] 威廉·韦克菲尔德在新西兰日志中提到，通过“准婚姻”迎娶一个“本地女性”是“不规范殖民”的自然结果，如今它失控了。[159] 伴随农业的扩张、农村边远地区的开发，以及黄金的发现，澳大利亚与新西兰的移民范围扩张了，白人殖民者得以在城市中心以外的地方安家。由此，一种剥夺原住民土地的合法政策产生了——原住民的土地为帝国合法拥有。[160] 这两点都是“系统性殖民”造成的影响。

在坎贝尔家中，索菲亚·坎贝尔（Sophia Campbell）夫人育有七个子女，她的哥哥是坎贝尔的亲密生意伙伴，也是一名特派员。难怪坎贝尔写道，他有“一个大家庭要供养和教育”。[161] 坎贝尔家位于码头附近，十分容易遭到“破坏”。有一次，罗伯特写道：“昨天晚上，我们在楼上的一个房间里发现了一名男子（造船厂的一名囚犯），吓得全家人大惊失色。”[162] 霍巴特方面，凯利为自己的家人修建了一座大房子，还给几个女儿安排了音乐课，并将儿子们送去伦敦上学。他在圣大卫教堂里拥有一排靠背长凳。[163] 正如研究凯利捕鲸站的历史学家所写的那样，凯利属于

“被夹在陈旧等级观念和现代阶级观念之间的一代人”。[164] 他经历了地位崛起，也遭遇了悲剧。他破产时，恰逢妻子在他们的第十个孩子出生后死去，而他的长子也在一起捕鲸事故中身亡。[165]

如这两则小故事所示，殖民家庭的发展是朝不保夕的，尤其是这种成功是建立在充满风险的投机贸易基础之上时。

通过处乱不惊的“系统性殖民”，英国的殖民地主家庭出现了，帝国也从海洋转向了陆地。“系统性殖民”见证了革命原则的彻底转向，新的种族和性别规范，以及新的家庭构建都导向了反革命结果，隔海相望的商人与原住民女性之间依赖和暴力共存的关系模式也被改变了。

结　论

本章所描绘的塔斯曼世界非比寻常。尽管在澳大利亚与新西兰的历史上，海上剧变故事比比皆是，两国却很少在这段时期发生交集。[166] 澳大利亚与新西兰的分隔，有观点认为是因为英国人与毛利人签订了包括 1840 年《怀唐伊条约》在内的协议，但是英方基本上没有和澳大利亚原住民签订过什么协议。这种差异的核心在于归属主权的差异，以及性别、种族分配的差异。[167] 除此之外，奥特亚罗瓦 / 新西兰不像新南威尔士或塔斯马尼亚岛那样属于罪犯定居点，这一事实也造成了这种差异。这些原住民的故事各不相同，表明将各族原住民的出路进行分隔在政治上是大有益处的。不过，从新南威尔士（科拉和邦加里的故事）转向塔斯马尼亚（有关塔斯马尼亚原住民，特别是女性海豹捕手的描述），继而转向奥特亚罗瓦 / 新西兰（移民家庭的出现），本章叙述始终十分重视当时明显可见的海上关系。[168] 思想、人物和话语在这些地方来回游走，使其相似之处呈现出来。

在这些地方，各族原住民的未来，在这一时期就显露出根本性差异，即使各族原住民在“系统性殖民”的过程中彼此相连，也彼此脱节。在关联与差异的叙述中，原住民让别人注意到了自己的存在，并做出了改变，为这片水域的殖民流动设定了框架。种族与性别的分类掩盖了原住民的作用，以及原住民与水的密切关系。殖民时期的不合理要求与原住民的活动联系在了一起——当时，前者若是不向后者妥协，就无法继续活动。

除了在南方海域建立前哨基地，大英帝国的反革命还体现在与其他国家展开竞争，比如在塔斯马尼亚升国旗，惹怒了贝隆。反革命亦包括自然史的“革新”计划，对海洋生物进行经验主义的浪漫化描述。反革命还显见于利用既军国主义又人道主义的改革计划对这些地方进行干预，并戏谑地利用酋长、君主和共和主义者的概念。他们还运用所谓文明的家庭观念，用英国人的性别与婚姻概念取代了原住民的既有观念。除了自然观察与理念上的影响，反革命还包括坎贝尔的自由贸易模式与反垄断，使悉尼、霍巴特和惠灵顿等城市得以扩张。帝国是在战争和竞争中成形，原住民的土地被他们拿来创造现代世界，通过对这一切的感知，原住民的历史应当与欧洲人的一起被讲述。

人们很容易将澳大利亚、新西兰的历史与土地和畜牧业联系在一起。但纵观这个故事，土地和海洋才是相互结合的。根据欧洲人在探索活动中确立的性别规范——比如航海家弗林德斯雇用邦加里——原住民男女与海洋的密切关系遭遇了重新设定。塔斯马尼亚北岸的原住民妇女把重要的海豹捕猎技巧教给了海豹捕手和海豹捕猎船上的船员。捕鲸者则影响了新西兰陆地上的“系统性殖民”计划。如同反奴隶制和反海盗，海上爱国主义的话语在世界各地传播，有利于官僚国家的崛起，以及统一的贸易管理。

殖民者的个人经历反映了从海上贸易改革到畜牧改革的各个阶段。正如乔根森的故事，这些经历有时还会被欧洲发生的革命事件骤然打断。在那些为人传诵的人物中，捕鲸者与海豹捕手从海洋转向了陆地，从经商转向了从政，从流动转向了基督教婚姻。书写一部跨越海洋的历史，就是为了重新思考大英帝国在地球这一部分的开端，同时还要将澳大利亚大陆、新西兰诸岛及塔斯马尼亚等地联系起来。这些地方是一同成为殖民地的，过程却大相径庭。

考虑到塔斯马尼亚战争和殖民地的残酷，仅仅把革命时代看作一个抽象的、结构性的现代化进程，抑或一系列政治活动或政治理念规划是不够的，我们还要思考大英帝国主义的反革命是如何由此产生的。与此同时，我们还要以“人”为本，考虑到人类的性别观念、种族观念方面发生的转变。提到海豹与鲸鱼，就要提到其他的生物，因为飞速扩张也会带来环境问题。接下来，我们将从印度洋上的一小片海域——孟加拉湾来探讨这个主题，战争作为显著特征将贯穿这个故事始终。

第六章

在印度的海上边境：战争的海洋血统

- 战争中的船只
- 后拿破仑时代的掠夺
- 英法在第一次英缅战争中交战
- 从缅甸到斯里兰卡
- 去爪哇
- 作为终点的鸦片战争
- 结　论

19 世纪 20 年代中期，孟加拉湾水域对上缅甸的贡榜王国构成了新的威胁。[1] 一位名叫枝干信季（Kyi-gan shin gyi，又称“枝干湖老沙弥”）的佛教僧侣写下了几封极其珍贵、不同寻常的书信，记录了当时发生的事情。[2]

这位僧侣的原名叫作茅努（Maung Nu），初出茅庐时不过是个小沙弥，却过着周游四方的生活，混迹贸易圈和法律圈。他做学问的名声传开后，受波道帕耶国王（King Bo-daw-hpaya）的邀请，搬进了首都阿马拉布拉（Amarapura）的一座宅院，就在如今缅甸北部的曼德勒（Mandalay）附近。枝干信季的书信是写在棕榈叶上的，用缅甸农民十分熟悉的一种语言书写的，字里行间充斥着真挚的情感。这些信件也许是在为那些不会写信的人代笔，诉说了在贡榜王国集权化和欧洲贸易扩大化的过程中人们身陷的困境，人们为了参与贸易，从北方迁往了海滨地区。

在为一名沿伊洛瓦底（Irrawaddy）江南下前往仰光（Rangoon）的青年“荷叶”（Lotus Leaf）代笔的信中，“老沙弥”写道：“我本应在起航前就写信的，但在这些琐事中，唯一重要的是爱与感情。”[3] 对“荷叶”而言，仰光这座城市里的人来自孟加拉湾的另一边：“形形色色的水手、穿着奇装异服的陌生人和外乡人，来自我叫不出名字的各个种族。”信中罗列的有亚美尼亚人、罗马天主教徒、葡萄牙人、非洲人、阿拉伯人，还有包括“印度教苦行僧、穆斯林船员和孟买商人”在内的各种印度人。

他们都是体毛很多的人，留着小胡子、连鬓胡、络腮胡，腿上也长着粗浓杂乱的体毛。这些人个个生龙活虎，十分机敏，到处跑来跑去，忙碌不已；上蹿下跳，进进出出，来来回回，左拐右绕，东南西北各个角落都有他们的身影。

特别有趣的是，这副令人眼花缭乱的景象与伊洛瓦底江北部人民的稳重形成了鲜明的对比："我希望亲爱的家乡人民能对我始终如一、保持真诚，就像那银色的蜥蜴，无论我说过什么、做过什么，无论是诽谤之言还是不实描述，它都不为所动……"银色的蜥蜴指的是水手的罗盘，用信中的话来说就是"始终静静地指向北方"。

根据当时流传的一种说法，第一次英缅战争（1824—1826年）之前的几年间，缅甸政权曾经狂妄地认为自己有把握战胜英国。[4]这种将原住民统治者或国王描绘成"东方暴君"的做法在亚洲各地十分普遍。我们很快就会提到，欧洲思想还影响了包括爪哇、斯里兰卡和中国在内的其他地方爆发冲突。茅努的书信已经对土地面临的威胁有了敏锐的感知。这时缅甸南方沿海各地和与英属印度接壤的边境都充斥着骚乱，和更加广阔的世界相比，这个王国并没有什么不同之处。

这位僧侣在为某个焦急的父亲写给儿子的书信中写道，缅甸王国的中心传唱着令人心烦意乱的新曲，星星们排成一队，组成了对波道帕耶国王不利的星象：

占星师与百姓都认为，时运不济，星象不利，国王与王国都将面临威胁……我的儿子，对你来说不幸的是，你正跟随他强大的毁灭之军走上征程，因为职责将你带向了海滨的大城市，比如达拉（Dallah）、沙廉（Syriam）、马达班（Martaban）、锡当河（Sittang）、直通（Thaton）、毛淡棉（Moulmein）、勃固和茂比（Hmawbi）。我们国家的这些滨海地区将成为国王取得伟大胜利的战场，却也会是他的威力造成灾难与破坏的地方。[5]

贡榜和康提（Kingdom of Kandy）这样的王国往往被认为是内陆王国。康提王国位于如今的斯里兰卡境内，是一个内陆高地王国，也是这座岛屿上最后一个独立政权。人们习惯性地认为，当时的亚洲政权似乎没有能力对抗欧洲人的航海技术和海上军事能力。这符合英国在拿破仑战争期间和之后漂洋过海入侵这些王国领土时的真实情况。不过与这种说法恰好相反的是，第一次英缅战争期间，伊洛瓦底江上曾经发生过对峙。1803 年，从斯里兰卡海岸卷土重来的英国人第一次惨败给内陆王国康提，1815 年才将其战胜。

18 世纪末 19 世纪初，欧洲陆军、海军与非欧洲军队之间出现了关键性的技术差距，但这并不能使殖民者必然取胜。在亚洲的自然环境中，受地势影响，后勤运输困难重重。有人可能还会补充说，沿海地区的情况尤为如此，从海边到高地，再从河流到沼泽，地势变化十分迅速。亚洲各地政权纷纷积极响应，在欧洲人的进攻中寻找自己的出路。在这些战场上，欧洲人没有把握取胜时，意味着他们将转向大规模的洗劫。

战争中的船只

在大英帝国的早期历史中，第一次英缅战争遭到了忽视。这样的忽视是不合理的，因为英国人在持续两年的战争中花费了 500 万英镑，还付出了 15 000 的兵力。[6]

战争始于贡榜王国的巴基道（Ba-gyi-daw）率兵向西推进。巴基道是波道帕耶的孙子，力图对自己管辖范围之外的曼尼普尔（Manipur）、阿拉干（Arakan）和阿萨姆邦（Assam）领土取得更大的控制权。以加尔各答为大本营的英国人开始忧心忡忡，因为到处都流传着缅甸意欲接手加尔各答的传闻。[7] 1758 年和 1764 年，贡榜王国入侵曼尼普尔，在第一次英缅战争爆发前将其征服。[8] 1785 年，阿拉干被吞并。1821 年，20 000 名士兵在摩诃·班都拉一世（Maha Bandula I）将军的率领下挺进阿萨姆邦，摧毁了阿萨姆的阿霍姆（Ahom）王朝。1824 年，这一地区爆发了难民潮，出于对阿瓦王朝进一步扩张和阿拉干边境冲突的担忧，英属印度宣战。

第一次英缅战争是由陆地边界问题引起的，战争过程苦不堪言，这部分是由季风和地形决定的，比如如今缅甸西部的阿拉干若开山脉。英国获胜的原因在于采取了海上行动，他们的海军舰队到达仰光之后，首先停在了安达曼群岛的孟加拉湾。

来自海上的攻势令班都拉将军麾下的缅甸军队大吃一惊。当时，班都拉正以阿萨姆和阿拉干为起点，发动计划周密、两路进攻的突袭，试图打开通往吉大港（Chittagong）的通路，从陆地进攻加尔各答。[9] 考虑到英国在吉大港的防御势单力薄，这场经由陆路的战役也许会收获有利于贡榜王朝的意外结果。然而英国舰船登陆仰光令班都拉的军队不得不掉转过头，与那里的英军交锋。

英国舰艇到达后，双方在伊洛瓦底江上展开了较量。在战争的关键阶段，船只也参与了战斗。缅甸人知道英国也在对其他地方发动进攻，他们对自己的主权有着明确的认识。贡榜王朝对主权的理解是依据佛教里的理想王国——阎浮提（Zambudipa，或者 Jambudipa），这是佛教世界中的一座岛屿。[10] 当时，为了对抗内敌、巩固自身，贡榜王朝建立了一种泛缅甸民族情感，却导致战争加剧。18 世纪晚期，“缅甸”这一民族化名称才第一次得到使用。正如历史学家维克多·利伯曼（Victor Lieberman）所说：“对帝国和泛缅甸的忠诚日益取代了地方认同感。”[11] 对船只的使用、王国对英法竞争的反应、对欧洲商品的采用和对海上贸易的关注，都体现了一种反思型或被动反应型的政治思想体系，跟全球发展与地区变化保持同步。缅甸并非幼稚的穷兵黩武的国家。

英国人一到达仰光，就受到了仰光造船厂的欢迎。这些船厂是在六家外国造船商的管理下运作的，使用的是仰光著名的出口产品——柚木。大多数船只都是为亚美尼亚和穆斯林商人制造的。远征军到达仰光时就见到了两艘为马斯喀特统治者建造的 300 吨大船，这位统治者的势力范围已经延伸到了仰光。[12] 亚美尼亚造船商马努克·沙基斯（Manook Sarkies）充当了英国人的翻译[13]，说明亚美尼亚人也参与了此次战争。沙基斯的家族公司从事的是靛蓝颜料、槟榔果和原胶的生意。[14]

英国人对缅甸近海地区的兴趣从军队对缅甸战船的严格审查就能看出。一篇公开发表的文章提到，这些战船都使用“柚木建造，先是粗略塑形，然后用火继续”。文章作者托马斯·阿尔伯克隆比·特兰特（Thomas Abercromby Trant）上校将这些战船的速度等级排在了英国船只之上，因为其船身轻盈，出水面积小，加之“船夫会伴随抑扬顿挫的船歌有节奏地划动船桨”。特兰特还为读者提供了长达三页纸的缅甸战船船歌乐谱。[15]据说这些战船可以搭载五六十名桨手，“组成舰队航行”，发起“猛烈进攻”。[16]在一幅描绘这种战船的画中，在仰光担任海军总司令的弗雷德里克·马里亚特（Frederick Marryat）船长正在展示一艘缴获的镀金战船。这条船身长 84 英尺，正沿着伊洛瓦底江迂回前行，船上的桨手排列得十分整齐。[17]在这幅画的其他版本中，船上的金色涂层还和岸上的镀金宝塔相映生辉。[18]

在对战船赞不绝口的同时，人们还对两种级别较低的缅甸船只进行了分类：商人用的平底船和“仅仅称得上是独木舟”的小船。[19]战前，伊洛瓦底江上的大型商船会将大米运往北方，供朝廷使用的枪支也会经过这条商道。[20]缅甸沿岸船只的优势在于微风与桨手力量的结合，尤其在缅甸错综复杂的小河小溪中表现十分出色。而欧洲的深海舰船会在这样的航道中搁浅，无法应对河中的水流、旋涡和转弯。[21]

报纸上刊登的一系列画作描绘了战争的景象：英国舰队在安达曼群岛的孟加拉湾集结；舰队到达仰光；仰光和精美绝伦的佛塔遭英军占领（这幅画是为了展示佛塔上的镀金）；英国舰队沿伊洛瓦底江溯流而上。[22]画中，英国舰船在陆军的协助下与缅甸战船展开了对抗。[23]这些栩栩如生的海战画作重新描绘了亚洲的水上冲突。

战争结束时，殖民者通过 1826 年的《扬达波条约》占领了曼尼普尔、阿拉干和丹那沙林，大大限制了缅甸对孟加拉湾的使用权，体现了英国对沿海地区浓厚的兴趣。战争之后，根据缅甸的宫廷史书《贡榜王朝编年史》（*Kon-baung-zet Maha Ya-*

zawin-daw-gyi）记载，王公大臣们曾劝告国王，仰光沿岸的城镇与村落“让战争找上门来的原因”。[24]

战争期间，英国一方面需要认真对待缅甸的航运问题，另一方面又要警惕河上爆发的另外一种冲突。当时被缅甸的英国评论家称为“地油”（Earth oil）的石油还是一种令人一知半解的资源。据说缅甸人可以通过水路将石油运输到任何地方。石油既可以用来点灯，也可以涂抹木材，防止昆虫侵扰。[25]战争期间，缅甸人曾将一罐罐的石油放在扎好的木筏上，让点燃的木筏如同“移动的火山般”包围英国船只。[26]从马里亚特船长的私人日志中能够看出英国人是如何“以火还火”的：

1824 年

6 月 30 日　被点燃的木筏漂来。

7 月 1 日　福雷德克·布朗先生（海军学校学员）死亡。派出点燃的木筏。

7 月 3 日　焚烧达拉镇。[27]

火在缅甸拥有丰富的政治象征意义。木制的城镇始终面临着火的风险，国王不得不任命消防官员来保证城镇的安全。首都阿马拉布拉就曾于 1810 年被大火烧毁。众所周知，王室篡位者也会利用火。[28]对英国人而言，火是“焦土策略”的重要组成部分。就海上冲突的特征来说，双方在火的利用方面旗鼓相当。

在冲突发生时和发生之后，船只的战争发展成了“船只外交”。1826 年战争进入尾声时，曾跟随英国远征军于 1811 年从荷兰人手中夺取爪哇岛的约翰·克劳福德（John Crawfurd）来到缅甸，成为仰光的政府行政长官。克劳福德派遣使者乘船前往贡榜王朝，协商通商条约。使者现场观看了一场包括战船展示在内的水上庆典，乘船到达庆典现场时，他注意到缅甸君主与王后正坐在一艘大游艇上：

> 那条船状若两条巨大的鱼，十分壮观：船身的每一部分都有富丽堂皇的镀金，中间耸立着一根至少30英尺高的尖塔，仿佛宫殿里那座尖塔的缩影。

克劳福德还写道，战船与大船的船桨上也都覆盖着镀金。作为王权的象征，国王头顶一把白色的大伞行进在游行的队伍中。镀金的大船上摆着国王与王后的宝座。国王与妻子坐在大船船头的绿色华盖下，“只有有身份的人才能在船头拥有一席之地”。[29]就这样，以国王为中心、臣民环绕四周的神圣王国在水上就位了。克劳福德和英国人糊里糊涂地加入了这场象征性的政治活动中。王室成员和战船出现在水上的壮观景象也被可折叠的手稿（*parabaik*）和当时的寺庙艺术品描绘了下来，共同构成了当时丰富的视觉文化。[30]

在如今被翻译成英语的宫廷编年史中，一切含义都十分明确：国王仍旧自视为领主，或者准确地说，是整个缅甸独一无二的最高君主。[31]关于战争的结果，编年史没有提到他们败在了英国人的手中，而是叙述了英国人如何过分扩张自己的势力，迫使和平谈判成为必要。国王慷慨地支付英国人的开销，“通过给予来取胜”[32]，这符合佛教徒的思想。相反，这些钱在英国人口中就是“赔款”。[33]在其他地方的记录中，国王曾于缅历1187年1月蛾眉月那一天（即公历1826年3月11日）宣布：“我遵守了国王的所有行为准则。”[34]这都是为了展示政治权力，在与外来势力钩心斗角方面，缅甸可不是默默无闻、毫无经验的。尽管在军事技术上可能存在差距，但英缅双方其实是旗鼓相当的。

尽管旗鼓相当，但克劳福德的描述却没有表现出理解或深度的好奇，反而陷入了对东方的刻板印象。举个例子，船节结束时，遍地都是“原始的黄金”，是“我见过最富丽堂皇、叹为观止的，不愧为东方传奇”。[35]这种东方主义视角在描述战争中被送到英格兰的缅甸工艺品时得到了延续。马里亚特带回伦敦的一批收藏品曾被摆放在邦德街的亚洲协会进行展览。牧师约翰·斯基纳（John Skinner）在参观后写道，“就像巴约挂毯一样”，可以从工艺品看出，缅甸战船可以与英格兰的舰船相提并论。斯基纳的日记中出现了好几幅马里亚特收藏的水彩画。在其中一幅画作中，战船上没有常见的桨手，只有一支船桨、一只船舵、一根柱子、一座缅甸钟和几幅佛祖的画像。[36]

第一次英缅战争中，军事技术和政治象征意义还以另外一种方式围绕一艘船展开，这是一艘英国船只——在第一次英缅战争中引起最多议论的蒸汽船“戴安娜号”（*Diana*）。“戴安娜号”运用了新型的军事技术，却并没能轻而易举取得成功。[37]让“戴安娜号”投入战争是马里亚特的主意。这也是英国第一次在战争中使用蒸汽船。在一幅描绘战况的插图中，作为远处背景，偌大的达拉镇已被英军的炮火烧毁。然而画中没有描绘被毁城镇的细节，反倒是描绘了一排英国舰船。“戴安娜号”位于画面的左边，旁边是由马里亚特指挥、拥有马来船艄的炮舰“拉尔内号”，还有一艘被俘的缅甸战船和一艘运输艇。这些船只集结在风平浪静的水面上，表明英国在战争中依靠的是一系列舰船集合——包括亚洲人在孟加拉湾和伊洛瓦底江上使用的船只——尤其是在这种地势条件下。[38]

尽管要依赖舰队并使用多种导航方式，“戴安娜号”的优势还是毋庸置疑的，比如发射火箭弹。据英方报道，火箭弹连续发射速度之迅猛、命中目标之致命和“不祥的嘶嘶声”令缅甸人大为惊奇。[39]“戴安娜号”上有一名英国人曾在这两年的战争中被国王俘虏，据他所言，这艘蒸汽船简直是“鬼斧神工”，因为它令当地人闻风丧胆。[40]他们在靠近它时，仿佛它是“用高级巫术召唤来的地狱恶魔”。[41]这艘蒸汽船能与缅甸战船齐头并进，将它们一一俘获。[42]

后来，克劳福德在前往自己的大使馆时，乘坐的也是“戴安娜号”，他反复写到缅甸人有多渴望见识这艘蒸汽船。[43]据说国王也表示希望能够拥有这样一艘蒸汽船，他还看到了船上的煤炭，询问这些矿物是否是在缅甸发现的。[44]如果说缅甸盛大的船只表演是为了传达信奉佛教的国王的理想，那么英国人的理想就是让蒸汽船成为他们日益崛起的帝国在机械方面的象征。蒸汽船的象征性力量与缅甸的传统背道而驰，英国评论家曾记下在缅甸流传的一则预言，称季风来临之时，一艘没有桨手或船帆的船将从伊洛瓦底江升起，令王国遭遇厄运。[45]

克劳福德注意到，他的使团乘坐“戴安娜号”花了30天才从仰光到达贡榜王国。与之相比，缅甸战船日夜兼程，“天晴日朗时”四天就能到达，“雨季时”也就花费10天。[46]由于海平面下降，蒸汽船在回程的途中举步维艰，一度需要300名缅甸人帮忙在沙洲上拖拽才能前行。[47]英国技术并未完胜，还不能说蒸汽带来了多么巨大的影响。到了1844年，缅甸买下了自己的第一艘蒸汽船，并用“火”来指代蒸汽，因此在缅甸语中，蒸汽船就成了火船。[48]

英缅两国无论是在外交、战争层面，还是象征意义上，都在与水打着交道。如果说这凸显了英缅双方的势均力敌与难解难分，那么拿破仑战争的爆发则引起了某种程度的掠夺，这种掠夺使天平的平衡被打破。

后拿破仑时代的掠夺

对于初到仰光的游客来说，仰光大金寺始终是个令人着迷的标志性建筑，据说里面珍藏了释迦牟尼及其三位前辈的遗骸。爬上其中一组台阶，穿过无数的摊贩，你就能来到上层平台。黄昏时分，大金寺中挤满了信徒和游客。大家和我一样，纷纷按照顺时针方向绕着寺庙及相关礼堂、神龛和神殿行走。考虑到如今寺中四处都沉浸在超脱尘世的氛围中，人们很难想象这里曾是第一次英缅战争中的焦点——英国占领仰光之后，曾将仰光大金寺作为自己的军事指挥总部。[49]

考虑到大金寺宝塔的高度，总部的选址无疑是具有战略意义的，但利用这座宝塔也是文化傲慢的一种表现。一名评论家写道，在佛教僧侣曾经“歌颂神明”的地方，“如今能够看到一名英国士兵在清理自己的火枪，或是抽着雪茄”。“一顶军帽被亵渎神明的人扣在佛祖的头上，佛祖的手臂上还挂着红色的外套、背包和其他的士兵装备。”[50] 人们在建筑群中发现了一口以黄金和白银铸造的珍贵大钟，上面刻有巴利语和缅甸语的铭文，便将它拖上木筏，准备送往加尔各答。但这口钟却沉入了河中，直到 1826 年 1 月才被打捞上来，送回大金寺。[51]

其他地方对手工艺品的掠夺就顺利多了。战争期间，在寺庙等宗教圣地“东翻西找”成为常态，目标是夺取里面的圣人遗物。[52]掠夺行为还能养活饥饿的部队。有一次，军队里的普通士兵手中竟然掌握了4000头缅甸公牛。士兵们还会将自己从百姓家中偷来的鸭子等家禽藏匿起来。[53]英国军队掘地三尺都要从小房间中寻找镀金或镀银画像，这种做法会被人们拿来与“挖坑道采矿”相比，这是对金属价值的认知所驱使的。[54]

上述行为催生了一个缅甸手工艺品市场；工艺品的广告会在加尔各答进行展出，东西则会落入伦敦私人藏家的手中。[55]马里亚特的藏品就有至少173件，其中还包括斯基纳绘制的战船模型图。基于他从缅甸掠夺回来的工艺品，他申请成为大英博物馆的托管人，还向博物馆赠送了一尊“巨大的缅甸释迦牟尼镀金佛像”。据一位重要的早期东方学佛教学者所说，这件工艺品就来自仰光大金寺宝塔。[56]当博物馆还在蒙塔古大楼的原址时，这尊中空的喷漆雕像最初被摆放在主楼梯上的长颈鹿身旁。[57]

海上对峙、劫掠和长期冲突构成了第一次英缅战争，且都证明了这场冲突是拿破仑战争的产物，需要被置于革命时代的背景中看待。从另一件精美绝伦的工艺品的流转历史中，我们也可以看到这样的背景故事。这件工艺品“通体闪烁着金、银和宝石的光彩”，是被掠夺到伦敦的。[58]这件工艺品有过几经易手的经历。它被盗于缅甸的图瓦海港，与英国赠予缅甸的一件珍贵礼物的铸造样式一样。在加尔各答被售出后，它来到了位于伦敦皮卡迪里人尽皆知的埃及馆，并在那里吸引了众多媒体的关注，之后又被转卖给了私人藏家。[59]我们所说的这件物品就是缅甸帝国的御用马车。

与英国赠予缅甸的马车不同，这辆御用马车上的国王宝座并不在低处，马车的座位是可移动的，[60]允许他坐在高处，象征王权。这件展品之所以被大肆宣传，是因为人们想到了另一驾马车，那就是曾于 1816 年在埃及馆展出、吸引过无数观众的拿破仑马车。《泰晤士报》在介绍缅甸马车的展览时声称，它就是拿破仑马车展的继承者，并预言缅甸马车将"和波拿巴的马车一样引人注目"，接下来还写道："据我们所知，马车上还搭载了一座按比例缩小的仰光大金寺主塔。"[61]

对于主笔的这位记者来说——并且就像复兴的英国人所认为的那样——贡榜国王与拿破仑一样，都是自负却已被征服的敌人：

> 在最近与法国的战争中，贡榜国王对我国政府没有向他申请援助就对抗波拿巴感到疑惑。他表示自己能够出兵 40 000，让整个法兰西民族从地球上消失。在听了他如此狂妄自大的言论之后，就算他直言不讳地警告我们的印度政府，要把我们赶出印度，然后率军征服英国，我们的读者听了也不会感到惊讶。[62]

英法在第一次英缅战争中交战

拿破仑战争可以为第一次英缅战争提供比较的依据和框架，这需要从一个较长的时间线去看。

18 世纪，英法两国在印度的联系在缅甸沿海地区发挥了作用。18 世纪中叶，南部的勃固与北部的贡榜王朝开战时，英法这样的外部联系也被卷入了纷争之中。[63] 南方叛乱分子被贡榜王朝的课税和迁徙至南方的移民所激怒。[64] 英法两国都在缅甸沿海地区建立了据点，以整修船只。[65] 本地治里沦陷之前，法国人还曾考虑过将自己在印度洋的大本营迁移到缅甸的可能性。上文提到过的海军上将德·叙弗朗正是这一计划的主要倡导者。[66]

迈克尔·赛姆斯（Michael Symes）先后于 1795 年和 1802 年两次率领英国使团来到缅甸，后来，他参加了西班牙半岛战争，战死在海上。这两批使团的目的之一，就是说服缅甸国王断绝与法国之间的联系。[67] 缅甸与法国的联系是通过和法兰西岛展开远距离外交与贸易活动活跃起来的。但这段有趣的插曲却被印度洋的历史学家们忽略了，赛姆斯第一次率团谈判就出师不利：

> ……一艘来自法兰西岛的小船悬挂缅甸国旗来到仰光，带来了有关欧洲局势的消息，将同盟国在欧洲大陆的失利夸大为完败，还补充称荷兰人、西班牙人已经与共和主义者联手，英国距离彻底的毁灭已经不远了。[68]

第二次出使时，赛姆斯不得不在宫廷中等待，而从法兰西岛赶来的法国代表团却带着“毛里求斯总督的书信和礼物”溯流而上。[69] 法国人到达阿马拉布拉时，赛姆斯对法国代表团的成员表示了嘲笑：一名来自法兰西岛的法国船只货物管理员、一名从加尔各答获释的囚犯，以及一个法国男子和一个缅甸女子所生的两个儿子。[70] 缅甸与毛里求斯之间的联系在毛里求斯落入英国人掌控前那几年逐渐减少。但在此之前，贡榜王朝曾向这座法属岛屿索要过弹药与火枪。与此同时，法国私掠船船长也进入了缅甸朝廷。这些都与蒂普苏丹治下的迈索尔与毛里求斯之间的关系相似[71]，也符合印度洋革命时代的一个突出特征，那就是非欧洲人的过分自信。

1802 年，赛姆斯报告称，一艘来自毛里求斯的船只满载武器到达缅甸。[72]缅甸的王室档案中也出现了有关法国提供军火援助的描述。[73] 1809 年，毛里求斯遭到封锁时，英国人曾派使团打消了贡榜王朝对英国的恐惧。[74]除了外交与军火，贸易在缅甸与毛里求斯的联系中也发挥了作用，这其中就包括石油与柚木的交易。[75]从更加广阔的印度洋舞台来看，这表明缅甸在英法对立的政治局势中是处于被动地位的。

考虑到之前这段历史，上文曾提到，对边境问题的担忧给第一次英缅战争造成了影响。这样的担忧向英国人证实了控制缅甸边境的必要，以免在后拿破仑时代再次为法国在邻国印度的繁荣开辟道路。[76]人们对法缅两国关系的过分担忧一直持续到 19 世纪。1852 年至 1853 年的第二次英缅战争之后，有报道称，阿马拉布拉曾有法国公民被强行扣留。据仰光档案馆收藏的一封信所述，有人来到贡榜王国希望从事商业活动，却被“要求协助制造武器、火药等，不过他声称自己拒绝了”。在一封寄往英属印度的书信中，提到这名男子的妻子偶尔会“遭到卑鄙的毒打”。[77]这类逸事让英国得以将自己的行为解释为真正的解放，体现了英属印度对边境问题挥之不去的忧虑。[78]

此外，为了展示这场战争与革命时代之间的关系，在第一次英缅战争中付出生命的参战人员也值得大书特书。以上文提到的日记作者马里亚特为例，他堪称救生员，曾因设计救生艇获得皇家人道协会颁发的奖章。他有跳进海里营救遇险人员的习惯，他有一本存档用的剪贴簿，里面贴着好几份证书，证明了他身为救生员的英勇男子气概。[79]他还对抗过法国，参加过 1812 年至 1814 年的英美战争。后来，他成为一名小说家。也许是因为曾经的参战经历，他发明了一种信号码，统一了海军与商船的信号。[80]他未注明日期的个人信号簿就是一件精美的工艺品，色彩鲜艳的旗帜以清晰的网格指代着信息、方向及信号。他还有一本展示了船舶上国籍识别方法的船舶登记簿。[81]

不过，之所以说马里亚特的个人发展受到了拿破仑战争的影响，是因为他一直难以忘怀一件事：亲眼看见拿破仑死于圣赫勒拿岛。[82]马里亚特绘制了好几幅拿破仑躺着死去的素描，无法确定哪一幅是最初在他死去的房间里创作的。其中一幅画上还留有手写的英文题词：拿破仑·波拿巴死后 14 小时，5 月 6 日星期日早晨——躺在他的临终之榻上。简洁的黑白画面显得十分庄重。死者裹着一件长袍，安详地躺在那里，身上摆着的十字架更加凸显了死寂般的宁静。[83]

对于马里亚特和其他代理人来说——包括曾领军参与第一次英缅战争的将军阿奇巴德·坎贝尔爵士，其履历简直可以被看作拿破仑战争简史，缅甸战争令在拿破仑战争中形成的某些职位有了新的机会。关于伊洛瓦底江战争的一篇文章指出，军队都是由年轻军官组成的，他们自拿破仑战争结束后就没有参加过战斗，“对于这一次服役的机会……心怀最诚挚的愉悦心情”。[84]换言之，在和平年代，需要工作的士兵参与了一场不必要的战争，毕竟缅甸对印度构成的真正威胁微乎其微，提到拿破仑战争也纯属偶然。[85]从另一个角度来看，在贡榜王国的宫廷中为国王建言献策的外国人还包括革命战争与拿破仑战争中的难民，其中西班牙人老兰谢戈（Sr Lanciego）扮演了重要的角色。他曾是一名私掠船船长，却因“法国革命带来的改变与机遇”前程尽毁，凭借姻亲关系进入了宫廷。[86] 他是国王在仰光港的地方行政长官。[87]

如果说在这一时期的全球历史中，战争会引发其他的战争，那除了将英缅战争置于后拿破仑时代之外，它其实还有另外一个起源。[88] 这一起源是区域性的，第一次英缅战争标志着 18 世纪初孟加拉湾战事的终结。从这个角度来看，从英国入侵如今分属于印度尼西亚和斯里兰卡的爪哇岛（1811 年）与康提（1815 年）到英缅战争，这些地方连在一起呈现出一条弧线，每当次大陆安全地落入英国人的掌控时，英属印度都需要稳定的海上边境。

这场横跨斯里兰卡、爪哇岛和缅甸的区域性海上战争引发了当地政治组织和宗教秩序的变化，表现为宗教僧侣或宗教斗士发起的运动，并见证了亚洲掌权者逐渐开始重视这些殖民者。亚洲政权还延续着曾经的海洋想象，虽然海上战争重塑了孟加拉湾两岸的联系，但殖民地的学术研究、战争形式和海军部署只是改变了内容，却依然沿用当地的传统。这样的殖民策略折叠了时代的可能性，再次体现了帝国的反革命动机。

从缅甸到斯里兰卡

将缅甸与斯里兰卡的最后一个独立王国康提相提并论，显然是因为二者都经历了佛教君主制的复兴。[89] 18 世纪，这两个王国都曾致力于文化重构，这种改革为英国殖民主义的扩张提供了背景。

相比英法两国的入侵，贡榜王国更关心斯里兰卡僧侣。1806

年，针对僧侣们从斯里兰卡带回的菩提榕树树苗栽种问题，贡榜国王下达了谨慎的命令。这棵树之所以特别受重视，是因为据说佛陀曾在菩提树下获得启迪。在圣旨中，国王对来自斯里兰卡岛上的僧侣提出了一系列的问题：他们为何要来缅甸？旅途花了多长时间？斯里兰卡使用的是哪种历法？[90]不久，这些僧侣获准前往仰光，与其他来自斯里兰卡的圣人以及一名叫作“安巴加哈”（Ambagaha）的老师会合。[91]国王亲自下达命令，要求百姓在这些僧侣被送往贡榜王朝的途中向斯里兰卡佛舍利敬献食物与鲜花。[92]

第二年，王室又颁发圣旨，要求斯里兰卡僧侣与缅甸僧侣会面，并要求将斯里兰卡僧侣带来的书写在棕榈树叶上的佛经手稿与医学著作翻译成缅甸语。[93]作为回报，这些僧侣在1810年返回斯里兰卡时获得了皇家图书馆赠予的宗教文献。按照朝廷安排的行程，这些僧侣是沿海岸线被送回斯里兰卡岛的。[94]其中一批斯里兰卡僧侣还见到了另外几名从所谓“中印度”来访贡榜王国的圣人，并且见到了从印度圣城贝纳勒斯带来的佛教用品。[95]这些小故事都发人深省，它们并没有像英国人的描述那样，表现了贡榜与康提两个高地王国的各自孤立的关系，而是展现了二者的相互关联。而且印度大陆在落入更加强大的英国控制之前，就已经对这里产生了影响。

19世纪早期，斯里兰卡与缅甸之间的联系在僧侣间催生了一个新的团体，该群体取名自贡榜王国的首都“阿马拉布拉”。[96]虽然在缅甸的王室记录中，这个团体建立的日期与斯里兰卡棕榈叶上记载的不尽相同，但显而易见，19世纪初时，曾有一些僧侣团体从斯里兰卡来到缅甸，这在一定程度上复兴了岛上的佛教情感。[97]从斯里兰卡到缅甸，再到暹罗，这种联系长期存在，是为了保留高级神职授任仪式、传递宗教文献。[98] 18世纪中叶，为与孟加拉湾两岸的这些联系接轨，康提王国的佛教神职人员进行了全面重组。主持宗教仪式并主持佛教学习与传道的国王，致力于研究古老语言的学者僧侣，以及在新教育系统下受训的小沙弥都能说明这些变化。国王还会策划壮观的表演，例如在王国首都举办佛牙游行——该活动现在仍旧每年都会举行，并资助新兴的寺庙艺术。缅甸的局势与斯里兰卡岛屿核心地区的王权复兴也有相似之处。缅甸国王会资助棕榈叶写作计划，并试图以此进行宗教净化。[99]

1803年，英国与康提开战，却一败涂地。如果说康提与贡榜之间的相似之处可以从两国关系来理解，那么1815年王国再次被占领时，其他的共同点也出现了。这些共同之处体现在对传统惯例的遵循上，因为英国殖民战争和东方主义遵循了孟加拉湾两岸的本土习俗。

康提与英国的第一次战争十分残酷。1796年，英国人从荷兰人手中夺取了康提王国的沿海领土，并试图夺取其内陆王国，宣称对整座岛屿的主权，这一切背后的驱动力是对全岛实施管辖所能带来的实际利益。殖民者占领了康提的首都，却发现这里已经被人遗弃，紧接着，他们就遭到了国王军队的包围。受到季风和疾病的影响，印度、马来士兵又擅离部队逃去了对手那一边，殖民者选择撤退，却遭到了康提人的拦截。[100] 只有三个英国人在屠戮中幸存下来。参与这场战争的印度、马来和暹罗士兵死亡人数很有可能比英国阵亡士兵的数量还多。和第一次英缅战争一样，这是一场计划不周的战争，地形、糟糕的天气，加之敌人的游击策略，使殖民者遭受了一场灾难。

《英国战争》是一首写在棕榈叶上的诗歌，纪念的是1803年康提国王大胜英国人的事迹。这首诗很有可能创作于大约1805年之后，是分段完成的，也有可能是在国王面前表演的口述歌谣的抄本。诗中的内容是对胜利的残暴歌颂，里面充斥着粉碎英国人尸体的细节。不过，这种暴力行径与英国人对殖民地展开“全面战争”时的做法并无二致。暴力与强调国王的唯我独尊和王国的民族性始终是联系在一起的。和在缅甸一样，康提也有佛教王国的统一主张，这个佛教王国被称为“三僧伽罗”，即三个历史上的公国统一在一个王国之下。在孟加拉湾两岸，与英国人的战争成为要求政治、宗教和民族统一的借口。

《英国战争》生动描绘了英国军队行进的图景，英国人在行进途中携带的物品有“大炮、手枪、枪……既牢固又尖锐的矛、斧头、剑、弓箭、标枪”，“强壮的马匹和无数牛拉的货车”，“野营用的帐篷、床铺和椅子、铜制容器、纸张、书籍、一锅锅的醋、子弹、火药、鼓、成箱的腌菜……”，“鸡、羊、鹬、鸭、牛、山羊”，“大米、椰子、盐”，“需要用来支付薪水的大量卢比现金和金币”，当然还有“大批凶暴的大象、马匹和步兵”。[101]

针对军队从英属科伦坡的海岸边出发的情景，诗人写道：

> 伴随隆隆的枪声和五重乐器的声响，手持阳伞与旗帜等物品的英国士兵在科伦坡坐上轿子、骑上马匹出发了。[102]

英国人占领被废弃的城市时，诗人又做出了以下评价：

> 看到（僧伽罗军队）这样撤退，愚蠢的英国人如同牛群一般，冲进了已被农夫们带走所有粮食的荒芜田野。从他们占领城市住宅、跨越河流的样子就能看出，他们注定要成为

乌鸦、狗和狐狸的食物。

对英国缺乏明智的军事战术、贪婪掠夺的描述与康提国王及其军队优雅的行进形成了对比：

> 许多只大象，它们的吼叫声如同战场上隆隆的雷鸣，看上去仿佛地上移动的云朵，用身体的七个部位触碰地面。
>
> 道路两旁的马匹成群结队，看上去像是乳白色海洋中的波浪。看啊！它们奔跑时扬起的团团烟尘遮天蔽日。
>
> 空气中充斥着马车车轮的声响，士兵们手举宝剑盾牌、拉弓持箭、紧握长矛，身穿闪亮的盔甲，排成四联部队的阵势做好了准备。[103]

诗中赞颂的是国王精挑细选的兵将、“用九重宝石制成的”装饰品和精美服饰，以及对音乐和女性伴舞的选择。难怪国王声称：“让这样的敌军尽可能多地放马过来吧！我将打败他们、获得胜利，高举胜利的权杖闻名于世。你们放心好了，无须担心。”不过，和缅甸一样，此话并不是东方暴君愚昧无知的宣言。这一点至关重要，因为对殖民者而言，将原住民国王塑造成暴君十分重要，只有这样才能证明英国的扩张是为了传播自由。[104]康提一役的失败说明，英国人在制图、军事和技术方面还缺乏先进的知识，同样显而易见的是，康提人能够利用这一缺口为自己建立优势。英军一直偏爱控制作战阵型，不擅长在康提地形上作战，康提利用丛林和山丘展开了游击战。

和缅甸一样，在战前的数年甚至数个世纪前，这一斯里兰卡的核心王国就已采用欧洲的各种做法，这也促成了他们的胜利。

与英国开战之前，康提曾与葡萄牙人、荷兰人交战，战争过程中，逃兵们纷纷越过战线，来到了康提这一边。1803 年，一个名叫本森的炮兵从英军那一方渡河来到康提，被任命负责火药。这让人想起了贡榜王朝是如何从拿破仑战争的欧洲难民那里了解武器知识的。[105] 不过，比欧洲人更重要的是从欧洲军队转入康提军队的马来士兵，他们人数众多，多达数百人。1803 年围剿英军的康提军队中还有 80 个非洲人。除此之外，康提人还从欧洲人手中夺取了枪支和大炮，还制作了自己的武器。[106]

英国与康提的差异是海上帝国与群山环绕的高地王国之间的差别，也可以看作大海与陆地的对抗。和缅甸的战争如出一辙，英国拿下康提轻而易举。英军夺取锡兰（英国对斯里兰卡的称呼）发生在拿破仑战争的背景之下，和开普殖民地一样，逃亡伦敦的奥兰治亲王命令身在锡兰的荷兰人，要对英国人的到来表示欢迎。那一次，英国没有让这些海上领土落入法国人之手，而是占领了荷兰的殖民地，并且没有归还。英国对锡兰的渴望出于对控制海运的渴望，毕竟这座岛屿如此靠近他们日益扩张的印度领土，东岸的亭可马里（Trincomalee）又是一座巨型的天然海港，条件优渥到让人无法将它拱手让给敌方。[107] 如果说英国在斯里兰卡的帝国政策一部分是出于对海洋的关注，那么康提王国对海洋也不是没有想法，因为康提国王认为整座岛屿都为自己所有，历代国王都为坐拥沿海港口的权利而自豪，这正是荷兰与康提外交关系博弈的关键所在。[108] 又和缅甸一样，殖民者与被殖民者之间也存在相似性。

《英国战争》关注水的主题并不奇怪，国王计划在首都中央挖一个湖泊，这首诗对国王的计划大加赞赏，认为这个湖泊就像诸神搅动的银河。[109] 诗中，英国士兵就像“手持武器、高声咆哮的海浪”，停在了“海滩上的”陛下的脚边。国王“用自己的宝剑做搅拌棒，搅浑了敌军的海洋”，国王的配乐就如同“世界尽头大海的咆哮”。[110] 这不仅仅是一种比喻，它将陆地与水、自然与男性、宗教与民族相结合，诉说了一位国王在 18 世纪末 19 世纪初取得政治胜利意味着什么。和克劳福德对缅甸水上庆典的反应一样，英国人将这种象征手法理解为一种美化，没有意识到这样的符号在统治者与人民之间创造了某种联系。英国殖民者误解了这些符号，反过来努力宣传英国的自由与理性，这让他们和在缅甸时一样，化作屈从的力量身陷其中。

与 1803 年不同，导致康提于 1815 年沦陷的那场战争在首都展开得相对平静。康提统治者与英国签订了协议。另外一首棕榈叶民谣将英国人的胜利归功于叛逃到英方的大臣阿赫拉波拉（Ahelapola）的帮助：

> 如同世界尽头汪洋大海中的水。雄壮的军队手举旗帜、阳伞和武器，伴随着乐声，如同挺进拉瓦纳城的英雄罗摩（印度史诗《罗摩衍那》中的角色）。他（阿赫拉波拉）是凭借佛陀的力量进入森卡达市（康提首都）的。[111]

在首都以外的其他地方，英军对康提王国各地展开了劫掠，就像劫掠缅甸一样。军队的到来令村民们闻风而逃，大小村落纷纷被寻找补给和辅助设备的军队洗劫一空。与缅甸的情形一样，这里的佛寺也遭到了袭击。在斯里兰卡东南的朝拜中心卡达拉加玛（Kataragama），“寺庙的财富”被英国的一支分遣队占有，众多房屋的“房顶都被掀翻，用作了柴火”。[112] 之后三年，随着反英叛乱行为于 1817 年至 1818 年席卷康提王国各省市，暴力行径愈发猖狂。为了结束叛乱，英国人采取了焦土策略，利用饥饿与恐吓来对付百姓。用一首棕榈叶诗的诗词来说，英格兰人“手持弓、剑和枪四散开来”，放火烧毁房屋、大肆掠夺，“杀害了无数的人”。[113]

在战争与叛乱之中，孟加拉湾两岸间的联系给康提王国带来了影响。正如英国在缅甸和斯里兰卡采取的作战方式，康提人试图通过外部联系进行抵抗，下面的事情用丰富的细节揭示了在革命时代的背景下各政权之间越发紧密的联系。1816 年，在康提王国开始大规模反抗英国之前，殖民者就收到消息称，有人要“密谋”推翻英国政府。这个消息来自康提的叶卡纳里戈达·尼拉美（Eknaligoda Nilame），一名对英国人忠心耿耿的康提官员，他在抓捕上一任康提国王的行动中发挥了决定性的作用。[114]

曾有一名年约 30 岁的年轻僧侣前来拜访叶卡纳里戈达·尼拉美，待全家人都休息之后，年轻僧侣展示了进攻英军的计划。他告诉叶卡纳里戈达·尼拉美：“（英国）总督打算把所有首领都从（科伦坡的）康提召回，把他们带上船，送去大海的另一边。”僧侣还说，问题在于沿海和内陆省份已经统一在一个政权之下，也就是服从了英国的统治，没有逃跑空间。

僧侣继续向叶卡纳里戈达概述情况，并邀请他加入这项事业。这次“密谋”计划是从英国统治下的沿海省份各首领的对话中酝酿出来的，他们手下控制着采集肉桂的工人。首领们表示，他们无法参加第一次行动，但会派来“小偷和流氓（为数众多的恶棍）”。他们还会派出接受过武术训练的马来武官，以及其他马来船长和下士。参与这项计划的还有马度加列（Madugalle），他是已经覆灭的康提王国曾经的大臣，他能把王国各首领的力量组织起来。非洲裔部队也受邀加入了这项事业。[115] 马来人将营救自称是末代国王女婿和兄弟的囚犯——一名“马拉巴尔族人”（Malabars）。这个名称后来又成了“泰米尔人”，指岛上的少数民族，他们所在区域深陷旷日持久的斯里兰卡内战，直到现在。[116]

当时的人们认为，这不过就是一群鱼龙混杂的叛乱分子聚集在一起，但是他们的故事反映了康提王朝与亚洲邻国的海上交流史。作为康提王权象征的佛牙也会被偷偷送走，有消息称，它将被送到卡达拉加玛的寺庙里。密谋内容还包括叛乱分子挺进康提领土的路线，并以穆斯林宴会为借口展开抵抗。[117]据说从上一任国王统治时期起，“全国各地就散布着数量众多的武器”，人们认为，国王的武器中只有一小部分落入了英国人的手中。

叛乱分子对缅甸的想象在1816年的阴谋中也起了作用。当时他们有一个想法，就是找一位“贡榜王朝的国王”作为起义的中心，阴谋的实施者、大祭司伊哈加玛（Ihagama）曾试图前往缅甸。[118]在汇报有关这起阴谋的情报时，英国总督描述了祭司一行七人是如何出发前往贡榜，还带上了一名来自贡榜长期居住在岛上的岛民。[119]在此之前，总督就曾注意到一支没有事先通知、未经允许便径自前往康提的贡榜使团，总督怀疑他们动机不良。他写道：“贡榜使团将宗教书籍送到佛祖学习的圣地，并以此为伪装，进行他们想要的谈判。”

年轻僧侣制订的计划被英国人破坏了，计划中的佛教僧侣也被一一逮捕。他们尝试逃跑，其中两人再度被捕，伊哈加玛却躲藏了起来。[120]对水域的控制大多交给了英国海军战争机器。在此之前，亚洲人是为了自己的目的才会利用海上联系的。

叶卡纳里戈达·尼拉美的情报中有一个名叫阿萨纳（Asana）的马来首领，他同意支援起义事业。伊哈加玛与阿萨纳的联合就是这个阴谋的核心。阿萨纳曾经逃离康提，并在1815年帮助英国入侵王国，这次叛逃中，他服务的上司是备受马来战士尊崇的路易斯·德·布歇（Lewis de Bussche）上校。在1817年出版的一本书中，上校写道，马来人是“吃苦耐劳、英勇无畏之辈”，在1811年英军夺取爪哇岛的过程中，马来人证明了自己的勇气。[121]阿萨纳在逃离康提王国站到英国这一边之前，是上一任国王的战士。1816年，这位马来战士却又加入了反英叛乱分子的队伍。

英国总督决定将阿萨纳从岛上驱逐出去，“送往（爪哇的）巴达维亚，他的老家”，理由是他随时准备从事一切“危险的事业”。[122]阿萨纳在斯里兰卡南部的加勒（Galle）被送上了一条船，他沿着海岸一路向北，逃到了安泊朗歌德（Ambalangoda）。再次被捕之后，他被置于加勒的军事看守之下，等待他们用另一种方式将他和两个已经成年的儿子及其他家人驱逐到东印度群岛。此计划并未成行，因为在随后的1817年至1818年叛乱中，又有人试图与他取得联系。[123]

19世纪初，英国在缅甸与斯里兰卡发动的战争拥有一系列惊人的相似之处，都出现了君主集权、宗教改革、殖民地军事改革，以及英国在未知的热带地区无力应对的游击战，与种族和海洋文化息息相关的本土王权话语也遭到了英国人的误解或美化。与此同时，掠夺大规模展开，因此本土的物资、线人和阿萨纳之类的战士越来越多地被英国人利用。1803年和1815年在康提发生的两场战争有着截然不同的轨迹，就是证据。如果说第一次英缅战争发生在后拿破仑时代，那么康提战争与拿破仑战争就是同时发生的，英国人力争占领康提的原因在于英法之间的竞争。不过，对我们而言重要的是紧随阿萨纳的脚步，寻找该地区战争的另一个源头。

去爪哇

马来战士阿萨纳将缅甸与斯里兰卡的故事和东南方一个更远的地方联系在了一起，孟加拉湾对岸的远方，就是阿萨纳的故乡爪哇。对于革命时代下的世界而言，爪哇是一个重要的组成部分，由一片荷兰殖民地和围绕在其周围的中南部爪哇诸侯国组成。将马来人从爪哇带去斯里兰卡参战的正是荷兰人。荷兰向英国投降时，斯里兰卡至少有 1000 名马来人。[124]

1811 年，英国人暴力占领了爪哇。在一些资料中，爪哇被称为法属而非荷属殖民地，这是因为人们认为那里是共和思想的前哨阵地。法国共和主义军队于 1794 年至 1795 年进攻荷兰时，爪哇统治者赫尔曼·威廉·丹德尔斯（Herman Willem Daendels）曾与他们并肩作战。之后，巴达维亚共和国成立。1811 年爪哇遭遇入侵时，统治者是让·威廉·詹森斯（Jan Willem Janssens）。[125] 毛里求斯落入英国人手中之后，人们认为法国很有可能会试图加强控制荷属爪哇的力量。后来的新加坡开拓者斯坦福德·莱佛士（Stamford Raffles）写道，那时爪哇的荷兰国旗都已被法国国旗所替代。[126]

爪哇与法兰西岛沦陷之后，印度总督明托（Minto）勋爵写道："从好望角到合恩角，英国已经没有任何敌人或对手了。"[127] 从这一观点来看，1811 年入侵爪哇的意义在于将英国在澳大利亚和印度的据点与一系列的岛屿联系在一起，"中间留着几处不太重要的间隔点"。正如莱佛士所说，英国人"几乎从孟加拉湾一路扩张到了我们在新荷兰（澳大利亚）的定居点"。[128] 如果说我们在斯里兰卡目睹了亚洲人对海洋的想象，那么这就是殖民者对海洋的想象。

然而，短短五年之后的1816年，英国就将爪哇归还给了荷兰。19世纪20年代，那里发生了起义与叛乱。乱象是围绕一位弥赛亚般的人物——“正直的国王”迪潘纳加拉（Dipanagara）展开的。他利用人们对经济、社会的焦虑和对传统秩序的渴望，依托伊斯兰教的“千禧年运动”组织了这些运动。此次起义被解读成了印度尼西亚民族主义的象征，但这样的解读未免夸张了。[129]无论如何，爪哇在19世纪成为荷兰全球殖民主义的中心。这证实了历史学家乔斯·格曼斯（Jos Gommans）的断言，荷兰殖民帝国的模式是“在更加有限的殖民地上变得更加集中”，而不是同化分散的人和地点。[130]

英国人的入侵将爪哇岛与印度洋其他地方的事件联系在了一起。在印度的统治精英心中，从“印度洋彻底驱除”敌人需要征服“法属诸岛”，然后“颠覆敌人在东部群岛的权威”。有人认为，一支人数不超过攻占毛里求斯的部队就足以完成这项任务。针对毛里求斯和爪哇发起的进攻被认为是“在同样政策原则建议下的……同一计划”。[131]威廉·索恩（William Thorn）少校在印度已经身经百战，还参与过1810年占领毛里求斯的战争。在现场记下的笔记中，他描述了英军到达爪哇的情景。后来，他参加了滑铁卢战役。[132]

索恩的故事开始于英军从马德拉斯出发的那段旅程。[133]前卷内容包括了对船只航行轨迹的详细标绘：穿越孟加拉湾；在马来半岛的槟城（Penang）集合；穿过马六甲海峡前往爪哇海。在槟城，这支来自马德拉斯的部队与来自加尔各答的第二师会合，这一切都表明了英属印度在海上殖民战争中的发展变化。

亚洲大陆与太平洋之间的一连串岛屿被英国人视为印度的附

属，基本上都属于海洋空间。用约翰·克劳福德针对“印度群岛”所写的话来说：“从岛上居民的国家性质来看，他们肯定属于海上民族。”[134]在他的描述中，岛民们对船只的使用等同于“流浪的阿拉伯人”对骆驼、马和牛的使用，他补充说，“海洋对这些岛民而言相当于流浪的阿拉伯人眼中的草原和沙漠”。[135]此外，和缅甸一样，在这片岛屿所处的海域中，船只也有三六九等之分，据说马来人的快速三角帆船比英国舰船还要迅猛。[136]在策划1811年的远征行动时，斯坦福德·莱佛士就将马来人的海上活动定性为“马来海盗行径”。这在很大程度上符合殖民者对海上边境的担心：

> 马来政府与欧洲封建国家有一个共同之处，首领们拥有的是劳动力和土地上未加工的原材料。只要有了劳动力和木材，快速三角帆船或战船很容易就能被制造出来，这对部落首领和其家族而言没有任何困难。下一步就是去四处劫掠，这在马来的道德标准下并不可耻。令某些毫无猜忌的商人吃惊的是，海盗在他找到的市场中冷静地处理着自己夺来的货物。[137]

远征之前，莱佛士在冗长的论述中进一步向明托勋爵解释，这种“海盗行为”源自一种古老的习俗：“古代马来冒险故事”和“传统历史的叙事片段”中时常提及海盗的巡洋舰。他还将海盗猖獗归咎于伊斯兰教的传播。[138]在其他地方，莱佛士引进过一本马来人的“海商法”，是他从马来语翻译的。[139]

索恩的远征队刚刚启程前往爪哇岛，天公就不作美，一股“强烈的飓风”影响了马德拉斯航线上的船只，也袭击了远征队。

补给船失事的消息传到了最近才被占领的毛里求斯，远征队要求毛里求斯人提供“优质的欧洲盐”供其食用。[140]

在穿越孟加拉湾的航程中，船上闷热闭塞，人们格外注意马匹和人员健康。也许正是因为这样的情况，军队在槟城获得了大量的牛肉补给。索恩描述了自己站在甲板上眺望槟城时看到的景象，包括海港及其后方耸立的山峰。他的书将爪哇和马杜拉群岛、帝汶岛、马鲁古群岛、班达岛以及安汶岛描绘成了一连串的海上殖民地。索恩还写到了槟城是如何建造各种尺寸船只的。自从英国在 1786 年对槟城加强了控制，这里就成为贸易的中心，吸引着“普吉岛、雪兰莪和其他马来港口的贸易”，交易的商品包括胡椒、槟榔果、藤条和金子。[141]

从槟城出发，远征队继续向马六甲前进，在马六甲又遭遇了一场海难。这一次不是因为天气，而是船上运输的火药带来的危险，一艘来自孟加拉装载火药的补给船着火并发生了爆炸。所幸这艘船爆炸时并没有靠近其余的船只。在马六甲，人们正在举办一场具有爱国主义和殖民主义航海文化特色的活动——庆祝 6 月 4 日国王的生日。“战争远征队的士兵和岸边的炮台打响了皇家礼炮，宣告这个欢庆的日子……”[142]根据天气预报，远征队确定了前往爪哇的路线。远征队必须赶在雨季之前到达，且士兵们必须保持身体健康，雨季开始之后一切将更加困难。[143]人们决定先前往婆罗洲，然后沿海岸向南出发到达爪哇。[144]

在远征之前，莱佛士就已派人勘测了这条路线，他还将最初说服印度政府入侵爪哇的事归功于自己。[145]他的勘测“根据海洋和陆风”证实了“沿婆罗洲前进的可能，同样也证实了通过新加坡海峡到达婆罗洲的可能”。[146]在婆罗洲附近，浅滩与风暴导致了危机四伏的局面：

> 难以想象比这更可怕的景象——搭载了100匹马、200人的巨大船只瞬间就被抛向空中，猛然沉入海底。龙骨撞击地面的力道之大，使得地面都被撕裂，四周的海水化作一片混浊的泥潭。[147]

在婆罗洲海岸西南端的桑巴尔角会合后，他们开始讨论如何进攻集结在爪哇巴达维亚的荷兰军队。“登陆时应该会遭遇激烈的抵抗，面对一支20 000人的军队进行登陆，肯定要冒一定的风险，并付出很大的损失。”20 000兵力是英国对荷兰军队的估算。曾在印度以勘测和东方学闻名的柯林·麦肯齐（Colin Mackenzie）中校被派去勘测海岸，以确定最佳的登陆地点。他们决定在距离巴达维亚10英里的芝灵精（Cilincing）登陆。[148]

1811年8月4日星期日，包括炮艇在内的100艘舰船搭载11 000名士兵靠岸。[149]索恩将此次登陆行动与毛里求斯的那一次进行了比较，都在一处困难的地点安全地上了岸。提到这一次的登陆地点，他表示“安全为重的理念让我们像在法兰西岛时一样，不损失一兵一卒就上了岸”。[150] 1810年征服毛里求斯的武器与增援部队这时都被转移到了爪哇，表明了此次行动与毛里求斯之间的联系。[151]

描述完海上的行程，索恩叙述了军队向巴达维亚挺进过程中的艰难，同时关注着陆地的位置以及河流、海岸的走向。索恩将这里形容为一个“纵横交错的国家”，因为到处遍布“沼泽、盐坑与水道”。[152]吉莱斯皮（Gillespie）上校也曾写道，在这个“几乎无法跨越的国家”，军队士兵已经“筋疲力尽”。[153]“英军路线方案”记录了军队自登陆点开始走过的路径，草图中也记录了地形。[154]克劳福德形容群岛的分布“星罗棋布”，随处可见大片的冲积地带、河流以及无数的海峡与海路。[155] 英军发现巴达维亚定居点已经被人遗弃，他们没有遭遇任何抵抗就攻占了这里。街道上散落着掠夺来的咖啡与蔗糖，“温顺的居民经历了一段极端恐惧的日子”。[156]

很快，英国的旗帜升了起来。[157] 随后，从巴达维亚出发的英军与在巴达维亚附近的维尔特瑞登（Weltevreden）驻扎的荷军爆发了冲突。荷军的战斗策略是利用环境，詹森斯引诱英军进入巴达维亚，希望“这座城市的肮脏与海滨的恶劣气候”会影响英军的健康。按照这个阴谋的计划，英国人会纷纷病倒，维尔特瑞登的荷军则坐拥充足的补给。但“环境怡人的”维尔特瑞登兵营却落入了英军之手。[158]

在科内利斯堡经历了一场持久战之后，詹森斯率领的部队中只有一小部分人逃了出来。[159] 随着其他港口落入英国人手中，一场海上追逐开始了。[160] 英国人对詹森斯穷追不舍，以自由的名义劝他投降：

> ……如果阁下继续对身陷困境的人们发出的呼唤充耳不闻，如果本不必要流淌的鲜血还是在流淌，如果爪哇原住民必然要遭受欧洲人的恣意掠夺与屠杀，我们将会追究阁下和那些继续支持你的人的责任。[161]

詹森斯在沙拉笛加（Salatiga）附近进行了抵抗，随后无条件投降。在对第一阶段的入侵进行总结时，索恩特别提到了英军在巴达维亚从未展开过掠夺，声称几乎一起掠夺事件都没有发生过。[162] 但是当行动朝向他所谓的“原住力量”时，情势的发展就截然不同了。[163]

镇压原住民的行动之一是入侵苏门答腊岛的内陆商贸中心——巨港（Palembang），据说是因为巨港荷兰工厂的特派代表遭人谋杀，惹恼了英国人。[164]一场河流上的战争就此拉开帷幕，成为第一次英缅战争的前奏。原住民使用火筏、“阿拉伯船”与河中成堆的木头来对抗英军。[165]但是对克劳福德而言，苏门答腊岛岛民的海军是无法与英军相匹敌的，他们只不过是“欺凌弱小……这是只适合印度岛民发挥天赋的战役”。[166]换句话来说，这些原住民都是所谓的法外“海盗”，事实上，镇压东部诸岛所谓的猖獗的“海盗行径”正是最初远征爪哇的原因之一。[167]

大规模的殖民地掠夺是在延续法荷两国之前的做法，这与索恩书中对英国人有多清白的描写截然不同。英军攻击日惹（Yogyakarta）苏丹国时发生的悲剧事件就全面展示了其洗劫行为。[168]正如某位杰出的历史学家对这一事件的描述，这是“一种形式的殖民暴政向另一种形式的殖民暴政的转变”。[169]日惹沦陷之后，英国又与马塔兰（Mataram）苏丹国签署了条约，无耻地声称出兵是出于“保护原住民不受暴君的残忍压迫……”。[170]这里再次出现了曾被用在缅甸与斯里兰卡的“东方暴君”比喻，以解放为幌子证明入侵的正当性。

1812年6月，外交关系日益紧张，日惹城（一座戒备森严的皇家都城）遭到了入侵。劫掠持续了四天的时间，战利品通过搬运工和牛车运了出去，珠宝、精美服饰和武器则被拿到城堡外的市场上贩卖。[171]约翰·克劳福德曾将一系列手稿带回英格兰，其中就有爪哇统治阶级成员班达拉·潘格兰·阿利亚·帕纳勒（Bendara Pangeran Arya Panular）在树皮上书写的爪哇编年史。这部编年史的内容最近才被专家翻译成英文摘要，详细说明了日惹城内部是如何陷入彻底混乱的。赃物贩卖持续了一个月的时间，印欧人和一些平民获得了暴利。[172]还有人扣押妇女，索要钻石。[173]克劳福德还盗走了宫廷手稿。据说参与劫掠的印度士兵就像正在杀戮的狮子，英国高级军官则像刚刚吃过人的血红色巨人。[174]

战争与学术研究是紧密相连的。柯林·麦肯齐是英军驻爪哇部队的总工程师，其所在的委员会负责研究这座岛屿以为英国谋取利益。从土地所有权和税收，到宗教、文化与历史，该委员会的研究范围十分广泛，使麦肯齐有机会探索爪哇的“每一个部分”，甚至包括勘测梭罗河。[175]

虽然远征爪哇是出于反革命和反荷法的政治立场，麦肯齐并没有推翻荷兰的统治成果，而是利用这些成果完成了工作。他对荷兰人制作的“所有海图、平面图和地图进行了登记”，表示有关海岸、海港、河流、山脉的自然历史信息已经搜集完毕，需要“对整座岛屿展开彻底的地理和制图勘测，以完善现有信息……”。他参考了革命时代面临的共同问题来思考自己的研究工作：

> 在改变欧洲国家已经建立的关系方面，美国的战争与革命似乎是富有成效的，其结果对荷兰东印度公司的商业繁荣造成了最后的打击。荷兰东印度公司的灭亡只是在改革和完善体制的各种努力下拖延了一段时间，相同的问题——排他性垄断——也引起了我们国家议会的注意……

换句话说，如今英国人需要通过致力于“政治经济学”，延续荷兰人的改革，使自由贸易取代垄断。[176]可具有讽刺意义的是，在荷兰返回爪哇之后，对土地的控制变本加厉，并强化税收制度，中断了英荷两国的改革。从荷兰到英国，再回到荷兰，改革并没有连续性可言。[177]

麦肯齐将爪哇置于大英帝国在印度的领土范围之内，视其为海上边境线。从健康的角度来看，地理环境对他的影响“与印度正好相反”：在海滨生活对健康无益，“北部的乡村和森林”却有益健康。这里的环境是由“河流与海洋交汇处的平坦沼泽”主导的，沼泽将肥沃土壤的沉淀物带到浅海地区，在“发酵与腐烂”的作用下释放出气体。[178]在应对问题时，麦肯齐表现出了测绘员的本能，包括这番对身体健康的评论。同样的技巧也显见于他对军事策略的观察中，就像日惹城沦陷前他展开的调查一样。[179]他还将这种技巧延伸到了对文化遗址的研究上，以测绘员的精确用词对古代遗物进行了描述。[180]

从海洋到陆地，从印度到巴达维亚，远征队入侵爪哇的行动受到了自然条件的影响。在进行部署和了解该地区的人民时，海洋都是首要考虑的问题。爪哇被入侵与印度洋其他地区发生的事件在时间上相吻合，与毛里求斯被占领也是同时发生的，反法与反共和主义情绪也为这次进军提供了支持，也证实了对暴政和垄断的负面描述。似乎只有英国才能提供与之相反的对自由和自由贸易的保证。在殖民战争与意识形态的影响下，包括宗教交流和被欧洲人描述为海盗行为的贸易交换在内，亚洲不同地区的原住民之间的联系在这个故事中也一目了然。

作为终点的鸦片战争

在回顾拿破仑战争前后发生在海陆边境上的血腥战争时，我们最后不妨仔细思考一下，第一次英缅战争结束后十多年发生在中国南海的鸦片战争（1839—1842年）。[181]

和之前发生在爪哇、斯里兰卡和缅甸的事件一样，鸦片战争也十分血腥。据曾经参加过半岛战争的英国人说，在1842年的宁波战役中，残缺尸体的堆积景象简直惨绝人寰："直到再也没有活着的敌人可以瞄准、炮火下堆积的成山尸首也不再扭动与尖叫，榴弹炮才停火。"[182]在这场战役中，大清帝国的军队试图夺回1841年就落入英军之手的一座要塞，数以千计的大清士兵却败在了区区数百人的英军手下。这一事实证明，野战榴弹炮这项改变了陆战的新技术也给中国沿海地区造成了影响。

在与亚洲人的战争中，英国人与亚洲人原本是难解难分、势均力敌的局面，但技术上的差距最终为英国打开了成功的方便之门。技术上的差距包括武器、大炮、火药、弹道学理论与演习组织能力，并从陆地延伸到了海洋，比如成功摧毁了众多中国式帆船的舰载型近距臼炮。至关重要的是，英军已经熟练掌握了在战争中使用蒸汽船的技能，蒸汽船"复仇女神号"（*Nemesis*）就是英国战争计划中十分关键的一个武器。在1841年的穿鼻之战中，目睹了"复仇女神号"的中国人惊呼："哎哟！怎么可能！我以前从未见过这样的魔鬼船，移动起来就像是一个人在行走。"[183]

东亚战争与英国航运的世界影响力日益扩大，"绅士资本主义"，以及自由贸易是紧密相连的，它们都是一个正在实现工业化的世界强国的组成部分。随着英法两国间的竞争逐渐缓和，这时的英国变得更加自信，但是对法国的担忧仍然挥之不去：鸦片战争的直接导火索之一，就是法国在 1838 年中断了布宜诺斯艾利斯与英国的贸易。[184] 导致鸦片战争爆发的由来已久的原因在于英国对茶叶的消耗，这使得 18 世纪末中英两国间的贸易对中国大为有利，英国东印度公司则损失惨重。

那么，东印度公司如何才能找补回在中国购买茶叶时损失的白银呢？鸦片是一个完美的答案。在中国，它已经成为一种高级商品。鸦片种植于印度，通过中印两国的私营“乡下船”运抵中国，卖给中国消费者，从而弥补了英国损失的银两。1808 年，白银的流向掉转了方向，英国不再流失。1833 年，东印度公司对茶叶贸易的垄断被宣布无效之后，私营商人的参与进一步扩大了茶叶贸易，而鸦片贸易也随之扩大到了中国。但清政府限制了这种交易，希望能够进一步对其加强控制，同时也纠正吸食鸦片的陋习。

一系列事件引发了紧张局势，战争一触即发。1834 年，曾参与过特拉法加战役的纳皮尔（Napier）勋爵来到这里，希望清政府放宽贸易限制。与克劳福德等人遵循缅甸王室礼仪的情况不同，纳皮尔并没有按照外交礼仪行事，他认为从印度派来一支军队就能解决问题，最终却因患上了热病，死于澳门。19 世纪 30 年代末，局势在广东鸦片商人的煽动下变得更加紧张。

1837 年，中国官员阻止了在外国人仓库出现的非法鸦片交易，引发了一场冲突。中国的这次阻挠非常成功，以至于伶仃岛上堆积了成箱未出售的鸦片。清政府任命了一位特派员林则徐，特派员要求将鸦片交给中方，在没有任何赔偿的情况下没收了 20 000 箱鸦片。和在斯里兰卡、爪哇、缅甸的战争不同，在接下来发生的事件中，伦敦政治家发挥了关键作用。这再次表明，随着通信技术的发展，19 世纪中叶的统治与扩张手段发生了改变。为了恢复英国国旗的荣耀，首相帕默斯顿勋爵派出了一支海军，通过封锁中国海岸展现英国的实力。[185]

此举仍旧属于海上外交手段，但不是在伊洛瓦底江上排列的缅甸战船之间，而是一次取得了一定成效的、具有侵略性的战船外交。英国在中国的胜利导致了《南京条约》（1842 年）的签订，该条约为外国商人开放了五个通商口岸，并开始了英国对香港的接管。

不过，英国的崛起也可以用船只比喻来理解。这一时期，中国式帆船及其战斗力遭到了“种族排斥”，用广东一家新教期刊《中国丛报》（*China Repository*）的记者在 1836 年所写的话来说，大清皇家海军的帆船相当于一场“荒谬的滑稽表演”。这种可耻的比喻在这名记者的笔下从太平洋横跨到了南亚。他写道，当中国海军面对“我们（英国人）所知的最野蛮的国家时，几艘新西兰独木舟战船就能将其打败”，但是“一艘没有武器装备、由东印度水手操控的商船”就能大败中国船只。[186]

那些年，这种不屑一顾的描述就是新教媒体与传教士对中国进行大肆抨击的典型表现。不过值得注意的是，被这名记者如此轻视的船只并不是清政府防御体系的重要组成部分。鸦片战争在广东省爆发第一次冲突时，参战的战船仅有 29 艘。[187] 正如一位权威人士所说的那样：“清朝海军从严格意义上来说是一支反海盗军队。”[188] 这意味着，这些并非用于战争的船只轻易就能被英国人破坏。和在缅甸一样，这里的人也会运用火筏来对抗英军。不过，1842 年，英军并没有被吞没水面的火焰吓坏，反而在宁波附近俘获了 37 艘这样的火筏。[189]

清政府想要迎头赶上，学习如何建造船只，但过程太过缓慢。起初，他们试图给帆船加装齿轮，将其改造成轮船或人力明轮船。林则徐还买下了一艘名为“剑桥号”（*Cambridge*）的商船。但中国人不太了解如何使用这些船只，在鸦片战争中被英国人轻易打败，“剑桥号”被炸毁，“令中国人人心惶惶”。[190]除了造船，照猫画虎的做法还延伸到了武器方面：1842年，英国人在舟山发现了一家制造火炮的铸造厂。[191]

这些尝试的基础是对西方著作、技术情报的翻译和收集，以及清朝的教育和海军改革。1842年，魏源的《海国图志》首次出版，主张在官方考试中考察航海知识。[192]丁拱辰（1800—1875年）描述了蒸汽动力的原理，并建造了一台蒸汽机。与此同时，林则徐的继任者这样描述蒸汽船的驱动力：“传闻说，驱动齿轮的是人和牛。但这是一种推测。”[193]蒸汽机在伊洛瓦底江展示出的魅力又吸引了不同地方的人们，人们纷纷描绘或制作它的复制品。

19世纪后期，中国人在努力建造铁壳船，还从欧洲购买战船。江南制造局成为东亚重要的武器制造中心，还参与了科学技术文本的翻译，培养新型工程师制造机器。如一位历史学家所言：“截至1867年年中，江南制造局每天能够制造出15杆火枪和100枚十二磅榴霰弹，每月制造18门十二磅的榴弹炮。这些榴弹炮曾被用于19世纪60年代镇压北方捻军的战争中。”[194]

除了江南制造局，福州也有一座占地面积巨大的海军造船厂。在其巅峰时期，工厂曾雇用3000名工人，在面积118英亩的土地上建有45座建筑。英法两国的顾问是造船厂的核心。但19世纪末，日本的造船技术超越了中国。1884年，中国拥有50艘欧式舰船，其中一半都产自国内。由于无能的清廷对战争缺乏准备，海军于1884年至1885年再次在越南北部败于法国，为

1894 年至 1895 年败给日本埋下了伏笔。

后来的这段历史证明，从鸦片战争开始采取片面的视角去看待西方科学、技术和战争机器的技术优势，是十分危险的。因为中国人在持续追赶并有所创造，但是并未取得更好的结果。最后，和本章提到的其他地方的战争一样，中日之间的区域关系是这一地区面向 20 世纪未来的关键，日本被认为是一个成功吸纳了西方文化的现代国家。

结　论

19 世纪中期，大英帝国军队在亚洲的崛起是从印度西北的陆上边境开始的。由于担心俄罗斯会入侵印度，英国人在新兴的“大游戏”推动下在这里打响了代价高昂的战争。人们不再认为这些战争是高层出于战略需求驱动的，而更多地相信是唯恐天下不乱的人推动的。在电报线路铺设之前，由于缺乏通信手段，好战分子得以采取主动。旁遮普、信德和阿富汗等缓冲地带的邦国感受到了英国强大的实力。1845 年至 1846 年和 1848 年至 1849 年，与旁遮普锡克教徒的战争打响，大英帝国最终将其征服。信德于 1843 年被占领。对阿富汗的占领困难重重，扶植的傀儡统治者没有起到任何作用，战火还是在 1839 年至 1842 年和 1878 年至 1880 年燃起。这一系列的冲突彰显了边境政治的不稳定性。

将英属印度的陆上边境转移到海上边境，故事又有了新的发展。海上边境的战争也是代价高昂、伤亡惨重的，而且英国人并不熟悉热带的天气，也不了解河流、运河、平原和高地纵横交错的地形。英国的船只、后勤补给和外交在这里均表现不佳。与此同时，抵御英国进攻的反抗力量也可以从海上战士、海上传播的宗教思想，抑或新的政治想象中汲取力量。这种政治想象是人人共享的，并且以海洋作为主题。船只在缅甸伊洛瓦底江上对峙时，海上冲突出现了新的模式，这些都是亚洲革命时代的重要组成部分。

在此之前，亚洲战争与殖民地战争、区域战争与全球战争从未被放在一起讨论。19 世纪末至 20 世纪初，随着“地缘政治”策略的兴起，殖民主义的土地模式无疑变得越来越重要，这一点在人们讨论、理解既往战争岁月的过程中得到了应用。在我们所处的这个时代之初，从海洋的角度去回顾战争，是对欧洲现代早期军事革命说法的质疑。根据以往的说法，军队在数量上的扩张、军费的增加和新的组织形式出现导致了社会的军事化，现代国家的垄断性权力也因此崛起，官僚主义正是从现代军事规划中出现的。然而，在这种以陆地和欧洲为焦点的解释中，海洋与海军以及更加广阔的世界消失了。

在海洋的世界里，殖民者、战争机器、情报搜集、发动战争的方式交织在了一起，比如如何应对缅甸、爪哇和大清的船只。这对英国的军事技术来说，并非一次轻松的转变——注意伊洛瓦底江上第一艘用于战争的蒸汽船“戴安娜号”的行驶速度。殖民主义取代了原始的联系模式，渗透进宗教、政治、贸易和想象方式中，这是殖民主义的反革命性质。

革命时代，英法之间的争斗是在这些战争中解决的。来自欧洲的难民可以在诸如贡榜王国之类的地方充当顾问。那些在拿破仑战争期间开创事业的人可以掠夺或监视原住民，这属于 19 世纪初欧洲“全面战争”的一部分。对英国人来说，他们可以利用这个契机收集科学数据，他们还利用军队和新科技，以解放原住民和自由贸易为借口，从海上边界向内陆进发。

从英国努力夺取荷兰在爪哇和锡兰殖民地的举动，明显能够看出它对法国的恐惧和反革命的冲动。英国人之所以这样做，是为了防止这些地方落入法国人之手。而占领爪哇的原因在于，那里据说是印度洋上的共和主义据点。英国对其他欧洲国家殖民地的侵犯加剧了当地的政权争端，例如，英国夺取荷兰在爪哇的大本营之后，日惹就发生了劫掠事件。但是在占领之后，英国在爪哇和锡兰仍是沿用了荷兰制定的政策。

如果说海洋的问题都存在这种陆地和海洋重合的关系——无论是亚洲的还是殖民地的，区域的还是全球的——那么英国人往往会发现，自己在以不同的方式与海洋和陆地打交道。这些不同的模式既涉及外交，也涉及军事，还涉及对文化和宇宙的理解。然而英国成功的关键在于，它遵循并取代了已经存在的一切。他们沿袭了佛教和爪哇战士的传统，或力图根除所谓的“海盗”。随着原住民的蜂拥而来，大英帝国紧随其后展开了反革命统治。

在本章的结尾，鸦片战争开始了，在这样的背景之下，英国的胜利与19世纪20年代贸易协定后克劳福德在缅甸面临的困境形成了对比。亚洲人再也无法轻易获得军事成功是因为英国的炮艇、资本，还有战争赔款。这意味着英国贸易及其工业技术水平在国际上的崛起，使他们得以统治亚洲沿海地区的人民。当地的船只制造、海上贸易和信息交流（例如利用棕榈叶）都受到了殖民主义的影响。和战争条件的转变一样，从此以后知识经济的条件也发生了转变，技术进步，对商业的控制加强。这三个主题——知识、技术和商业将是我们接下来讨论的核心。

第七章

孟加拉湾：

塑造帝国、世界与自己

- 面朝大海的多学科观测站
- 从马德拉斯到苏门答腊
- 英国科学机构中的人
- 气象观察员与帝国模型的建立
- 不安的自我：蒸汽时代造就的英属新加坡
- 灯塔的工具主义与主体性
- 自由贸易城市：水道测量学进入内陆
- 结　论

1822年，天文学家约翰·戈丁汉姆（John Goldingham）计划从马德拉斯前往赤道。他写道："在赤道上为气象站选址时，应该尽可能远离山脉，靠近海洋。"[1]在我们对地球是一个完美球体的理解中，赤道被视为一个显著的标志物，但这样的看法没有考虑到，因为赤道的存在，地球反而应该被看作一个扁球体。

距地心的距离在赤道附近增大，说明地球在靠近赤道的地方凸起。重力加速度会随着距地心的距离的差异而产生轻微波动。为了使这个星球的形态标准化，人们展开了一系列编号、经度计算、潮汐测定和标记海岸的工作，这些都属于令地球更像一个球体的计划。

随着数据采集工作的进行，学科间的桥梁连通了，中间人失去了在全球帝国主义利益中的特权。殖民定居点与城市合并，区域被整合成为网格，每个地方都在地图的网格内找到了自己的位置。对海滨有了认识之后，灯塔和造船厂之类的基础设施为殖民者、商人、旅行者以及各种各样的技术人员铺平了道路。在帝国的自由贸易时代，当蒸汽船在港口停靠，原住民不得不接受这种全新的知识法则，这将改变他们对陆地与海洋的认识。在人们将自然与地球视为值得勘测与开采的平台的过程中，没有个人的响应，这个计划就不会成功。

戈丁汉姆管理的马德拉斯天文台最初由私人创立于1786年，1792年经东印度公司董事会决议正式开工。1786年创立时，这座天文台曾被认为是“东方的某个欧洲人”建造的第一座天文观测台。[2]其主要作用是助力航海，被用于经度的测定、船上航海经线仪和调校坐标的计时装置。戈丁汉姆本人写道：

> 一座公共天文台……就是通过观测来确定天体的准确位置与运动轨迹的设施，其目的是调校导航表以了解海上的地理环境。[3]

不过，在执行航海计划的同时，天文台也有其他任务，涉及别的知识领域。这座天文台的工作人员与马德拉斯培养土地勘测员的学校的工作人员是同一批。[4]对印度南部海岸展开勘测是这批专家的一项重要职责。经度测量的参照标准是由马德拉斯天文台提供的。在气象学方面，天文台也发挥了重要作用。考虑到东印度公司船只在孟加拉湾的疾风中航行时面临的困难（我们很快就会进一步讨论这个问题），这并不意外。与此同时，戈丁汉姆还观察了潮汐的变化，并将观察结果与世界其他地方及南亚另一边的数据进行了整合。这其中就包括贡榜王朝的第一位英国居民亨利·伯尼的数据，表明天文台的影响已经扩张到了缅甸。[5]

天文台学科交叉的程度与其覆盖的地理范围有关，科学监测是在海洋、陆地、大气和天空等不同的空间内展开的。天文台不仅是一个观测天象的地方，它在不同学科、不同地区和不同地形之间的扩展与帝国的扩张性相符。

面朝大海的多学科观测站

1796年至1830年，戈丁汉姆在成为马德拉斯政府的天文学家之前，已经在孟买进行过月球的观测和木星卫星的观测，并记录了航海经线仪的读数。[6]他发表的科学作品证实了他在观测方面的兴趣：他会权衡观测木星卫星及其掩星的价值，以确定一个点的位置。他相信这比利用"很少发生的日食、月食或掩星"的方法要好得多。[7]他由此判定了马德拉斯的经度和时间，还将其与格林尼治时间联系了起来。

他计算出了声音在马德拉斯的传播速度，记录了枪响从圣乔治城堡传到圣托马斯山的时间差。天文台就位于这两处之间："每个观测者都记录了发射子弹那一刻的闪光与枪响间隔的时间差。"这些时间差与当时的温度、气压、湿度、风力和天气情况是相互关联的。戈丁汉姆满意地得出了结论："试验推断出的平均声速似乎是1142英尺每秒。与牛顿和哈雷的估算十分接近。"[8]他还会在其他地方的古迹与建筑间游荡。[9]值得我们注意的是观测的普遍性——所有这些数据都是相互关联的。数据越多，从地球及其居民的自然空间中获取的就越多，结果就越系统化。数据与空间的重合将大自然规范成了一个可以理解的、一般化的静态画面。[10]

这样的计算方式在海滨地区十分盛行，因为面向大海的地方更为适宜观测天空。因此，曾在1805年至1810年替代戈丁汉姆在天文台工作的约翰·沃伦（John Warren）写道，他花了许多时间理解自己在欧洲无法进行的实验的观测结果。1809年，他欣喜地写道，自己观察到的恒星"位于南方界线更高的位置，在欧洲是看不到的，在大多数航海家的日志中都记录得很不准确”。[11]

沃伦还和其他人一起在马德拉斯观测到了彗星。1807 年 10 月 2 日，尽管有恶劣天气的干扰，但沃伦发现的“大彗星”在马德拉斯这样的地方更容易被看到。沃伦写道，在他观测到这颗彗星之前，它曾出现在孟加拉、槟城和海上。他有可能是最早观测到这颗彗星的人之一。[12]一座面朝大海的天文台能将各种各样的问题和结果联系起来，举例而言，在发布气压表的读数时，戈丁汉姆曾思考过月亮在海上制造潮汐与它对空气的作用是否对应。用他的话来说，是否存在“大气潮汐”？通过他的计算，他给出了否定的答案。

考虑到马德拉斯天文台位于印度洋中心，其主要目的是成为那些穿越浩瀚大海的船只的校准点。举个例子，沃伦曾经写到自己对“对马德拉斯 22 年来进行的大量经度观测结果”进行了整理。[13]东印度公司的船只就相当于漂浮的天文台，“是经度测定设备的一部分”。1791 年，这些船只的航海日志中有一栏专门用来记录经度。19 世纪 40 年代前后，航海经线仪的读数才成为确定经度最准确的方式。在此之前，船只一直都是将航海经线仪与月球计算器摆在一起使用航位推算法来判定经度的。如果海上的船只能够充当天体观测台，起到经度测量的作用，那就要仰仗马德拉斯天文台在时间和空间上的固定位置充当参考点。[14]

这在一定程度上解释了为何“可靠”“稳定”和“稳固”能被用来形容马德拉斯天文台的建造。天文台的建造计划十分注重材料，比如，用来放置仪器的都是花岗岩支柱，就像“印度神庙”会用到的石头一样。这些石柱能够防止震动造成的移动。天文台的墙壁是用“砖块和桐油灰”打造的，二者都被认为是制作

“坚实固体”最好的材料。地板则是用缅甸的柚木铺设而成，整座建筑物的牢固程度被认为能够承受季风。[15] 天文台的西门上有一块刻有铭文的花岗岩石板，天文台中央的圆锥体也用波斯文、泰卢固文和泰米尔文三种印度语言雕刻了铭文。圆锥体上有一条孔道，仪器可以通过这里指向天空。铭文的内容赞颂的是“英国对亚洲的慷慨大方”，以及天文科学的到来对“广大（大英）帝国的子孙后代”将是一种祝福。

从马德拉斯到苏门答腊

在策划 1822 年的远征时，戈丁汉姆觊觎苏门答腊岛附近的“一座有益身心的小岛”，因为它“与大陆的距离适中”。

远征将从马德拉斯天文台出发。和前几章英法探险家为南方海域的岛屿绘制地图、既有竞争又有合作的旅程不同，戈丁汉姆将自己此行的结果分享给荷兰人，在东印度公司迅速到位的全面赞助下完成了在印度次大陆的旅行。[16] 与之前的“大航海”时期不同，此时勘测地理情报的重要性已经仅次于对商业或政治的关注。

戈丁汉姆在寻找一座特殊的岛屿，来完成一项特别的计算和校准任务。这项任务与其说是针对这座岛屿及其居民的，不如说是针对它在地球上的位置，这代表着新型经验主义的兴起：

> 考察的主要目的是进行必要的实验与观察，以确定赤道

的钟摆长度，将其与马德拉斯和地球其他地方的观测成果相结合。[17]

钟摆长度实验如今已经成为物理专业的学生必须完成的实验之一，简单来说，就是要计算重力对钟锤摆动时间的影响。这个时间在不同地方是存在细微差别的。在赤道附近，通过细致到秒的反复观察，戈丁汉姆提出了一种计算方式，可以确定重力引起的加速度，从而确定地球的具体形状。从前一轮马德拉斯的实验中，沃伦得出结论：地球是一个“不均匀的球体”。[18]这一时期，对重力加速度的系统测定是一项全球性的研究，在一定程度上是由英国物理学家亨利·卡特尔（Henry Kater）的研究推动的。1820 年，他曾给身在马德拉斯的戈丁汉姆寄去一个恒定钟摆。针对很难测算的重力加速度的微小差异，卡特尔新设计的实验钟摆能够提供更高的精准度，为确定地球形状提供了更高的准确度。[19]

卡特尔本人曾于 1794 年至 1806 年参与过对印度的勘测，利用泰米尔人十分熟悉的种子发明了“确定大气中水分含量的巧妙方法”。[20]截至 1826 年，包括毛里求斯、关岛、开普和悉尼在内，世界各地用于测量钟摆长度的不同方法已有大约 40 种。各式各样的实验结果的调和证明了一个令人十分头疼的问题：法兰西岛、关岛和毛伊（Mowi）岛出现的误差非常大。[21]实验结果的协调得益于“经度委员会”的支持，却取决于全球各地间非正规外交的模式。[22]时任明古鲁（Bengkulu）总督的斯坦福德·莱佛士的资助就是对戈丁汉姆方法的响应，说明了这种外交的必要性。莱佛士同意在明古鲁接待探险队，给予他们进一步的建议和协助，还让他们带上一名护卫继续前往苏门答腊。

在苏门答腊附近，被戈丁汉姆称为“观察员”的人——曾在东印度公司勘测学校接受训练的两名勘测员——进行了800项实验。出发前，在戈丁汉姆的监督下，彼得·劳伦斯（Peter Lawrence）和约翰·罗宾逊（John Robinson）曾在马德拉斯天文台接受过数小时的培训。据劳伦斯的一名马德拉斯测绘员上司所说，劳伦斯曾经因为“持续酗酒”身陷麻烦，这名上司要求东印度公司的主管部门证实劳伦斯已经恢复“持续的清醒”，符合一名遵守纪律的观察员的要求，才允许他去为戈丁汉姆工作。[23]在这样的纪律要求下，受到监管的劳伦斯和罗宾逊不得不扮演人类观察员的角色，与他们携带的众多科学仪器在数据搜集系统中一起工作。

劳伦斯与罗宾逊携带的仪器中包括一座天文钟、一只钟摆、几支温度计、几个口袋航海经线仪、一台六分仪和一台带支架的六分仪、一台带玻璃罩的人造水平仪（水银的）、一台大型望远镜、一台便携式中星仪、一台经纬仪和一个用于勘测的圆周罗盘。[24]除了确定钟摆的摆动，戈丁汉姆还交给助手们一张清单，里面列举了需要进一步展开观察的事项：

> 实验过程中，必须通过恒星与太阳准确地确定时钟的速率，并仔细记录所有观测结果。可以在天文台的右边为中星仪建造一根小柱，不妨碍通过望远镜观察钟摆，利用天文台顶部的开口来观测中星仪。子午圈的高度以及太阳在天空最高点左右两边的恒星高度也应该观察（如果对水平仪来说不算太高的话），观测的次数越多越好——因此，要精确到秒。经度必须通过航海经线仪、木星卫星的掩星来确定。[25]

尽管曾经接受过细致的训练，还拿到了明确的指示，探险队还是遇到了麻烦，因为这两名勘测员正在地球的两个构造板块的边界上研究地球的形状。在明古鲁时，一场地震曾给他们敲响了警钟；在他们离开后，一阵骤然刮起的狂风又迫使他们躲进了船舱，锁闭的舱口令他们陷入了窒息的危险。于是一行人不得不返回明古鲁，却又在那里饱受热病困扰。据说探险结束时，队里所有人都发起了高烧。[26]

为了寻找钟摆长度实验的完美地点，探险队在苏门答腊岛附近的岛屿和定居点间辗转，又遭遇了一系列地震，其中一次是在帕甘岛［Pulo Panjong（Pagang Island）］："有人感觉到了地震的冲击，据说地面起伏了好几分钟——不久之后又感觉到了一次（但轻微一些）……"[27]经过在塔帕努里湾（Tapanuli Bay）附近的"糖饼峰"（Sugar Loaf Peak）等地多次勘察，探险队确定了经度、方位和角度，最终确定了摆长实验的地点，并开始建设天文台。被选中的地点是甘萨洛特岛［Gaunsah Lout，可能是冈萨劳特岛（Gangsa Laut）］，就在苏门答腊岛西海岸的赤道上方，现在的皮尼岛（Pulau Pini）附近。[28]

在探险队的资料中，冈萨劳特被描述为一座"365英尺长，200英尺宽"的岛屿。[29]其中一张插图展示了这群勘测员的样子：四个头戴帽子的欧洲人在一排白色帐篷前比手画脚地制订计划，帐篷前的一群亚洲助手穿着蓝色的衣服。画面左方是一艘本土船只，提醒人们无论这座岛屿有多偏远、有多适合赤道实验，它都是大海上一片有人居住的区域。要想进行不受干扰的独立实验是不可能的。

这些英国勘测员都有各自的东印度水手相助，大概就是插图中身穿蓝色衣服的人。官方文件中曾提到过被伊斯兰教狂热分子袭击的恐惧。这里指的是19世纪初的帕德里运动（Padri movement），即西苏门答腊的加速宗教复兴计划，是清除伊斯兰教“阿达特”（*adat*，当地的习惯法和习俗）的一种尝试。在某种历史解释中，帕德里运动是由了解瓦哈比派改革、曾前往麦加朝圣的穆斯林回国后展开的。这与前文中提到的波斯湾事件有关，也体现了东南亚与中东之间长期存在的联系。[30]

帕德里运动集中在高地，但西苏门答腊海岸的巴东——靠近实验岛屿的地方，却在帕德里运动的影响下迎来了反帕德里的难民。1821 年，荷兰从英国人手中夺回了一部分苏门答腊领土，并对反帕德里派人士，尤其是传统贵族表示了支持。伊斯兰教复兴是反对殖民主义的。荷兰人与伊斯兰教改革者之间的冲突也许正是莱佛士为探险队提供一名保镖的原因。虽然帕德里运动很容易被视为革命时代的一部分，因为它关心的是宗教净化与政治重组，以便创造更加强大的中央集权统治，但它没有给探险队带来什么影响。尽管“逻辑学”和“理想的现实学”也是学术复兴核心的一部分。[31]

准确地说，戈丁汉姆的探险队面临的主要问题是仪器被盗，这要归罪于“野蛮的居民”：他们假装去钓鱼，进入帐篷后拿走了“中星仪、方位罗盘、圆周罗盘和属于克里斯普船长的一只小盒子”。[32]原住民之所以这样做，是因为他们以为黄铜就是金子。戈丁汉姆的手下夜以继日地在“实验岛屿”上巡逻，防止来访者靠近。在另一张插图中，冈萨劳特岛看上去是一座椭圆的蛋形岛屿，层层叠叠的海岸与植被通向了中央观测点。科学堡垒的概念就这样被附加在了这片正在开展伊斯兰教改革的区域。原住民表现出了从欧洲人手中夺取仪器等物品的渴望。

在尝试确定地球到底是什么形状的过程中，人们的成果之一就是精确绘制出了冈萨劳特岛之类的岛屿在地图上是什么样子的。

还有另外一个成果，这个地方创造了一种在科学上独立的地球观，可以做到其他地方做不到的事：截至 1826 年，世界各地大约 40 个站点提供的数据都被整合在了一起。[33] 在戈丁汉姆及其小圈子进行的实验中，作为中间人的原住民是非常重要的。然而，随着地球逐渐以平面的形式出现，原住民的工作逐渐销声匿迹了。

英国科学机构中的人

在前往苏门答腊岛探险之前，戈丁汉姆曾亲自在马德拉斯天文台参与过钟摆长度的实验，并起用了几名婆罗门助手：提鲁文卡特阿查利亚（Tiruvenkatacharya）负责为时钟计数，斯里尼瓦斯阿查利亚（Srinivasacharya）负责记录时间。他们名字末尾的"阿查利亚"（*Acharya*）是一种头衔，表明他们的身份是教师。考虑到戈丁汉姆对劳伦斯和罗宾逊的精心培训，任务的重要性不容忽视——即便是一个微小的错误也会危及计算的结果，但印度人还是被委以了勘察员的重任。[34]

约翰·沃伦也雇用了这样的助手。1809 年，他曾在马德拉斯的钟摆长度实验中雇用过斯里尼瓦斯阿查利亚。[35] 在 1807 年关于彗星的报告中，约翰·沃伦说他 12 月初就病倒了，无法进行进一步的观测，但"婆罗门助理斯里尼瓦斯阿查利亚还在继续观测"。斯里尼瓦斯阿查利亚记录了彗星与星星的相对位置，"他最后一次看到它是在 13 日，在那之后，月光让他再也看不到它了"。[36]

不过，当地权威人士和原住民（包括其他向旅行者提供信息的太平洋岛民）与欧洲人私下交往的故事经久不衰，让科学事业呈现出了新的色彩。这种客观、空想、多维、高规格的全球建模行动，依赖众多的仪器和观测地点，同时又结合了经纬度、海洋、陆地、空气和天空的信息，因此对当地信息的依赖程度不高。即便需要本土的信息，提供帮助的原住民也不会在成果中留下标志。以戈丁汉姆在马德拉斯和苏门答腊岛的实验为例，实验结果包括一长串的统计数据，却没有留下任何体现工作人员人格或个性的标志。[37]

科学观测也被置于大英帝国的反革命主张中。英国人的战争机器和国际贸易，带有干涉性质的人道主义、法律、种族和性别议题，以及文化研究与信息收集都从帝国的利益出发层层推进，而不是为了当地的原住民、中间人和工人。在这样做的同时，大英帝国还掌握了诸如解放、保护原住民免受暴政和垄断主义影响的话语权。在革命时代的影响下，一些原住民开始海上旅行、抗争，或从事商业活动，但英国人的占领也延伸到他们身上。在殖民者与被殖民者之间，以及在欧洲竞争对手之间，互相纠缠和互相借鉴同时存在。然而，暴力行动，比如在这一时期伴随“总体战争”发生的抢劫，就像在缅甸发生的一样，打破了平衡。此外，为了战争，也为了科学，这片水域上布满了密密麻麻的殖民线路。大英帝国依靠侵略收集到的信息，对于英国在南方水域上称霸至关重要，马德拉斯天文台的活动便印证了这一点。革命时代，原住民是知识生产的创造者和参与者，因为他们，科学的范围扩大了。但英国人一边需要原住民的帮助，一边否认原住民在知识全球化进程中发挥的作用。

举例而言，1825 年，沃伦完成了一部关于在印度记录时间的大部头作品，名为《卡拉·桑卡利塔》(*Kala Sankalita*)。此书由马德拉斯堡圣乔治学院出版社出版，副标题很好地说明了书中的内容：关于印度南部各民族历法的回忆集锦——增加了三张总表，可从中发现塔穆尔（Tamul)、泰林加（Tellinga）和马洪迈丹（Mahommedan）历法的起源和特征，前两者与17世纪至19世纪的欧洲历法相同，后者与622年（回历元年）到1900年的历法相同。书中内容还包括之前提到的棕榈叶上的文字，“向欧洲人介绍那些书写在棕榈叶上的简陋历法。在近两个世纪的时间里，这些棕榈叶在原住民的眼皮底下被买卖，完全不考虑其中包含的技能和劳动的价值”。[38]这样就可以方便不同的历法在南亚转化，特别是欧洲历法与南亚历法之间的转化。

此书的出版不仅得益于东印度公司——尤其是圣乔治堡学院的资助，还受到了英国在印度洋的各个政府的赞助，沃伦感谢了锡兰、威尔士王子岛和毛里求斯的政府。[39]东印度公司表示，沃伦把印度与欧洲历法关联起来的工作将对“政府官员”大有助益。[40]在他们的设想中，商人和“公司中的各阶层员工”都将是这项工作的受益者，无论是生活还是宗教仪式都能从中受益。沃伦还感谢了一位助手，他是“马德拉斯最见多识广的当地人”之一，此人曾担任他的助手三年。[41]在工作的过程中，沃伦的数据得到了圣乔治堡学院“印度天文学家和当地人”的核实与验证。[42]

然而，在这部作品详尽的描述与图表中，却没有这位当地天文学家的迹象，仅在前言中感谢了“R. 安迪·沙诗亚·婆罗门（R. Audy Shashya Brahmini），本地天文学家，向近两年他所提供的专业协助致谢”。[43]从东印度公司的马德拉斯主席对《卡拉·桑卡利塔》的评论可以看出，特权和专业化取代了地方性和个人化：

> 在我们的成员中，没有一人在印度天文学方面拥有足够的造诣，以判断、汇报沃伦上校这部作品的优点和价值……

借用在作品出版过程中与沃伦共事的医疗从业者乔治·海因（George Hyne）的评论来说：

> 沃伦上校的《卡拉·桑卡利塔》是一部需要大量的艰苦研究和丰富的印地语知识才能写就的天文学作品。它包含了印度的阳历与阴历，以及构建日月历法的材料，展示了众多示例、插图和表格，这些插图和表格可以简化工作，促进对调查对象的理解。[44]

如果工作能被这样"简化"，那就要靠原住民中间人来简化，除此以外，其他欧洲公民也要被安排为英国工作。

在革命时代之后，追溯英国的崛起时，人们发现戈丁汉姆其实并不是英国人，而是丹麦人，是当时在印度各地工作的丹麦博物学家、技术人员之一。据说他的原名叫作约翰内斯·古登海姆（Johannes Guldenheim）。[45]丹麦在南亚拥有几处小型的贸易基地。在新教传教士进入英国东印度公司前，这些基地都是十分重要的大本营。其中一处位于印度东南海岸，如今被称为特兰奎巴（Tranquebar）。荷兰人在这里建立了一处名为丹斯伯格（Dansborg）的基地，在 1804 年至 1814 年拿破仑战争期间，这里曾被占领，1845 年才割让给英国。

在戈丁汉姆休假期间替代他的约翰·沃伦也不是英国人，却给自己起了一个英国化的名字。1791年法国大革命之后，约翰·沃伦离开了巴黎，其家族中的一支定居在爱尔兰。约翰·沃伦的真名叫作让-巴普蒂斯特·弗朗索瓦·约瑟夫·德沃伦（Jean-Baptiste François Joseph de Warren，1769—1830年）。他反抗过迈索尔的蒂普苏丹，后来又去迈索尔进行过勘察。沃伦对数据计算十分着迷，比如，他很关心公路上的里程碑，他曾自费在印度南部的公路上设置了262个里程碑。法国君主制复辟之后，他于1815年回到法国，入职法军，又回到了印度和本地治里。[46]

通过这样的个体，英国殖民时期的数据收集矩阵带上了革命时代早期的痕迹，来自敌对国家的人在英国信息库和实证科学的建设中也占据了一席之地。航海活动和相关学科的研究都是着眼于一项重要的跨越大洲的事业。[47]英国殖民系统正越来越多地掌握着这个全球网络，马德拉斯的两位天文学家的英国化名字就是明证。

能体现印度洋革命时代如何风云变化，也就能体现革命动乱遗留下来的问题。拿破仑战争之后，截至19世纪20年代，马德拉斯已经成为一座更加自信的大城市。[48]当时，迈索尔的蒂普苏丹对马德拉斯殖民地构成了极大的威胁，在军事对抗的过程中，马德拉斯获得了胜利。扩张与喘息的更替本身就被烙上了革命时代的印记，如我们所见，迈索尔最终在1799年被攻破。在此之后，一个推行殖民主义文明的城市项目应运而生：安装公共路灯、铺设人行道，将“英国人城镇”和“黑人城镇”大举分开。由于远离欧洲，马德拉斯殖民地的移民感觉自己陷入了四面楚歌的隔离状态，产生了一种“南方爱国主义”的感情，因为他们有一套既不同于伦敦，又不同于北方印度的独特习俗。马德拉斯还在海滩上建立了一处贸易基地，日益增长的城市自信显而易见。

殖民定居点的改造在种族与性别方面却造成了负面影响。殖民者与被殖民者之间的区别就像城市的边界线一样，在19世纪被更清晰地勾勒出来。作为中间人在马德拉斯天文台工作的本地人，他们的地位变化需要从更广阔的社会与政治角度来理解。与此同时，同样重要的是马德拉斯如何成为帝国向海外扩张的枢纽。

气象观察员与帝国模型的建立

在大英帝国从印度向东南亚扩张的过程中，季风是必须面对的一项海上挑战。在莱佛士等人的赞助下，东南亚殖民地逐渐成形，成果显著，这些殖民地拥有一系列港口和海上定居点，包括槟城、马六甲和新加坡。这些基地都是由船只的航行路线决定的，船只受到海风冲击，需要一处避风港，尤其是中印商道上的船只。天气与帝国是紧密相关的。

和戈丁汉姆、沃伦的实验一样，随着对季风的研究展开，人们创造出了既能促进帝国建设又能解释并对付季风的方法。18世纪末至19世纪初，建立起季风理论的关键人物都是受雇于东印度公司、在东印度群岛周围航行的航海家，而非不切实际的欧洲哲学家。马德拉斯就是这群人的跳板。

东印度公司职员詹姆斯·卡珀（James Capper）是一名思维敏捷的气象观察员，他的经历解释了这种模式。卡珀在马德拉斯驻扎过一段时间，两个女儿都在那里受洗，他还曾参加过马德拉斯军队。在马德拉斯期间，卡珀一直在记录天气，他的《气流与季风观察报告》（*Observations on the Winds and the Monsoons*, 1801）是他在因健康问题返回威尔士的凯西（Cathays）之后创作的。书中有他对1776年马德拉斯全年天气的观察记录，还包括每月的平均气温与气压数据。天气日志似乎是对细节的枯燥记录，以卡珀在马德拉斯的这一条日志为例：

> 6月：1日和2日，陆风与海风正常；3日，沿岸风强烈；4日，早晨天气晴朗，正午多云，夜间有雨——注意，200多门大炮鸣响礼炮，不知这是否引起了降雨？5日，陆风刮了一整日，随后直到24日都是如此，那天上午10点刮起了海风，晚上多云有雨；15日，气温表平均读数为86华氏度，后半日为94华氏度；29日，陆风与海风交替变换了四次；30日，夜间有降雨。[49]

然而这种经验主义是误导性的——因为对卡珀和其他气象观测者来说，收集数据是为处理数据提供方法。数据可以帮助人们围绕风、海、雨、气温建立起一套科学的解释，其中包括人类活动与天气之间的关系。[50]卡珀凭借自己在马六甲海峡等地观察海龙卷的经验撰写了一篇文章，在文章中我们注意到了这样一句话："在某些情况下，朝它们开枪就能将其摧毁。"[51]

他的结论是，在海龙卷出现的地方，"近地"大气层属于"高度稀薄的状态，而且处于最热的时候"。[52]据说"电流体"的上升或下降迫使冷空气穿过"稀薄介质"，从而产生了飓风、旋风、暴风或海龙卷。[53]对数据之间的相互关系，以及人与天气间关系的关注的多维视角，也许在卡珀关于"晚睡"的古怪建议中能够得到最好的说明：卡珀认为现代大都市已经将“白昼变成了夜晚”，他针对如何得到最好的睡眠提出了建议。这些建议是给英国读者的，对如何布置床铺、应该使用何种床垫给出了一系列详细的说明——这一切都是为了调整体内的热量循环。他还建议在卧室摆放一支温度计，以及不应在卧室中反复呼吸污浊的空气和嗅闻“香味浓郁的花朵”。[54]

致力于人与环境的相互关系，收集各种情况下的各种数据，研究海龙卷等天气现象的普遍科学原理——这种对普遍性的研究在卡珀对季风的记述中得到了充分的证明。卡珀首先对风进行了分类，将其分为“常年盛行的风”与“普通的风”。他还提供了全球气流循环方面的报告，将印度与美洲的降雨进行了对比，并对河流、山川、气温和日月做了评注。[55]以下这段概述就将风与海洋联系了起来：

> 印度洋……信德湾（Gulf of Sind）以及孟加拉湾的水流几乎总是与风向一致。在西南季风期间，它们永远是自西南向东北、再向西南流动。风与水的关系似乎是不言而喻的。[56]

他还解释了马德拉斯科罗曼德海岸（Coromandel coast）的海浪：

> 在西南季风季节，被吹入信德湾和孟加拉湾巨量的水很有可能来自南半球夏至时南极地区融化的大量冰雪……其动力可能来自通常所说的海浪或浪涌在西南季风期间的剧烈迸发。[57]

单凭数据间的相互关系不足以解释这些海上现象，比如海浪、海龙卷与季风之间的关系，卡珀转而将地球的热量描述为产生风的因素。他认为，和普通的点火过程一样，存在于“地球和大气”中的“电流体”受到干扰时就会产生风。[58]

如此处理数据能使地理现象的解释合理化。因此，卡珀提议，应该将马德拉斯面朝的孟加拉湾称为“Gulf”而非“Bay”，因为“Bay”仅指小型的“Gulf”，而“Gulf”指的是大海中面积较小的一部分。[59]孟加拉湾之所以天气恶劣，是因为其封闭性：印度洋北部密不透风，从而产生了季风模式。

与卡珀相似，接下来我们要讲到一名叫作托马斯·弗雷斯特（Thomas Forrest）的区域商人。他在印度附近海域拥有丰富的航海经验，曾在《论东印度季风》一书中提到自己参与搜集了法国海军在印度洋上的活动情报：“我指的是从好望角到东北部的整片地区；然后向东至中国海；再向南，是新荷兰；向北没有出口……”[60]在这段话之后，弗雷斯特紧接着类比了一番，他要读者想象大西洋和一直向北美洲延伸的欧洲，他说在这种情况下，大西洋上也会产生季风。弗雷斯特的论文内容大多致力于描绘船只在特定的季风时期于孟加拉湾上的正确航行路线。他坚称，有关季风理论的文章应该与航海实践相结合。

弗雷斯特《从加尔各答航行到丹老群岛，停靠在孟加拉湾东岸》一书的结尾展现了他的建模幻想。该书将整个地球作为课题，探讨了重塑人与自然关系的可能性，旨在引发人们对缅甸附近的丹老群岛的兴趣。弗雷斯特将这片群岛看作航海家很好的跳板，因为岛屿的排列井然有序，形成了一连串能够抵御西南季风的屏障，还是能够通往海湾东侧一系列优良港口的好地方。[61]

对航线和港口的选择进行了复杂描述并提出具体建议后，弗雷斯特在结尾漫不经心地对另一种模式给出了建议："为何没人把一片几英亩的青翠平原变成一幅世界地图呢？"弗雷斯特暗示，这样的地图可以被绘制在那些"幸运儿"的花园里。这个主意是他在因西南季风滞留、用两根粗木板绘制大地图时想出来的。他还为这座花园提供了具体的搭建方法："大陆和岛屿可以用草皮制作，海洋则用砾石"，在某些特定的地方还可以"装上碎石标杆，指明独有的季风、信风和水流环境"。

此举可以在更广阔的视野中展现大自然，拓展心灵的力量，还能与特定的地方进行更深入的接触。对弗雷斯特而言，这个项目使从英格兰沿岸的白垩山丘到印度一路的艰辛、疲惫成为"微不足道"的。[62]在这段时间里，模型还在迅速扩张。弗雷斯特把花园变为地图的建议十分有趣，因为它模糊了模型与自然的界限，这样可以在花园里将世界地图自然化。早些时候，在孟加拉湾东侧的殖民点，大英帝国曾对那里的商人和他们的助手（武吉斯人、中国人、马来人、荷兰人）进行过整顿。与之相似的是，弗雷斯特也在自己的海图上融入了爪夷文马来语的航海信息。[63]全球模型再次一边依赖一边抹去了本土信息。

正是这种知识的全球建模活动，从英属印度向外辐射，更加工具主义的帝国控制一步步扩张。英国人运用自己的科学技术在孟加拉湾东部建立了长期据点，这与此前亚洲临海国家的转变模式形成了鲜明的对比。换言之，新兴的知识与数据模型不仅是全球性的，也是帝国与殖民主义的产物，它绕过原住民的方式与殖民帝国占领土地的方式一致。

1786年，由于弗雷斯特这类地区商人的活动，槟城归入了东印度公司的管辖。不久之后，弗雷斯特的同事之一弗朗西斯·莱特（Francis Light）成为槟城的警司。他在给印度的信件中描述了槟城为何可以充当“方便东方贸易的军火库”，和人们对“实用且便利的海港”的需求，“以便在战时的季风中保护前往中国经商的商人”。[64] 另外一名商人詹姆斯·斯科特（James Scott）提供了对槟城更加系统的分析：

首先，因为它在各个季节都能轻松、安全地供船只进入和停靠。

其次，因为它是在本地人的同意下修建的，且位于北部海峡中心，与荷兰人无关。

最后，万一发生意外，我们现在除了马六甲无处可退，所以我们需要这样一个港口……荷兰人已经做好了完善的部署，却没有动手。这里是我们通行欧洲、马德拉斯、孟加拉、孟买和中国的要道……[65]

槟城的开发是参考了弗雷斯特的建议后进行的，彻底评估了其潜力和海湾内其他岛屿，包括安达曼群岛、尼科巴，和如今被称为普吉岛的均可锡兰（Junk Ceylon）的价值。[66] 槟城的优势在于，它能够提供造船用的上好木材，同时也是修理船只的好地方。在实现这一目标方面，就要强调弗雷斯特等作为中间人的作用了：弗雷斯特花费了大量时间为孟加拉湾东侧的英国据点据理力争，不过最终还是在东印度公司董事们的眼中失去了信誉，没能看到关于丹老群岛的建议得以推进。[67]

到了 1805 年，槟城成为东印度公司治下的第四个“管区”（大英帝国的管辖区域），和加尔各答、孟买、马德拉斯一起处于董事会的直接管辖之下。在马六甲回归荷兰之后，1826 年，新加坡与马六甲成为槟城的附属，在孟加拉湾东侧通往中国的航道上拥有了三个港口。[68]

值得注意的是，英国与柔佛苏丹及其天猛公（大臣）之间签署了一项条约，标志着“新加坡主权与财产的割让”，并延伸到了“（新加坡）海岸 10 英里范围内的海洋、海峡与小岛（后者的数量可能不少于 50 个）”。[69] 这项签订于 1824 年的条约标志着新加坡不再由联盟统治，而是完全成了英国的属地。[70] 此次帝国进军的目的是在印度、孟加拉湾和中国南海之间打通海运通道，因此对海洋的考虑先于陆地。从对海洋所有权的定义出发，领海控制才成为可能。

英国之所以向孟加拉湾东侧扩张，是因为荷兰帝国在东南亚的界线模糊不清，1824 年签订《英荷条约》时才得以书面确定。尽管这一条约意在划定边界，但直到 1840 年，荷兰人还在指责英国测绘员不怀好意，把具有战略殖民性质的行动伪装成科学研究和测绘计划。[71] 现代的知识进步与殖民是不可分割的。

这些测绘员绘制的地图中包含了对帝国的各种想象。詹姆斯·霍斯堡（James Horsburgh）在 1825 年创作的《孟加拉湾》海图以海洋为中心，描绘了横穿海洋的航线，为船只指明了在不同的季风季节从欧洲、马德拉斯和加尔各答驶向马六甲海峡的最佳航线。[72] 地缘政治学也呼之欲出，比如乔治·罗曼（George Romaine）的《孟加拉湾概述》。在这张为防止帝国遭受法国劫掠者侵害而绘制的建议路线图中，这位海军指挥官列出了三艘保卫战略通道的巡洋舰的最优路线。[73] 1805 年，两名海军人员就如何在槟城和孟买之间分配公司舰队的问题，发生了一场紧张的对峙，引发了关于孟加拉湾边界的讨论。问题的症结在于锡兰和马德拉斯应该被置于槟城还是孟买治下。[74]

1819 年，在莱佛士夺取新加坡的同时，丹尼尔·罗斯（Daniel

Ross）上校也在展开海上测绘，再次证实海上测绘与帝国之间的联系。罗斯绘制出了《新加坡海港设计图》[75]。这张地图第一次使用了“新加坡”一词，图中大部分地方被拟建海港的宽阔水域占据。[76]地图上有一个点被注释为“深水”，另一个点的注释则是“马来村”。地图的左上角，海岸线旁边有一条小溪和几片红树林。与这张地图同时绘制的还有几张标注海拔的海港剖面图，展示了海上的船只和一面飞扬的旗帜，以及一片“饮水池”——这些全都是海上帝国这一阶段的经典元素。[77]从大幅的《新加坡岛平面图》中也能看出人们对海岸的关注。这幅平面图可能是詹姆斯·富兰克林（James Franklin）上校勘测的结果，内容包含针对海岸地带的细致评估，却完全不关注内陆地区。除了武吉知马山（Bukit Timah hill）之外，内陆地区一片空白。[78]

对海面的控制使巩固陆地定居点成为可能。如果按照新加坡特派代表约翰·克劳福德 1824 年在书中所写的话来说，英国人对海洋“主权”的主张是与“殖民地的军事保护”相关的，以“保护（殖民地）的内部治安和外部安全，免受周围海盗的侵扰”。[79]到 19 世纪中叶，随着殖民地的反抗和革命被英国坚不可摧的优势地位压制下去，这一连串海湾中的垫脚石在帝国版图上开始有了另一副面貌，它们不再是避难所和临时定居点，而是中印海路上自由贸易的源泉和吸铁石，是海上的商业中心。

不安的自我：蒸汽时代造就的英属新加坡

知识的全球性发展与建模是有风险的，风险在于如何科学地将一些地方（例如苏门答腊岛和新加坡附近的“实验岛”）定位在全球模型之中。但也让全球的科研工作跨越了海洋与陆地，让马德拉斯天文台之类的站点起到了数据收集的作用，让在孟加拉湾定期航行的船只能够准确地知道自己在地球上的位置，也让人们知道该如何应对海风、寻找海港。人们在地球靠近赤道的地方克服了崎岖的地形，消除了重重障碍。如果这属于知识转变的一个方面，那么就像刚才所说的，新经验主义的数据收集与帝国本身的演变有着深刻的联系。同样地，与海上航线相连的陆上基地也有着螺旋式发展的历史，在勘测工作进行的同时，主权与控制的概念从海上转移到了陆地。由于个人关系的扁平化和对地域的重新考量，观察者认为这些变化既新奇又危险。

人们很容易认为新的模型是有效且有变革性的，但原住民知识分子仍然试图用旧的视角来理解新事物，全球视角的兴起打破了他们的自我认知。这种认知给身体带来了影响，比如，身体与天气之间的关系已经成为东印度公司航海者的兴趣所在。截至19世纪50年代，随着新加坡等港口的巩固与稳定，在庞大的全球数据帝国中，焦躁不安的个体经历尤其明显。

以出生在泰国的萨米先生（Mr Siami）为例。1819年，斯坦福德·莱佛士为新加坡的崛起展开谈判时，他可能也在场。他是这样描述英国人颁布的一条法令的：

它如同一场伴着电闪雷鸣的暴风雨，将船只的船头吹向四面八方。大多数船的船舵断了，船桨碎了，支索与吊索被划开，断裂的绳索左摇右摆，只剩下前桅和主桅。啊！唉，真是可怜。我们如同已经抛了锚、拖着系泊绳索的船，现在找不到一处避风港，满心凄凉。[80]

萨米在新加坡的船务总管办公室任职。1823年，他的名字出现在军官名单中，是一名“汉语和暹罗语作者、口译员”。[81]但当东印度公司董事会要将船务总管调去槟城时，萨米失业了，这也是他为何感觉如此凄苦的原因，仿佛一条失去避风港、四处漂泊的船。他用船只来比喻自我的方式十分引人注目，让人想到海上帝国是如何给他这样的人带来翻天覆地的变化的。

萨米的经历也许和莱佛士的另一名马来抄写员相似，他名叫阿卜杜拉·本·阿卜杜勒·卡迪尔（Abdullah bin Abdul Kadir，1797—1854年），是与传教士及在新加坡的其他外国人合作的语言教师。在他的记忆中，1811年提议入侵爪哇的莱佛士对他而言“就像一位父亲”，这么写有助于强调他们存在私人关系。[82]阿卜杜拉经常往返于新加坡和马六甲间探亲，1854年死于前往麦加朝圣的途中。[83]

1843年，《阿卜杜拉的故事》（*Hikayat Abdullah*）的手稿在新加坡完成。阿卜杜拉写道，有关蒸汽船的传言第一次传来时，孟加拉湾的燃料价格就出现了上涨。在无法“眼见为实”的情况下，他还不愿相信传言，拿到蒸汽船的照片时才终于“百分之百确定”。不过他的朋友们却嘲笑他“夸大了英国人的能耐，他说的都是不可能的事情”。[84]1841年，阿卜杜拉参观了蒸汽船“赛索斯特里斯号”（*Sesostris*）。这艘船曾在中国参与过鸦片战争。[85]

应美国传教士阿尔弗雷德·诺斯（Alfred North）的邀请，

阿卜杜拉为蒸汽船写了一篇马来语文章。[86]他用自己已有的认知来接受新知，例如他写道，蒸汽船上的火并不像马来人生火时那样会用到木头："煤球看上去就像一块岩石或石头，闪闪发亮，十分坚硬，似乎是从地里或山上挖出来的。"又比如他说，蒸汽船的速度就像岸上有六七百匹马在拉它。他还说，船上的炮弹和他的脑袋一般大小。文章的最后，就像是为了强调自己在用旧的思维方式看待新型机器，他形容"赛索斯特里斯号"是"真主赐予人类发展思想与事业的礼物"。[87]

作为一名翻译，阿卜杜拉参与过传教士的实用知识出版物的翻译工作，致力于写作有关"物质世界的本质、大气、蒸汽船与蒸汽机的发明、天然气的加工、美国的供水系统、蒸汽的运用、捕鲸产业和其他科学与西方文明……"的内容。《阿卜杜拉的故事》结尾有这样一句话，表达了他参与这些事业的目标：不是向英国人卑躬屈膝，而是要让马来人也能"有所创新"。[88]正如阿卜杜拉所述，他与西方知识的接触——从数据勘测的兴起到蒸汽船的发明——遵循了同一条道路：从不相信到通过证据确信，从确信到通过实物演示来写作。与此同时，他还有另一条路：他的目标是改变马来人对机器的看法，从而产生他所说的创造性。

虽然阿卜杜拉接触到了蒸汽船，还为报刊书写和翻译了有关科学技术的文字材料，但他也保留了古老的传统。他记录过自己乘坐两艘英国小快艇的经历，字里行间透露着新旧思想之间的纠缠。这两艘船是新加坡最快的船只，他乘坐快艇是为了将英国的海峡殖民总督乔治·博纳姆（George Bonham）的书信送给半岛东岸的吉兰丹统治者。[89]这段经历以爪夷文（使用阿拉伯字母的马来文）和罗马字母两种文字对照的形式印在题为《阿卜杜拉赴吉兰丹航行记述》（*Kisah Pelayaran Abdullah ke Kelantan*）的作品中，后来阿卜杜拉欣然得知，这部作品还被翻译成了法语。[90]航行途中，他想到上天的善行将他“从枪击、子弹、海盗和吉兰丹的战争等众多危险中解救出来”，便唱起了一首马来语的四行诗，这种四行诗关注的往往是爱情。[91]他在诗中将欧洲之旅和欧洲船只置于爱情这个经久不衰的题材背景下。同时，和萨米一样，他要表达的内容游移于生命、大海和航行的主题之间：

> 漂亮的一步！锚松了！
> 船桨呈扇形展开，大炮开火。
> 如果是子弹，那么子弹就会深陷。
> 如果是爱情，那就不是短暂一时。[92]

前去朝拜的途中，阿卜杜拉还在海上创作了另外一篇作品，再次用激动的笔触描述了狂风骤雨中的大海，还将他的船只比作在水中逆风前行的“椰壳”。[93]

阿卜杜拉写道，知识“是真主创造出来最美妙的东西”，“它不会拖累或沉重地压在那些携带它的人身上，也不需要人们为它提供容身之所。它既不需要食物，也不需要饮料来维系，却随时都能满足我们的需求”。[94]尽管他坚持知识的非物质本质，却是以人的身体为比喻来阐释知识理论的。

从他对自己接受鞘膜积液治疗手术的叙述中，我们明显可以看出，他对知识会给身体带来什么影响十分关注。他吃过许多马来、中国和印度的药物，却没有被治愈。一位到访的英国医生为他进行了检查，声称他需要切除并抽干液体，这吓坏了他。这种恐惧就像当时的穆斯林害怕接种疫苗，就像要在身体上开刀一样。[95]思考了一整夜之后，阿卜杜拉和朋友们商议，朋友们说：

“别这么做。对这些白人来说，成败的机会是相等的：如果你死了，那就死了；如果你还活着，就还活着。”[96]

与同胞们的看法相反，阿卜杜拉并不认为西方的创新医疗方法是一种概率游戏，而是认为它能够产生某种确定的结果，于是他躺在了手术刀下。手术后，他拿了两瓶被抽出来的体液，将它们寄回马六甲的父母家。他写道，马六甲人是这样评价他的：“他接受了白人的思维方式。要是换作我们中的任何一个，就算选择死于疾病，也无法鼓起勇气去做他所做的事情。”[97]要是他的同胞以为他的思想是因为肯定了西药而转变，要是阿卜杜拉本人对开刀手术有所顾虑，那么他在手术过程中不断重复的一句话就显得非常重要了：赞美真主的恩典。[98]

这个故事中充满了知识与身体如何互动，以及它们是如何改变彼此的问题。正是西方人科学技术的全面进步引起了这一系列问题。即便是从一个忠于大英帝国的人的角度来看，这一连串的沉思也没有什么简单的解决方案。

阿卜杜拉在新加坡早期历史上的学者地位是存在争议的，他比萨米更加知名，作品也更广为人知，被称赞为最早的马来语现代作家之一，“可能是首个在与西方人接触的过程中面临道德困境的马来半岛人”。[99]但将他称为马来人，其实是给他贴上了一个不确定的标签。当时，在殖民条款的影响下，尽管马来人对印度洋两岸的联系抱持着宽松、开放的看法，但人们的种族观念还是被固化了。[100]据阿卜杜拉的语言学生之一、新加坡的政府测绘员 J. T. 汤姆森（J. T. Thomson）描述，阿卜杜拉的父亲是印度南部纳戈雷（Nagore）某个泰米尔人的儿子，其祖父则是也门的阿拉伯人的儿子。汤姆森将阿卜杜拉的外貌描述为“南辛多斯顿（South Hindoston）的泰米尔人”。[101]在如今的新加坡人口中，阿卜杜拉是一个土生华人（Peranakan），拥有混杂的血统，而不是一个马来人。

我们从《阿卜杜拉的故事》一书中能看出，真切地了解阿卜杜拉有何困难之处。一方面，由于这本书采用了自传体的形式，使用到了“我”，并且是以印刷版本出现的，这些都彻底破坏了传统的马来文学。[102] 另一方面，《阿卜杜拉的故事》一书在形式上是历史悠久的马来宫廷编年史的演变，讲述了统治者的谱系，体现了对统治者道德品质的重视，从而有了忠告和警示的作用。从第二点的角度来看，在马来人被基督教传教士包围和马来语罗马化的时代，正是由于阿卜杜拉试图复兴而非改变马来文学，所以才选择用阿拉伯字母的马来语书写《阿卜杜拉的故事》。那他是现代主义者还是宗教复兴运动的倡导者？是传统的守护者还是西方的模仿者？回答关于阿卜杜拉的问题时，既定的二分法就显得非常滑稽了，对萨米来说也一样。因为两人都生活在剧变的时代，都在与知识革新做斗争。

《阿卜杜拉的故事》之所以有趣，恰恰在于阿卜杜拉在不同选择之间的转换——从基督教到伊斯兰教，从传统疗法到西药，从马来人与海洋接触的方式到英国的蒸汽船与照相机，这种转换象征着英国在反革命统治中发生的变化。阿卜杜拉生活的动荡年代以及这个年代施加给他的压力，符合《阿卜杜拉的故事》一书来回变换的结构、形式和意图。对阿卜杜拉和萨米而言，新加坡的主题是海上航行，而船作为重心，恰好象征着正处于过渡阶段的生活。与此同时，船舶与其他机械技术的进步让身体适应了流动、贸易与帝国新世界。阿卜杜拉和萨米对新变化的回应，是通过比喻的方式，理智且客观地理解这些正在发生的新浪潮，以解决殖民地人民的需求与问题。生活变幻莫测，身体也一样，而身体在科技全面进步的新时代要应付的问题也是如此。

灯塔的工具主义与主体性

从阿卜杜拉和萨米对大海和殖民帝国的看法，到英国殖民者及其个性，再转向工作在马德拉斯等基地力图驯服风浪的测绘员，知识的这个传播过程很有意思。虽然活跃在 18 世纪末 19 世纪初的英国人试图创建成功的全球模式，但知识对他们的自我意识的影响直到 19 世纪中叶仍不稳定。除此之外，大型的基础设施项目——例如为船舶通行而设计的大型灯塔——除了展现出成功的时刻，也有被反抗的瞬间，以及英国人对原住民和殖民地劳工的依赖。

在提到英国人主持的勘测计划时，阿卜杜拉描述了自己与东印度公司某勘测员建立的深厚感情，他称这位朋友为史密斯，并记录了他们对新加坡和马六甲的历史，以及日食和星星的讨论。[103] 史密斯在对定居点四周的水域深度进行探测，还要勘测岛屿和航道。阿卜杜拉记录道，两人分别时，史密斯用一只手表交换了阿卜杜拉的一把匕首。[104] 这跟阿卜杜拉与《阿卜杜拉的故事》英译本的出版者 J. T. 汤姆森的友情一样。1841 年，21 岁的汤姆森来到新加坡，被委任为政府测绘员，在殖民地的建筑、桥梁与道路设计中发挥了至关重要的作用。汤姆森在新加坡的海峡东侧建造了霍斯堡灯塔，还于 1849 年对马来半岛东侧进行了勘察。[105] 汤姆森关于马来地区的回忆录中就有一章专门写到了阿卜杜拉：

尽管阿卜杜拉与基督教传教士有着长期的来往，却仍然坚定地忠于伊斯兰教。[106]

汤姆森的霍斯堡灯塔是为了纪念詹姆斯·霍斯堡而命名的。霍斯堡于1810年成为东印度公司的航道测量师，是航海信息方面的权威人物。他以海洋测绘员在领海的航行记录及海图为基础，出版并更新了他的《东印度指南》(*East India Directory*)。[107]以他的名字命名的灯塔耸立在季风季节波涛汹涌的海浪中，是英国在通往中国的海上航线上取胜的有形标志。出于战略性的考虑，它被置于航道的中途点，为在前往中国的途中停靠新加坡的航海家提供帮助。修建灯塔的提议源自一系列的海难，商人们为纪念霍斯堡发起募捐，推动了灯塔的建成。[108]汤姆森指出，这是“印度洋中唯一一座坐落在大海深处孤单小岩石上的灯塔”。[109]近来，这座灯塔所在的“布拉卡岩”(Pedra Braca)还成为马来西亚与新加坡政府的争论点，双方都宣称这个地方属于自己，直到国际法庭将它判给了新加坡。

大型灯塔工程的进展曾屡屡遭遇各种环境挑战。当时在知识全球性进步的过程中，基础设施的全面改善很难彻底实现。据相关文件记载，灯塔选择的地方建造成本高昂，因为岩石“在西南季风期间多受海浪的侵蚀”，所以灯塔结构必须“完全用水泥固定的花岗岩来制作”。[110]除了海风，蚊子也是一个问题，使前来参观工程的柔佛天猛公很快就带着随从离开了。[111]灯塔建成之后，拍击西侧岩石的海浪力度足以将一个男子卷到距离海平面22至25英尺的地方，还会令人无法站在灯塔的入口处。[112]包括罪犯在内受雇建造灯塔的劳工们(据说这些人使用的语言多达11种)发起的抗议减缓了施工速度。船只也很难靠近岩石附近。据说施工期间，海浪还冲走了一些临时定居点。[113]用汤姆森的话来说，这项工程“一直都是恐惧与不确定的来源”。[114]

汤姆森的成功取决于他能很好地规范和控制劳工团体。80 名操着客家方言的新加坡华裔石匠受雇在位于新加坡岛东北的乌敏岛（Pulau Ubin）上工作。[115] 如今，游客们会和我一样，离开过度城市化的新加坡，乘坐小商艇去乌敏岛寻找自然。但华裔工人可不是去那里消遣的，他们要为灯塔切割大理石，将整块庞大的石料分割成小块。在一幅对开的素描图中，汤姆森画出了想象中工程有序进行的场景。在这些画面中，石头被切割出来后会用中国墨或木炭水浸过的线做标记，然后用凿子矫正、磨平。[116] 如果石头需要进一步切割，还会被凿上几个小孔、插上楔子，直到花岗岩被切开。[117]

汤姆森对工人姿势的关注与他对过程的关注一致。切割出一块好的石头不仅需要精湛的技巧，还需要工人与石头相互“顺应”。对此，汤姆森写道：

> ……在操作的过程中，（工人）要摆出许多姿势，坐在脚跟上或蹲着是他们最喜欢的姿势，也是最容易的，但有时也会坐在地板上，其他时候则会把左手放在大腿下，偶尔还会蹲到身子几乎折叠起来。[118]

根据汤姆森的说法，这些工人无法达到欧洲的标准。他抱怨称，他们的工作无法经受铅垂线、水平仪或直尺的检验。[119] 汤姆森进一步分析（或幻想）出一种种族主义思想，落笔写道，华工“在赤道烈日下”的工作比不上欧洲人在温和气候下能做的一半。在他看来，这不是缺乏体力的结果，而是气候的影响。[120] 在其他文章中，他还论证了气候在决定种族差异方面的重要性。在他定居新西兰、成为该国第一任总测绘师之后，马来的经历使他提出了一项理论，声称毛利人是从印度南部移民过来的。他还撰文肯定了中国移民适应新西兰的能力。[121]

如果说灯塔的建造是在极端的自然环境下考验欧洲人的测绘能力和亚洲人的体力，那么也可以说，这是汤姆森展开人种学观察的机会。人种学观察是在建筑工地进行的，也是对原住民实施控制的措施。如此深入的研究与操纵，标志着学者的工作与在马德拉斯天文台观测彗星相比已经发生了翻天覆地的变化。

在建造灯塔的过程中，工人们对自己的高压工作心怀不满，这是显而易见且客观存在的。汤姆森后来在新西兰完成的一张画就描绘了布拉卡岩发生的“一场暴乱”。由于岩石上的工作艰辛、令人不快，画中的华工曾试图夺取一艘补给船。[122]和对工作中的劳工精确的刻画相比，在这幅画中，他们的身影是彼此相融的。除了华工反抗，汤姆森还提到了“南希号”上发生的水手暴动，彰显了天气与暴动之间的关系。“南希号”是一艘参与灯塔工程的船，船员据说是马来人和“印度葡萄牙人”。恶劣的天气令船员恐慌，于是爆发了罢工。[123]

汤姆森在东南亚的工作对他的身体造成了很大损害，迫使他搬离了热带地区，这有可能是因为他在布拉卡岩感染了疟疾。对“疾病”的抱怨贯穿了他的灯塔工程报告。他抱怨道：“这块岩石似乎对我不利。”[124]与此同时，在项目初期，马来的东印度水手们害怕这里，于是学会了马来人出海时的冥想传统，会唱着班顿诗（*pantun*）入睡。[125]从各个方面来看，这项工程使人们在岩石上展开了自我反思。

在灯塔工程报告的末尾，汤姆森对海龙卷进行了气象学分析，令人想起了卡珀的作品。在灯塔建造期间，他目睹过 20 多次海龙卷现象，描述了自己第一次见识海龙卷“喷涌”时的情景。管状的水柱忽短忽长，四周的水汽如同旋涡般旋转。他还绘制了一幅海龙卷图，再次描绘了它的流动性和可变性。据汤姆森所说，海龙卷是带电云作用的结果，这片水域的飓风等现象都与季风有关。[126]

尽管对知识的经验主义描述是主观的、身体感知的、沉思的、困惑的、反感的，但也是殖民者对自然的支配能力不断进步、逐步占据主导地位的体现。1851 年，霍斯堡灯塔正式点灯。航海者们立即对它做出评价，称“（旋转的）灯光效果非凡、耀眼夺目”。[127] 这座灯塔的建成也使其他灯塔的修建成为可能。与此同时，更多人紧随其后，对这里展开了勘测。这一点从当时针对领土的争夺中就能明显看出。[128]

时至今日，地图仍被誉为新加坡值得关注的手工艺品。[129]20 世纪末至今，填海造地宏伟工程的推进展示了人们对陆地和海洋已经有了工具主义的理解。这种晚期现代的工具主义是英国殖民主义与东南亚文化、贸易和政治制度革新相结合的产物。

自由贸易城市：水道测量学进入内陆

纵观 19 世纪的后几十年，由于大英帝国推动的知识革命，勘测、建模工程在新加坡进行，新加坡取代马六甲和槟城，成为三个城市中最具代表性的商业中心，吸引中国人、印度人和马来人来这里创造了一座世界性的殖民城市。[130] 19 世纪 30 年代中期，短短一年的时间里，共有超过 500 艘横帆船和不少于 1500 艘本地小船停靠在新加坡港，为城市扩张奠定了基础。[131] 这样的扩张在新加坡的地图中就能切实感受得到。

随着测量员将街道设计成整齐的网格状，水文测量技术也转向了内陆。[132] 地图中涵盖了更多详细的导航信息，为日常的贸易运输提供了帮助。例如，J. T. 汤姆森绘制的新加坡海峡地图就包括了海峡两岸潮汐和水流模式的信息，以及水深探测数据。新加坡地磁观测站的测量数据也被囊括其中，以便航海家根据地磁差校准罗盘。[133] 与这类信息一同出现的，还有人们对于定居点的关注。汤姆森写道，他于 1845 年对新加坡进行的地形勘测是以“航海勘测的方式”展开的。[134] 他在寄送一份河流地图时表示，他在标记河口时用的是马来语名称，而在标记河源时用的是中文名称，因为要与定居点的语言使用模式相符。对河流的关注引起了人们对炮艇能否在河道通行的担忧。曾经马德拉斯天文台为海上航行收集数据，而现在，海上勘测工作成为陆地勘测的模板。

与汤姆森的地图相关的，是他对中国移民在岛屿内陆的儿茶和辣椒种植园的描述。他说这些定居者过着“艰苦而勤劳的生活”，却没有过多地暴露在阳光下，比海峡地区的其他人过得“舒适多了”。然而他又写道，中国移民发现自己在新加坡的种植园“地力枯竭”，搬去了柔佛。他从人种与民族的角度来观察，认为这些劳工有着“肌肉发达的健康外表”，且“十有八九未婚”，还沉迷于鸦片。汤姆森为他们辩解，由于定居点孤立偏僻，他们吸食鸦片的行为并没有更加广泛的坏影响。[135] 显而易见，对于先他一步抵达新加坡的数千名中国耕作者的情况，这些 1819 年才来到这里的早期英国殖民者普遍十分无知。[136]

1851 年，汤姆森在一封信中提到了“根据科学原理设计排水与泄洪系统”的计划，展示了了解和测绘殖民地条件的方式。他指出，即便是在“祖国”，利用勘测技术来设计卫生系统的做法也是近来才有的，而且他不知道是否有人曾在印度进行过尝试：

> 与（污水收集）勘测相关，仔细观测潮水的涨落，以及寻找排污的理想河流是十分可取的做法，这将有助于观察城市下水道排水的水平。为此，还应估算溪水的流入与回水量，以便为改进河道提供数据。还可以预估这些改进对城市的下水道和排水系统会产生什么影响。每小时都对雨量计进行观测也有助于确定短时间内的最大降雨量，从而计算下水道的排水能力，减少了建造不必要的大型下水道的开支。[137]

这样看来，绘制新加坡在海峡中的位置越发重要了。海水与陆地的关系对英国殖民者迫切关注的卫生问题产生了影响。就实践的角度来看，现代都市生活的实际情况是围绕水和陆地而定的。

然而，这项计划的麻烦在于，海峡殖民地散布在不同的岛屿之中，很难管理与控制。印度视其为负担，在东印度公司于 1833 年失去对中国贸易的垄断之后更是如此。[138] 由于管理松懈、移民众多，殖民地成为变化无常的文化、贸易中心，移民在这里进进出出。槟城与马六甲被视为新加坡的附属，以及闭塞落后的地方，一些人把这些外围都是种植园的殖民地看作保护自由贸易城市的堡垒。海盗的数量证明了关于城市安全的困扰确实存在。

尽管人们最初一度乐观地以为，蒸汽动力可以阻止海盗，但进入 19 世纪之后，新加坡的海盗问题仍未解决。[139] 人们对自身战略弱点的担忧也没有消退，这表明先前为孟加拉湾制图时的想象仍旧存在，并且一直延伸到了将新加坡当作自由贸易港口的愿景之中。[140] 人们认为霍斯堡灯塔很容易受到海盗的攻击，需要安装一门火炮防御。[141]

结　论

失业的萨米对帝国在新加坡的自由贸易运作方式与其中蕴含的矛盾心知肚明。19 世纪 20 年代，他写了一首名为《交易与买卖》的诗。这首诗被印刷出来后，在定居点被人们大肆传诵。在细述一名武吉斯船长与几名中印商人发生纠纷，法官的裁决将不利于航海者之时，萨米说：

> 如今商人统治着土地
> 预示世界已走到尽头。[142]

在阿卜杜拉的作品中也能读出人们对新消费方式的批判，其中值得注意的是 1848 年新加坡某期刊上的爪夷文诗歌《元旦的马来诗》。这首诗描述的不仅仅是欢庆的场面，还有新年庆典中的重商主义。在提到套袋赛跑时，阿卜杜拉写道：

> 还有一件怪事，人们成对地套上了麻袋。
> 为了钱，他们愿意穿戴任何东西。

一个个，一双双，他们缓缓向前跳动……
想赚白人的钱，可不那么容易。
直到身体筋疲力尽，才算大功告成。
可你的汗珠像谷粒一样流下。
人们就这样此起彼落。[143]

在阿卜杜拉描述的景象中，各民族的人为了取悦他们的殖民地主人，争先恐后地在新加坡的海滨赛跑。为了表彰他们的努力，“英国人会丢出手中的硬币”。考虑到庆典的地点，阿卜杜拉贴切地写道：

叫喊声宛若暴风雨，
青年、老人、小孩、大人一拥而上，伸手去抓，
在草地上摔倒再爬起，
有些衣服都被扯破，
有些头发歪七扭八。

在这首诗的结尾，阿卜杜拉对各种各样在售的物品和饮料发表了评论：这是个“要人花钱的日子”。对于这个穆斯林来说，自由贸易玷污了运动与娱乐的趣味，产生了过度消费，还为此举办比赛，人们在竞争中表现得十分粗野。

正如许多近代作家主张的那样，起源于海上交流的马来延续到了19世纪，南亚与东南亚海洋之间的海上交流也一样。[144]但从另外一个层面来看，帝国在这个过程中打开了一道裂痕，令世界土崩瓦解。19世纪初，全球模式的兴起正是帝国主义的产物。这种模式跨越陆地与海洋，跨越地方与区域，同样也跨越了旧有

的人类框架，一切都被置于成堆的数字与数据之中。

诸如马德拉斯天文台覆盖了一系列相互关联的学科，从恒星研究到对地下水和潮汐的研究，再从人体和医药到工程与卫生。全球性的知识工程从马德拉斯这样的地方迅速扩散到了新加坡，并催生了灯塔建设之类的大型工程。尽管涉及海上安全和定位问题——毕竟在全球模式下船只还是会沉没——但在此过程中，随着新知识与机器的渗透，虽然孟加拉湾在世界地图上被人用制图的语言重新标绘，却在帝国自由贸易的世界中得到了重塑。和苏门答腊附近的"实验岛"一样，自然、大海和人体都被工具化了。原住民的帮助被抹去了，虽然在其他地方，原住民的航海传统还在延续。

对这个问题的讨论就好像在讨论塔斯曼海的原住民如何与以种族、性别和人道主义的名义展开的反革命相抗争。这与印度拜火教造船工在帝国主义镇压叛乱的过程中，在帝国内外漂洋过海，甚至远赴阿曼寻找出路是一致的。这样可以进一步探讨人们对帝国主义的主观反应，在新的全球扩张计划中，原住民的身体和自我都被连根拔起。因此，当地的知识分子必须接受全新的海洋和他们在海洋中的位置，不得不在为新型蒸汽船设计的地图上寻找自己的定位。这些新型蒸汽船让新加坡，或者说马德拉斯，成为全球贸易不平衡发展中的一个站点。

如果说拿破仑战争释放了与共和主义、海上争端、专制统治和忌惮东方紧密相关的大英帝国的侵略性，那么英国人扩张的保证同样来源于经验主义知识的进步，它来自对数据和事实的有序收集。这些数据和事实又为领土扩张与商业发展提供了支持，同时也为英国人的高瞻远瞩、全球思维的建立提供了资源。在此过程中，革命时代的标志——英国化了的戈丁汉姆与沃伦的命运——被纳入英国的信息收集系统中。更重要的是，曾经参与知识探索的原住民被取代或被抹去了。在对抗迈索尔的战争阴影之下，知识传播开来，船帆转向了蒸汽动力。

知识生产成为规划定居点的首要考虑因素，海港城市生活也是围绕它运转的。我们将在本书的最后一章中看到，正是在这样的公共空间里，人们开始回应英国的全球扩张。阿卜杜拉那首追溯到 1848 年元旦的诗，正是全球革命史上重要的一年的开端，并将以独有的方式在印度洋各地的报纸上引起反响。

第八章

穿越印度洋：来自南方的目光

- 废奴主义：没有道德转折点
- 毛里求斯再行动？
- 南方浪潮推动下的革命
- 在毛里求斯、波旁岛与马达加斯加之间
- 两座相邻的港口城市与现代社会
- 1848—1849 年
- 19 世纪中叶全球化的特征
- 遥望南方
- 结　论

如果要证明大英帝国的正义性，很多人往往会提到奴隶制的废除。不过，重提此事的人中很少有谁能够理解，奴隶制的终结过程是缓慢且持久的，还遭到了多方抵制。关于废奴主义是如何成为改革计划的一部分并面向更广泛的世界的，如何持续到19世纪中期的，如何对抗一个接一个的反对观点的，很少有人真正了解。换言之，奴隶制的废除并不是一个明确的事件。

我们的旅程即将进入本书覆盖内容的最后几年，即19世纪三四十年代，尤其是危机重重的1848年。通过这段时期的最后几个镜头，我们将会看到革命时代与帝国之间的关系。19世纪三四十年代见证了帝国反革命的加剧，殖民者也从中国沿海战争等战事中获得了越来越多的成果。这些年间的一大特征还有技术与获取信息的手段的进步。人们试图改革殖民政府，推动所谓的“自由贸易”。在文化与社会方面，土地、地区、民族被分门别类，就连地球的球面也被制成表格，产生了一种以殖民视角来看待世界的模式。这种模式可能绕过了帮助过殖民者的原住民、叛乱分子、宗教复兴运动支持者与暴动者。

如果说萨米或阿卜杜拉这样顽固而困惑的殖民地的原住臣民被取代却还没有被抹去，那么在知识进步的过程中，伴随海港城市的公共领域日渐活跃，他们又重新组织了起来。围绕废奴问题的辩论为自治运动奠定了基础，对这些讨论的敌意是在新成立的私人报社的影响下形成的。人们针对“解放”和其他政见在印刷品上、城市俱乐部中展开了辩论，这在南方世界引发了一系列不同政治理念之间的对比，这些对比是对自治的评估和关于进步的宣言。与此同时，蒸汽船的进步方便了各地之间的联系，但让远隔千里的地方之间互相联系还只是一种希望，没有真正实现。

如果奴隶制的废除是在这种背景下进行的，那么在这个不同意识形态、政治信仰与社会组织形式相互斗争的时代，废奴就成了特有的一段插曲。1848 年至 1849 年，恰逢欧洲革命的崭新时刻，本章的关注焦点——印度洋西南地区也出现了争论与骚动。与法国大革命后该地区发生过的一系列事件类似，包括集会、请愿活动和反对殖民政府的行动纲领的确立。然而，这不是对法国大革命后发生的事件的简单复制，因为这些活动的性质受到了开普敦和科伦坡等发展中的港口城市的影响。法国大革命之后半个多世纪，表达政治诉求出现了新的可能性，也出现了对未来的新的梦想，这些都改变了与殖民政府对峙的局面。从媒体对“解放”本质的讨论可以看出，原住民与殖民地人民的心声也受到了保守主义和种族主义的限制。

废奴主义：没有道德转折点

对毛里求斯来说，废除奴隶制的事件也许可以这样来表述：1810 年，毛里求斯被英国占领时，奴隶贸易就已经被废除；1835 年，奴隶制在毛里求斯被废除。“学徒制”是指曾经的奴隶必须为主人工作六年，显然他们是为了自由而接受培训的，1839

年，该制度被废除。尽管这样逐一列举日期干净利索，但在英国人接手后的五年，19 世纪 20 年代，被派去调查毛里求斯政府的委员会还是发现了 20 000 名非法登陆岛屿的奴隶，实际的人数应该更多。[1] 1810 年初次上任、长期在毛里求斯任职的总督罗伯特·法夸尔满怀热情支持奴隶制。他敦促伦敦方面准许毛里求斯的英国臣民取消 1807 年通过的废除奴隶贸易的法令。

到了 19 世纪 30 年代，进一步的证据表明，奴隶制又演变成了其他形式的强迫劳动。其中最值得注意的是签订契约来到毛里求斯的南亚劳工。他们 1834 年初次登岛，逐渐融入了岛上的印度劳工团体。截至 1846 年，这些劳工的数量在人口占比中高达 35%。[2] 19 世纪 20 年代末，还有人尝试从新加坡引进中国契约工人，但以失败告终。[3] 当时的人道主义者针对契约是否属于新型奴隶制展开了辩论，这样的辩论在史学界一直延续至今。[4]

自由与不自由、奴隶制与非奴隶制之间的差异在英国统治下的毛里求斯变得越来越模糊。实际上，自由在某些方面可能先于废奴到来：在奴隶制被终结之前，被奴役者在争取解放和购买自由方面发挥了相当大的作用。毛里求斯的解放率相对较高。[5] 正如最近一位历史学家所写的那样："这些人（大多都是熟练或半熟练的奴隶和学徒）没有等待自己的主人或英国殖民当局来解放他们，而是凭自己的能力赚到足够多的钱以获取自由。"[6] 与此同时，英国还会以赔偿雇主的方式补贴他们失去奴隶的损失。分配给英国殖民地的 2000 万英镑中，有 200 多万都分给了毛里求斯。[7] 一部分补偿款流入了糖料作物种植园，又一次消解了废奴运动的阶段性胜利，为废奴后的毛里求斯种植园再次投下了奴隶制的阴影。

此外，毛里求斯的糖料作物种植园急剧扩张，在 1825 年至 1830 年几乎翻了一倍，导致 19 世纪中叶该岛对劳动力的需求增加。这促使加勒比海地区食糖出口英国的优惠关税被取消，刺激了毛里求斯的制糖业繁荣。鉴于大型糖料作物种植园都是劳动密集型产业，劳工们就成了失去个性的苦力，身处残忍的权力结构管理之下。在糖料作物种植园之前，这是毛里求斯奴隶与主人关系的特征。[8]

糖料作物种植园的急剧扩张将毛里求斯与市场的兴衰紧密联系在一起，同时也令这座岛屿依赖于马达加斯加、开普和印度的物资。[9]学徒与被解放的奴隶摇身一变，成了地位卑微的农民。他们大多放弃了种植园的工作，表现出了成为地主小农的决心。[10]岛屿被英国人占领之后，曾有大量的被奴役人群逃亡。曾经控制逃亡者的法规在对待逃跑的南亚劳工时被用作了模板。[11]出于这些原因，1835 年和 1839 年的废奴官宣与劳工管理法改革也说明不了什么。资本的流动、劳工运动、前奴隶与新劳工相似的困境，加之帝国政策朝令夕改、缺乏统一部署的特点，贯穿了所谓的道德转折点和标志着奴隶制终结的时间。

毛里求斯再行动?

第三章提到法国大革命的消息于 1790 年传到了毛里求斯。在此之后，毛里求斯成立了共和议会。当时这座岛屿在印度洋的革命浪潮中显示出离心的力量，直到 1803 年拿破仑一世的总督到来再次确立了奴隶制，1810 年它又被英国接手。

毛里求斯是反英大本营，比如劫掠者会将抢劫英国船只所得的钱财用于建设岛上的种植园体系，英国人在吞并这座岛屿之前就已经对此怒不可遏。1815 年，以毛里求斯岛为大本营的波拿巴主义者，包括白人和有色人种，对卷土重来的奴隶制心怀不满，密谋要摆脱英国统治。用当时一名有色人种的话来说就是，驱逐英国人之后，“每一个保皇派或有名望的人都会被谋杀”，然后邻近的波旁岛也会掀起革命。他设想，叛军会组织起“波拿巴”政府或其他同样“臭名昭著”的机构。[12]

到了 1827 年，最主要的法裔毛里求斯种植园主创建了与殖民政府平行并立的“殖民地委员会”，由律师阿德里安·德埃皮内（Adrien d'Epinay）领导。殖民地委员会与世纪之交的革命议会相似，是毛里求斯的奴隶制无法确定终结的另一原因。委员会主持了一场带有保守主义性质的革命，将诸如总督查尔斯·科尔维尔（Charles Colville）之类的英国执政者与精通法国法律的种植园主、律师、商人及志愿军联合一起。这些人都是劳工管理法改革与解放奴隶的抵制者。

用一位历史学家的话来说，毛里求斯精英奴隶主的反抗可能是一场“不流血的政变”和“茶杯里的风暴”。[13]然而，1832 年，支持这项事业、却对双方都很冷漠的毛里求斯首席法官爱德华·布莱克本（Edward Blackburn）撰文声称，愤愤不平的殖民者看到了“一个生死攸关的问题”，并且“当即盲目地决定牺牲一切……”。[14]一方面是保守派自己的主张，另一方面是大英帝国的反革命冲动，如今我们详细探讨这个时期，就是为了追溯二者之间的持续对峙。

19 世纪 30 年代早期，科尔维尔总督放纵殖民地委员会领导下的精英奴隶主武装自己、展开演习并举办公开会议。他们身穿法国国民警卫队的制服，由一名曾在拿破仑手下服役的军官领导，将岛屿分割成了几个军事区。[15]奴隶主拒绝纳税，还联合镇压奴隶保护者，这些保护者一直在对奴隶遭到的非法待遇展开调查。[16] 1830年，七月革命推翻查理十世的消息为奴隶主带来了动力，当地媒体后来又报道了1831年巴西皇帝佩德罗一世（Pedro I）退位的消息和加勒比海地区的新闻。然而，毛里求斯的英国政府并未垮台，而是处在中立状态，“在（总督）科尔维尔的明确命令下，由1600人的英国卫戍部队驻守在军营中”。[17]一项夸张的估计显示，反政府的志愿者多达6000人。[18]

1832年，为了实施针对奴隶制的最新法令，伦敦方面派遣约翰·杰里米前往毛里求斯担任总检察官——相当于法国体制中的首席法律官员、所有案件的公诉人。问题在于，杰里米是个热情主张废奴的英国人，他支持立即解放奴隶的消息传遍了毛里求斯。杰里米说，对某些毛里求斯奴隶主精英来说“要是他自称专制主义者或无神论者，也许还能获得他们的原谅，但他却被他们称为‘黑人之友’……”。[19]杰里米抵达毛里求斯引起了奴隶主精英的注意，他们扬言，除非杰里米打道回府，否则他们将在这座岛屿上掀起“革命”。[20]

乘坐“恒河号”（*Ganges*）到达毛里求斯时，杰里米受到的待遇和1796年法国派来解放奴隶的代表巴克、比内尔如出一辙（这两人曾经不得不逃命）。[21]用奴隶主精英的法语报纸《塞尔奈人报》（*Le Cernéen*）的话来说，杰里米的到来：

> 是公众情绪爆发的最后信号。所有的生意都歇业了，商铺纷纷关门。全体市民武装起来，组成了民兵。[22]

杰里米面临着被暗杀的威胁，还在自己即将上任的法庭门口遭到了袭击。据他所说，法庭里，“聚集了大批民众大呼小叫，行为举止十分不得体，以至于我命令警察局长入庭清场”。当他因为无法上任而离开时，他写道，自己的“帽子都被人打掉了”。[23]在报纸上，他声称自己“被人抓住后遭到了殴打”。[24]《塞尔奈人报》的看法则不同，它指责杰里米试图暗杀一名市民，杰里米却说自己是出于自卫。迎接他到来的全面歇业状态持续了45天。[25]杰里米写道，这与法国大革命期间毛里求斯发生的事件“如出一辙”。他将自己的所见描述为“最彻底的无政府状态”。[26]总督科尔维尔召集立法委员会决定如何处置此事，结论是杰里米应该被送回伦敦。

当时有几个“毫无原则、品性极端低劣的法国殖民者”不顾法纪，领导了针对杰里米的一系列行动，他们的出现吸引了评论家的注意。[27]用一名评论家的话来说：“这些投机分子总把自由与平等挂在嘴边，却反对以其他人的自由为目标的一切行为。”[28]杰里米被送回祖国之后，态度出现了彻底转变，1833年，他在军队的支持下第二次抵达毛里求斯。最终，他因指控毛里求斯的律政官员引起了新总督威廉·尼古莱（William Nicolay）的反感，被迫辞职。

要理解1832年这场不共戴天的对峙，先要了解当时的背景，包括英国废奴主义者的花言巧语与毛里求斯人的看法。在废奴主义者的宣传中，毛里求斯被描绘成了对待奴隶惨无人道的地狱。据说奴隶主对奴隶的惩罚包括严厉鞭打、拔掉牙齿和割掉鼻子。[29]尽管英国对毛里求斯的报道与对加勒比海的报道相比黯然失色，但废奴主义者的宣传和毛里求斯精英的抵制倒是势均力敌。为了反抗废奴主义者在报纸上发起的攻击，最近才获得言论自由的毛里求斯媒体对伦敦立法改革的乱局嗤之以鼻，还散播了奴隶要发生暴动的谣言。

据奴隶主的宣传工具《塞尔奈人报》形容，英国殖民者“用尽自己虚弱的肺部的全部力量——媒体的声音——来发声”。[30]税收官莱恩（Laing）不支持奴隶主发动的叛乱，他的家遭到了攻击。他认为，报纸“通过拦截其他声音（甚至是政府的声音）被人听到”，实质上助长了叛乱向“公众运动”发生转变。[31]换用他的另外一句话来说，报纸成为叛乱和反政府分子笼络民心的渠道。

另一种解释叛乱的方式把矛头指向了那些反对殖民政府的法裔毛里求斯精英。他们拥有紧密的姻亲关系，其司法及民事机构是大英帝国殖民地开销最高的。[32]他们曾申请组建当地议会，以获取管理岛上事务更大的影响力，却遭到了拒绝，他们的利益因此受损。他们不满接替他们充当总督顾问的立法委员会，同时也反对奴隶制改革。

除此之外，1830 年前后，伦敦的糖料供应过剩，引发了市场萧条。据莱恩所说，“殖民地势力”抵制住了权力从法国向英国转移可能造成的影响：“所有试图使殖民地在财产、教育、语言、宗教和司法方面比原先更符合英国体制的尝试……都因为极端嫉妒（遭到了抵制）。”[33]他接着表示，他们试图重建在法国大革命时期岛上存在过的议会，让自己在民事与司法事务上掌握更多的控制权。因此，对权力旁落的担忧和支持奴隶制度的情绪交织在了一起。从伦敦的殖民地大臣对这些事件非同寻常的解释中，我们就能理解其中的原因：

> 我们不得不承认，在奴隶制与奴隶贸易的问题上，毛里求斯人民对大不列颠人民过于强硬。无论是国会法案、议会

命令或地方法令都无法确保小岛上少数白人居民的服从，甚至连安抚他们，以得体的礼节来掩饰自己的不服从都没有办法。[34]

从这些方面来看，针对奴隶制改革的争论其实不仅仅是与劳动相关的意识形态乃至资本模式的争论，还会被看作帝国统治下的干涉主义政权对毛里求斯独立与主权的争夺。杰里米无疑就是这样解读的，考虑到他的人道主义和废奴主义立场，这并不奇怪。他写道："这不是黑人自由的问题，而是帝国的问题！他们打击的不是英国的乐善好施，而是英格兰的最高权威。"[35]据说法国殖民者一直怀揣着"珍藏已久的独立梦想"[36]，尽管《塞尔奈人报》辩称法国殖民者在帝国范围内追求特权时要尊重帝国，但这套说辞并未影响到他们的立场，报纸引用了埃德蒙·柏克（Edmund Burke）的话，"广大人民的身体永远不应该被当作罪犯来对待"，并接着表示：

他们徒劳地劝说我们，说渴望统治是热爱国家的表现，对那些依赖帝国而掌握特权的人施以慈悲温柔，是对君主的不敬，是对国家的不忠。[37]

南方浪潮推动下的革命

然而，在"杰里米事件"的相关文件中，有证据指向了另外一个方向。这场发生在毛里求斯、支持奴隶制的叛乱不仅仅是英法两国的较量，而且是法兰西帝国、大庄园主阶级与反对英国改革的官僚体制的较量。

在南方的水域中，原住民、殖民者、叛乱分子与保守主义者建立了相互联系的网络，在层层指责与花言巧语背后，是印度洋支持叛乱分子、为其提供补给的证据。印度洋西南水域——包括岛屿——仍旧超出了英国的控制，因此即便英国力图对毛里求斯岛进行人道主义、政治和商业干预，也不得不把该地区当作一个整体来应对。

杰里米在控诉信中描述了针对叛乱分子布罗德莱特（Brodelet）上校与另外四人的"大港区审判"，并提供了叛乱参与者的姓名、日期和目击证人。[38]杰里米辩称，自1832年4月初，殖民地委员会就开始"公开统治国家"，管理民兵，密谋叛乱，抵抗总督的军事力量。在对毛里求斯居民发表讲话时，他指出这些都是"有组织、有关联的篡夺政府职能与权力的违宪机构"。大港区有350人准备"参与丛林游击队"，在杰里米到达之前，其他地区也已做好类似的准备。[39]武器被分发下去，制造好的长矛也被用来武装更多的自由人和愿意加入叛军的"一部分奴隶"。[40]叛乱者号召通过罢工争取独立，为的是"自己制定法律，不再缴纳更多税款"。[41]在行动中受伤或牺牲的人能得到五英亩土地，其家人还能分到一名奴隶。[42]

杰里米提交的证据证明，有人携带新的火枪进入了毛里求斯，以武装叛军。这与叛军声称的自己所用的火枪都是"从旧奴隶种植园看守（卫兵）手中夺取的"正好相反。[43]杰里米还描述了出售这些武器的仓库，以及船只的情况，包括被搜查的那些：

> 自1832年3月至1833年1月，来自波旁岛等地的不同船只将武器秘密运至殖民地。1832年6月，“欧尔河号”（*Aure*）被俘获，1833年1月俘获“粗俗杰克号”（*Saucy Jack*）。在该岛与波旁岛、马达加斯加之间航行的“安琪莉可号”（*Angelique*）、“康斯坦斯号”（*Constance*）和“老虎号”（*Tiger*）也被证实曾参与其中。[44]

秘密交易的过程中，至少有一艘悬挂美国船旗的船只参与其中，法国舰船也被牵涉其中。[45]反叛分子还试图从来访的捕鲸船上获取火枪。[46]布罗德莱特是交易的中间人，他将武器隐藏在装满壁纸的箱子中，再将它们分发给民兵。

较为间接的证据是大港区举办的一场舞会。布罗德莱特、瓦伦丁·基廷（Valentine Keating）与在法属波旁岛掌控着一支军队的舍瑙（Chenaux）先生在庭院中展开了一段对话，被黑人让·路易斯·让诺（Jean Louis Jeannot）无意中听到。让诺之前是一名警察，但如今年事已高，过着“卑贱的生活”。[47]前来参加舞会的三人一直在舞厅与晚宴厅之间走动，讨论参与罢工的人手问题。让诺的证词被刊登在了有色人种阅读的《天平报》（*La Balance*）上：

> 舍瑙先生对这几位绅士说：“做好准备，两个星期之内，一切即将就绪。我将从（法属）波旁岛带来一支500人的队伍。”[48]

杰里米指出，在被英国接管之前，毛里求斯与波旁岛之间的交流“从未间断”。在回应舍瑙的提议时，基廷说，所有的印度罪犯都支持他们的事业。在这次讨论中，马达加斯加也成为支持的来源，他们认为一支黑人军团有可能派得上用场。

尽管这段对话不过是场未落地的阴谋——因为没有任何军队赶来——却体现了毛里求斯反对废奴的叛乱分子的政治想象与战略，以及与毛里求斯毗邻的同胞也在支持他们的行动。除此以外，让诺的消息最初是由来自塞舌尔的有色人种传达给政府的，所以无论是叛乱分子还是废奴主义者，他们的关系网络都是国际性的。[49]

同时，叛乱分子提及印度人这一点表明，他们已经把手伸向了穿越印度洋来到毛里求斯的移民身上。印度罪犯纳迪尔·汗（Nadir Khan）指控基廷通过分配火枪、宝剑和礼物来“腐化”来自印度的囚犯群体，并邀请他们加入民兵队伍。[50]

东印度水手也出现了。《天平报》刊出了七名出现在法庭上的东印度水手的故事。一名穆斯林教士说了一段简短的祷告词，然后要求水手们对《古兰经》发誓自己会据实以告。来自孟买的东印度水手易卜拉欣表示，他曾在雷吉纳德（Regnaud）船长手下的“康斯坦斯号”上工作。1832 年，一些“重得仿佛里面装了钢铁”的长箱从波旁岛运抵毛里求斯，没有人告诉这些水手，箱子里装了什么。另一名曾在“老虎号”上工作的东印度水手苏纳拉（Sounalla）接着证明，在毛里求斯与马达加斯加的富尔潘特［Foulpointe，即今马哈韦卢纳（Mahavelona）］相连的航线上，有人曾以三把火枪交换两头牛的价格进行交易。火枪通常会被存放在船只的货舱里，用粗糙的布料包裹。[51] 有一次，有人将 400 支火枪送去马达加斯加，却只有 120 支售出。据这名东印度水手说，其余全都通过非法交易被带回了毛里求斯。

还有一名叫作米贾恩（Miajan）的东印度水手提供了有关

“老虎号”的进一步证据，指出毛里求斯和马达加斯加之间的武器运输最终都返回了毛里求斯。举例而言，这些武器会在毛里求斯北岸的科恩德麦尔岛［Coin de Mire，如今也被称为冈纳斯科因岛（Gunner's Quoin）］附近被放进一艘船里。据说船上有一名法国人和一名英国人。据杰里米所言，“船上搭载了两名白人和四名黑人”。船上的英国人是看管印度罪犯的督察，米贾恩的父亲就是他看管下的一名罪犯。在法庭上，米贾恩被要求指认坐在旁观者中的督察。“在令人窒息的拥挤法庭上，”杰里米写道，“米贾恩盯着卡尔夫（督察）看了五分钟左右，最终将他指认了出来。”尽管卡尔夫坐的地方离他较远。

水运竟然为叛乱事业提供了财力支持，这意味着英国想要在一片大洋中彻底改革一座岛屿的企图只能产生有限的结果。要改革奴隶制，就必须控制贸易，但在这样一片海域里，这是一项艰巨的任务。借用一个早期描述过毛里求斯渡渡鸟灭绝的人的话来说，这一系列岛屿是“与马达加斯加相连的群岛中……一个薄弱的碎片”，充分证明了这一地区的有机统一性。[52] 当大英帝国这样一个帝国力图对权力机制进行标准化和集中化改革时，如此分散的海洋地形就成了一种挑战。

在毛里求斯、波旁岛与马达加斯加之间

毛里求斯、马达加斯加与波旁岛之间的关系给英国主权范围的界定造成了困难。在复杂的政治、地理环境中，英国人不得不考

虑邻邦法国的利益和地位，以及如何处理贸易和奴隶制度的废除。

马达加斯加与毛里求斯之间劳动力、家畜和大米的流通由来已久。尽管伦敦方面对在马达加斯加建立非正式势力范围没有兴趣，但英国驻毛里求斯的第一任总督法夸尔还是试图采取行动。他在这方面的兴趣始于 1810 年英国人在马达加斯加海岸上寻找法国定居点的一项前瞻性计划。[53] 为了支持这样的雄心，法夸尔认为，在毛里求斯被英国占领之前，马达加斯加依附于以毛里求斯为大本营的法国政府。[54] 因此，如果英国占领了毛里求斯，对马达加斯加的控制就是合法的。在总结马达加斯加的历史时，法夸尔还勾勒出法兰西帝国在西印度洋的势力范围，并附上了他从法国带来的地图：

> 在征服（法兰西岛）之前，北半球法属殖民地以赤道为界，南半球以开普的经线为界，东半球以锡兰（斯里兰卡）加勒角（Point de Galle）的子午线为界，西半球的界线则是东经 47 度、沿莫桑比克海峡向下延伸至开普的纬线。[55]

通过将自己的影响范围延伸到马达加斯加，法夸尔试图转移人们对毛里求斯奴隶贸易的注意力。他声称，奴隶贸易中应该被限制的是马达加斯加的供应点。[56] 他与梅里纳（Merina）王朝的精英培养起了私人关系，协助酋长拉达玛（Radama）与对手抗衡，并确立了他的“国王”地位。1817 年，法夸尔通过与拉达玛达成协议，阻止从马达加斯加到毛里求斯的奴隶贸易，以换取梅里纳与英国的军事与商业合作。为了阻止桑给巴尔的奴隶贸易，法夸尔还与马斯喀特统治者签订了协议。[57] 法夸尔的个人野心超越了他反对奴隶制的一贯承诺。他从复杂的海上关系中获益颇多，得以继续在印度洋上玩弄政治。

至于拉达玛，他宣称自己的港口对英国人免费，还鼓励英国居民在马达加斯加定居，以便“更好地教化（他的）人民，引进各种艺术与科学”。[58]举例而言，与英国的友谊促进了拉达玛在马达加斯加栽培桑树、培养桑蚕文化的兴趣。刚开始时，该项目需要两名来自毛里求斯的印度罪犯协助——“囚号为172的古拉克·哈里（Goluck Harree），以及囚号为610的图尔斯·希尔达尔（Turce Sirdar）”。英国与马达加斯加交好期间，马达加斯加还曾派遣青年前往英国接受航海和其他技能的培训。[59]与英国的关系有助于拉达玛的王国在马达加斯加中部扩张。英方与拉达玛通信表示，与英国建立外交关系时，一个主权国家将能得到更大的巩固，这一点将随着拉达玛的继任者的加入进一步强化。据说拉达玛以英国国旗为荣，拒绝承认英国人设计的其他酋长的旗帜，他还设计了自己的旗帜。[60]

这次跨岛交易的结果之一是拉西塔塔尼纳（Ratsitatanina）来到了毛里求斯。拉西塔塔尼纳是拉达玛的囚犯，他在毛里求斯逃脱了囚禁，在1822年发起一场奴隶起义，被法夸尔斩首。接下来的10年中，为了争取自足，拉达玛的继任者拉纳瓦罗娜（Ranavalona）女王于1836年宣布正式与英国断交。[61]在这一点上，女王的官员提醒了毛里求斯，马达加斯加有权制定自己的规则，并与其他国家达成协议。女王的首席秘书在致信毛里求斯方面时语出惊人：

> 恕我直言，关于你们想要的人（在毛里求斯种植园工作的劳工），如果不出钱，就休想让一个马达加斯加人漂洋过海被带走——即便你们本打算支付一人一万至十万元……恕

我直言，英国人是不能统治马达加斯加人的，而马达加斯加人也无法统治英国人，因为大家各自拥有上帝分配的土地，只能在自己的国家里随心所欲……因为双方都有各自的法律……[62]

但英国却斥责马达加斯加，称其不可能在一个帝国强权主导的世界里独立，因此应当延续友好协定："因为即便马达加斯加遭到任何外国势力的入侵，女王也无法期待英国人提供任何协助，因为两国之间如今已经没有任何条约了。"[63]在此期间，梅里纳帝国与英属毛里求斯之间的牲畜、蜡、树胶和木材贸易都被垄断了。[64]然而，毛里求斯的种植园主仍在努力争取获得马达加斯加的廉价劳动力，以满足其不断扩大的糖需求，因为这些劳工能够代替印度的契约工人，但是这个计划屡屡失败。马达加斯加的奴隶制一直以各种各样的形式存在，延伸到东非海岸、跨越了印度洋，甚至横跨了大西洋，直到法国于1896年接管马达加斯加岛，废除了奴隶制。

尽管英国伦敦方面已经废除了奴隶制，但某些因素还是让蓄奴行为在这一地区得以延续。两位历史学家是这样表示的："毛里求斯与波旁岛靠近奴隶供应地（诸如马达加斯加），而无数小岛的存在极大促进了殖民者的活动。"[65]如果马达加斯加是19世纪30年代初毛里求斯反对废奴的叛乱分子的一个根据地，那么邻近的波旁岛或留尼汪岛就是另一个。

1815年，英国将五年前接管毛里求斯时一同接手的波旁岛交还给了法国，这给英国的废奴法律制造了麻烦。该法律本来要对毛里求斯以及该岛"最偏远、最微不足道的"属地——包括塞舌尔和罗德里格斯岛——采取"严格的措施"，但波旁岛交还法国后，任何与它相关的部分都成为棘手的问题。[66]

那时，从毛里求斯前往与之相距 120 英里的波旁岛要花 24 小时，返程却要花费五六天的时间。[67] 波旁岛的奴隶制 1848 年才被废除。据估算，大约有 45 000 名奴隶曾在 1817 年至 1848 年非法抵达该岛，不过这一数字在大约 1830 年之后有所下降。[68] 漂洋过海被送往波旁岛的奴隶们"会被无情地暴露在海岸上，只能等待死亡结束他们的痛苦"。[69]19 世纪 40 年代，有人将咖啡从波旁岛走私到了毛里求斯。[70] 还有一拨又一拨的契约劳工从印度和中国来到这里。[71] 1848 年年底，岛上共有 3340 名印度人，这个相邻的法国殖民地的出现不可避免地影响了毛里求斯的政治与贸易。

法夸尔曾宣布，在与马达加斯加的外交政策中，波旁岛必须被考虑在内。在提及自己的"重大责任"时，他表示：

> 如果只是片刻的默许，默许波旁岛从事奴隶贸易，允许他们与之前开放奴隶贸易的地方建立商业关系，（我）就有充分的理由认为我的政府权力扩大到那里了。[72]

在 1815 年的波拿巴主义者阴谋中，毛里求斯与波旁岛之间的关系再次成为传递政治情报与推翻殖民政府计划的关键。[73]

所有这些都意味着，尽管英国制定了废除奴隶的法律与条约，废除奴隶贸易的努力在西南印度洋网络中还是收效甚微。资本的联系、种植园的扩张、契约工人与非法奴隶等新劳工的到来、废除奴隶制度的时间差（例如毛里求斯与波旁岛的废奴时间就存在差异），都使废奴不可能具有作为事件或某种道德方面的胜利的独特意义。除此之外，围绕奴隶贸易的斗争为大英帝国的领土界定和主权问题提出了新的政治条件（包括毛里求斯、波旁岛和马达加斯加)。随着这些领土从法国移交至英国手中，有时是从英国移交至法国手中，这一点更加凸显。针对劳工的讨论也刺激了新兴的公共领域——比如反对杰里米的毛里求斯殖民者通过报纸发起的战争。

在这场关于奴隶制的斗争中，报纸作为现代性的象征传播开来，改革或反改革的方案也与印度洋、太平洋沿岸港口城市的扩张联系在了一起。由于新劳工的到来，海上城市扩张，成了记者和南方新兴公共领域的家园。与此同时，围绕劳工展开的讨论与种族、文明、性别观念的变化，以及港口城市的管理和组织变化有关。随着解放后新移民的到来，各阶层的居民不得不重新解决彼此间的关系问题，这就需要新型的政府机制。从探讨城市的实际布局到如何建设与管理，德埃皮内与杰里米等人围绕改革与英国化问题的角力留下了早期的印记。

两座相邻的港口城市与现代社会

针对奴隶制的讨论扩大到了新移民、城市生活和管理、公民社团与公民代表等问题，影响了这里的现代城市建设，其中有两座城市颇具代表性。

1836 年，查尔斯·达尔文在抵达毛里求斯的路易港时写道："这里的景色可以说是介于加拉帕格斯(Galapagos)与大溪地之间。"[74] 和达尔文一样，许多旅行者和商人都来到了这里。这一点从 19 世纪 30 年代岛上报刊发布的船只抵达公告中就能看出。[75]

海路从太平洋诸岛及澳大利亚延伸到了毛里求斯，继而从印度尼西亚、印度和非洲沿岸、阿拉伯延伸至拉丁美洲、美国和欧洲。船只在港口挤得满满当当，许多人都为港口的繁忙感到吃惊。[76] 1823 年，政府还批准建造了一个造船厂。[77]

据 1842 年的一位“正式居民”说，经路易港进行贸易的有来自印度的大米、小麦和鹰嘴豆；来自开普的马匹、骡子、小麦、燕麦、大麦、面粉、牛肉、鱼干和家禽；来自美洲的鱼和面粉；来自法国的葡萄酒；来自马达加斯加的牛和谷物。这名作者还特别提到了来自悉尼和范迪门斯地（塔斯马尼亚）的船只在路易港的糖料贸易中扮演的角色。[78] 所有这些都标志着一个事实：与 1810 年被英国军事演戏吞并相比，这是路易港历史上一个与众不同的时刻。如今，路易港的欣欣向荣与糖料市场和自由贸易联系在了一起。

从船上跳上跳下的乘客经常能够注意到远处地平线上路易港的壮观景象，黎明时分，薄雾笼罩着这座地势低洼的岛屿，只露出上面嶙峋的山峰。随着时间的推移，“蒸汽在阳光的照射下弥漫开来，黎明怡人的景象便消失了”。[79] 路易港坐落在群山环绕下的“圆形凹地”中，山脉的中心形状仿若人类拇指，据此被命名为“普斯”①。达尔文曾经攀登过此山。港口坐落在一片正方形的土地上，正面以大海为界，背面是“马尔斯广场”，东西两侧被“如同双翼”的郊区包围。[80] 艺术家 M. J. 迈波特（M. J. Milbert）曾参加过博丹的探险队，他创作的许多画作都展现了该岛的山景，其中还有一幅描绘拿破仑港（Port Napoleon，即路易港）远景的画作。[81]

---

① pouce，法语，意指“拇指”。——译者

1835 年，路易港的人口为 27 645，而 1817 年为 24 839 人。[82] 随着印度契约劳工的到来，人口飞速增长，截至 1840 年已经达到 41 031 人，从达尔文来访到 19 世纪中叶，几乎翻了一番。[83] 达尔文写道，要不是天花和霍乱等一系列流行病的肆虐，人口数字还有可能出现更大增长。1819 年，随着霍乱的出现，殖民地制定了针对奴隶和有色人种的传染病预防措施，敦促他们穿戴暖和的衣物，而不是让自己暴露在空气之中。[84] 除了疾病，路易港还曾在 1816 年发生过一场大火。火灾的起因是一名年轻的女奴将点火器放在了靠近床畔窗帘的地方。法国旅行家奥古斯特·比利亚德（Auguste Billiard）形容这些窗帘为蚊帐。该女子并没有呼救，于是火势在强风下迅速蔓延：

> 仅有的三辆消防车的水罐处于随时都会爆裂的状态。带来的水桶装不了水，附近房屋的洗手盆和洗澡盆成了唯一可用的器皿。[85]

总督法夸尔报告称："一名黑人被烧死，两名士兵失踪，40 人严重烧伤。"[86] 紧挨在一起的木屋很容易起火。缺乏唾手可得的水是火势蔓延的另一因素，同时还有"大量的朗姆酒、糖料、葡萄酒、棉花、小麦、大米、玉米、绳索、柏油、沥青和其他易燃物品"在商店中被烧毁。[87]

路易港的大片商业区及主要街道、房产都在火灾中毁于一旦，估价 120 万英镑。[88] 如比利亚德所说，城中被毁的区域都是法国殖民地最初的地盘："大火在一瞬间吞噬了一个世纪的劳动与财富。"[89] 圣路易港的档案文件记载，火灾之后，城市被烧毁的街道得到了拓宽，被毁掉一半的建筑遭到了拆除，人们还领到了赔偿款。[90] 到了 1823 年，一支消防队成立，却没有正式的消防员，“万一发生火灾，就得向大规模的奴隶机构征用人手。这是找人来操作灭火机器的唯一方法”。[91] 警察力量也在火灾之后得到了重组。[92]

除了疾病与火灾，路易港地处印度洋中间，还会遭受极端天气的袭击。1818 年和 1819 年，路易港曾两度遭遇飓风，1824 年飓风又再度来袭。1818 年，一场极其严重的飓风几乎令港口所有的船只搁浅，船只损坏严重。[93] 用石板、铜板和锡板制成的房顶纷纷被掀起，而用树脂、水泥与砖块砌成的那些经受住了考验。[94]

毛里求斯在 19 世纪的第二个 25 年人口增长减缓，随后又加速下降，在灾难之后，还有其他方式能够追溯这座现代城市的崛起。这场火灾引发了观念的改变，人们开始思索如何让建筑抵御灾祸，因此路易港的建筑设计从木料转向了石料，[95] 街道也铺设了碎石或压实的石块。到了 1828 年，有人提议用石墙将市场围起来，既安全又便于收税。[96] 除此以外，运河得到了进一步开发，以应对这场火灾暴露的取水困难问题。街灯也铺展开来。[97]

1818 年，新铺设的街道改换了名字，不再是为了纪念法国总督或“革命战争”，正如城市的名字从“拿破仑港”改为“路易港”。[98] 1817 年，法夸尔还设立了公社理事会，进行火灾后的城镇管理，这就是后来的市议会前身。[99] 1818 年至 1820 年，该理事会负责的事务包括面包与小麦的价格、垃圾的处理、死者的埋葬及定居点的卫生。[100] 19 世纪 20 年代初，理事会还针对如何为街道维护（包括供水、照明和城镇剧院）筹措资金展开过讨论。[101]

在反对改革的争论中，达尔文发现路易港仍旧相当法式，他写道，与路易港相比，“加来（Calais）或布洛涅（Boulogne）要更加的英国化”。19世纪30年代，法语还是“普遍使用的语言”，食物也是“法式风味”。[102]一名评论员曾写道，在反对废奴的叛乱分子发动暴乱期间，英国居民的家庭与法国人几乎没什么联系，“除了政府大楼为纪念国王陛下生日举行过年度舞会”。[103]这个舞会与1810年英国人接手时，保皇主义与共济会将英法两国精英联系在一起的方式是一致的。[104]

1826年至1828年，来自伦敦的委员会以在岛上推进改革、废除奴隶制为目标，并且怀揣着“英国化”的思想。考虑到掺水的勃艮第葡萄酒是这里晚餐的“常见饮料”，委员会担心人们习惯购买法国葡萄酒，因此想要为开普葡萄酒打开市场。[105]尽管永远不可能做到彻底的英国化，但实施英国化的渴望在不断变化的政策语言中仍能显露出来。初建于1799年的皇家学院标志着英国教育系统的引进。1847年，法语被英语代替，成为法庭上使用的语言。政府与英国国教之间的关系也更加紧密了。[106]不过在如今的毛里求斯，法语的使用仍比英语广泛得多。

与此相关，新教徒对“教皇主义”的传播感到担忧。契约工人在伊斯兰历法一月举办的“亚姆西”（Yamsey）庆典中也吸引了信奉各种宗教的亚洲人，令新教徒忧心忡忡。贵格会传教士詹姆斯·拜克豪斯（James Backhouse）在到访毛里求斯之前，曾试图将基督教带去包括塔斯马尼亚在内的澳大利亚罪犯流放地。他描述了亚姆西或戈恩节（ghoon）游行的情形，人们会扛起佛塔沿街行走，纪念先知穆罕默德孙子的去世。拜克豪斯还写道，“东印度水手和来自印度的山地苦力”会扛着“顶部如同气球”、“用彩色和镀金的纸张在柱子框架上”制成的建筑，建筑上可见

"日月和一些星星的图样"。"最欢乐的场景"是在水上爆发的。他还十分不赞成地指出，罗马天主教徒也会参加亚姆西，生病了就会在这个节日中为僧侣捐钱，"罗马天主教的残余势力就这样与异教徒混迹在了一起"。[107] 另一个明显的威胁是中国移民的到来，他们在路易港经营着许多商铺。据 1843 年一批向总督请愿的人表示："除了大部分较大的商店之外，半数贩卖食物的小商铺都是中国人经营的。"请愿者对此表示反对，认为这是不公平的，因为中国商人从集体利益出发进行协作，常以低价出售商品，对于其他商人来说，很难与他们竞争。[108]

尽管法国大革命的痕迹已经从路易港的街道名称中移除，英法两国——或说新教与天主教之间的断层线却还存在。路易港属于英国还是法国的问题与有关身份的问题放在一起时，就变得不那么重要了。就像在马德拉斯一样，种族与阶级的区分在 19 世纪中叶开始发挥更大的作用，而这正是追溯新城市兴起原因的另一种方法。当时的游客经常会注意到城市里的多样性，法国作家比利亚德以当时特有的种族主义散文描写过路易港，称一个人能"看到各种各样的肤色，从浅粉色到铜红色，再到深一些的黑色"。[109] 据说集市中一眼就能看到"四个地区的产品和面容"。[110] 拜克豪斯本人也曾写道，这座岛屿是"南半球的旅馆之一"，是一个"各种国籍、亲缘、语言和人种混杂的地方"。[111] 毫无疑问，路易港吸引了来自南方各个水域的人。

在路易港这样的定居点，克里奥尔化①已经是社会生活的一个长期特征，种族与阶级的界限因此变得更加明显。早期英国统治的人口统计十分简单，以这份 1831 年伴随评论一起出版的统

① creolisation，指欧洲语言与殖民地语言的混合化现象。——译者

计数据为例：

白人	2387 人
自由黑人	7511 人
奴隶	15 717 人
合计	25 615 人

白人与黑人的分类跟不上奴隶解放之后一拨拨劳工与殖民者的到来。[112] 早在 19 世纪三四十年代，路易港的街道上就有了不同的社区。19 世纪 30 年代初，据说路易港曾有一座“重要城镇”，居住着从事商贸的法国精英，而另外两片郊区则分别被“马拉巴尔人”、印度人以及自由黑人轮流占据。[113] 与此同时，新工人的到来令城市向西南和西北方向延伸开来，“如同新月的尖角”。[114] 奴隶制废除后，路易港的多样化对这座城市产生了实质性的影响，郊区的扩展与民族类别的增加和不同类型工人对应不同的地位，都是在这种影响下出现的现象。

城市规模扩大、日益增加的多样性、从防火到环境卫生等现代生活的问题，都要求政府进行改革。城市官僚秩序的建立是这座城市在 19 世纪中叶出现的另一特征。阿德里安·德埃皮内被派往伦敦担任毛里求斯奴隶主代表时，曾要求成立一个市政委员会，这个想法后来又被有色人种记者雷米·奥利耶（Remy Ollier）再次提出。[115] 年轻的奥利耶沉迷于对大港区反对废除奴隶制的叛乱分子的法律诉讼，甚至曾去监狱里参加审判，凸显了他努力争取的市政委员会与 19 世纪 30 年代初杰里米事件之间的联系。

奥利耶在路易港的文学俱乐部接触到了拉梅内

(Lamennais)、孟德斯鸠(Montesquieu)、狄德罗(Diderot)、卢梭(Rousseau)、伏尔泰(Voltaire)、亚当·斯密(Adam Smith)、霍勒斯·萨伊(Horace Say)和李嘉图(Ricardo)的作品。1843年，他成立了法语报纸《哨兵报》(*La Sentinelle*)，取代了迎合有色人种需求、但此时已经不复存在的《天平报》。与那些反对杰里米的人不同，奥利耶希望的不是英国人撤退，而是英国制度改革，以赋予有色人种更多的权利。这表明英法争端此时已经被另外一种政治所取代，像奥利耶这样的人打着英国人的旗号促进权利平等。他曾这样写道：

> 我们现在是英国人，不是被征服的民族，而是英国人……我们属于英格兰。为什么我们不能拥有英国的制度呢？如果她想让我们热爱自己的民族，就该赋予我们的岛屿以祖国的荣誉；如果我们对能让英国珍视和尊重其子民的一切一无所知，就无法去了解和感恩。[116]

奥利耶的作品导致了1850年的市政选举和12名议员的任命。[117]市政委员会刚成立时有820名选民。这些人都要经过选民登记并且必须拥有300英镑的财产，才能成为合格的选民。他们中有登记在册的商人、律师、医师，还有一名“马具工匠”和一名“药商”。[118]市政委员会的成立恰逢城市的市民生活、商业生活扩大之时，农业、商业商会的成立也源自奥利耶的努力。第一任市长是商人路易斯·莱谢勒(Louis Léchelle)，委员会的印章上刻着“工会”的字样，议员还会被要求佩戴“一枚用银链系在纽扣眼上的小小银质徽章，一面刻着‘市政议员’的字样”。[119]

市政当局最先采取的措施包括增加了新的路灯、修复了一条运河、扩大了市集、铺设了新的街道，用来铺设街道的石块是囚犯切割的[120]，这些举措赢得了赞誉。防火是负责消防车的市政当局首要关心的问题之一[121]，万一发生火灾，议员们被要求佩戴“半白半红的围巾，以便在人群中被认出”。此举符合人们对服饰的重视。[122]市政当局关心的另一个问题是流行病。[123]《塞尔奈人报》用歌词嘲弄市政当局，批评其迟迟不公布决议，他们认为市政当局已与另一家致力于自由主义的英语报纸《商业公报》（*Commercial Gazette*）结盟[124]，《商业公报》正是《塞尔奈人报》的竞争对手。当然，市政当局有时要处理的不过是些微不足道的事务，比如伦德尔先生的两轮运货马车因为驾驶不当撞上了一座吊桥之类的事。[125]

达尔文到访路易港后，又去了开普敦。和在路易港时一样，他在这里再次看到了一个更加欧式而非英式的城市。[126]不过，他还是试图根据路易港与开普敦的英式程度来区分它们。提到后者时，他写道：

> 开普敦以西班牙城市的精确矩形布局：街道井然有序，路面铺设碎石，有些道路两旁树木林立；房屋全被刷成了白色，看起来十分干净。在一些微小的细节上，这座城市散发着某种异域风情，却在日渐英国化。除了最底层的人，几乎没有一个居民不会说英语。在被盎格鲁化的过程中，这个殖民地与毛里求斯的殖民地似乎存在着很大差异。

尽管如今的开普敦比路易港更加出名，人口超过 350 万（路易港的人口约为 15 万），但在达尔文航海的时代，两座城市的人口规模曾经旗鼓相当。达尔文记录了开普敦的种族多样性以及桌山是如何充当这座城市的陪衬的，桌山“形成了一道坚不可摧的墙，往往能够延伸至云端”。这番景象被艺术赋予了标志性的意义，比达尔文早两年来到开普敦的托马斯·鲍勒（Thomas Bowler）曾一遍又一遍地通过水彩作品绘制过这里海岸线的景象。

这些年间，和路易港一样，开普敦南方海域上的船只往来和海岸上的遇难船只始终吸引着人们。天花和 1839 年至 1840 年的流行麻疹等疾病打断了穷人的生活，造成了巨大的困境。[127] 正如拜克豪斯在描写路易港新来的契约工人庆祝戈恩节时所写的那样，对开普敦亚洲人的评价将他们浪漫化了，或者表现了对他们的恐惧。尽管起源各异，宗教节日与习俗也大相径庭，这些亚洲人却都被打上了“开普马来人”的标签。

在表达完开普敦比路易港更加英国化的看法之后，达尔文又对阶级展开了评论：开普敦的贫苦白人工薪阶级是会说英语的，然而，社会底层的主要群体是“有色人种”、曾经的奴隶学徒、科伊桑人等。[128] 当时还有大量的英军驻扎，驻扎在城市里的海军将毛里求斯与马达加斯加也纳入了自己的势力范围。新英国殖民者（拿破仑战争的难民）搬到了这里。1820 年，一项国家援助计划导致大批移民来到开普殖民地。这样的情况与路易港的大相径庭。与此同时，在毛里求斯的杰里米事件发生之前，就一直有人努力尝试令开普敦英国化。有趣的是，受路易港律师的影响，开普敦英国化方案中有一项是在法庭和民事服务中使用英语。截至 19 世纪 30 年代，英语已经成为主要的行政语言。[129] 这里还出现了“盎格鲁人”这个阶级词语，用来称呼（有时通过联姻）主动接纳英国方式的开普荷兰裔居民。[130]

正如开普敦城市历史方面的权威人士提醒我们的那样，路易港的石材需求增加：“大型玻璃窗框替代了窄小的百叶窗，涂抹灰泥的天花板替代了裸露的横梁，茅草屋顶被换成了瓷砖。”[131]建筑风格也从洛可可风和巴洛克风转变为追求古典主义的新热潮。[132]玻璃、灰泥、瓷砖以及新风格应该让我们记住栅栏的另一边是什么样子：奴隶解放之后，房屋变得愈发拥挤，开普敦的有色人种住所陷入了极其糟糕的境地，有时好几个人睡在一张床上。[133]这样的事实表明了英国人的眼光和英国化计划的局限性。英国精英在自己的房屋设计上更注重隐私，屋内有通向房间的大厅与走廊，这些都是他们与荷式房屋结构拉开距离的一种尝试。[134]与此同时，和路易港不同，奴隶解放给城市殖民地带来了新的压力，城里有许多建于 19 世纪 30 年代末的建筑。[135]

英式学校标志着 19 世纪中叶英属开普敦的扩张。苏格兰的加尔文主义者被培养成了荷兰归正教会的牧师，这又是与英国化自相矛盾的一个例子。[136]英国中产阶级价值观的兴起带有很深的性别观念，需要建立稳定的殖民家庭，由男性扮演公共角色，女性则待在家中、没有工作——这成了中产阶级地位的象征。这样的家庭与开普殖民地曾经蓄奴的荷兰家庭形成了鲜明的对比，后者如今被描述为不道德的。[137]除了性别，种族也限制了曾经为奴的人在社会上的流动。奴隶解放在城市居民之间制造了新的种族紧张关系。

新闻界的扩张强化了种族观念，这些都是奴隶解放之后发生的：“19 世纪四五十年代，人道主义幻灭、更加普遍的刻板印象以及种族主义科学兴起。”[138] 19 世纪 30 年代以来，随着羊毛业的扩张，开普敦居民通过抵押农场和地产等手段，巩固了对边境土地的占有，变本加厉地对原住民进行种族剥削。在此之前，种族与科学便联系在了一起，如今却真正扎根于城市中。[139]

一座法国和荷兰的殖民大本营是如何演变成19世纪的英国商业城市的？这其中的相似与不同也涉及公共机构演变的历史。从第一家非官方报纸到私人银行，从新的文化机构、商业协会到文学和科学社团再到图书馆，一系列公共机构的设立构成了路易港与开普敦共同的历史。19世纪20年代，约翰·法尔贝恩（John Fairbairn）的报纸《南非商业广告报》（*South African Commercial Advertiser*）和地方的商人团体团结在了一起，这标志着开普敦兴起了中产阶级的自由主义价值观。这个阶级信仰新教教义中勤奋、自立与自由贸易的思想观念，他们的语言对新来者是开放的，对贫穷的人却并不开放。有人认为他们代表了一种英国民族主义，这个观点后来得到了南非白人与非洲民族主义的回应。[140]

自由主义在开普敦的盛行及其与新闻媒体、商人之间的联系意味着，你很难找到能与19世纪30年代初毛里求斯的杰里米事件相提并论的事件。值得注意的是，1836年，法尔贝恩和他的妻子伊丽莎白在街道上遭到了反对奴隶解放的荷兰农夫A. P. 克洛伊特（A. P. Cloete）的攻击。19世纪30年代，开普敦曾有一波反对废奴和反英国化的浪潮，但这波浪潮无疑没有在毛里求斯那么强势。荷兰报纸《南非人报》（*De Zuid-Afrikaan*）就是反对废奴者的媒体之一。这份主要覆盖农村地区的报纸之所以创立，就是为了反对法尔贝恩的报纸，但二者在寻求政治代表方面是一致的。1831年，针对奴隶制的问题，两家报社展开了一场媒体战。[141] 用一位历史学家的话来说，"《南非人报》的推出相当于是对开普敦资产阶级中支持自由改革的人道主义—商业团体的有组织挑战"。[142] 当然，还有一点不同之处在于，开普敦服务于农业经济，并且是一座转运口岸，其他腹地有了麻烦它会做出反应；而路易港是一座以岛屿本土为基础的港口城市，依赖的是糖料作物种植园。这意味着两座城市在全球经济、战争和内外部迁移方面面临的压力是不同的。

撇开不同的政治、地理、社会和经济因素不谈，两座城市在代议制政府形成过程中发生的事件是相似的。如果说路易港存在一条从革命大会到殖民委员会，再到自治区的链条，那么荷兰的传承则在开普敦城市英国化风格的扩张中得以延续。1840年，开普敦获准成立了自治政府，和路易港一样，这种自治是由其他议会演变而来的。1827年，曾经负责城市建筑、消防条例和“道德健康”的市民参议院解散了。[143] 尽管公众对选举的兴致并不高，但开普敦市政当局还是被视为自由主义的胜利。[144] 从消防车的供应到度量衡的统一，这些都是开普敦新市政当局的职责。监狱长或委员会委员的选举对所有种族开放，但并不对所有的阶层和女性开放。

尽管英国人追求的是“英国化”的目标，但在最初的十几年里，开普敦市政当局的大部分委员还是开普的荷兰公民。这些委员并非年迈的掌权人物，而是新近崛起的商业阶层，利用议会体系巩固了他们在当地的利益。[145] 令人好奇的是，开普敦的英国化允许荷兰后裔创建新的团体，还会将其纳入英国政府的体系之中。事实上，为了打造自己的政治未来，开普的荷兰人必须为他们作为英国臣民的权利而斗争。[146]

作为一个机构，市政当局与商业交易所平行运作，在一定程度上构成紧张的关系。后者由拥有更多海外联系、代表“旧士绅”的商业精英主导。市政当局维护开普敦街道的投资反映了约翰·法尔贝恩的《南非商业广告报》中流露过的担忧。[147] 与市政当局存在联系、处在上升阶段的殖民阶级，也力图发起一个能与商业交易所抗衡的团体，成立了好望角商会。

通过这些方式，在奴隶解放后的时代和各种机构中，开普敦和路易港这类城市中明显存在的阶级政治、种族政治和性别政治得到了巩固。几十年间，这些机构不断扩大，一些机构被合并，一些机构被取消，彼此间存在着复杂的关系。让蓄奴社会文明化是英国化计划的重要组成部分，而英国化计划则是某些机构成立的原因。在毛里求斯，围绕杰里米废奴法律争论的核心一直都是主权问题。与之相似，对代议制政府的要求令主权问题再次浮出水面。路易港与开普敦被赋予了地方自治权力，对殖民当局而言，这是一个必然的步骤，因为这两座城市的居民都欣然接受了劳工与自由贸易改革。

进入 19 世纪四五十年代的过渡时期，殖民地在走向自治的过程中存在倒退的危险，这个时期对开普敦与路易港成形现代港口城市至关重要。此外，当城市精英与中产阶级将自身的困境与欧洲、南方世界的其他殖民地放在一起时，海上领土的相互关联在其政治框架中就显得十分重要。无论是在游记、艺术家的描绘中，还是报纸的公开辩论中，城市都代表着遥远的地方，成为海洋与全球改革方案中的比较点与批判点。[148] 这种“南—南比较”与杰里米事件中的地区、群岛分散分布的地理特点有呼应关系。

在奴隶解放的时代，开普殖民地的殖民者曾指望依靠加勒比海地区来维护温和的奴隶制度，消除与蓄奴有关的焦虑。[149] 与开普相比，毛里求斯则表现不佳，残忍虐待劳工的做法遭到了废奴主义者的强烈谴责。19 世纪 40 年代末，媒体通过比较证明了开普敦与路易港在改革时代取得的进步和相应回报。[150] 臣服于英国的说法在路易港逐渐挤垮了最恶意的不忠。

1848—1849年

“要知道，这个时代的革命精神已经到达好望角：我们正与政府战斗。”[151] 1849年，时年20出头的F. S. 沃特梅尔（F. S. Watermeyer）在《好望角观察报》（*Cape of Good Hope Observer*）的社论中这样写道。

针对奴隶制的辩论并没有在开普敦引起19世纪30年代毛里求斯的杰里米事件那种规模的城市骚动。沃特梅尔这篇社论的背景是一场令政府瘫痪、形成了另一种替代统治体系的抗议。1848年至1849年，这场发生在开普敦的抗议并不涉及暴力，也不局限于某个奴隶主或官僚阶级，被历史学家形容为“非暴力反抗”形式，是一种“或多或少出于本能”的“骚动”。[152] 在法尔贝恩的报道中，这些事件也没有被视为武装暴动，而是以“不同的意见”为前提、“发自内心的反抗”。[153] 在骚动变得更具派系色彩时，报纸又力图阻止暴乱的发生。[154] 与之相符，沃特梅尔的社论标题正是《一场安静的革命》。[155]

这场骚动始于开普被宣布为罪犯流放地。伦敦方面之所以下达这样的指令，是为了回应开普总督哈利·史密斯（Harry Smith）写来的一封信。史密斯在信中错误地对引入罪犯的建议表示了欢迎，还呼吁殖民大臣格雷伯爵制定措施，“尽量不要耽搁”，赋予开普收容罪犯的“殊荣”。[156] 伦敦方面轻信了这份热情，安排“海王星号”（*Neptune*）将288名爱尔兰假释罪犯遣送至开普。这些曾经服过刑的罪犯如今可以在监管下自由地工作。1849年4月，法尔贝恩的报纸刊文表示，殖民地“将变成一座为各种恶棍准备的大型监狱，每个地区都是一间单独的牢房”！[157]这是一场“流亡者的入侵”。[158] 1849年5月，开普敦召开了两场公众会议，表达对这一措施的反对，每场会议都聚集了五六千人。《开普敦邮报》（*Cape Town Mail*）这样描述会议的情形：

> 5月9日，1894人将永远被记入殖民地的史册，因为这一天，开普敦城市的市民团结一心、奋起反抗丧心病狂的强权者最卑鄙无耻的残暴行为……在这样的场合下，殖民地人民遵循礼仪的做法证明了他们在教育与文明方面取得的进步，也证明了他们适合且有能力对最重要的问题做出决定。[159]

7月4日，在美国独立战争胜利纪念日这一天，开普敦也召开了一场会议，将抵制范围扩大到了所有支持政府政策的人身上。[160]

关键问题在于如何为殖民地获得劳动力——这与奴隶制无关，而是因为自由或“健康”的移民如今受到了罪犯遣送计划的威胁。[161]甚至连曾经与奴隶制辩论紧密相关的解放计划，如今也被殖民地居民拿来为自己的自由与解放据理力争。正如《南非商业广告报》所哀叹的那样，他们与生俱来“心中就有自由的标签”，但由于大都市对各项事务的专制暴政，他们就要“接受奴隶的项圈”。[162]《开普敦邮报》也表示，将罪犯强加给殖民地就是奴隶时代的回归：

> 老殖民者被剥夺了曾经属于他们合法财产的奴隶——和所有的新国家一样，蓄奴在这里相当于有效雇用劳动力——

于是他们付出了相当大的努力，通过移民来增加技工阶层的人数。似乎有人认为，任何形式的强制劳动都会受到热烈的欢迎，而我们对人性的一切感知都是麻木的。和从被送来的那些堕落又可怜的罪犯付出的劳动中榨取的利润相比，道德堕落与社会弊端被认为是微不足道的。[163]

最令人担忧的是，如何让殖民地正在推进的英国化和中产阶级道德与和二者相悖的干涉主义措施相符，这种措施与当地的舆论也不一致。考虑到这一点，危机之所以会出现，一部分原因在于本土政客渴望平息英国中产阶级的怒气，实在是令人惊奇。[164]

总督哈利·史密斯收到了一系列的抗议请愿书。某反对罪犯移民的协会几乎每天都会发来请求。大批机构、团体和个人不得不让步：治安法官辞职；道路委员会、监狱委员会、学校委员会、海港委员会的非正式成员，甚至是立法委员会的非正式成员，都纷纷辞职。沃特梅尔在社论中表示："目前政府已经瘫痪。"[165]在之后不久的一篇文章中，他又表示："立法委员会已经停止运行。"[166]情形与大约20年前毛里求斯的杰里米事件类似。

自从"海王星号"于1849年9月到达以来，船上的罪犯五个月都无法登陆，他们临时住在开普敦外的西蒙湾（Simon's Bay）码头。人们还会抵制那些为船只提供补给的人的生意。[167]有罪犯企图逃跑，却没有成功。[168]这艘船仿佛被看作会传播致命疾病的"害虫船"（pest ship）。[169]最终，船只继续起航，前往范迪门斯地。法尔贝恩写道："好望角人民向世界展示了什么才算是一个国家。"[170]

开普敦市政当局在反罪犯抗议活动中发挥了重要作用，让出了市政厅给反罪犯委员会召开会议。一名旁观者赋予市政当局

“反政府”的称号。从殖民地各处遍布志愿协会的角度来看，市政当局发挥的作用是很有意义的。1848年年底的地方年鉴中写满了志愿协会的名称。在《南非商业广告报》看来，这些图书馆、农业协会、银行和其他类似协会都是“地方行政机构”，为人民帮“政府”做好准备，并证明了“民主团体”的力量。[171]市政委员会委员通知总督：“人民已经决定，那些罪犯禁止、无法且不可能登陆，或被关押在这片殖民地的任何港口。”[172]骚动取得胜利之后，市政当局推动了新宪法的制定。1853年，代议制政府获批成立。要获得选举权，必须拥有价值25英镑的财产或50英镑的月薪，抑或提供食宿的25英镑月薪。[173]

记者和评论家在提及7月4日召开的反罪犯公开会议时，就像提起法国大革命、美国独立战争以及1848年震撼了欧洲的事件一样。《南非商业广告报》指出，本杰明·富兰克林也反对将罪犯强加给美国，还提问美国人能否以响尾蛇作为回礼。“人民的忠心被不可弥补地离间了，大英帝国被一分为二。”[174]沃特梅尔在社论中提起了1848年的法国大革命，以及席卷意大利、迫使教皇不得不离开罗马的自由主义政治。在描述与政府的斗争时，他写道：

> （人民的）热忱毫不亚于法国人将路易·菲利普（Louis Philippe）变成讷伊伯爵（Comte de Neuilly），或其他地方的人强迫神圣的庇护教皇携印玺前往加埃塔（Gaeta），而不是坐在永恒之城中那个德高望重的位置上。

他指出，殖民地居民中有人要求“自由解放的宪法”，这种热情一被唤醒，就马上取代了他们对殖民地疲软的信心。他继续写道："紧接着，他们将斧头放在了祸根处，坚称代议制立法机构再也不应受到抑制。"如果说这一次的骚动是被远方事件的消息和语言激发的，那么二者之间的联系应该不是那么直接，因为欧洲之事与开普发生针对罪犯的骚动相隔了好几个月的时间。[175]近来有人辩称，早期在欧洲与开普之间传递消息的报刊有时消息在送达时就已经黯然失色——由于时间的延迟，人们会认为这些消息不是最新的，或者并非完全准确。[176]

有人可能还会补充称，在向蒸汽时代过渡的年代中，这样的问题尤其尖锐。人们对新闻和市场在全球范围流通的预期逐步上升，却很难真正实现。1848 年的欧洲革命年与其说是一个决定性原因，不如说是一种便利，一个可以随意展开、让地方利益在南方世界中得到重视的故事。从严格意义上来说，它可以被剪下来，贴在那些在反罪犯骚动中发挥了重要角色的报纸上。这方面的报道使大家针对政府与权利的问题在欧洲与开普之间进行比较。比起 1848 年的欧洲骚乱直接或间接地引起了反犯罪暴动的说法，用这种方式来分析这些事件更有意义。

围绕这场骚动，新闻的传播与对互相比较的喜好也有着"殖民地—殖民地"和"南—南"的特点，再次要求人们放弃认为欧洲才是 19 世纪 40 年代末革命故事主导者的观点。在推动代议制政府的过程中，法尔贝恩的报纸重申了 1840 年的加拿大宪法（将上、下加拿大合并为一个立法实体的所谓联合法案），《开普敦邮报》也对此展开了讨论。[177]《南非商业广告报》断言，开普殖民地比新南威尔士州、牙买加或毛里求斯更幸福，因为那些地方的投机买卖或劳工问题更容易导致经济崩溃。按照该报的观点，开普的幸福为其反对向殖民地输送罪犯的计划提供了理由。[178]

与这样的分类计划相符，报纸还引用道德说教者的话，反对将开普与范迪门斯地、诺福克岛——“大英帝国的索多玛与蛾摩拉城”或“道德的粪堆”——归为一类。[179]但在其他时候，这些开普报刊又希望能与澳大利亚的殖民地居民联手，害怕澳大利亚这片“孤独的大陆”会成为“群情激愤的土地”，若是交通不中断，便会成为“所有国家的祸害与恐怖”之源。[180]与此同时，在南方海洋的另一边，悉尼的媒体也报道了开普敦发生的事件。1849 年，悉尼亦爆发了反犯罪运动，在悉尼的报道中，人们还表达了不能被开普爱国者超越的心理。[181]

相比澳大利亚，毛里求斯更靠近开普。这些年间，在开普媒体的眼中，毛里求斯在种族、性别和道德价值方面也可以称为“他者”。1848 年，艺术家乔治·达夫（George Duff）在《山姆·斯莱的非洲杂志》（*Sam Sly's African Journal*）中表示，开普敦与路易港在道德方面形成了有趣的对比。他用种族和阶级的语言对二者进行了区分。两座城市的有色人种相比起来，“开普敦最贫困的霍屯督人（科伊科伊人）”看起来比“醉醺醺的马拉巴尔（印度）女子”好得多。路易港的法国殖民地居民据说看上去缺乏教养，“他们太爱胡闹了”。[182]同年，法尔贝恩的《南非商业广告报》也在密切关注毛里求斯，断言法国大革命的消息将使法国人和英国人的关系陷入危机：一方号称“独立，或与法兰西共和国重新统一”，另一方则想“比以往更加靠近英国君主制的核心”。人们认为，毛里求斯面临的选择与开普大相径庭：殖民地的荷兰与法国殖民者据说都有“缓慢升温、缓慢降温的特点”，解释了二者为何面对罪犯问题持续一致采取非暴力抗议的方式。在开普，他们被认为是“同舟共济”“一条船上的蚂蚱”。[183]

在反罪犯骚动的酝酿过程中，报纸曾写道，毛里求斯也害怕罪犯会被遣送至该岛。文中援引《毛里求斯时报》（*Mauritius*

Times）的话为证，证明了在殖民地的“政治与社会生活处于过渡状态时”引入罪犯的危险。[184] 接下来的几个月，另一则消息又点燃了《南非商业广告报》的义愤之情：军事罪犯或因犯法受到惩罚的士兵竟然要从毛里求斯被送来开普，并在路途中开始工作。不仅如此，还有其他罪犯正被计划从大英帝国的其他地方送来开普。不过这些计划后来都被取消了。[185]

路易港方面，即便没有罪犯在被送来的路上，来自欧洲的消息也可以被当地人用于自己的目的。1848 年 10 月，某协会成立，宣称其宗旨是建立与总督沟通的渠道，那是对糖料作物种植园主来说经济十分不景气的一段时期。协会的成立直接源于所谓的《七月宣言》。该宣言由亲法而非亲英的《哨兵报》《毛里求斯人报》（*Le Mauricien*）和《塞尔奈人报》编辑撰写。[186]

《塞尔奈人报》认为，鉴于欧洲发生的事件在“全球各地”都引起了回响，毛里求斯媒体无法“冷眼旁观”，这样做“有失尊严”。[187] 它特别勇敢地指出：

> 要是我们坚称毛里求斯在起源、语言、法律、习俗和感情上都没有得到法国的推动，那就是在掩盖真相、信口雌黄。
>
> 政府清楚地知道，如果世界是由自由支配的，如果毛里求斯人民能获准选择一个保护国，他们的选择将会是建立了这座殖民地的国家。他们与这个国家被人用武力分隔开来。要不是他们能从女王陛下的手中获得自由，他们是不会接受她的旗帜的。[188]

然而，《塞尔奈人报》转载了该协会 10 月 5 日在一场会议中发表的讲话。讲话中，协会的组织者们坚称自己忠于英国人，因此对英国商业政策的质询是符合效忠义务的。[189]支持政府的亲英派《毛里求斯时报》指出，尽管协会在成立时不曾承认过有什么政治野心，但也没有什么能够阻止它走出成立时设想的范围。[190]

10 月 12 日 11 点至 12 点之间，在路易港的欧洲酒店，该协会试图举行一场会议以获得岛上居民的选票。但是所有行使投票权的人都必须向协会支付两美元。虽然人们针对摒弃“两美元资格”、允许曾经的学徒参与投票展开过辩论，但修正案并未通过。民主的受限以及对劳工阶层的持续排斥仍然十分明显。[191]该协会设定的目标如下：

> 第一是农业尤其是糖料种植业的目标。第二，从女王陛下的大臣手中获得选举管理委员会机构。第三，降低高额税负，实行配套的措施，进行殖民地管理改革。[192]

警察局副局长驱散了欧洲酒店的这场会议。毛里求斯总督威廉·戈姆（William Gomm）宣布，该协会的计划是非法的，属于造反。尽管他对该协会的形成忧心忡忡，向殖民机关形容这是一场“革命运动”，却坚称协会在广大民众中没有受到欢迎，只是引起了旁观者的“普遍好奇”。这样的描述似乎是准确的，因为它意味着我们不该将协会引起的骚动与罪犯到达开普敦后发生的事情相提并论。[193]不过戈姆指出，他警告过立法委员会的一些非官方成员参与该协会的危险，担心有可能再度出现“杰里米时刻”或反罪犯骚动这样的事件，从而形成另一种统治体系。[194]

被警方打断时，协会组织者曾谴责这是“公开的羞辱与侮辱”。[195]《塞尔奈人报》坚称：

谁是悖逆和违法之人？……他们是向英国政府挑衅的共和主义者吗？……不，他们是诚实、独立、忠诚和明智的殖民地居民。[196]

该协会否认自己希望塑造另一种统治体系。[197]最终，它对自己的计划进行了削减，通过委派 15 人的中央委员会来服从法律的要求，而不是成立 64 人的选举代表团。这样的变化是普洛斯珀·德埃皮内（Prosper d'Epinay）提议的，他是阿德里安·德埃皮内的兄弟，也是 1831 年抗议活动的核心人物。他提议称，从法国人手中传承下来的法律只允许 15 人在未经政府明确许可的条件下集会，探讨“宗教或政治问题”。[198]当年 11 月，戈恩节游行队伍受到了警方的严格管制与严密监视；节日仅对那些被特别描述为“完全穆斯林”的人开放，而且不允许携带“棍棒或木棒”等武器。[199] 15 人组成的中央委员会起草了致戈姆总督和女王的请愿书。第一封请愿书的内容比第二封更加咄咄逼人，其中包含一条全部用大写字母写成的要求：立即减轻税负。[200]从给女王的请愿书的第一条内容中，我们就能清楚地看出它与奴隶制争论之间的联系：

自 1833 年奴隶制在陛下的领土上被废除以来，您的请愿者就一直利用免费的劳动力、倾尽所有来生产糖料——毛里求斯的主要产品，也是唯一的产品——以获得酬劳。也为英国顾客提供了廉价的糖料。[201]

向女王请愿的人们继续强调劳动力与机器的成本，以及沉重的税收和应付地方政府的巨大开销等制度带来的负担。他们坚称，1846年的糖料法案“允许外国奴隶种植的糖料在英国销售，却只收取很少的区别税，使其与本岛的产品产生了直接竞争”，令本地种植园主身陷破产的境地。请愿书第十五条说的是代议制政府的问题：

> 无论是选举代表大会还是任何市政机构，请愿者都被剥夺了参与任何殖民地政府事务的权利，从而无法根据殖民地的资源状况分配公共财政，而这正是建立有效政府所需要的经济基础。

他们还指出了马达加斯加女王的政治活动给他们的贸易带来的影响，但是请愿者们被剥夺了牲畜供应和劳动力来源：

> 肉类价格因此上涨了四倍，种植园主用来维持庄园廉价生产的耕牛因瘟疫大量死亡，无法得到替换。

他们要求恢复与马达加斯加的自由贸易，并根据路易港皇家宪章成立“选举大会”和市政当局，坚称没有选举大会的同意不应该征收任何赋税。所有这些都与1848年的全球革命局势相符。中央委员会举行了令人印象深刻的仪式，率领300人列队穿过路易港的大街小巷，将两份请愿书递交至戈姆手中。[202]

最后，岛上的几家报社间爆发了争执，使15人组成的中央委员会不得不解散。争执的火花出现在1849年7月4日，也就是开普敦街道发生反罪犯抗议的那一天。一群有色人种被禁止进入某场舞会——体现了此次抗议活动中提出的种族限制问题，委员会中的五名有色人种成员因此提交了辞呈。[203]《毛里求斯时报》

宣称，种族分裂正在撕裂法国人的身份认同，迫使法国人转向英国。该报的观点令人想起了围绕开普反罪犯骚动发出的有关忠诚与英国臣民的言论：

> 民众明确感受到了英国化，他们渴望看到英语在这座岛屿上立足。但直到几年前，媒体还完全掌握在法国人或（杰里米时代的）旧殖民派手中，英国人和有色人种无法宣扬自己的观点。[204]

19世纪中叶全球化的特征

如果当时的媒体争端代表了不同政治派别和不同意见的分歧，那么这些争端就是现代帝国诞生时的产物。新闻报纸的类型仍不稳定，媒体的写作与这个时代的其他写作方式也并非彻底不同。随着蒸汽船的普及，路易港、开普敦这样的城市与更广阔的世界展开交流成为可能。不过全球化的影响仍然是不均衡的。不同的地点可以彼此联系起来，但是因为各自发展的速度不同又有了彼此的区分。来自欧洲的新闻产生了某种影响，同样，跨越南方海洋的信息传播和政治交流也带来了影响。这使我们有必要对1848年的更多地点展开描述，特别是如果我们想要了解印度洋西南部的内部构成的话。

在这段时间里，路易港有一位名叫詹姆斯·埃戈伯特·西蒙斯（James Egbert Simmons，1810—1857年）的热心记者。他与远在英国的母亲关系极其亲密，有相当数量的书信往来。他的书信反映了 19 世纪中叶殖民地居民的新特点：他们感觉自己远离欧洲，但四面八方的消息传到这里成为本地新闻时，却是毫无先后顺序的。他和母亲无话不说，在 1847 年至 1855 年给她写了 100 多封信，其中一封是他与心爱的女子卡洛琳·卡索布尔（Caroline Casaubour）一起写的。卡索布尔写信用的是法语，西蒙斯担心母亲不会原谅她“既不是英国人，又不是新教徒”的“双重缺点”。[205] 说法语的毛里求斯“克里奥尔”女子成为英国男人的伴侣——这样的结合十分符合英国化政策中的性别政治。卡洛琳·卡索布尔是普洛斯珀·德埃皮内的外甥女，这说明自杰里米事件以来，时代发生了多大的变化。她的家庭曾在 1831 年反对英国人的抗议中扮演了核心角色，还曾为 1848 年亲法政治协会的斗争建言献策。该家族在短短几年时间里对英国政府既有反对，也有支持。

西蒙斯是跟随自己的军团到达路易港的，在印度被人用枪射穿了嘴巴，当场“死亡”。他是在印度叛乱期间被派往加尔各答的。西蒙斯在信中时刻关注着路易港与世界其他地方的通信线路，还时常提议联系他的最好方式，比较邮件在不同线路的中转时间。1848 年 8 月 21 日，他在给“亲爱的母亲”的信中写道：

> 我很难过，收信的时间延迟了，我的上一封信日期是 3 月 23 日（你的第 13 封来信），经由陆路的信件是 6 月 24 日到达，但 5 月 14 日之后就没有船只抵达了。英国的船只正在沿着最漫长的航线航行……我希望不久就能有一条固定的线路将邮包递送至锡兰，这样我们平日里的通信不用两个月就能送达了。在这条邮路建好之前，你通过陆路寄送信件是

没用的。如果要寄，那就通过科伦坡好了。[206]

这些信件都是定期书写的，有时会赶在船只离开之前匆匆赶去投递。“艾比”是他在信中使用的昵称。母亲会为这些信件编号（这一点从上文的节选中明显能够看出），等待信件按照编号的顺序到达，当顺序被打乱时便会满腹怨言。因此，婚礼前没有收到母亲的来信令他十分焦虑。所有这一切意味着，在开普敦和毛里求斯，信件是能与早期的报纸相提并论的。尽管书信无疑属于一种更加个性化的写作形式，但在那几年，无论是书信还是该地区的报纸，都在尝试规律地标记时间，使全球化的世界以原点的感觉运作。

事实上，期刊是伴随书信出现的，西蒙斯会把毛里求斯的报纸寄给母亲，还曾承诺把平版印刷画和种子寄去毛里求斯。1849 年，他承诺会给母亲寄去“一本纸张精美、印有中国图画的小书”作为圣诞礼物[207]，也有婚礼蛋糕的运输计划。与英国寄出的书信一同送达的还有一本《圣经与圣约》（*Bible and Testaments*），是送给新婚夫妇以及卡洛琳的母亲的。通过这条线路运来的还有“四分之一块奶酪和四分之一块婚礼蛋糕”，婚礼蛋糕来自英国某家庭成员的婚礼。[208] 尽管西蒙斯与母亲通信的时间只跨越了短短几年，却明显能够看出蒸汽动力的加速发展。到了 1852 年，西蒙斯因为没有按时收到信件而担心母亲身体不适，希望她只不过是错过了开普殖民地蒸汽船启程的日期：“在这个定期通信的日子里，没有收到亲爱的母亲定期寄来的书信，真是令人担心。”[209]

19 世纪三四十年代，在向蒸汽时代过渡之前，由于政治新闻在即时性和有效性上还有欠缺，所以会被当地人别有用心地利用。从西蒙斯对 1848 年毛里求斯发生的事情以及谣言是如何由此产生所做的评论，我们能够明显看出：

至于这个小地方的政治，我相信克里奥尔人非常不满，并且倾向于效仿法国人，却又无力扭转局面。他们一直都在通过散布人们不满军队、令人担忧的报道自娱自乐……

他还给母亲讲述了 1848 年在路易港成立的一个“非常可笑的”协会。该协会由糖料作物种植园的“几名破产英国商人”领导。他拒绝承认协会拥有任何尊严或政治力量，并将它与欧洲区别开来。由于他认为毛里求斯与欧洲局势相比“完全脱离了世界”，所以他为自己对当地新闻的乏味评论表示了歉意。[210] 尽管岛上的新闻可以与欧洲新闻同时被提起，却不可相提并论。对他而言，1848 年的政治协会就是：

打着毛里求斯协会名义的某种代表大会，会选出 64 名成员，获得投票资格竟然要捐献两美元……

在描述这个组织时，尽管他表示了轻视与嘲笑，却还是用上了“革命”一词：“这是我们距离革命最近的一次，一部分媒体对革命有抵挡不住的渴望。”在这句话之后，西蒙斯并没有对欧洲政治展开讨论，而是说起了毛里求斯更真实的政治背景：“我们昨天收到了来自开普的报纸，上面称有谣言说（总督）H. 史密斯与（南非白人领袖）安德烈斯·比勒陀利乌斯（Andries Pretoriu）之间展开了斗争……”[211] 西蒙斯坚称，虽然来自欧洲的消息十分糟糕，但除非英法开战——这看上去已经越来越不可能了，否则不太可能影响毛里求斯。

相反，毛里求斯面临的挑战，是在远离欧洲却又被其他殖民地（如法国的波旁岛和开普）包围的情况下，整合出一个具有凝聚力的社会。在写到与卡洛琳一起到访波旁岛的计划时，他提到她在那里有许多亲戚：

> 那里有一座10 000多英尺高的山，山顶附近还有几座著名的温泉。他们说那里的水对她很有好处，气候可能也更好。她在那里有不少的亲戚。他们都是非常善良的人，能够提供食宿……[212]

定居毛里求斯的法国人可以被纳入英国化的计划之中，西蒙斯的个人生活就证明了这一点。用他的话来说，法国人都是些"可怜的家伙"，"都是最彻底的反共和主义者"。[213]而英国化正是进一步转化反共和主义者的一种工具。

与这种用比较的目光展望南方海洋的风格相符，1850年，一份名为《商业公报》的新日报社在毛里求斯成立。它不仅承担着让政府负起责任的重任，还关注着1848年骚动后成立的路易港市议会。《商业公报》力图扩大自由原则的影响，反复提倡在毛里求斯与开普之间开拓一条蒸汽船航线。[214]该报可以与法尔贝恩在开普敦的报纸相提并论。在它发表的一份早期报刊中，我们一眼就能看出，通过对不同的地方进行比较，是能够刺激政治局势的，他们是这样提问的：

> 有人认为，一个市政机构对我们而言就已足够，而我们的邻居开普却拥有一套完整的代议体系。这两个殖民地有何

不同呢？毛里求斯是个被征服的殖民地，开普也一样。毛里求斯的人口拥有不同的欧洲血统，开普也是如此。我们能找到的唯一说辞是，自1841年以来，开普居民就一直在请愿建立一个代议制政府……[215]

几个月之后，《商业公报》再次提出这一问题，并指出了一个反对的理由：毛里求斯存在"敌对种族"。《商业公报》在回应中坚称，路易港的阶级敌意已经消失，教育消除了阶级偏见与依赖。[216]尽管开普敦与路易港经常被拿来比较，在获准成立市政府方面却拥有共同的历史，值得注意的是，毛里求斯是在19世纪末期才获得选举代表权的，第一次选举于1886年举行。[217]

在提出建设代议制政府的理由时，该报不仅把目光投向了开普，还指出波旁岛也有一定的政治地位，能够派遣代表参加法国国民大会。据报纸刊登的一封书信所说，波旁岛居民P. 德·格雷斯兰（P. de Greslan）在国民大会上义正词严地据理力争，虽然没能为波旁岛获取新闻自由，却也至少拿到了修复两次龙卷风带来的损失所需的协助，还拿到了为岛屿获取劳动力的计划。《商业公报》总结称："波旁岛在国民大会中拥有两名代表，宣传殖民地的需求，捍卫殖民地的利益，以免人们忽略殖民地，比我们的优势大多了……"[218]毛里求斯却要承受那些连它处于地图什么位置都不清楚，或是从未见过它的人们做出的决定。[219]

与此同时，《开普敦邮报》也用毛里求斯报纸的素材来提醒读者注意波旁岛发生的事情。在不同政治派系分裂的状况下，波旁岛近来成立了一个独立于政府的全民大会。[220]波旁岛全民大会成立的消息是在毛里求斯协会于1848年成立前传来的，这些政治进步正是人们向女王和总督戈姆签字请愿的背景之一。[221]

总而言之，媒体并不只是简单地报道新闻，毛里求斯等地的居民也不仅仅只是采纳和遵循欧洲的意识形态。印刷品与信件梳理了开普、毛里求斯和波旁岛各殖民地之间的关系。报纸也让这些地方得以针对解放、权利和政府的问题展开辩论，反过来又引发了更加广阔的全球化对比。

遥望南方

不同殖民地之间的对比与1848年前后大英帝国发生的抗议和非暴力反抗活动有异曲同工之处，二者的发生都受到了自由贸易扩张、英国向外输送罪犯的需求、减轻国内税负并扩大海外税收的刺激。[222]

19世纪四五十年代，人们针对自治展开了辩论，其渊源正是19世纪30年代针对奴隶制的辩论。人们认为二者都与“解放”有关。如果被奴役的劳工得到了解放，那么现在的中产阶级，即拥有公众意识和商业头脑的新兴精英，就会利用解放的思想提出请愿权和集会权的诉求。各个阶级的人都会为自己的利益利用当时的政治话语，同时排斥不属于他们的那些人。和欧洲的情况一样，这些地方也强烈呼吁宪法改革。在开普敦和路易港，市政府都被用作争取代议制政府的堡垒，却得到了不同的结果。

正如革命被帝国镇压那样，改革成果被保守主义取代成为一种模式。这个曲折的故事与法国大革命的后续事件直接相关。对于在社会上流动的人和一部分精英来说，如今的挑战是要证明自己具备英国人的作风，并且展示效忠英国的证据，只有这样才能获得权利和发展。

就在毛里求斯政治协会形成的过程中，除了有关欧洲骚乱的新闻，毛里求斯报纸的专栏中还出现了持续研究印度洋彼岸叛乱情况的内容。1848 年，英属锡兰（斯里兰卡）发生叛乱，位于昔日王国腹地核心地带的政府大楼遭到攻击，港口城市科伦坡还发生了城市暴乱。反对新赋税制度、向总督请愿的签名集会演变成了暴力冲突。

叛乱遭到了总督托林顿（Torrington）毫不留情的镇压。不过，斯里兰卡的局势与 1848 年在毛里求斯发生的没有暴力的事件有着许多惊人的相似之处。赋税问题再度引起了争议，从印花税到马车牌照费，斯里兰卡引进了一系列新税。对劳工待遇的不满也是这次暴乱发生的原因之一：道路条例规定，男性每年必须在道路上工作六年，这与义务劳动的制度类似，但英国政府派来的改革委员会已经废除了这样的制度。该委员会曾在访问了开普与毛里求斯后来到斯里兰卡，并推荐了改革奴隶制的措施。换言之，在过去的 10 年中，就算奴隶制在实践中并未完全消失，但确实可以被证实遭到了废除，却还是有人认为它在 1848 年被重新引入了。用斯里兰卡《观察家报》（*Observer*）上刊登的一封信中的话来说："我认为（斯里兰卡的）僧伽罗人会证明他们不是奴隶种族。"[223]

在这场骚乱还在酝酿时，除了来自欧洲的消息，斯里兰卡媒体也在讨论建立村级自治制度和为立法委员会争取"选举特权"的可能性，各方都签署了请愿书和备忘录。报纸是革命的战场。《观察家报》的编辑、爱尔兰医生查尔斯·埃利奥特博士（Dr

Charles Elliot）被谴责是叛乱的始作俑者。在锡兰的《时报》（*Times*）看来，埃利奥特是个“知识渊博的叛徒”、是“为这场可怕的叛乱播下种子的人”。上文中那封反对对僧伽罗人实行新奴隶制的信，是1848年7月3日以“一个英国人”的笔名发表在《观察家报》上的，它被翻译成了僧伽罗语，并以小册子的形式分发。从路易港的角度看来，斯里兰卡与毛里求斯的相似之处似乎十分有趣。1848年，两座岛屿的经济与社会被认为非常相似，面临着类似的挑战。[224]举例而言，《塞尔奈人报》认为：“僧伽罗人并不比我们幸福：农村地产背负着沉重的债务，出售（给咖啡种植园主）时价格十分低廉。”[225]《毛里求斯人报》则介绍了锡兰事件的最新进展，其中包括一段对埃利奥特的描述：

> 大批科塔（Cotta）当地人（从五人发展至7000人）集结在科伦坡，守备部队全副武装，守卫着城镇的大门。镇上警察动手介入，打破了六个或八个穷人的头。埃利奥特博士（《观察家报》的主编）积极参与其中，利用自身影响力安抚众人，同时呼吁在场的总督命令部队和警方撤退，他表示百姓聚集只是为了签署请愿书，然后就会离开……[226]

不过，锡兰与毛里求斯之所以相似，不仅仅因为经济全球化和有关权利的讨论的爆发，二者之间的相似之处会被毛里求斯各大报纸用来了解本国的政治，还会对斯里兰卡事件的影响展开辩论，这构成了对南方海洋进一步的对比观察。《毛里求斯时报》嘲笑《塞尔奈人报》和《毛里求斯人报》把斯里兰卡的《观察家报》和《审查人报》（*Examiner*）称为“大众最喜欢的报纸”，同时让支持政府的锡兰《时报》呈现出《毛里求斯时报》的样子。《毛里求斯时报》还用尖刻的评论回应称："不幸的是，埃利奥特博士（《观察家报》的编辑）不愿与他在毛里求斯的仰慕者们亲近。"锡兰《时报》指出，埃利奥特认为，在斯里兰卡与《塞尔奈人报》和《毛里求斯人报》类似的是锡兰《时报》，而不是他编辑的报纸。

换言之，在毛里求斯与斯里兰卡之间传递新闻的过程中，南方世界正试图建立不同地方之间的政治联盟。报纸可以复制粘贴报道和评论，或结盟，或辩论1848年的革命局势给邻国造成的影响。不过，尽管有人试图将斯里兰卡这位爱尔兰编辑的自由主义政治与毛里求斯老牌精英的保守政治相提并论，追溯记者引发的政治事件（即1848年锡兰叛乱和毛里求斯政治协会的成立）的共同点，无疑是种不准确的政治比较形式。《毛里求斯时报》援引了埃利奥特博士批评种族主义的话，而种族主义的拥护者正是与《塞尔奈人报》《毛里求斯人报》结盟的毛里求斯种植园主精英。埃利奥特不相信"荷兰人与法国克里奥尔人信仰自由的声明"。《毛里求斯时报》声称，毛里求斯精英想要自由，是为了"消灭"黑人或"使他们沦为奴隶"。[227]

尽管南非开普和斯里兰卡都有自由主义力量，且共享荷兰殖民遗产，开普敦对斯里兰卡叛乱的报道却十分低调。开普的作家们在看待斯里兰卡事件时，会把种族视为一个区别因素。对《南非商业广告报》来说：

> 从印度报纸的内容来看，锡兰发生的这场十恶不赦的起义或叛乱很快就遭到了总督托林顿勋爵的镇压，并遭到了他严厉的惩罚。某些党派作家（埃利奥特博士）对英国政府展开了尖锐的攻击，从而煽动僧伽罗人掀起了这场恶劣的运

动。对这些作家而言，忠心耿耿的居民这次采取的行动是十分高尚的。[228]

在其他方面，锡兰的叛乱分子与其他地方的叛乱分子相距甚远，因为他们“既野蛮又恶毒”。[229]从这些人如何“折磨一位不幸落入他们之手的种植园主”，就能明显看出他们的过度暴力。这句话以一个未被提及的事实为背景：许多叛乱分子都在英国政府掌权的玛塔莱（Matale）地区遭到了杀害。[230]《开普敦邮报》希望恢复埃利奥特博士作为一名自由主义者的名誉，他们指出有人试图把责任归咎到他的身上。“那些对他含沙射影的话是完全站不住脚的，只配用来描述威廉·皮特（William Pitt）时代的一场乡村改革会议……”《开普敦邮报》还引用了非开普地区报纸的片段，证明托林顿总督处理叛乱的方式越权了。正如对锡兰叛乱事件的解读是为了贴合毛里求斯的自身情况，人们对英国化、忠诚、自由主义和反独裁政府的关注也会影响到对开普事件的看法，这些都是在开普敦广泛传播的政治承诺。

结　论

1848 年，政治变革浪潮席卷欧洲大陆，斯里兰卡的 1848 年叛乱可能会淹没在欧洲人春天的故事中。在本章中，我们以这个事件为出发点，回顾 19 世纪三四十年代更加英国化、现代化的印度洋各地发生的争论，是个非常不错的选择。废除奴隶制的计划并没有在 19 世纪 30 年代戛然而止，而是反过来刺激了自治的呼声，“解放”的话语被广泛应用到各个殖民地。如今，废除奴隶制的事实还被用来反对殖民国家的干涉主义政策，比如罪犯的引进对印度洋沿岸种植园经济的影响。

如果说 19 世纪 30 年代，废奴主义在西南印度洋遇到了困难，那么 19 世纪 40 年代，新公共领域和蒸汽航运的兴起则再次引发了一种比较的政治。在这种政治中，在邻国发生的事情会被用来推进当地人的行动。遥远的欧洲肯定也一直都在人们的考虑范围之内，但拥有相似历史、社会和经济状况的邻近殖民地尤其受到关注。诸如斯里兰卡叛乱或法属波旁岛政治活动的消息，传播到开普和毛里求斯之后，都会受到当地因素的影响。而且信息在传播的过程中也会打折扣，失去即时性。所以西南印度洋发生的事情也不应简单地被解读为是由 1848 年欧洲革命引起的。

新兴城市、种族政策制度化、性别问题、英国化等，都是这个故事鲜明的特征。为了维护自治的权利，人们越来越有必要采用英国臣民的身份，而这无疑是具有排他性的。虽然 1848 年毛里求斯有记者刊文表达渴望法国统治，这些都是极特殊的个例。和那些展开反罪犯运动的开普人一样，毛里求斯的有色人种记者奥利耶发表了一份具有英国风格的宣言。这种英国风格正日益与中产阶级的自由主义价值、与种族和性别问题相关的道德观念联系在一起，同时与法国和荷兰的蓄奴文化相对立，二者正是英国想要取代的。英国风格在尝试取代前辈的同时，也同化了开普敦与路易港的荷、法传统。这一点从西蒙斯与他的法国“克里奥尔”妻子之间的关系就能看出。这名毛里求斯女子出身于 19 世纪 30 年代初反对过杰里米的家族之一。但是，英国风格的强势并没有抹除荷兰、法国的传统，而是在此基础上，把在路易港和开普敦等迅速崛起的港口城市新出现的阶级、种族关系都融合了进去。

这个故事讲述的，是被我们看作现代城市生活的产物——私营报社和公民文化——未来的样子。但可悲的地方在于，这说明大英帝国想要战胜的对手也在巩固自己。革命时代的传承一直都在，因为1848那一年，公众会议和各种协会都挪用了关于革命的记忆与象征意义。但关于路易港街道上发生的革命的记忆却被人抹去了。英国风格作为一种文化与社会上的实践，成为反共和主义的工具，这最终酿成了19世纪中叶的悲剧。一场与大英帝国紧密相连的现代性反革命浪潮极大地压制了革命时代的潜力。

但英国的镇压活动并不能算大获全胜，也不是以线性递进的方式进行的。印度洋人民仍然充满创造性地巧妙运用帝国的空间与空隙，以达到自己的目的。不同地方迈向代议制政治的过程遵循着相似的路径，以开普为例，在以有限的方式引入公民权之前，立法委员会实施改革，使市政当局得以成立。这套程序在不同的地方有着不同的节奏，路易港的市政当局是在开普获得拨款后10年才成立起来的。在争取建立代议制政府的过程中，虽然路易港想要以邻国为先例，但这样的方针并没有起效，因为毛里求斯的代议制政府也是拖延了很久才建立的。虽说建立替代政府是解读杰里米事件的一种方式，但开普敦没有类似的机构，可能直到19世纪40年代末的反罪犯运动时才有。在彼此相似却又互不相同的道路上，这些我们可以感知的差异正是在印度洋制造政治压力、借以引发抗议的契机。但是一个地方直接影响另一个地方的情况鲜有发生，因为消息的传播需要一段时间，不同的地方需要遵循不同的道路，这一事实也让一些人尝到了失败的滋味。在开普，斯里兰卡可能是个种族主义的“他者”，而在毛里求斯，有人则试图通过斯里兰卡的叛乱来解释当地的政治行动。地理分布与时间的交错令跨越南方的浪潮错综复杂，但在浪潮之中，大英帝国迎来了现代性。

结论

19 世纪中叶，关于大英帝国的历史写作曾风靡一时[1]，革命时代以及英法、英荷在世界范围内的争斗逐渐成为回忆，人民宪章运动失败了，1848 年欧洲大陆的革命也没有取得广泛的成功。在这个关头，也是本书结束的时间节点，我们很容易想象大英帝国将万古长青。

怀旧地回顾英国昔日，所谓的革命少、务实且有序，也许能够支持大英帝国长盛不衰的观点，长盛不衰也被描述成不断地进步、改革与自由的发展。在本书记述的几十年间，那些不确定和曲折、那些革命与反革命的对峙，大多都已被忘却。若它们还能在这些历史叙事中找到一席之地，那也只是英国不可避免崛起过程中的插曲。身处以伦敦为中心的关系网，殖民者留下的文字更容易受到关注，所以，印度洋与太平洋上那些小面积水域独特且多样的历史被抹去了。这些讲述大英帝国历史的作品大多是全面的评述，作者仿佛坐在天上俯瞰脚下的地球，而不是在地面或海上抬头仰望。

19 世纪中叶，以大英帝国为题材的写作热潮包含了许多相互重叠却又各有差异的类型，并涵盖了全球扩张、经验主义、统计学、东方学等内容，包括小说、百科全书和说教等形式。在如雪崩般的印刷作品中，出现了最早的记录南方海洋历史的文字材料，它们是用英语写就的，作者是驻扎在印度洋和太平洋的殖民地旅行者、官员或居民。书中的信息也是兼收并蓄，从个人逸事到自然、历史的观察报告，偶尔作者还会为书中殖民地提出一些“改善性”建议。

《海洋、岛屿和革命》讲述的是发生在这波印刷品热潮前后的故事。它挑战的是19世纪中叶允许被遗忘的内容，让我们看到帝国在印度洋和太平洋革命时代中的崛起。这个故事的核心是一个巧妙且隐蔽的策略：帝国对原住民发挥作用的浪潮，将他们的目标和影响包裹在自己的扩张结构中。紧跟在革命身后的是反革命。如果事实如此，那么同样的策略在历史的书写过程中也是显而易见的。

19世纪中叶的殖民历史学家可以依靠原住民的口头陈述，或是与帝王、酋长家族血统紧密相关的家谱式记载。不过，原住民陈述是对英文历史印刷作品的补充，被归类到了历史学以外的学科，比如民族学、东方学或文献学。原住民遗物的收藏与研究——包括人类遗骸——还会被拿来与有关殖民、欧洲中心论的历史作品联系起来。19世纪中叶的历史还引入了性别与种族叙事。本书提及的大量文字材料都反映了革命时代信息与科学知识的快速增长。

19世纪中叶，在铺天盖地的大英帝国历史印刷作品中，北爱尔兰新教徒罗伯特·蒙哥马利·马丁（Robert Montgomery Martin，1801？—1868年）是个典型人物。他名下的印刷作品多达267册。他游历过《海洋、岛屿和革命》中提及的一些地方，曾在锡兰和开普担任医生，1820年至1824年以自然学家和外科医生的身份加入了一支调查探险队，沿非洲海岸到达蒙巴萨（Mombasa）岛，然后经毛里求斯返回开普。[2] 1826年，他又继续前往新南威尔士州，后来在加尔各答担任编辑和外科医生，与德瓦卡纳斯·泰戈尔（Dwarkanath Tagore）、拉莫汗·罗伊（Rammohan Roy）等印度自由主义改革家建立了联系。他乘船前往英国，开始了关于大英帝国历史的写作事业。19 世纪 40 年代中期，他曾以会计的身份短暂前往刚刚被占领的香港，中断了写作。

1834 年至 1835 年，马丁的《英国殖民地历史》（*History of the British Colonies*）出版。1839 年，《大英帝国殖民地数据》（*Statistics of the Colonies of the British Empire*）出版。他可以在唐宁街的一间办公室里使用"蓝皮书"，这是一本合集，由各个殖民地送来的数据、信息汇编而成。这些书籍都是 19 世纪三四十年代伦敦与远方贸易基地紧密联系的显著标志。[3] 马丁还能使用东印度公司的商业报告。尽管他的作品内容并不严谨，存在一些错误，却得到了积极的评价，不仅畅销，还得以重印。[4]《大英帝国殖民地数据》据说包含了"300 万份数据"。一行行数据本身就说明了问题。[5]

《大英帝国殖民地数据》中第一张大型插页表格拥有一个强有力的标题，按照"获取日期"将殖民地一一列举出来，还指出这些领地是"割让的、占领的抑或殖民的"。接下来还有地理上的分类，这些领土是海岛、半岛或大陆？然后是"纬度"和"经度"，以及以英里为单位的长度、宽度和"海岸范围"。人口被划分为"白人"和"有色人种"，之后出现的是宗教差异、军事实力、金融、财力、海上贸易和"航运（吨数）"。表格中还有几栏显示的是"1814 年至 1837 年在殖民地建造的船只"和"主要城市或城镇"信息，包括其位置以及是否位于沿海地区。

通过这张表格，《海洋、岛屿和革命》中大部分的历史内容都简化成了一张纸上的数据。我们仍旧能从表格对海上贸易的关注看出人们对于海洋的兴趣。不过，对“大陆”的担忧也进入了帝国的思绪。马丁的《英国殖民地历史》一书是献给英国国王的，被称为帝国的“第一部殖民史”，源自“我们海外领土”的忙碌生活。马丁使用了一种至今仍普遍存在于大英帝国人民记忆中的描述方式：“总之，陛下，在这个奇妙的帝国里，太阳永不落下。”在其他地方，马丁对大英帝国的全球扩张及其永恒命运的结论还要更进一步：

> 在我们的帝国中，漆黑的夜幕永远是不完整的，因为当明亮的天光暂时照亮阿尔比恩的天空时，只不过是给我们神奇的社会框架的另一部分带来了光明、照亮了生命；愿这样的天文现象成为我们国家历史上的典型现象——愿英国辉煌的太阳永远不会落下，直到伟大的地球消逝……[6]

在第一卷中，主要叙述了位于亚洲的英国领土，包括英印之间经由开普的蒸汽船邮路计划，该项目旨在“打破空间”，“连接和巩固我们的海上帝国”。[7]的确，这正是身在毛里求斯的西蒙斯心中的愿望——与母亲通信。这篇扬扬得意的散文将大英帝国描绘成了一个几乎如天体般向前推进的非凡个体。

马丁将自己的旗帜置于联邦政府的模式下寻求帝国的统一，这与前面刚刚提到的开普敦抗议者等人的追求相符。马丁的目标是在自由贸易、英式教育与传播、基督教和自由主义的体系下，促进所有英国领土的开发与改进。他的一系列观点并非原创，而这也是他在很大程度上被历史学家们遗忘的原因。引人注目的是他在阐述、描绘这项计划时的热情与风格。

马丁这套 10 卷本的作品中涵盖的某些地区本书也有提及。

他的《英国殖民地历史》一书颇受欢迎的内容包括：

《南亚历史：包括新南威尔士州、范迪门斯地、天鹅河、澳大利亚等》（1836年）

《英国在印度洋和大西洋的殖民地历史：包括锡兰、槟城、马拉加、新加坡、福克兰群岛、圣赫勒拿岛、阿森松、塞拉利昂、冈比亚、开普海岸城堡等》（1837年）

《南非历史：包括好望角、毛里求斯、塞舌尔等》（1836年）

这几卷书创造了一个扁平的帝国历史世界。有了它，人们就可以如君主般坐在天上俯瞰，提出改革与发展福利的建议，利用手头的信息来指挥一个遥远的地方。正如一名历史学家所揭示的那样，相信大英帝国曾经存在过成为可能。[8]有人也许会补充，相信曾经有一个叫作毛里求斯的殖民地存在过也成为可能。马丁的概述令印度似乎成为这个帝国的中心，他的个人旅行以及随后的强调将印度洋和太平洋带到了全球化帝国视野的核心。为了证实这一说法，马丁是最早在地图中用粉色来指代英国领土的人之一。他的地图是詹姆斯·怀尔德为他绘制的，也曾出现在《大英帝国殖民地数据》一书中，以印度洋和太平洋为中心，北美洲位于地图右上角的远处。

马丁不仅允许他的读者对大英帝国展开想象，还将原住民从自己的历史叙事中挤了出去，并展示了带有种族主义色彩的人类遗骸收藏。他是一名人道主义者，活跃于1837年成立的原住民保护协会。该协会的成立得益于英国反奴隶制的传统。马丁之所以对原住民很感兴趣，是出于为原住民尽量做些什么的渴望。在这一方面，马丁的《南亚历史：包括新南威尔士州、范迪门斯地、天鹅河、澳大利亚等》十分引人注目。书中的内容源自他在新南威尔士州担任外科医生的经历。读者能从书中的叙述里研读到“新荷兰（澳大利亚）的发现”、一系列伟大白人探险家的故事、新南威尔士州罪犯流放地的建立，以及一整页按顺序排列的“第一”，这些“第一”莫名有些动听，体现了殖民计划的进步与“繁荣”，其中包括：

> 1789 年，殖民地建立后一年，第一次丰收（帕拉马塔，Paramatta）；1790 年，第一个殖民地居民（一名罪犯）领到了分配给自己的土地；1791 年，第一座砖石建筑完工；1793 年，政府第一次采购殖民地谷物；1794 年，第一座教堂竣工；1796 年，第一场剧目上演；1800 年，第一枚铜币流通；1803 年，第一份报纸出版；1804 年，威廉堡（Fort William）竣工；1805 年，第一艘舰船建成；1810 年，第一次人口普查，成立免费学校、收费站、悉尼市场，任命警察，完成街道命名，举办比赛和赛马舞会；1811 年，第一批英镑流通；1813 年，第一场展览会开幕；1815 年，第一台蒸汽机开始运转（等等……）[9]

接下来是对各个城镇、郡县、山脉、河流、矿产的描述，以及针对地质和自然条件的讨论。然后，有关“人口”“白人”“有色人种”及其“人数和境遇”的一章才出现。马丁还阐述了自己是如何为了进行“骨骼测量”获取了一男一女两具原住民尸体。[10]

其中一具尸体属于“黑人汤米，1827 年因谋杀罪被吊死在悉尼”。马丁参加了审判会，相信这名澳大利亚原住民是无辜的，间接证据并不足以令人信服。这名男子从牧羊人被杀的犯罪现场逃跑时正好碰上了赶来的骑警。他之前曾在死去牧羊人的小屋里“和一群本地人与欧洲人讨价还价”，这就足以判处这名澳大利亚原住民死刑。马丁在描述被告时颇为人性化，称他在被告席上露出了无辜的微笑。但他还是毫无顾虑地要来了被告的尸体：“我向警长提出申请，拿到他的尸体并进行了解剖，将整理好的骨架带去了印度。”马丁获取的澳大利亚女性尸体属于一名与科拉相似的原住民女性。她“很早就听说过悉尼”。马丁毫不克制地毁坏了她的坟墓：“我用敞篷汽车将这个老妇人带回了家。她的骨架还在印度。”[11]

在马丁对澳大利亚原住民解剖、使用武器和食人传说的描述中，其种族主义暴露无遗。性别因素也是一个值得关注的点。在马丁的观察报告中，关于被他放在加尔各答亚洲学会的那名澳大利亚原住民女性，他讲述了她的头骨如何被棒子击打。他解释称，这源自澳大利亚原住民的性习俗。[12]“文明”与“不文明”之间的差异与原住民的“一夫多妻”有关：“人们会以最不人道的方式对待女性，还会以偷窃的方式从邻近的部落获取妻子……”[13]

马丁相信，如果“高贵野蛮人”（从未接触过文明之人）理念的倡导者卢梭拜访过新南威尔士州的原住民，就不会犹豫“野蛮生活和文明生活哪个更好了”。[14]这个简短的插曲属于马丁对澳大利亚－亚洲历史叙述的一部分。该叙述不仅提到了澳大利亚原住民，还讲述了大量关于定居点和可开发自然资源的细节，但是这些原住民正在灭绝，需要被拯救：

> 尽管存在这些不利的征兆，我认为我们还是应该坚持不懈地努力，拯救那些未开化的野蛮人，使他们不至灭亡；利

己主义、人道主义、基督教都呼吁我们这样去做；我们占据了他们的猎场和渔场；袋鼠和鸸鹋已经在耕犁和镰刀前消失。[15]

马丁在结束对新南威尔士的描述时预言，它将成为一个重要的殖民前哨，成为帝国“最必不可少的远端”之一。[16]原住民失去自己的土地之后，还要被马丁这样的历史学家研究，却被赶到了历史作品的构架之外。

马丁《澳大利亚－亚洲历史》的下一部分转向了范迪门斯地岛。再一次，在他描述完岛上的自然地理环境、各个哨所与警察辖区、植被与动物、鸟类与鱼类之后，塔斯马尼亚原住民才出现在历史的记录之中。即便如此，有关他们的内容也只有两页多一点的篇幅：

原住民的总数可能不超过300人；几年之内，这些人也将彻底消失（部分原因在于男女比例较小）。[17]

这篇文章剩余的章节是讨论囚犯和自由人的。在马丁的《英国殖民地历史》中，引言内容涵盖了有关范迪门斯地的描述：“不能指望这个殖民地呈现出多少令历史学家感兴趣的特征……”[18]马丁对殖民地的无限乐观和对帝国的拥护应该归于他对澳大利亚和塔斯马尼亚原住民的兴趣。他自信地将他们从自己的统计学和全球扩张历史中删除了。

他的澳大利亚－亚洲相关作品结构与该系列的其他作品类似，描述了岛屿被发现和被殖民的历史、共和主义者的骚动以及被英国人接管的经历。书中还提到了“客观方面”，比如地理与气候。其中格外有趣的一段插曲是关于月相及其对天气的影响，以医院检查员关于毛里求斯“大气中的剧烈骚乱”的报告为出发点。[19]马丁在介绍毛里求斯人口时提到法国后裔以及“克里奥尔人”的数量，还插入了对法国女性之“美”的描述。接下来，他又描述了来自莫桑比克和非洲东岸以及马达加斯加“两个种族”的“奴隶”。在他的描述中，这些奴隶都处于绝望的境地，劫持船只从毛里求斯等地逃往马达加斯加或非洲。他证明了这些奴隶的处境，写到他的船是如何“救起了一艘脆弱的独木舟”，上面有“五个逃跑的奴隶，一个已经死在了独木舟的船底，其他四个也几乎精疲力竭”。他们是从塞舌尔逃出来的。[20]

接下来的一页中，他提到了自己的另一个兴趣，即解剖原住民，进行人口和死亡统计。在一段血腥的描述中，一个马达加斯加奴隶因纵火在毛里求斯被执行了死刑。马丁讲到这名奴隶是如何与自己的棺材一同行走了一英里的距离，死前还念了一段基督教悼词。据马丁描述，这名马达加斯加的奴隶是因为绝望才犯下纵火罪的。马丁认为他就是希望被砍头。[21]

马丁的观察报告、全球扩张数据汇编与描述都表明，大英帝国历史初期的本质就是暴力。他的作品尝试系统地记录一个帝国的过去，并预测其未来。如果让我们来处理马丁的时代，尽管近来出现了书写英国历史及其世界地位的新方式，很多书还是会将大英帝国的历史一般化，或是把大英帝国看作一个单一的实体。[22]这种历史作品的迅速蔓延在一定程度上源自19世纪中叶革命时代末期的繁荣。

《海洋、岛屿和革命》有意不从伦敦的神经中枢出发讲述大英帝国的历史，也不全面叙述其全球扩张。[23]本书并没有讨论大英帝国战略崛起的历史，也没有讨论帝国发展轨迹呈现出的“兴衰”弧线。更准确地说，这是一部以汹涌起伏、永不平静的海洋为客观背景的帝国历史，它关注的重点并非历史事件，而是永远无法彻底完成的反应过程。把大英帝国置于革命时代的背景下旨在表明，尽管有很多马丁这样的作家用华丽的辞藻回顾往昔，大英帝国在印度洋和太平洋的崛起并不是预料中的必然结局。

我们还不得不应对现代历史作品移除原住民的问题。《海洋、岛屿和革命》一直在追踪原住民不断提升的影响力，原住民发挥作用的方式包括政治思想体系、政治组织、宗教、战争、抗议、科学知识。在这些领域中，原住民从入侵者手中得到的东西与自己的传统、信仰和承诺联系在了一起。本书出现的原住民是具有包容性的，尤其是在全球化加速发展的时期，许多人都在迁徙。劳工、移民、叛乱分子、帝国的助手们都过着流动的生活。海洋一直处在中心位置，在海洋的流动介质上，原住民和被侵略的一方的经历是灵活且多变的。

我们从南方海洋及沿海居民的角度来划分革命时代的历史时期，并重新贴上标签，目标是为我们这个时代的起源提供一个完全不同的视角。在这种视角下，帝国不再是传播权利、民主等概念和不同政治组织形式的力量，这些概念也并非只产生在大陆中心地带或大西洋世界。相反，18 世纪末 19 世纪初，那些被边缘化、被抛出历史记忆的地方才是存在持续创造力的。

英国中和了革命时代，一个强调原住民在地性的时代，自由、自由贸易、理性、进步、媒体表达甚至一些自我投射出的概念都被糅合其中。帝国的反动是在殖民地人民掀起叛乱之后发生的。[24] 在与反抗力量展开斗争的过程中，英国政府无视殖民地人民的力量，英方的强权、暴力，以及狡猾的策略最为引人瞩目。英国将南方的海洋和土地放在了一个新绘制的地图上，同时有效地利用了种族、性别和阶级的概念。战争、贸易和政府在书中也多有提及，却是从地缘和与文化的关系出发的。探讨这些问题时，本书采取的是被殖民者和欧洲殖民者的视角，涉及整个南方世界的联系与分歧。

这样的历史叙述并没有把大英帝国与其竞争对手的故事分开，也没有按照帝国扩张的地域来划分。不同的民族、环境和事物的出现打断了帝国叙事，它们反抗并重构了帝国的历史。这样一来，被马丁作为一个整体来描述的大英帝国历史就像酒杯被打碎了，分散为以南方革命浪潮为背景的一系列故事。但与此同时，帝国的侵略力量从未被低估过。[25]在这几十年间，种族隔离政策、减少原住民人口和扩张的殖民步伐取代了缓慢且不确定的纠缠。但这个过程并不是彻底完整的。

即便是在19世纪中叶，留给原住民横渡海洋的空间还依旧存在。事实上，随着沿海城市和公共领域的扩张、预期的政治目标发生改变（例如奴隶制被废除后的余波），殖民地人民对帝国的反革命措施有了反应。在帝国历史写作蓬勃发展之际，关于殖民地公共领域的讨论也开始活跃起来。

马丁的作品表明，构成历史的信息是多种多样的。这符合19世纪英国与殖民地之间交流增多、英语历史写作在不同地方层出不穷的情形。

包括历史作品在内，殖民时期的作品受众包括从儿童到未来的殖民者、从英国人到殖民地居民形形色色的人。在英国，题材广泛的旅行文献、大都市展览和传教士工作的扩展，将遥远的殖民地领土带进了人们的生活，人们对更广阔世界的认知正在日益增加。不过，中心城市对帝国认识的深度和广度主要来源于一些经过激烈讨论的话题。[26]不管怎样，中央与边缘的关系在“蓝皮书”之类的出版物中得到了重整。在刚刚过去的几十年中，与之前强调人际网络、享受、腐败和假公济私相比，人们开始重视效率和事实。[27]

伴随英国的影响力逐渐显现，19 世纪中叶的帝国历史作品又和另一种类型的作品产生了重叠：以殖民主义为灵感的虚构小说。到了 19 世纪末，大量的帝国小说涌现，其中还包括一些写给年轻读者的。不过早在马丁的时代，这类书籍涉及的要素就已经存在了。印度洋、太平洋以及我们旅行中走过的一些地方至关重要。当这些岛屿与海岸被马丁这样的作者转化为数字、表格和事实时，它们也成了小说、冒险故事与宣传大英帝国的完美主题。这些都是对原住民展开想象的手法。

本书以在讲述第一次英缅战争时提到的弗雷德里克·马里亚特（1792—1848 年）为例。他曾为死去的拿破仑绘制肖像，并创作了一系列将自己的海军生涯传奇化、神圣化的小说。在他的笔下，善良的海军士兵被描绘成了游侠骑士。与 19 世纪二三十年代的改革浪潮一致，这些人被视为比腐败的贵族或议员更好的大英民族代表。海军的骑士精神与殖民地居民所谓低劣的品性是相对立的，这种对比还在英法的冲突间得以加强。这类通俗小说与事实并不相符，马里亚特还以自己为原型，塑造了一个角色。[28]

针对年轻的读者，马里亚特出版了《绝岛奇谭录》（*Masterman Ready* 或 *Wreck of the Pacific*，1841—1842 年）。这本书是马里亚特为了纠正让·怀斯（Jan Wyss）《瑞士家庭罗宾逊》（*The Swiss Family Robinson*，1812 年）中的错误拼凑起来的，讲述了澳大利亚农夫西格雷夫先生一家遭遇沉船的故事。西格雷夫一家在一座岛屿搁浅了，随行的还有他们的工人阶级水手雷迪以及曾经做过女奴的朱诺。故事充满了自然历险的情节，明显是想要利用虚构小说帮助读者了解历史。故事与大英帝国的扩张历史及大英帝国的种族主义和性别观点交织在一起。在被困家庭的长子威廉与父亲西格雷夫先生针对帝国与民族历史展开的对话中，马丁说过的一句话再次出现了：

> ……据说，太阳是千真万确永远不会在英国人的领土上落下的。因为当世界转向太阳时，阳光总是能照耀到我们国家在地球上的这一部分或那一部分殖民地上。[29]

还有一次，威廉问道："这些海洋上的岛民都是什么样的人？"西格雷夫先生回答：

> 他们形形色色。新西兰人的文明是最先进的，但据说他们仍旧是食人族。范迪门斯地与澳大利亚的原住民属于一个非常堕落的民族——其实比田野里的野兽强不了多少；我相信他们是所有人类种族中最低等的。[30]

在这里，原住民被置于文明的范畴进行了比较，与人类这个范畴相联系。当雷迪讲到自己与安达曼群岛居民的遭遇时，相似的对话再次出现了。用他的话来说："我见过他们一次，一开始还以为他们是动物，不是人类。"[31]后来，雷迪解释了自己是如何通过望远镜来观察安达曼群岛居民的，还提起了他在加尔各答与一名曾经"抓到过两个岛民"的士兵的谈话。他讨论了安达曼群岛岛民是否拥有武器，其"等级"是否比"新荷兰人更低"的问题。威廉接下来提出的问题是："爸爸，居住在这些岛屿上的人是从哪里来的？”紧接着，他又提出了一系列问题，完全符合大英帝国反革命的意识形态：“爸爸，什么是台风？”“爸爸，那什么又是季风呢？”“那信风是什么呢？”“这些风是太阳产生的吗？”[32]

岛民只出现在这个故事的边缘。他们是“野蛮人”，通过喊叫而非语言交流。马里亚特书中最先出现的两个岛民是筋疲力尽、没吃没喝的原住民妇女，需要搁浅的英国人伸出援手。后来出现的岛民被描述为“像蜜蜂一样成群结队”。[33]除此之外，马里亚特还描绘了一大群抢劫者。最终，一艘欧洲船只来到失事的岛屿，将他们救起，并驱散了那些袭击者。水手雷迪作为一名君子，为了坚守自己的地位和职责，甘愿牺牲了。曾经做过女奴的朱诺也被描绘成敬畏上帝之人，她痛失双亲，但在照顾西格雷夫家的孩子们时却始终十分勇敢。她为自己的自由心怀感恩。这样的特征描述符合英国人想象中曾经为奴之人的样子。

能与马里亚特的作品相提并论的是哈里特·马蒂诺（Harriet Martineau）的小说。她的作品更加严肃，描绘的是大英帝国的全球扩张。马蒂诺的故事也发生在本书提到过的印度洋和太平洋上。在《政治经济学图解》（*Illustration of Political Economy*，1832—1834年）中，塔斯马尼亚、斯里兰卡、南非各自拥有一部小说。该系列为她带来了公众的赞誉。但必须补充的是，她并没有去过这些地方。而她对虚构小说形式的利用表明，即便她做到了，受众也并不希望女人直接书写有关政治或哲学方面的内容。对马蒂诺这样的中央集权支持者来说，大英帝国的崛起是个历史转折点，是一个可以长时间持续的理性发展阶段。她的作品包含许多数据与事实，依靠的是“蓝皮书”以及拥有殖民地经历的人。[34]

马蒂诺的作品表明，她是在有意识地尝试利用亚当·斯密、托马斯·马尔萨斯（Thomas Malthus）或大卫·李嘉图的思想来写作。和马里亚特相比，马蒂诺赋予了欧洲以外的人更多的话语权，其在写作方面的雄心显而易见。她还表现出了向往融入其他生活方式的倾向，尤其是在那些她认为原住民更“文明”的地方。如上文所述：“马蒂诺虚构的奴隶比许多废奴主义文学中的更能让人展开充分的想象。”[35] 书中还表现出了对进步的无限信心，相信英国人有能力改善所有人（自由的与不自由的、正在消亡的与人口稳定的）的境遇。与马里亚特一样，马蒂诺会在故事中利用人物间的对话来表达她想要表达的观点。而与马里亚特不一样的是，水手在她这里没有殖民地居民那样引人注目。

这些虚构作品融入历史的方式都是显而易见的，例如背景设定在斯里兰卡、属于《政治经济学图解》一部分的《肉桂与珍珠》（*Cinnamon and Pearls*）。此书讲述的是垄断的负面影响，以及它给岛上的珍珠捕捞业和肉桂种植园带来的教训。小说取材自从斯里兰卡殖民地回国的法官亚历山大·约翰斯顿（Alexander Johnston）和其他人提供的信息。在马蒂诺的作品出版时，她所披露的垄断行为在斯里兰卡已经被废除了。作者写道：

> 如果政府愿意把珍珠库赠送给那些靠捕捞收入维持生计的人，那么政府一年内就能从锡兰的珍珠业获得超过五个渔场的收益。[36]

这并不是简单地把历史事实转化成故事，也包括在斯里兰卡殖民扩张的重要历史。作者对珍珠业乐观的预测是错误的：截至19世纪30年代，珍珠捕捞业带来的回报微乎其微。与此同时，斯里兰卡珍珠渔民、剥肉桂的工人和种植者的故事是与漫长的殖民史相互重叠的。在马蒂诺看来，未来几个世纪中，“文明人”与“不文明人”将互帮互助，就像父母与子女一样：

> 要随着时间的推移、根据实际情况来改变这种关系。孩子长大到适合自治的状态时，母国就应该越来越多地赋予他自治的自由。[37]

这样的哲学思考贯穿了《肉桂与珍珠》的内容，在采珠人马拉纳和他的伙伴拉约的故事，以及二人对上级的依赖中都有表现。斯里兰卡人被描述成需要帮助的对象，因为岛上到处都是“白天与贫穷斗争，夜晚与死亡挣扎”的人。[38]尽管斯里兰卡人并没有从故事中被抹去，却被视为行事需要依赖英国自由与理性的孩子。

在这一系列故事中的其他地方，被殖民者扮演的角色就更边缘化了。比如背景设定在南非的《荒野求生》(*Life in the Wilds*)，描绘的是一群不断自我完善的殖民者克服一系列考验的故事。这些考验来自桑族人——或马蒂诺所说的“布须曼人”——对殖民地的破坏袭击。在这个故事中，原住民并没有扮演什么积极的角色，而是单纯对主角们构成了威胁。与此同时，历史和大英帝国的向前发展还要依赖对自然的改良。无须关注阶级或财产的等级，也无须居民参与，只需依靠机器，人类的聪明才智派上了用场。在《荒野求生》的故事中，原住民的边缘化、殖民地居民间的纽带与不可阻挡的前进是一致的。

当然，并非所有关于大英帝国的 19 世纪中叶的作品都出自马丁、马里亚特和马蒂诺之手。但我们能够从中看出，历史作品与大英帝国在革命时代的策略是一致的。原住民的作用被抹去，却也没有被完全根除。叙事尽可能地将原住民剔除，还预测了他们的人口会减少，有时是通过他们的遗体。让原住民噤声的叙述手法都差不多，一方面，原住民可以被塑造成虚构人物，更多地展示英国人而非原住民的意识形态；另一方面，在描述殖民地与殖民进程的事实与数字中，他们则被排挤了出去。

对 19 世纪中叶的写作热潮加以关注至关重要，因为人们往往认为 1780 年至 1850 年这段时期对大英帝国的影响不如 19 世纪末的“新帝国主义”那么明确。[39] 相应地，自 1860 年前后的“新帝国主义”时代起一直到 20 世纪初，大英帝国迅速吞并大片领土；种族与性别观念凸显且更加科学；某些历史学家所说的帝国文化普遍流行起来，在大型仪式和节日中被公之于众；人口结构的变化和移民规模是史无前例的。不过，通过回到 18 世纪末 19 世纪初，以革命时代早期及其之后的多变时代为背景，我们能看到现代全球化与帝国主义崛起的根基与方法，以及那个时期的历史书写方式。

不过，19 世纪中叶，在虚假的辞藻、虚构的小说和对事实的收集中，我们还有其他的方法能够倾听原住民的声音。

回头再看斯里兰卡。19 世纪中叶的几十年间，许多殖民时期的印刷作品都出自旅行者、公务人员和牧师。其中最有影响力的文本之一是詹姆斯·艾默生·坦南（James Emerson Tennent）创作的上下两卷作品《锡兰：岛屿的自然规则、历史与地质描述》（*Ceylon: An Account of the Island, Physical, Historical and Topographical*，1859 年）。坦南（1804—1869 年）于 1845 年至 1850 年曾在锡兰政府担任秘书。此前，他还担任过贝尔法斯特议会的议员。坦南的作品《锡兰》每卷都超过 600 页，像这样将信息兼收并蓄拼凑起来的大部头作品是凭借作者在殖民地的经历创作出来的。

第一卷书的内容包含“自然地理学”“动物学”“僧伽罗编年史”“科学、社会与艺术”和“中世纪历史”几个部分，第二卷涉及“现代历史”，随之引出所谓的“英国时代”，紧接着是对岛上各个地区的概述，还包括有关“大象”和“荒凉的城市”这样具体却离题的内容。坦南在书中将他聪慧的同胞描绘成了原住民编年史的发现者，是他们将原住民的文本从默默无闻的状态中拯救出来，免得有人利用它们夸大其词，保证实事求是地讲述岛屿的历史。坦南向读者展示了一张表格，按照时间和朝代对锡兰本地君主的统治做出合理的说明。

在事实分析方面能与这部作品相提并论的是第一部殖民时期的出版物《大史》(*Mahavamsa*)。此书的内容覆盖了25个世纪，编纂于6世纪，在13世纪和18世纪时进行过加编。[40]书中记录了历代国王的经历，以1815年岛上最后一个独立王国——康提王国的灭亡为结尾。这是一本棕榈叶文本的汇编，后来被英国的东方学学者转印到了纸上。如今，它仍旧是斯里兰卡僧伽罗佛教民族主义的关键历史文本。按照传统，棕榈叶文本都是岛上的佛教僧侣创作的。他们会将扇形棕榈树或扇叶树头榈的叶子卷起来烹煮、刷油，为书写手稿做准备。树叶会被切成细长的条状，一旦完成写作，就会用热铁棒打孔后串在绳子上。

1833年，退休书商、埃克塞特市(Exeter)市长爱德华·厄普汉姆(Edward Upham)以自己的名义出版了《大史》一书，号称这是该书的第一个英语版本。厄普汉姆以前从未去过斯里兰卡，他的信息来源之一是为马蒂诺提供过信息的法官亚历山大·约翰斯顿。约翰斯顿在斯里兰卡任职期间，曾经从佛教僧侣那里获得过一些素材。厄普汉姆的作品以对《大史》文本的评论为主要素材，而非由文本本身翻译而来的，这体现了殖民统治时期的混乱。没过多久，学过巴利语的锡兰公务员乔治·图尔努尔（George Turnour，1779—1843年）出版了《大史》的另一个版本。1836年，图尔努尔这本书有了英语版和巴利语版，后来又被翻译成拉丁语。此书被誉为第一本巴利语出版物，由《大史》的前20章和引言组成。第二年，更多的章节出版了。就这样，一本原住民编年史从棕榈叶被转移到了纸上。不过这样的转移并没有造成棕榈叶文本的消亡。

这是因为，19世纪中叶有关斯里兰卡人的殖民地出版物无法反映原住民编年史的灵活性和语言的复杂性。就像厄普汉姆将原文本与评论混在一起，遮蔽了原文本的特点。与此同时，在19世纪中叶的斯里兰卡，殖民地的管理者都会去熟悉棕榈叶文本的特征，尤其是考虑到这些手稿还具备仪式方面的功能。在棕榈叶上的新叙事中，英国总督会像国王般出现，会根据他们的功绩来评判行为。在被殖民者的眼中，英国人的印刷术和国王的棕榈叶记载方式是相似的。从棕榈叶到印刷品的过渡并不会抹杀原住民的观点与对殖民者的看法。被殖民者仍旧保留着应对殖民主义侵略与暴力的创作能力。[41]

让我们把目光投向《海洋、岛屿和革命》中提到的另外一片海洋。太平洋的殖民时代和东方学历史著作中所讲述的也没有什么不同。以新西兰总督乔治·格雷（George Grey，1812—1898年）的《牧师与酋长的波利尼西亚神话与新西兰古代传统历史》（*Polynesian Mythology and Ancient Traditional History of the New Zealand Race as Furnished by their Priests and Chiefs*，1855年）（以下简称《波利尼西亚神话》）为例。[42]格雷曾连续担任殖民地总督：第一次是在澳大利亚南部任职（1841—1845年），后来是在新西兰（1845—1853年和1861—1868年）和南非（1854—1856年）。早些时候，格雷曾在澳大利亚西部有过一段给他造成重大影响、困扰他余生的经历：一个澳大利亚原住民打伤了他，反过来被他射杀了。

《波利尼西亚神话》的第一部分名为《苍穹与大地的孩子》，副标题用毛利语写着“KO NGA TAMA A RANGI”（与人类起源相关的传统）。开篇写道：

> 人类只有一对灵长类祖先。它们来自我们头顶的苍穹，也来自我们脚下的大地。根据我们种族的传说，苍穹与大地才是万物的源头。[43]

这又是一段以原住民的宇宙论为开头的长篇历史。1845年，格雷来到新西兰，一有机会就收集有关诗歌与传说的笔记。他还参加过毛利人的聚会。政府大楼的一场大火烧毁了他的许多藏品。

不过他又“收集起大量的材料”，把它们从“零散的状态”拼凑在一起。“一首诗或一个传说的不同部分往往是从这个国家相距甚远的不同原住民那里收集而来的。”格雷的研究方式是对不同时期收集的诗歌的不同版本进行比较。这一点从他最终出版的历史作品中明显可以看出。尽管格雷试图维护殖民主义秩序和欧洲历史书写规范，但他的作品就是对原住民的历史进行“剪切”汇编。毛利人昔日的宗谱在他的作品中得以流传。毛利人和其他太平洋岛民一样，也有漂洋过海、世代相传的故事。在奥特亚罗瓦/新西兰，这叫系谱（whakapapa），属于太平洋各岛共同的族谱文化的一部分。尽管19世纪中叶的帝国历史创造者们掌握了所有权力，但原住民的观点并没有消失。

这些岛屿与众不同。有关统治、宇宙论、宗教、商业和与水紧密相连的当地传统在英国崛起的过程中都延续了下来。与此同时，大英帝国以母国崛起为中心的长期规划出现了，这个长期规划在英国成为全球强国的过程中十分重要。这个规划抹去了其他民族的历史，在实现的过程中，以原住民的故事与遗体为代价。

除了革命、帝国和反革命各方势力之间的交锋，印度洋与太平洋的历史还包含了很广泛的范畴，包括贸易、宗教、移民和文化的交替变化。这些非英国人、原住民、亚洲人、太平洋岛民和非洲人在大洋上的相遇并不一定与大英帝国的扩张紧密相连。这意味着，即便是在这几十年间，《海洋、岛屿和革命》也不应被视为一部印度洋和太平洋的通史。但以大英帝国及其竞争对手为中心，革命、帝国和反革命的"舞蹈"对理解这些海洋的历史是至关重要的。在18世纪末19世纪初这段多元化时期，很多国家错失了赎回抵押品的机会，学会接受这点很重要。

遗忘这个故事，就是遗忘了伴随现代世界一起诞生的悲剧，遗忘了南方海洋与帝国主义之间的关系。这种遗忘会抹去帝国的暴力行径，抹去帝国制定文化交流、消费、剥削和联系等规则的方式。这些年间，大英帝国贯穿南方世界，应对着众多不同的传统，其势力范围令人震惊。大英帝国能够覆盖如此多种的环境，跨越如此广袤的地域，标志着它与之前的境况有所联系却又截然不同。这意味着，不能将大英帝国简单地视为帝国霸权在全球实践的延续。

19世纪中叶，出版界的影响显而易见，原住民的观点和声音也得以传播。帝国历史作品的题材纷繁复杂、引人注目：从虚构的小说到超经验主义写作，从本地信息到全球概览，还有宗教和商业等元素。这些看似对立的题材，正是强化了过去和现在之对比的形式。

《海洋、岛屿和革命》并不是一部俯瞰地球汪洋的历史作品。如果说在过去几十年中，讲述帝国历史的作品关注的是经济、政治和文化的相对权重，那么这样的论述就带有环境视角，强调客观自然环境的重要性。[44]帝国和殖民地从海洋转向陆地的过程与商道路径、科学研究、城市规划和战争有关，从这点出发，在以往现代世界叙事中被边缘化的人被放到了舞台中央。

原住民发挥的作用，他们的政治思想体系和抗争，这些长期存在又被忽视的问题，与当下现实结合，才使《海洋、岛屿和革命》这本书有了可能性和必要性。印度洋和太平洋的岛民在今天仍旧时常遭到违背现实的描述，本书就是为他们创造空间，挑战失实的历史叙事。原住民掀起的革命浪潮是革命时代的重要组成部分，帝国反革命势力的扩张却压抑和抹杀了他们的声音。不过，原住民还会在这片水域上继续发声。

后 记

被浪潮吞没的太阳

关于文字、出版物以及对它们的历史的分析，就到此为止了。那如何理解浪潮呢？在本书中，我一直力争不采用历史学家居高临下的特权视角，而是从印度洋、太平洋中的小片海域出发写作。

写下这段文字时，我正在毛里求斯的路易港。在档案馆里待了一天之后，我下海游泳归来，望着日落。与马丁或马里亚特不同，我发现自己并不会去想象落日正朝着世界的另一个地方移动，照亮另一个角落，按照可以预测的、永不停歇的帝国节奏变换日夜。2018 年毛里求斯冬末的一天，太阳在路易港外的水域落下，如同一颗煎蛋的蛋黄，泛着奇妙的橙色。太阳膨胀着坠入海中，被朝着大海卷去的浪花吞噬成了一块一块的。毛里求斯人告诉我，夏天会变得越来越热。

对于一个习惯了大浪的斯里兰卡人来说，在潟湖（毛里求斯周围长满珊瑚礁的平静水域）里游泳是一种平静得令人吃惊的体验。今天，路易港的蓝色便士博物馆（Blue Penny Museum）里正在展出 19 世纪中叶的鱼类彩色照片。虽然那些色彩斑斓的鱼是在张着嘴的情况下被美国艺术家尼古拉斯·派克（Nicholas Pike）“定住的”，但在我看来，却比这片宁静的大海更有生气。[1]身处珊瑚之中，我看不到任何一条鱼。路易港的居民说，陆地正在令大海失去活力。经过几个世纪的大量耕作，肥料已经渗入了地下水。海滩上布满了死去的珊瑚。一位年轻聪慧的毛里求斯海洋学家向我解释，公共海滩——比如我刚刚去过的那一片——遭到过度利用，珊瑚和鱼类是无法存活的。为数不多的公共海滩是毛里求斯海岸线上大型旅游度假村发展的标志。

沿着我刚刚游过泳的公共海滩，就在毛里求斯周围，停靠着数十艘颇具特色的独木舟。它们都是当地渔民使用过的木船，历史悠久，被视为国家珍宝。我刚刚看见的那一艘上就用醒目的大写字母写着“海盗号”（PIRATE）。这个名字令我会心一笑——这与我记录的毛里求斯历史是多么好的呼应啊。现在毛里求斯的风景展示了殖民后的生活。不可思议的是，毛里求斯仍有约四分之一的土地被甘蔗田覆盖。路易港的旅游线路涵盖了市中心宾客花园里的雷米·奥利耶雕塑。沿着以奥利耶的名字命名的街道，我买了印度糖果，步行前往中国城，紧盯着第八章末尾提到的书写路易港历史的人修建起来的朱玛清真寺（Jummah Mosque），这座建筑令我着迷。

《海洋、岛屿和革命》中的历史引领我们走向今天，过去的痕迹依旧存在于我们身边。全球化和帝国主义并没有摧毁岛屿、滨海地区和海洋，让它们变得平平无奇——尽管本书提到的这些地方的政治、环境、社会和文化都发生了戏剧性变化。通晓多种语言、精力充沛的毛里求斯人就说明了这一点。作为南亚人，他们在家说克里奥尔语，还能流利地使用法语和各种南亚语言。最初到达这座岛屿时，他们大多都是契约劳工，会前往毛里求斯山区的圣水湖（Grand Bassin），向那里耸立的巨大印度教雕像朝拜。他们都是独特的南亚人。即便面临奴隶制、强迫劳动、战争和屠杀等悲惨境遇，这些原住民也会发挥聪明才智加以应对。我在1822年修建的城市剧院门外的一块题有“世界人权宣言”（Universal Declaration of Human Rights）的牌匾旁停下脚步：“无人有权把你当作奴隶，你也不应让任何人成为奴隶。”岛上的真理与正义委员会曾力争建造一座纪念岛屿历史的奴隶博物馆，该建议却被搁置了很长一段时间。与此同时，在我写作的过程中，好几座历史建筑都因为一条地铁线路被人厚颜无耻地拆除了。

对我这样的岛民来说，把现代的曙光看作代理人与意识形态之间、人类与非人类、原住民与殖民者、革命与反革命之间的较量是有道理的。这样才能应对现代帝国主义的暴力，凸显非人道的暴力行径和错失的赎回权，从而厘清政权的迂回曲折。写作本书的过程中，我跨越了印度洋与太平洋，从汤加到新西兰 / 奥特亚罗瓦，从缅甸到印度和新加坡，从澳大利亚到塔斯马尼亚，从阿联酋到斯里兰卡，从毛里求斯到南非，从地面、街道、海滩、当地书店、档案馆和图书馆出发，与出色的历史学家对话，以他们的言谈为背景去看，你会发现历史竟然如此不同——这既是一种幸运，也是一种提醒。本书都是在毛里求斯之类的地方写作的，行文比我在剑桥大学办公室里完成的作品流畅得多。《海洋、岛屿和革命》中还有某些章节也来自对大地和大海的嗅探，源于在路易港等地的档案馆里被我翻阅过的档案。路易港的档案馆位于一座工业园区内，钻头、锤子或卸载板条箱的卡车经常打断我埋首于昔日遗作中的体验。

然而，当我在路易港的余晖中坐在沙滩上，任钻头的声响和敲击声离开脑海，双脚踩在退潮的大海中时，再次担心起了大海的变化；另外一个晚上，我在黑暗的地平线看到一长串等待进入路易港的船只。本书的观点之一就是，浪潮是不会停歇的，革命、帝国和反革命都属于一系列政治活动中的一部分。尽管现代帝国展开了前所未有的猛攻，力图转移、埋葬和压制前殖民地，但原住民还在继续乘风破浪。不过，在 21 世纪，这一波又一波的浪潮、联系与脱节、全球化与帝国统治，是否令干涉主义愈演愈烈，并且加速了彼此之间的依赖？

根据科学家的推理，浪高会伴随全球变暖发生变化。如果海洋生物像陆地生物一样正在死去，如果人类的行为如今已经造成了不可阻挡的影响，这对印度洋和太平洋的人民意味着什么？原本各有特色的海域会不会变得越来越相似？我回想起了汤加塔布的平坦，而新加坡的海滨路如今却位于内陆的深处。海啸会不会比之前的南方浪潮更加猛烈？那些独木舟、双体船、阿拉伯三角帆船和双帆独木舟是否要与它们从未遭遇过的风、浪、洋流斗争？被淹没在现代浪潮中的恐惧会不会在未来越来越强烈，毕竟这股浪潮在本书覆盖的这个时期就已有所显露。海上基础设施建设和填海造陆的规模会不会从根本上加速这一切？

作为一名历史学家，我能说的是，反思现代起源的海洋和海上旅行者，现在是最好的时机。我们所处的阶段，正是面朝大海的人将发挥特殊作用的时期。把握现在，思考现代性如何给小型社会和临海地区带来了影响。在时钟嘀嗒作响时，我们又能做些什么来扭转全球化和帝国主义的影响。从 18 世纪、19 世纪之交的转折时期，看这些在帝国主义阴影下挣扎的小型社会或国家是如何应对，又是如何利用革命时代的，能给我们带来启发。

考虑到地球表面的百分之七十都被水覆盖，其实我们所有人都是岛民。如果海平面上升，我们也真的很快就会成为岛民。反思在海路之桥诞生时发生的一切，就如同在反思我们如今面临的挑战。这也是在以人性化的方式与历史打交道，突出了人类历史的密度与多样性。这样做之所以更人性化，是因为它不是普遍性叙事，也不像前文提到的那些历史学家所写的那样，将世界历史公式化，忽视了环境和族群的多样性。

这本书以海洋为背景，叙述了特定地方的历史。我们需要尊重原住民的视角，并关注他们发展的多样性。这种多样性源于海洋和陆地相互作用的方式，源于地球的客观情况，也源于人们应对不同地理环境采取的不同生活方式。致力于这样一段历史也有利于保护海洋生态环境，保护21世纪的濒危生物。只有这样，人们才有可能在帝国、全球化及其影响之外欣赏落日的余晖。

注 释

引 言

1 关于印度洋和太平洋历史的介绍，见 Edward Alpers, *The Indian Ocean in World History* (Oxford: Oxford University Press, 2014) and Nicholas Thomas, *Islanders: The Pacific in the Age of Empire* (New Haven and London: Yale University Press, 2010)。近年来关于海洋的历史写作，见 Alison Bashford and Sujit Sivasundaram eds., *Oceanic Histories* (Cambridge: Cambridge University Press, 2018), David Armitage。把一小片海洋当作世界历史的重要组成部分，见 Sunil Amrith, *Crossing the Bay of Bengal: The Furies of Nature and the Fortunes of Migrants* (Harvard: Harvard University Press, 2015)。

2 关于革命时代，一项经典但不过时的研究，见 E. J. Hobsbawm, *The Age of Revolution, 1789 –1848* (New York: Mentor Books, 1962)；这个时期对指南针和地图的需求，见 David Armitage and Sanjay Subrahmanyam eds., *The Age of Revolutions in Global Context, c.1760 –1840* (Basingstoke, 2010); and Alan Forrest and Matthias Middell eds., *The Routledge Companion to the French Revolution in World History* (London and New York: Routledge, 2016)。

3 R. R. Palmer, 'The Age of the Democratic Revolution', L. P. Curtis ed., *The Historian's Workshop: Original Essays by Sixteen Historians* (New York: Knopf, 1970), 170.

4 关于大西洋革命时代的研究，见 Sarah Knott, 'Narrating the Age of Revolution', *The William and Mary Quarterly* vol. 73 (2016), 3–36；Peter Linebaugh and Marcus Rediker, *The Many-Headed Hydra: Sailors, Slaves, Commoners, and the Hidden History of the Revolutionary Atlantic* (London, New York: Verson, 2000)；Nathan Perl-Rosenthal, *Citizen Sailors: Becoming American in the Age of Revolution* (Cambridge, Mass.: The Belknap Press of Harvard University Press, 2015)；Gabrielle Paquette, *Imperial Portugal in the Age of Atlantic Revolutions: The Luso-Brazilian World, c. 1770–1850* (Cambridge: Cambridge University Press, 2013)；Paul E. Lovejoy, *Jihad in West Africa During the Age of Revolutions* (Athens, Ohio: Ohio University Press, 2016)；Janet Polasky, *Revolutionaries without Borders: The Call to Liberty in the Atlantic World* (New Haven: Yale University Press, 2015)。

5 18 世纪末到 19 世纪初的这段历史的重要性在大英帝国的飞速发展史中经常被误判。最后一部研究这一时期历史的学术著作是 C. A. Bayly, *Imperial Meridian: The British Empire and the World, 1780–1830* (Harlow: Longman, 1989)。关于 18 世纪中后期大西洋和印度之间的联系，见 P. J. Marshall, *The Making and Unmaking of Empires: Britain, India, and America, c.1750–1783* (Oxford: Oxford University Press, 2005)。

6 将原住民置于革命时代的最新尝试，请参阅 Kate Fullagar and Michael A. McDonnell eds., *Facing Empire: Indigenous Experiences in a Revolutionary Age* (Baltimore: Johns Hopkins University Press, 2018)。关于跨越印度洋的交流史，参阅 Tim Harper and Sunil Amrith eds., *Sites of Asian Interaction: Ideas, Networks and Mobility* (Cambridge: Cambridge University Press, 2014)；Engseng Ho, *The Graves of Tarim: Genealogy and Mobility Across the Indian Ocean* (Berkeley: University of California Press, 2006)。

7 这一时期是前所未有的海战时期，见 Jeremy Black, 'Naval Power in the Revolutionary Era', Roger

Chickering and Stig Forster eds., *War in an Age of Revolution, 1175–1815* (Cambridge: Cambridge University Press, 2010), 219–42。

8 在海洋背景下关于种族和性别的研究，见 Bronwen Douglas, *Science, Voyages and Encounters in Oceania, 1511–1850* (Basingstoke: Palgrave Macmillan, 2014)；Barbara Watson Andaya, 'Oceans Unbounded: Transversing Asia across "area studies"', *Journal of Asian Studies* 65, no. 4 (November 2006), 669–690；Margaret S. Creighton and Lisa Norling, eds., *Iron Men, Wooden Women: Gender and Seafaring in the Atlantic World, 1700–1920* (Baltimore: Johns Hopkins University Press, 1996)。

9 实例见 Bayly, *Imperial Meridian*。

10 更多研究，见 Sujit Sivasundaram, 'Towards a Critical History of Connection: The Port of Colombo, the Geographical "Circuit" and the Visual Politics of New Imperialism, ca. 1880–1914' in *Comparative Studies in Society and History* 59, no. 2 (April 2017): 346–84。

11 关于全球科学，见 Sujit Sivasundaram, 'Sciences and the Global: On Methods, Questions, and Theory', Isis 101, no. 1 (March 2010): 146–58。

12 Robert Melville Grindlay, *Scenery, Costumes, and Architecture, chiefly on the Western Side of India* (London: Smith, Elder & Co., 1828).

13 关于太平洋长途航行，见 D. Lewis, *We, the Navigators: The Ancient Art of Landfinding in the Pacific* (Canberra: ANU Press, 1972)；Damon Salesa, 'The Pacific in Indigenous Time', in David Armitage and Alison Bashford, eds., *Pacific Histories: Ocean, Land, People (Basingstoke: Palgrave Macmillan*, 2014), 31–52。

14 Matthew Spriggs, 'Oceanic Connections in Deep Time', *Pacifi Currents: EJournal of Australian Association for the Advancement of Pacific Studies*, vol. 1 (2009), 7–27; citation, 14.

15 关于印度洋历史的更多信息，见 Sujit Sivasundaram, 'The Indian Ocean', in Armitage et al., eds., *Oceanic Histories*。

16 关于图奇和胡卢的奇遇，见 Anne Salmond, 'Kidnapped: Tuki and Huri's Involuntary Visit to Norfolk Island in 1793', in Robin Fisher and Hugh Johnson, eds., *From Maps to Metaphors: The Pacific World of George Vancouver* (Vancouver: UBC Press, 1993), 191–226；R. R. D. Milligan, *The Map Drawn by the Chief Tuki - Tahua in 1793* (Typescript, Mangonui, 1964)。

17 Cited in Salmond, *Kidnapped*, 215.

18 Alison Jones and Kuni Jenkins, eds., *He Kōrero: Words Between Us, First Māori-Pākehā Conversations on Paper* (Wellington: Huaia, 2011), 29.

19 Philip Lionel Barton, 'Māori Cartography and the European Encounter', in David Woodward and G. Malcolm Lewis, eds., *Cartography in the Traditional African, American, Arctic, Australian and Pacific Societies, in History of Cartography*, 3 vols (Chicago: Chicago University Press, 1998), vol. 2, book 3, 493–533.

20 Tony Ballantyne, *Entanglements of Empire: Missionaries, Māori, and the Question of the Body* (Durham, NC: Duke University Press, 2014), 43–4.

21 关于武吉斯航海图的更多信息，见 Frederic Durand and Richard Curtis, *Maps of Malaya and Borneo* (Singapore: Editions Didier Millet, 2013)；Joseph E. Schwartzberg, 'Southeast Asian Nautical Maps', in J. B. Harley and David Woodward, eds., *The History of Cartography: Cartography in the Traditional East and Southeast Asian Societies*, 3 vols (Chicago: University of Chicago Press, 1994), vol. 2, book 2, 828–838。

22 M. Storms et al., eds., *Mapping Asia: Cartographic Encounters Between East and West: Regional Symposium of the ICA Commission on the History of Cartography* (Cham, 2017), 50–1.

23 Gene Ammarell, *Bugis Navigation* (New Haven, Conn.: Yale University Southeast Asian Studies, 1999), 117. Gene Ammarell 接下来关注的是，'Astronomy in the Indo-Malay Archipelago', in Helanie Selin, ed., *Encyclopedia of the History of Science, Technology, and Medicine in Non-Western Cultures* (Springer: New York, 2008), 2nd edn, 324–333。

24 Ammarell, *Bugis Navigation*, 2.

25 Ibid.,149.

26 Peter Carey, *The Power of Prophecy: Prince Dipanagara and the End of an Old Order in Java, 1785–1855* (Leiden: KITLV Press, 2007), 333;Christian Pelras, *The Bugis* (Oxford: Blackwell, 1996) and James Francis Warren, *The Sulu Zone, 1768–1898: The Dynamics of External Trade, Slavery, and Ethnicity in the Transformation of a Southeast Asian Maritime State* (Singapore: NUS Press, 2007), 2nd edn.

27 Mark Frost and Yu-Mei Balasingamchow, *Singapore: A Biography* (Singapore: National Museum of Singapore, 2009), 87–8.

28 关于这种思想交流的显著例子，见 L. Eckstein and Anja Schwarz, 'The Making of Tupria's Map. A Story of the Extent and Mastery of Polynesian Navigation, Computing Systems of Wayfinding on James Cook's Endeavour, and the Invention of an Ingenious Cartographic System' in *Journal of Pacific History* 54, no. 4, 629–61。

29 Schwartzberg, 'Southeast Asian Nautical Maps', 834.

第一章　徜徉大洋之南

1 George Bayly, 'Journal on the *St. Patrick*, 8 October 1825 to 31 August 1831', reproduced in Pamela Statham and Rica Erickson, eds., *A Life on the Ocean Wave: The Journals of Captain George Bayly* (Melbourne: The Miegunyah Press, 1998), 79.

2 关于狄龙的生平，如无特殊说明，皆来自 J. W. Davidson, *Peter Dillon of Vanikoro: Chevalier of the South Seas*, ed. O. H. K. Spate (Melbourne: Oxford University Press, 1975), 13；J. W. Davidson, 'Peter Dillon: The voyages of the *Calder* and *St. Patrick*', in J. W. Davidson and Deryck Scarr, eds., *Pacific Islands Portraits* (Canberra: Australian National University, 1970), 9–30；戴维森（Davidson）记录了狄龙如何将过去探险家的叙述当作航海指南使用，见 'Peter Dillon', 11；关于他儿子的名字，见 12。

3 Davidson, *Peter Dillon,* 13.

4 Ibid.,16–17.

5 Davidson, 'Peter Dillon', 11.

6 关于印度洋的私商，见 Anne Bulley, *The Bombay Country Ships, 1790 –1833* (Richmond: Curzon Press, 2000)；关于南方海洋的鲸鱼，见 Lynette Russell, *Roving Mariners: Australian Aboriginal Whalers and Sealers in the Southern Oceans, 1780 –1870* (Albany, New York: State University of New York Press, 2012)。

7 Davidson, 'Peter Dillon', 29–30.

8 George Bayly, *Sea life Sixty Years Ago: A Record of Adventures which Led to the Discovery of the Relics of the Long-Missing Expedition Commanded by the Comte de la Pérouse* (London: K. Paul, Trench & co., 1885), 91.

9 Davidson, 'Peter Dillon', 98–9.

10 Bayly, *Sea life,* 73.

11 Ibid.,110，记录这些水手有 16 人。

12 Bayly, *Sea life,* 82.

13 Ibid.,108.

14 Davidson, *Peter Dillon,* 95.

15 Ibid., 95.

16 Ibid., 96.

17 Bayly, 'Journal on the *St. Patrick*', 48.

18 Peter Dillon, *Narrative and Successful Result of a Voyage in the South Seas: Performed by the Order of the Government of British India, to Ascertain the Actual Fate of La Pérouse's expedition*, 2 vols (London: Hurst, Chance & co. 1829), vol. 1, 102.

19 Davidson, 'Peter Dillon', 25.

20 Bayly, 'Journal on the *St. Patrick*', 79.

21 Bayly, *Sea life,* 51.

22 这种混合与太平洋上被称作"多头蛇"的东西类似，见 Peter Linebaugh and Marcus Rediker, *The Many-Headed Hydra: Sailors, Slaves, Commoners, and the Hidden History of the Revolutionary Atlantic* (Boston: Beacon Press, 2000)。

23 Letter dated 19 September 1826 from Peter Dillon to Chief Secretary Lushington, IOR/F/4/961, British Library (hereafter BL).

24 Letter dated 19 September 1826.

25 Peter Dillon, *Narrative*, vol. 1, 2.

26 关于这点，见 Gananath Obeyesekere, *Cannibal Talk: The Man-Eating Myth and Human Sacrifice in the South Seas* (Berkeley, Calif.: University of California Press, 2005), 192–222。

27 Bayly, 'Journal on the *St. Patrick*', 65.

28 Letter dated 19 September 1826.

29 Bayly, 'Journal of the *St. Patrick*', 65. See also, Peter Dillon, *Narrative*, vol. 1, 32.

30 *Bengal Hurkaru*, 26 September 1826.

31 Bayly, 'Journal on the *St. Patrick*', 65.

32 Letter dated 19 September 1826.

33 Bayly, 'Journal on the *St. Patrick*', 66. See also, Dillon, *Narrative*, vol. 1, 39–40.

34 Letter dated 19 September 1826.

35 Letter dated 4 November 1826, from the Secretary of the Asiatic Society, IOR/F/4/961, BL.

36 *Bengal Hurkaru*, 5 September 1826.

37 *India Gazette*, 14 September 1826，关于布莱恩把亨利四世勋章戴在脖子上。

38 Bayly, *Sea life*, 122.

39 关于这段信息，见 *Bengal Hurkaru*, 11 September 1826。

40 关于其他报道，见 *India Gazette*, 14 September 1826。

41 *India Gazette*, 4 September 1826.

42 关于新南威尔士州囚犯在加尔各答的重新安置，请参阅 Clare Anderson, 'Multiple Border Crossings: Convicts and Other Persons Escaped from Botany Bay and Residing in Calcutta', *Journal of Australian Colonial History* 3, no. 2 (October 2001), 1–22；布莱恩和摩根的旅行正好赶上毛利人在 19 世纪前 30 年在全球的扩散，见 Vincent O'Malley, *Haerenga: Early Māori Journeys Across the Globe* (Wellington: Bridget Williams Books, 2015)。

43 Davidson, 'Peter Dillon', 20.

44 Ibid., 24.

45 Ibid., 23.

46 Bayly, 'Journal on the *St. Patrick*', 59.

47 Ibid., 56.

48 Ibid., 62.

49 Bayly, *Sea Life*, 120–1.

50 Ibid., 126 and 143.

51 *India Gazette*, 14 September 1826.

52 *Bengal Hurkaru*, 12 September 1826.

53 Peter Dillon, *Extract of a Letter from the Chevalier Dillon, to an Influential Character Here on the Advantages to be Derived from the Establishment of Well Conducted Commercial Settlements in New Zealand* (London: Nichols & Sons, 1832).

54 H. V. Bowen, 'Britain in the Indian Ocean region and beyond: Contours, Connections, and the Creation of a Global Maritime Empire', in H. V. Bowen, Elizabeth Mancke and John G. Reid, eds., *Britain's Oceanic Empire: Atlantic and Indian Ocean Worlds, c.1550–1850* (Cambridge: Cambridge University Press, 2012), 45–65, at 52.

55 Bayly, 'Journal on the *Calder*', 42, 46.

56 Ibid., 51, 54, 56, 62.

57 Ibid., 73.

58 Bayly, 'Journal on the *Hooghly*', 3 November 1826 to 5 April 1827', in Statham and Erickson, eds., *A Life on the Ocean Wave*, 81–3.

59 Bayly, 'Journal on the *Hooghly*', 83–5.

60 Ibid., 83.

61 C. A. Bayly, 'The first age of global imperialism c.1760–1830', *Journal of Imperial and Commonwealth History* 26 (1998), 28–47, see 37.

62 Letter dated 23 November 1826 from E. Molony, Acting Secretary of Government to the Secretary to the Right Honble Governor in Council, IOR/F/4/961, BL and letter dated 30 November 1826 from Governor General in Council to Captain Cordier, Chief of the French Establishments in Bengal, IOR/F/4/961, BL.

63 *Hobart Town Gazette*, 7 April 1827.

64 Letter dated 7 December 1826 from G. Chester of the Marine Board to the President in Council, IOR/F/4/961, BL.

65 From the Marine Board to Capitan Dillon Commanding the Honble Ship Research, December 1826, IOR/F/961, BL.

66 Letter dated 29 November 1826 from G. Chester, Marine Board to the Vice President in Council; and Letter dated 30 November 1826 from Acting Secreatry Molony to Dr. Tytler M.D., IOR/F/4/961, BL.

67 有些此事的更多细节，可见于此次审判的材料，见 IOR/F/4/961, BL。

68 *Colonial Times and Tasmanian Advertiser*, 13 April 1827. 更多信息见 B. Douglas, *Science, Voyages and Encounters*, chapter 5。

69 有关这篇游记，见 Muzaffar Alam and Sanjay Subrahmanyam, *Indo-Persian Travels in the Age of Discoveries, 1400–1800* (Cambridge: Cambridge University Press, 2007)。关于这种波斯文学流派的最新研究，见 Robert Micallef and Sunil Sharma, eds., *On the Wonders of Land and Sea: Persianate Travel Writing* (Cambridge, Mass.: Ilex Foundation, 2013)。

70 关于阿布·塔里布的详细传记，见 Gulfishan Khan, *Indian Muslim Perceptions of the West During the Eighteenth Century* (Karachi: Oxford University Press, 1998), 95ff. 和 Mushirul Hasan, ed. *Westerward Bound: Travels of Mirza Abu Taleb*, trans. Charles Stewart, ed. M. Hasan (New Delhi: Oxford University Press, 2005), Editor's introduction, citation xvii。

71 Abu Talib Khan, *The Travels of Mirza Abu Taleb Khan in Asia, Africa, and Europe*, trans. Charles Stewart, 3 vols (London: Longman, Hurst, Rees, Orme, and Brown, 1814), vol. 1, 2nd edn, 20–22.

72 Alam and Subrahmanyam, *Indo-Persian Travels*, 245.

73 M. Hasan, Editor's Introduction, xiv.

74 Khan, *The Travels of Mirza Abu Taleb Khan*, vol. 1, 53–4.

75 Ibid., 55.

76 Ibid., 48.

77 Ibid., 87, 96.

78 Ibid., 31.

79 Ibid., 109.

80 Ibid., 80, 83–4.

81 Ibid., 99.

82 Ibid., 40–2. 另一位波斯作者还有一篇关于缅甸的游记，见 Arash Khazeni, 'Indo-Persian Travel Writing at the Ends of the Mughal World', in *Past and Present*, 243 (2019), 141–74。

83 See for instance Aaron Jaffer, *Lascars and Indian Ocean Seafaring, 1760–1860: Shipboard Life, Unrest and Mutiny* (Martlesham: Boydell Press, 2015).

84 Mirza Abu Taleb Khan, 'Vindication of the Liberties of the Asiatic Women', in *Asiatic Annual Register*, 1801, 101–7.

85 Khan, 'Vindication', 101; all citations below, 101–7.

86 更多塔里布对英国的看法，见 Partha Chatterjee, *The Black Hole of Empire: History of a Global Practice of Power* (Princeton: Princeton University Press, 2012), 120–3。

87 Khan, *The Travels of Mirza Abu Taleb Khan*, vol. 1, 74.

88 Khan, *The Travels of Mirza Abu Taleb Khan*, vol. 2, chapter XVII; citation 104 and 129, 178.

89 Khan, *The Travels of Mirza Abu Taleb Khan*, vol. 2, 81.

90 Ibid., vol. 1, 23–6.

91 Ibid., vol., 51, 69–70.

92 Khan, *The Travels of Mirza Abu Taleb Khan*, vol. 3, 172. Citation above from 166 and 176.

93 Kumkum Chatterjee, 'History as Self-Presentation: The Recasting of a Political Tradition in Late-Eighteenth Century Eastern India', in *Modern Asian Studies* 32, no. 4 (October 1998), 913–48, at 924. 关于这些作家，见 Jamal Malik, ed., *Perspectives of Mutual Encounters in South Asian History, 1760–1860* (Leiden: Brill, 2000) 和 Robert Travers 即将出版的作品。

94 关于侯赛因的传记，见 Iqbal Ghani Khan, 'A Book with Two Views: Ghulam Husain Khan's "An Overview of the Modern Times"' in Jamal Malik, ed., *Perspectives of Mutual Encounters in South Asian History, 1760–1860* (Leiden: Brill, 2000), 278–97；另见 Gulfishan Khan, *Indian Muslim Perceptions of the West During the Eighteenth Century* (Karachi: Oxford University Press, 1998), 84ff. 和 Robert Travers, 'The connected worlds of Haji Mustapha (c.1730-91): A European Cosmopolitan in eighteenth-century Bengal', *Indian Economic and Social History Review* 52, no. 3 (2015), 297–333。

95 Ghulam Husain Khan Tabatabai, *A translation of the Seir mutaqharin or, View of modern times, being an history of India, from the year 1118 to year 1194*, trans. Haji Mustafa, 3 vols (Calcutta, 1789), vol. 3, 335.

96　关于艾提萨姆·阿尔丁的传记，见 Khan, *Indian Muslim Perceptions*, 72ff。

97　Tabatabai, *A translation*, vol. 3, 337.

98　Ibid., 333.

99　Mirza Sheikh I'tesamuddin, *The Wonders of Vilayet: Being the Memoir, originally in Persian, of a Visit to France and Britain in 1765*, trans. Kaiser Haq (Leeds: Peepal Tree Press, 2002), 22.

100　I'tesamuddin, *The Wonders of Vilayet*, 27.

101　Ibid., 28.

102　Ibid., 28, 31–2.

103　Ibid., 34.

104　Ibid., 关于毛里求斯的故事还可参阅第三章。

105　Ibid., 41–2.

106　Ibid., 47–9.

107　更多信息见 David Armitage, *The Declaration of Independence: A Global History* (Cambridge, Mass., 2007)。

108　Cited in Armitage, *The Declaration*, 121.

109　全球革命时代的科技发展史见 P. Manning and D. Roods, eds., *Global Scientific Practice in an Age of Revolutions, 1750–1850* (Pittsburgh: University of Pittsburgh Press, 2016)。

110　以下著作与我的研究目标一致，见 *Islanded: Britain, Sri Lanka and the Bounds of an Indian Ocean Colony* (Chicago: University of Chicago Press, 2013)。

111　关于革命的观念史，见 Tim Harris, 'Did the English Have a Script for Revolution in the Seventeenth Century?', in Keith Baker and Dan Edelstein, eds., *Scripting Revolution: A Historical Approach to the Study of Revolutions* (Stanford: Stanford University Press, 2015), 25–40；David R. Como, 'God's Revolutions: England, Europe, and the Concept of Revolution in the Mid-Seventeenth Century', in Baker and Edelstein, eds, *Scripting Revolution*, 41–56。较传统的评说，见 Hannah Arendt, *On Revolution* (Harmondsworth, 1963)。

112　关于革命时代的帝国，见 Jeremy Adelman, 'An Age of Imperial Revolutions', *American Historical Review* 113, no. 2 (April 2008), 319–40。

第二章　南太平洋：旅行家、君主与帝国

1　更多关于泗水外的细节，见 John Dunmore, *French Explorers in the Pacific*, 2 vols (Oxford: Clarendon Press, 1959–1965), vol. 1,328–31；Frank Horner, *Looking for La Pérouse: D'Entrecasteaux in Australia and the South Pacific, 1792–1793* (Carlton, Vic.: Melbourne University Press,1995), chapter 14；Bruny d'Entrecasteaux, *Voyage to Australia and the Pacific 1791* (Carlton, Vic.,: Melbourne University Press, 2001), trans. Edward Duyker and Maryse Duyker, introduction, xxx–xxxix；Roger Williams, *French Botany in the Enlightenment: The Ill-fated Voyages of La Pérouse and his Rescuers* (Dordrecht: Kluwer Academic Publishers, 2003),chapter XIII；Seymour L. Chapin, 'The French Revolution in the South Seas: The Republican Spirit and the d'Entrecasteaux Expedition', *Proceedings of the Western Society for French History* 17 (1990), 178–186。引自 E. P. De Rossel, ed., *Voyage de Dentrecasteaux: Envoyé à la Recherche de La Pérouse*, 2 vols (Paris: De l'Imprimerie Imperiale, 1823), vol. 1, 471, cited in Dunmore, *French Explorers*, 327；Dianne Johnson, *Bruny d'Entrecasteaux and His Encounter with Tasmanian*

Aborigines: From Provence to Recherche Bay (Lawson, NSW: Blue Mountain, 2012), chapter 14。本章内容撰写以后，还出现 Bronwen Douglas et al., eds., *Collecting in the South Seas: The Voyage of Bruni d'Entrecasteaux, 1791–1794* (Sidestone Press: Leiden, 2018)。

2 见 Horner, *Looking for La Pérouse,* 213 ；Dunmore, *French Explorers,* vol. 1, 330–31。

3 Horner, *Looking for La Pérouse*, 219.

4 Johnson, *Bruny D'Entrecasteaux*, 72.

5 D'Entrecasteaux, *Voyage*, xxxvi.

6 M. La Billardière, *An Account of a Voyage in search of La Pérouse, undertaken by order of the Constituent Assembly of France and Performed in the Years 1791, 1792 and 1793 translated from the French*, 2 vols (London: J. Debrett, 1800), vol. 1, xix. 关于这次探险的其他有趣收获，见 Douglas et al., eds., *Collecting in the South Seas*。

7 关于这三次航行的关系，见 Nicole Starbuck, *Baudin, Napoleon and the Exploration of Australia* (London: Pickering and Chatto, 2013)，introduction。

8 在一般情况下，使用奥特亚罗瓦 / 新西兰这种复合形式来表示新西兰；提到毛利人传统时，不使用新西兰而使用奥特亚罗瓦；使用新西兰时，表示殖民者的叫法。

9 Cited in Williams, *French Botany*, 107. 有趣的是，发起远征寻找拉彼鲁兹的行动仍然需要诉诸国王的名字，见 Frank Horner, *Looking for La Pérouse*, 7。

10 关于拉彼鲁兹计划的讨论见 Dunmore, *French Explorers*, 261–2。有关他的传记的更多细节见 John Dunmore, *Pacific Explorer: The Life of Jean-François de La Pérouse, 1741–1788* (Palmerston North: Dunmore Press, 1985), esp. chapter 13。

11 但是后来他写道，他不会去塔希提岛，因为它太出名了："如果一个人可以环游世界而不停靠奥泰提（O-Taity），这将是船长的功劳，因为他有利于全体船员的。" La Pérouse to Fleurieu, dated Avatska Bay, 10 September 1787, translated and republished in John Dunmore, ed., *The Journal of Jean-François de Galaup de La Pérouse* (London: Hakluyt Society, 1995), 512–520, at 517.

12 Dunmore, *Pacific Explorer*, 203.

13 La Pérouse to the Minister, dated Avatska 10 September 1787, in Dunmore, ed., *The Journal*, 510–2, at 510.

14 La Pérouse to the Minister, dated Avatska 10 September 1787, in Dunmore, ed., *The Journal*, 510–2, at 510, 511 and La Pérouse to Fleurieu dated Manila 8 April 1787 in Dunmore, ed., *The Journal*, 509–10, at 509.

15 La Pérouse to the Minister, dated Manila 7 April 1787, in Dunmore, ed., *The Journal*, 505–6, at 506.

16 La Pérouse to the Minister, dated Avatska 29 September 1787, in Dunmore, ed., *The Journal*, 533–4, at 533.

17 Jean-François de Galaup, Comte de La Pérouse, *The Voyage of La Pérouse Round the World, in the Years 1785, 1786, 1787 and 1788 translated from the French*, ed. M. L. A. Milet Mureau (London: John Stockdale, 1798), ii.

18 James Burney, *A Memoir on the Voyage of d'Entrecasteaux in search of La Pérouse* (London: Luke Hansard, 1820), 4–8, at 8.

19 Leslie R. Marchant, 'La Pérouse, Jean-François de Galaup (1741–1788)', *Australian Dictionary of Biography, National Centre of Biography*, Australian National University, http://adb.anu.edu.au/biography/la- perouse-jean-francois-de-galaup-2329/text3029, accessed 4 October 2013.

20 La Pérouse to the Minister, dated, 7 February 1788, in Dunmore, ed., *The Journal*, 541–2.

21 Dunmore, *The Pacific Explorer*, 关于家庭对此反应的细节，见 esp. chapter 12。

22 John Hunter, *An Historical Journal of the Transactions at Port Jackson and Norfolk Island, with the Discoveries which have been made in New South Wales and in the Southern Ocean, since the publication of Philip's Voyage* (London: John Stockdale, 1793), 240.

23 D'Entrecasteaux, *Voyage to Australia*, 16.

24 Ibid., 81–82.

25 Bronwen Douglas 收藏的图像复制品，见 Bronwen Douglas, 'In the Event: Indigenous Countersigns and the Ethnohistory of Voyaging', in Margaret Jolly et al., eds., *Oceanic Encounters: Exchange, Desire, Violence* (Canberra: ANU Press, 2009), 175–198。

26 La Billardière, *An Account*, vol. 1, 279–280.

27 Jocelyn Linnekin, 'Ignoble savages and other European visions: The La Pérouse affair in Samoan history', *The Journal of Pacific History 26*, no. 1 (1991), 3–26.

28 Dillon, *Narrative and Successful Result,* vol. 2, 159–69.

29 'Rapport sur le voyage', in Muséum d'Histoire Naturelle, cited in Starbuck, *Baudin*, 2.

30 Starbuck, *Baudin,* 21 and also Bernard Smith, *Imagining the Pacific* (Hong Kong, 1992), 48.

31 Ralph Kingston, 'A not so Pacific voyage: The "floating laboratory" of Nicolas Baudin', *Endeavour* 31, no. 4 (December 2007), 145–51, at 146.

32 Cited in Starbuck, *Baudin,* 137.

33 Anthony Brown, *Ill-starred Captains: Flinders and Baudin* (London: Chatham, 2001), 390 and 401.

34 Brown, *Ill-starred Captains,* 389 and 395.

35 关于两位船长与毛里求斯人订婚的纪念品，请参阅 *Encounter Mauritius 2003: Commemoration of the Bicentenary of the Presence of Nicolas Baudin and Matthew Flinders in Mauritius* (Port Louis: Mauritius Govt Press, 2003)。

36 Carol E. Harrison, 'Projections of the Revolutionary Nation: French Expedition in the Pacific, 1791–1803', *Osiris* 24 (2009), 33–52.

37 Letter dated 4 November 1804 from Matthew Flinders to Ann, cited in Brown, *Ill-starred Captains*, 394.

38 关于新西兰的细节，见 d'Entrecasteaux, *Voyage to Australia*, 159–60。更多的植物观察，见 La Billardière, *An Account*, vol. 2, 76–7。

39 D'Entrecasteaux, *Voyage to Australia*, 181–2.

40 Robert Langdon, 'The Maritime Explorers', in Noel Rutherford, ed., *The Friendly Islands: A History of Tonga* (Melbourne: Oxford University Press, 1977), 40–62, 54–5; Peter Suren, ed., *Essays on the History of Tonga*, 3 vols (Nuku'alofa, Tonga: Friendly Islands Bookshop, 2001–6), vol. 2, 41–3.

41 D'Entrecasteaux, *Voyage to Australia*, 173.

42 Ibid., 190.

43 D'Entrecasteaux, *Voyage to Australia*, 186.

44 Ibid., 187.

45 库克对汤加王室的兴趣，见 Langdon, 'The Maritime Explorers', 50–1。

46 D'Entrecasteaux, *Voyage to Australia*, 184.

47 La Billardière, *An Account,* vol. 2, 116.

48 Ibid., vol. 1, 128.

49 见 Christine Ward Gailey, *Kinship to Kingship: Gender, Hierarchy and State Formation in the Tongan Islands* (Austin, Texas: University of Texas Press, 1987)。

50 此处参考了一本关于德昂特勒卡斯托的新书，见 Billie Lyt-berg and Melenaite Taumoefolau, 'Sisi Fale-Tongan Coconut Fibre Waist Garment', in *Collecting in the South Sea*, 85–87。

51 La Billardière, *An Account*, vol. 2, 129.

52 Patty O'Brien, *The Pacific Muse: Exotic Femininity and the Colonial Pacific* (Seattle: University of Washington Press, 2006), 198.

53 Gailey, *Kinship to Kingship*, 178ff. 关于汤加这一时期的历史，以及本段和下一段的讨论材料，见 I. C. Campbell, *Island Kingdom: Tonga, Ancient and Modern* (Christchurch: Canterbury University Press, 1992), 60。

54 Suren, ed., *Essays*, vol. 3, 187ff.

55 Gailey, *Kinship to Kingship*, 179.

56 Cited in Harry Liebersohn, *The Travelers' World: Europe to the Pacific* (Cambridge, Mass.: Harvard University Press, 2006), 168.

57 Nicholas Thomas, 22.

58 William Mariner, *An Account of the Natives of the Tongan Islands in the South Pacific Ocean*, 2 vols (London: J. Murray, 1817), vol. 1, xx, footnote. 关于马里纳在汤加的细节，见 I. C. Campbell, *Gone Native in Polynesia: Captivity Narratives and Experiences from the South Pacific* (Westport, Conn.: Greenwood Press, 1998), 52–9。

59 Mariner, *An Account*, vol. 1, 46 and see also Suren, ed., *Essays*, vol. 3, 67.

60 Mariner, *An Account*, vol. 1, 61.

61 Campbell, *Gone Native in Polynesia*, 54 and Suren, ed., *Essays*, vol. 3, 69–70.

62 J. Orlebar, *A Midshipman's Journal on Board H.M.S. Seringapatam During the Year 1830*, ed. Melvin J. Voigt (California: Tofua Press, 1976), 72. 据冈森（Gunson）估计，从 1796 年到 1826 年，有 80 个来自欧洲或太平洋岛屿的外来人居住在汤加，见 'The Coming of Foreigners', in N. Rutherford, ed., *Friendly Islands: A History of Tonga* (Melbourne: Oxford University Press, 1978), 90–113, at 90。

63 关于"太子港号"的其他幸存者情况，见 Suren, ed., *Essays*, vol. 3, 74。共有 26 个幸存者，其中包括夏威夷人。

64 Mariner, *An Account*, vol. 1, 101.

65 Ibid., 100.

66 Ibid., 420.

67 关于汤加的货币流通情况，见 Suren, ed., *Essays*, vol. 3, 192。

68 Jonathan Lamb, Vanessa Smith and Nicholas Thomas eds., *Exploration and exchange: A South Sea Anthology* (Chicago: Chicago University Press, 2000), 191–3.

69 详见 Nigel Statham, 'Manuscript XIX: Mafihape's Letter to William Mariner (1832)', *Journal of Pacific History* 43, no. 3 (December 2008), 341–66。

70 Trans. Statham, 'Mafihape's Letter', 353.

71 Dillon, *Narrative and Successful Result*, vol. 1, 285–6.

72 在 1837 年 5 月 8 日的信中他写道："我很遗憾，母亲的书信我能翻译的很少，因为我忘记了这种语言，拼写方法与我现在使用的有很大的不同。"这封信被刊置于马里纳的信件前面，*An Account*, vol. 1；副本在 Mitchell Library, State Library of New South Wales, Sydney: (hereafter MLS) C 797, vol. 1。

73 Campbell, *Gone Native in Polynesia*, 59.

74 Suren, ed., *Essays*, vol. 3, 144.

75 Suren, ed., *Essays*, vol. 3, 85.

76 '"Port-au-Prince" Pirate Ship Discovery in Tonga', in *New Zealand Herald*, 9 August 2012: http://www.nzherald.co.nz/world/news/video.cfm?c_id=1503076&gal_cid=2&gallery_id=127358, accessed 22 June 2017.

77 Cited in Rod Edmond, *Representing the South Pacific from Cook to Gauguin* (Cambridge: Cambridge University Press, 1997), 73.

78 *The Poetical Works of Lord Byron: Complete in One Volume*, arranged by Thomas Moore et al. (New York: D. Appleton and Co., 1850), 174.

79 Suren, ed., *Essays*, vol. 3, 71. See also Nelson Eustis, *The King of Tonga* (Adelaide: Hyde Park Press, 1997), 20–21.

80 Thomas, *Islanders*, 24.

81 Suren, ed., *Essays*, vol. 3, 84. 此处提到了英国皇家海军去往塞林伽巴丹的航行，船长是Waldegrave。

82 关于沙滩护林员和逃犯，见 Augustus Earle, *A Narrative of a Nine Months' Residence in New Zealand* (London: Longman, 1832), 52–53。另见厄尔对岛屿湾的描绘，National Library of Australia (hereafter NLA), Canberra。

83 见 'Bay of Islands, New Zealand', watercolour, 1827–188, NLA: PIC Solander Box A36 T113 NK 12/75; and 'Entrance to the Bay of Islands', watercolour, 1827, NLA: PIC Solander Box B5 T104 NK 12/66。

84 'Tepoanah Bay of Islands New Zealand a Church Missionary Establish-ment', watercolour, 1827, NLA: PIC Solander Box C18 T176 NK 12/139.

85 最近的研究著作，见 Tony Ballantyne, *Entanglements of Empire: Missionaries, Māori, and the Question of the Body* (Durham, NC: Duke University Press, 2014)。

86 关于新西兰历史，见 Keith Sinclair, *Oxford Illustrated History of New Zealand* (Auckland: Oxford University Press, 1990)；M. N. Smith, *New Zealand: A Concise History* (Cambridge, 2005)。深受这时期的修正主义解读，以及火枪战争（Musket Wars）的影响，见 Angela Ballara, *Taua: 'Musket Wars', 'Land Wars' or Tikanga?: Warfare in Māori Society in the Early Nineteenth Century* (Auckland: New Zealand, Penguin Press, 2003)；Judith Binney, for instance in *The Legacy of Guilt: A Life of Thomas Kendall* (Wellington: Oxford University Press, 2005)；Judith Binney, *Stories Without End: Essays, 1795–2010* (Wellington: Bridget Williams Books, 2010)。本章起草后的相关研究，见 Ballantyne, Entanglements, and Frances Steel, ed., *New Zealand and the Sea: New Historical Perspectives* (Wellington: Bridget Williams Book, 2018)。

87 Ballara, *Taua*, 67–69.

88 Ibid., 114–5; 可参考传教士所说的"战争会议"。关于"原始会议"，见 Earle, *A Narrative of Nine Months' Residence*, 180。

89 Augustus Earle, *Sketches Illustrative of the Native Inhabitants and Islands of New Zealand* (London: New Zealand Assoc., 1838) and NLA: PIC vol. 532, U 2650 NK 668/9.

90 关于后者，见 Ballantyne, *Entanglements*。

91 关于马斯登的传记，以及他的农业和传教士事业，见 John Rawson Elder, ed., *The Letters and Journals of Samuel Marsden, 1765–1838* (Dunedin: Otago University Council, 1932), 18, 35 and 44。关于第一次航行，见 *Marsden's First New Zealand Journal*。

92 见 *Marsden's First New Zealand Journal*, in Elder, ed., 57–131, 85–6。

93 Samuel Marsden to Rev. J. Pratt of the Church Missionary Society, dated 22 September 1814, in Elder, ed., *The Letters and Journals*, 132–3, at 133.

94 Earle, *Narrative of Nine Months' Residence*, 45.

95 关于马斯登的解释，见 'Marsden's first New Zealand Journal, 1814', in Elder, ed., *The Letters and Journals*, 87–8。关于《悉尼公报》上马斯登的报道，见 Patricia Bawden, *The Years Before Waitangi: A Story of Early Māori/European Contact in New Zealand* (Auckland: Institute Press, 1987), 46；Tony Simpson, *Art and Massacre: Documentary Racism in the Burning of the Boyd* (Wellington: New Zealand, Cultural Construction Company, 1993)。

96 关于这个观点，以及贝利和马斯登在悉尼政治中发挥的作用，见 Tony Simpson, *Art and Massacre*。

97 Earle, *Narrative of Nine Months' Residence*, 152.

98 J. S. Polack, *New Zealand: being a narrative of travels and adventures during a residence in that country between the years 1831 and 1837* (London: Richard Bentley, 1838), 165–66.

99 Christina Thompson, 'A Dangerous People whose Only Occupation is War: Māori and Pakeha in 19th-century New Zealand', *Journal of Pacific History* 32, no. 1 (June 1997), 109–19, 112; see also Judith Binney, *The Legacy of Guilt*, 36. 马斯登对朋友被枪杀事件的描述，见 'Marsden's First New Zealand Journal', in Elder, ed., *The Letters and Journals*, 61–2。

100 此处观点的依据，见 Ballara, *Taua*.

101 Ballara, *Taua*, 454.

102 James Belich, *The New Zealand Wars and the Victorian Interpretation of Racial Conflict* (Auckland, 1986).

103 James Busby, British Resident at New Zealand to the Seeretary of State, dated the Bay of Islands, 16 June 1837, MLS: MLMSS 1668 (typescript copy), 206.

104 Ballara, *Taua*, 400ff.

105 见 Earle, *A Narrative of a Nine Months' Residence*, 53–4。关于乔治国王的肖像，见 'King George, N Zealand costume', watercolour, 1828, NLA: PIC Solander Box A37 T122 NK 12/84；'The residence of Shulitea, chief of Kororadika, Bay of Islands', watercolour, 1827, NLA: PIC Solander Box A36 T109 NK 12/71。

106 夯吉传记，见 Angela Ballara, 'Hongi Hika', in *Dictionary of New Zealand Biography, Te Era: The Encylopaedia of New Zealand*, http://www.teara.govt.nz/en/biographies/1h32/hongi-hika, accessed 10 September 2014。

107 关于这些批评，见 'Marsden's Second New Zealand Journal', in Elder, ed., *The Letters and Journals*, 143–221, 204。更多信息，见 Ballantyne, *Entanglements*, 73–4。

108 Cited in Ballara, *Taua*, 191, from White, *The Ancient History of the Māori: His Mythology and Traditions: Ko nga tatai korero whakapapa a te Mori me nga karakia o nehe*, 6 vols, vol. X (Wellington: George Didsbury, 1887–90), vol. 10.

109 关于对种植园的评论，见 Ballara, *Taua*, 56。

110 Ballara, *Taua*, 190.

111 J. B. Marsden, ed., *Memoirs of the Life and Labours of the Rev. Samuel Marsden* (Cambridge: Cambridge University Press, 2011), 142.

112 关于夯吉在剑桥的经历，见 Binney, *Legacy of Guilt*, 73；Dorothy Ulrich Cloher, *Hongi Hika: Warrior Chief* (Auckland, New Zealand: Penguin, 2003), chapter 5。

113 Cloher, *Hongi Hika*, 137.

114 Binney, *The Legacy of Guilt*, 14, 74.

115 Cited in Binney, *The Legacy of Guilt*, 74, from Creevey to Miss Ord, October 1820.

116 Ballara, 'Hongi Hika'; Smith, *New Zealand*, 33–4.

117 Ballara, 'Hongi Hika'.

118 对特·劳帕拉哈的评论见 Ballara, *Taua*, 34。

119 Peter Butler, ed., *Life and Times of Te Rauparaha By His Son Tamihana Te Rauparaha* (Waiura: Martinborough: Alister Taylor, 1980), p. 41.

120 Ibid., 70.

121 Ibid., 74-5.

122 见 Steven Oliver, 'Te Rauparaha', in the *Dictionary of New Zealand Biography, Te Ara–the Encyclopedia of New Zealand,* http://www.teara.govt.nz/en/biographies/1t74/te-rauparaha, accessed 15 September 2014。

123 Claudia Orange, *The Treaty of Waitangi* (Wellington: Bridget Williams Books, 1987), 6–8; also, Elder, ed., Letters and Journals, 81.

124 关于国王的船，见Earle, *Narrative of a Nine Months' Residence,* 164–5。关于国王的船的另一参考，见 Richard A. Cruise, *Journal of a Ten Months' Residence in New Zealand, 1820,* ed. A. G. Bagnall (Christchurch: Pegasus Press, 1957), 27。

125 Richard Bourke to James Busby, Government House, 13th April 1833, MLS: Governor's Despatches and Enclosures, A1267/13 (typescript copy), 1200 –10. 关于巴斯比抵达时对毛利首领们讲的话，见 James Busby, *Letter of the Right Honorable Lord Viscount Goderich and Address of James Busby Esq. British Resident to the Chiefs of New Zealand* (Sydney: Gazette Office, n.d.)；关于巴斯比对"伊丽莎白号"事件的描述，见 'A Brief Memoir Relative to the Islands of New Zealand', in James Busby, *Authentic Information Relative to New South Wales* (London: Joseph Cross, 1832), 57–62, 64–6。

126 关于巴斯比是国王的亲信，以及 1835 年《宣言》的签署，见 Orange, *Treaty of Waitangi,* 13, 21；'A Declaration of Independence of New Zealand', in Orange, *Treaty of Waitangi,* appendix 1, 256。关于选择国旗的过程，见 'Extract of a Letter from the British Resident of New Zealand to the Colonial Secretary, 22 March 1834, MLS: Governors' Despatches and Correspondence', A1267/13 (type- script copy), 1417–8。关于对国旗及其立法的评论，见 James Busby, British Resident at New Zealand, dated 16 June 1837, Bay of Islands to Secretary of State, MLS: MLMSS 1668 (type- script copy), p. 207。关于新西兰船坞，见 Earle, *Narrative of a Nine Months' Residence,* 25–6。

127 James Busby to Alexander Busby dated 10 December 1835, Waitangi, MLS: MLMSS 1349 (typescript copy), 97.

128 James Busby to Alexander Busby dated 22 June 1833, Bay of Islands, MLS: MLMSS 1349 (typescript copy), 29; see Ballantyne, *Entanglements,* 233.

129 'A brief Memoir relative to the Islands of New Zealand, submitted to the Right Hon. the Secretary of State for the Colonies, July 1832', in James Busby, *Authentic Information Relative to New South Wales* (London: Joseph Cross, 1832), 57–62, 60.

130 James Busby, British Resident at New Zealand to the Secretary of State, dated 16 June 1837, Bay of Islands, MLS: MLMSS 1668 (typescript copy), 207–9.

131 James Busby to Alexander Busby dated 5 May 1837, Bay of Islands, MLS: MLMSS 1349 (typescript copy), 131. 晚年，巴斯比对英国君主制、下院，以及殖民地总督和议会间关系的看法，见 James Busby, *The Constitutional Relations of British Colonies to the Mother Country* (London: National Association for the Promotion of Social Science, 1865)。

132 Richard Bourke to Rt. Honble Viscount Glenelg, dated 10 March 1836, MLS: Governors' Despatches and Enclosures, A1267/5 (typescript copy), 752.

133 *Correspondence with the Secretary of State Relative to New Zealand* (London: W. Clowes, 1840), 7, enclosure in letter from James Stephen to John Backhouse dated Downing Street, 12 December 1838.

134 关于蒂埃里的示好，见 Binney, *The Legacy of Guilt,* appendix 3, titled 'Conquering Kings their Titles Take'；J. D. Raeside, 'Thierry, Charles Philippe Hippolyte de', in *Dictionary of New Zealand Biography, Te Ara–the Encyclopedia of New Zealand,* http://www.teara.govt.nz/en/biographies/1t93/thierry-

charles-philippe- hippolyte-de。相似的内容，见 MLS: Governors' Despatches and Correspondence, A1267/19 (typescript copy), 2387ff；关于不断发展的法国和美国，见 Orange, *Treaty of Waitangi*, 9；关于巴斯比对蒂埃里采取的行动可能导致法国进一步介入新西兰的看法，见 James Busby to Alexander Busby, 13 June 1839, Bay of Islands, MLS: MLMMS 1349 (typescript copy), 209。

135 James Busby to Alexander Busby, 9 April 1839, Bay of Islands, MLS: MLMMS 1349 (typescript copy), 187.

136 James Busby to the Colonial Secretary of New South Wales, 24 September 1838, MLS: Governors' Despatches and Enclosures, A1267/17 (typescript copy) 2172–5, at 2174.

137 James Busby to Alexander Busby, 5 September 1839, Bay of Islands, MLS: MLMMS 1349 (typescript copy), 245.

138 James Busby to Alexander Busby, 9 August 1836, Bay of Islands, MLS: MLMMS 1349 (typescript copy), 107。关于美国水手和新西兰殖民者之间暴力冲突的另一插曲，参阅巴斯比的声明，见 James Busby, British Resident at New Zealand and James R. Clendon, US Consul, 17 August 1839, Bay of Islands, MLS: Governors' Despatches and Enclosures, A1267/19, (typescript copy), 2362–5。关于美国人在捕鱼和土地方面的权利，参阅"备忘录"中的'How far American or other Foreign Interests may be affected by the occupation of New Zealand' and other correspondence, MLS: Governors' Despatches and Enclosures, A1267/19 (typescript copy), 2501ff。

139 'The Treaty of Waitangi' in Orange, *Treaty of Waitangi*, appendix 2, 258; see also Smith, *New Zealand*, 51.

140 Letter from R. Davis to James Busby, 29 June 1839, Waimate, MLS: MLMSS 1668 (typescript copy), 213.

141 Letter from James Busby to R. Davis, 11 July 1839, Waitangi, MLS: MLMSS 1668 (typescript copy), 213.

142 Letter from James Busby to Alexander Busby, 29 July 1839, Bay of Islands, MLS: MLMSS 1349 (typescript copy), 221.

143 'A Declaration of Independence of New Zealand', in Orange, *Treaty of Waitangi*, appendix 1, 256.

144 James Busby, British Resident at New Zealand to Secretary of State, 16 June 1837, Bay of Islands, MLS: MLMSS 1668 (typescript copy), 212："他们祈祷陛下'继续做他们的父母和保护者'——这种情感和语言属于他们自己。"

145 Lachy Paterson, 'Kiri Mā Kiri Mangu: The Terminology of Race and Civilisation in the Mid-Nineteenth-Century Māori-Language Newspapers', in Jenifer Curnow, Ngapare Hopa and Jane McRae, eds., *Rere Atu, Taku Manu!: Discovering History Language, and Politics in the Māori Language Newspapers* (Auckland: Auckland University Press, 2002), 78–97, at 91.

第三章　印度洋西南：反抗的世界与不列颠的崛起

1 关于盎克鲁吉特与帕尔的相遇，见 Russel Viljoen, *Jan Paerl, A Khoikhoi in Cape Colonial Society, 1761–1851* (Leiden: Brill, 2006)。

2 Ibid., 44–5.

3 Ibid., 47.

4 Ibid., 64, citing Onkruijdt to Van der Graaff, 26 October 1788, Western Cape Archives, Cape Town (hereafter WCA) CA C570, 51.

5 Ibid., 53, citing Onkruijdt to van der Graaff, 15 October 1788, WCA: CA C570, 19–20.

6 详见 Ibid., 19。

7 Ibid., 28.

8 详见 Leonard Guelke, 'Freehold farmers and frontier settlers, 1657–1780', in Richard Elphick and Hermann Giliomee, *The Shaping of South African Society, 1652–1840* (Cape Town: Maskew Miller Longman, 1989), 2nd edn, 66–101；P. J. van der Merwe, *The Migrant Farmer in the History of the Cape Colony, 1657–1842*, trans. Roger B. Beck (Athens, Ohio: Ohio University Press, 1995)；O. F. Mentzel, *A Geographical and Topographical Description of the Cape of Good Hope*, trans. G. V. Marais and J. Hodge, 3 vols (Cape Town, 1944), vol. 3, 80: "斯韦丹伦虽然被当作教区，但到目前为止既没有教堂，也没有牧师，也不太可能得到一个牧师，因为它的居民分散在如此广阔的地区。"

9 Van der Merwe, *The Migrant Farmer*, 121, citing *landdrost, heemraden* and Military Officers from Swellendam to Governor, 17 March 1775, WCA: Petition, Reports etc., C1265.

10 William Patterson, *A Narrative of Four Journeys into the Country of the Hottentots and Cafaria in the Years 1777, 1778 and 1779* (London: Johnson, 1789), 84.

11 Anders Sparrman, *A Voyage to the Cape of Good Hope, Towards the Antarctic Polar Circle, and Round the World: But Chiefly into the Country of the Hottentots and the Caffres, from the year 1772 to 1776*, 2 vols. (London: Printed for G.G.J. and J. Robinson, 1785), vol. 1, 262–4.

12 Van der Merwe, *The Migrant Farmer*, 113, citing François Valentijn, *Oud en Nieuw Oost-Indiën: Vervattende een Naaukeurige en Uitvoerige Verhandelinge van Nederalnds Mogentheyd in die Gewesten*, 2 vols (Dordrecht: J. van Braam, 1724), vol. 2, 51.

13 Hermann Giliomee, *The Afrikaners: Biography of a People* (Cape Town: Tafelberg, 2003)，关于对引入通行证制度的详细描写。

14 Mentzel, *Geographical and Topographical Description*, vol. 3, 263.

15 Gilomee, *The Afrikaners*, 64 and quotation from 66.

16 详见 Clifton C. Crais, *White Supremacy and Black Resistance in Pre-Industrial South Africa* (Cambridge: Cambridge University Press, 1992)，有关"科萨人"的观点，见 18。

17 Crais, *White Supremacy and Black Resistance*, 51.

18 详见 Susan Newton-King, *Masters and Servants on the Cape Eastern Frontier, 1760–1803* (Cambridge: Cambridge University Press, 1999), chapter 4。关于桑族人和科伊科伊人之间的关系和他们是否可以互换的争议，见 Penn, *The Forgotten Frontier*, 'Introduction'。

19 详见 Simon Schama, *Patriots and Liberators: Revolution in the Netherlands, 1780–1813* (London: Fontana Press, 1992)；Pepijn Brandon and Karwan Fatah-Black, '"The Supreme Power of the People": Local Autonomy and Radical Democracy in the Batavian Revolution (1795–1798)', *Atlantic Studies* 13 (2016), 370–388。

20 关于爱国者来源的讨论，见 André Du Toit and Hermann Giliomee, *Afrikaner Political Thought: Analysis and Documents* (Berkeley, Calif.: University of California Press, 1983), chapter 2；The particular source from 1779 is 'The Burgher Petition to the Dutch Chamber of Seventeen, 9 Oct. 1779' on 39–41, citation 40。

21 见 Robert Ross, 'The Rise of the Cape Gentry', *Journal of Southern African Studies* 9, no. 2 (April 1983), 193–217, at 210。本书即将付印时，这本书出版了：Teun Baartman, *Cape Conflict: Protest and Political Alliance in a Dutch Settlement* (Leiden: Leiden University Press, 2019)。

22 Du Toit and Giliomee, *Afrikaner Political Thought*, 'Petition from some inhabitants to the governor and Political Council of the Cape, 17 Feb. 1784', 41–44, citation 43. 关于该文件在荷兰的起源，见 29。

23 详见 H. Giliomee, 'Democracy and the Frontier: A comparative study of Bacon's Rebellion (1676) and the Graaff-Reinet Rebellion (1795–1796)', *South African Historical Journal* 6, no. 1 (1974): 30–51, esp. 35–7。

24 Giliomee, *The Afrikaners*, 73.

25 Cited in Giliomee, 'Democracy and the Frontier', 40, Letter of Van Jaarsveld and A. P. Burger, 7 May 1795, WCA: VC 68.

26 Andrew Barnard to Robert Brooke, dated Cape of Good Hope 23 August 1797, WCA: Acc 1415 (74).

27 'Letter from the Earl Macartney to the Right Honourable Henry Dundas, dated Castle of Good Hope 14 August 1797', in G. M. Theal, *Records of the Cape Colony*, 36 vols (London: William Clowes, 1897–1905), vol. 2, 148–9; quotation from 148.

28 'Declaration of Alexander Dixon, mate of the brig Hope, an English whaler, who arrived at False Bay on the 11th of August 1797', in Theal, *Records of the Cape Colony*, vol. 2, 149–151, quotation from 150.

29 'The Deposition of Frans Nicholas Petersen, third Mate of the Hare, Dutch Prize, which arrived in Simon's Bay on the Evening of the 10th August 1797', in Theal, *Records of the Cape Colony*, vol. 2, 153–4.

30 Barnard to Dundas, 19 October 1799, WCA: Acc 1715 (74).

31 "第二直布罗陀"一词是指在阿尔戈海湾修筑堡垒徒劳无益，见 Barnard in a letter to Dundas, 7 December 1799, WCA: Acc 1715 (74)。

32 Barnard to Dundas, 7 December 1799, WCA: Acc 1415 (74); and Barnard to Dundas, 9 March 1800, WCA: Acc 1415 (74).

33 见 Newton-King, *Masters and Servants*, 213–5 ；Andrew Barnard to Lord Macartney, dated 25 February 1799 and Barnard to Henry Dundas dated 21 September 1799, WCA: Acc 1415 (74)。

34 Barnard to Henry Dundas, 17 August 1799, WCA: Acc 1415 (74). 关于政府通过控制边境，切断布尔人弹药供给的策略，见 Giliomee, The Afrikaners, 58–59。

35 Newton-King, *Masters and Servants*, chapter 9, citation from 229.

36 John Barrow, *An Account of Travels into the Interior of Southern Africa*, 2 vols. (London, 1801), vol. 1, 96.

37 Barnard to Henry Dundas, 17 August 1799, WCA: Acc 1415 (74). 需要一些血淋淋的例子来实现和平，见 Barnard to the Earl Macartney, 14 October 1801。

38 Nigel Worden, *Slavery in Dutch South Africa* (Cambridge: Cambridge University Press, 1985), 132–3.

39 From Worden, *Slavery*, 135.

40 Ibid., 127.

41 此段参考了 Nigel Worden, 'Armed with Swords and Ostrich Feathers: Militarism and Cultural Revolution in the Cape Slave Uprising of 1808', in Richard Bessel, Nicholas Guyatt and Jane Rendall, eds., *War, Empire and Slavery 1770 –1830* (Basingstoke: Palgrave Macmillan, 2010), figures taken from 133。与另一个荷兰奴隶起义背景的比较，见 W. Klooster and Gert Oostindie, eds., *Curaçao in the Age of Revolutions, 1795–1800* (Leiden: KITLV Press, 2011)。

42 'Examination of Louis', WCA: CJ 516. 关于路易斯的介绍，详见 'Examination of the Prisoner James Hooper', WCA: CJ 516。关于英格兰、苏格兰、美洲的情况，见 'Examination of the Prisoner Michael Kelly', WCA: CJ 516。

43 'Examination of the Prisoner Michael Kelly', WCA: CJ 516.

44 'Sentence in a Criminal Case, His Majesty's Fiscal, William Stephanus van Ryneveld Esq. Prosecutor for the Crown', WCA: CJ 802.

45 Quotations from 'Deposition of Jacomina Hendrina Laubscher', WCA: CJ 515.

46 'Examination of Louis', WCA: CJ 516；另见 'Examination of Abraham, Slave of John Wagenane', WCA: CJ 516。

47 'Sentence in a Criminal Case, His Majesty's Fiscal, William Stephanus van Ryneveld Esq. Prosecutor for the Crown', WCA: CJ 802.

48 'Examination of Louis', WCA: CJ 516.

49 'Sentence in a Criminal Case, His Majesty's Fiscal, William Stephanus van Ryneveld Esq. Prosecutor for the Crown', WCA: CJ 802.

50 Worden, 'Armed with Swords and Ostrich Feathers', 129. See 'Examination of Louis', WCA: CJ 516. 路易斯让人给他量身订做了夹克，还在"英国商店"里买了剑和肩章。

51 'Examination of the Prisoner Michael Kelly', WCA: CJ 516；关于羽毛及其获取方式，见 'Third Examination of the Prisoner James Hooper', WCA: CJ 516。

52 Nicole Ulrich, 'International Radicalism, Local Solidarities: The 1797 British Naval Mutinies in Southern African Waters', *International Review of Social History* 58, no. S21 (December 2013), 61–85, at 84.

53 WCA: CO/9, especially, Letters from Charles Felck to the Governor of this Cape of Good Hope, 8 December 1807, 4 January 1808 and 11 February 1808. 这在法庭中很明显，奴隶主被视为基督徒，而奴隶不是，见 'Sentence in a Criminal Case, His Majesty's Fiscal, William Stephanus van Ryneveld esq. Prosecutor for the Crown', WCA: CJ 802。起义领导要确保奴隶和基督徒都不会从农场逃跑。

54 感谢沃登教授对本章提出的意见。有关伊斯兰教抵抗奴隶运动的资料，见 Nigel Worden and Gerald Groenewald, eds., *Trials of Slavery: Selected Documents Concerning Slaves from the Criminal Records of the Council of Justice at the Cape of Good Hope, 1705–1794* (Cape Town: Van Riebeeck Society, 2005)。

55 'Examination of Louis', WCA: CJ 516.

56 本段参考了 Abdulkader Tayob, *Islam in South Africa: Mosques, Imams, and Sermons* (Gainesville: University of Florida Press, 1999), chapter 2。

57 详见 Charles Grant, *The History of Mauritius or the Isle of France and Neighbouring Islands, composed primarily from the papers and memoirs of Baron Grant* (London: W. Bulmer and Co, 1801), 525–6；Albert Pitot, *L'Île de France: Esquisses Historiques (1715–1810)* (Port Louis, Mauritius: E. Pezzani, 1899), 137ff.；Sydney Selvon, *A New Comprehensive History of Mauritius*, 2 vols (Mauritius: Bahemia Printing, 2012), vol. 1, chapter 22；Raymond d'Unienville, *Histoire Politique de l'Île de France* (1791–1794) (Port Louis: L. Carl Achille, 1982), 12ff。下文档案资料来自毛里求斯国家档案馆（the National Archives of Mauritius）。

58 Selvon, A New Comprehensive History, 203, 206.

59 [Citoyen Gouverneur, vous étiez le représentant d'un roi que l'amour du peuple avait conservé au faîte de la véritable grandeur mais que la sou- veraineté du peuple a renversé parce qu'il n'a pas su être le Roi des Français... La royauté est éteinte à jamais en France; mais l'autorité dont elle était dépositaire est maintenue. Le pouvoir exécutif subsiste dans toute sa force. Vous êtes toujours dans une colonie le représentant de ce pouvoir qui ne saurait exister en des mains plus sûres. Vous le prouvez bien par l'empressement avec lequel cédant au vœu de l'Assemblée vous venez prêter dans son sein le serment de fidélité à la République française. Jurez d'être fidèle à la République française et de la maintenir de tout votre pouvoir]. From d'Unienville, *Histoire Politique*, 15–16.

60 'État vers dépenses de Monsieur le Comte Mac-némara pendant son séjour au camp de Tippo Sultan devant

les lignes de Travancor', in A75, National Archives of Mauritius (hereafter NAM), Port Louis.

61 Pitot, *L'Île de France*, 144.

62 ['du désir d'une indépendance qu'ils savent bien ne pouvoir jamais avoir lieu dans un état monarchique' and 'des assemblées tumultueuses & composées de matelots (...) facile à égarer par la vaine espérance d'une égalité chimérique'], Ordinance dated 2 June 1790, Dossier concernant Macnémara 1790, A75, NAM, Port Louis.

63 Pitot, *L'Île de France*, 146–7.

64 Charles Pridham, *An Historical, Political and Statistical Account of Mauritius and its Dependencies* (London: T and W Boone, 1849), 57.

65 W. Draper Bolton, *Bolton's Mauritius Almanac and Official Directory* (Mauritius: A. J. Tennant, 1851), xxxi.

66 关于黑人被斩首，见 Megan Vaughan, *Creating the Creole Island: Slavery in Eighteenth-Century Mauritius* (London: Duke University Press, 2005), 186–8。

67 Grant, *History of Mauritius*, xv，有关于法国革命的批评，抨击了"我所属阶级的那些人"。

68 Selvon, *A New Comprehensive History*, 209.

69 Mohibbul Hasan, *History of Tipu Sultan* (Calcutta: World Press, 1971), 183–4.

70 James Gunnee [de Montille], 'The Agency of (Free) Coloured Elites in Mauritius, 1790–1865' (BA dissertation, University of Cambridge, 2012), 11.

71 关于有色人种社区的政治发展，见 Vijaya Teelock, *Mauritian history: From its beginnings to modern times* (Port Louis, Mahatma Gandhi Institute, 2001)，154–6。关于殖民地议会政治对有色人种的妇女的影响，见 *d'Unienville, Histoire Politique*, 48, 57–8, 60–3。

72 Selvon, *A New Comprehensive History*, 209.

73 Auguste Toussaint, *History of Mauritius*, trans. W. E. F. Ward (Basingstoke: Macmillan, 1977), 49; see also Grant, *The History of Mauritius*, 531.

74 [[Le décret abolissant l'esclavage] servit le malheur des hommes libres et des esclaves, et allumeroit entr'eux une guerre civil, qui ne s'éteindroit que par la destruction entière des uns ou des autres, et peut-être même des deux partis]. From Samuel de Missy and Pierre-Michel Broutin to the deputies of the Colonial Assembly, 24 June 1793, NAM: 'Lettres reçues des députés de l'Île de France à Paris, 1793–1801', A 10B.

75 D'Unienville, Histoire Politique, 96–100.

76 Ibid., 132.

77 [Nous nous empressons de nous faire connaître à vous; et désirons, frères et amis, entretenir une correspondance fraternelle dont le but est et sera de déjouer les complots des ennemis de la République française... de reformer les abus; faire renaître la paix, l'unité et tranquillité publique]. From 'Popular society of Sans-culottes' of the canton of St. Benoît in Reunion Island to the Sans-culottes of Port Louis', 1 June 1794, NAM: 'Assemblée Coloniale; Lettres émanant de la Société des Sans-culottes, 1793–1795', D 64.

78 Selvon, *A New Comprehensive History*, 212.

79 Pridham, *An Historical*, 58–60，记录了有关废除奴隶制的宣言的迷信观点，以及对海地的恐惧。

80 Megan Vaughan, 'Slavery, Smallpox, and Revolution: 1792 in Île de France (Mauritius)', in *The Society for the Social History of Medicine* 13, no. 3 (December 2000): 411–428. 关于饥荒对第三殖民议会的影响，见 d'Unienville, *Histoire Politique*, 10–11。

81 Bolton, *Bolton's Mauritius Almanac*, xx–xxi.

82 John Jeremie, *Recent Events in Mauritius* (London: Hatchard and Son, 1835), 3.

83 Selvon, *A New Comprehensive History*, 212–4.

84 Ibid., 217.

85 Vaughan, *Creating the Creole Island*, 257; see also Nigel Worden, 'Diverging Histories: Slavery and its Aftermath in the Cape Colony and Mauritius', *South African Historical Journal* 27, no. 1 (1992) 3–25, 8 and Teelock, *Mauritian History*, 88.

86 Selvon, *A New Comprehensive History*, 215.

87 Vaughan, *Creating the Creole Island*, 232.

88 关于代表团的细节，见 Pridham, *An Historical*, 64。关于大使馆的报道，见 Île de France in Rangoon in Burma, with news of the age of revolutions；Michael Symes, *An Account of an Embassy to the Kingdom of Ava* (London: W. Bulmer and Co., 1800), 397。

89 毛里求斯和迈索尔的关系，见 J. Salmond, *A review of the origin, progress and result of the late decisive war in Mysore; in a letter from an officer in India: with notes; and an appendix comprising the whole secret state papers found at Seringapatam* (London: Luke Hansard, 1800)；Grant, *The History of Mauritius; Official Documents Relative to the Negotiations Carried on by Tippoo Sultaun with the French nation and other Foreign States for Purposes Hostile to the British Nation to which is added proceedings of a Jacobin Club Formed at Seringapatam by the French Soldiers in the Corps Commanded by M. Dompart* (Calcutta: Printed at the Honourable Company's Press, 1799)；and M. Hasan, *History of Tipu Sultan* (Calcutta: The World Press, 1971), 287–91；S. P. Sen, *The French in India 1763–1816* (New Delhi: Munshiram Mahoharal, 1971), 547–55。引自 *Official Documents*, 79。

90 M. Shama Rao, *Modern Mysore: From the Beginning to 1868* (Bangalore: The Author, 1936), 178.

91 Kate Brittlebank, *Tipu Sultan's search for legitimacy: Islam and kingship in a Hindu domain* (Delhi: Oxford University Press, 1997).

92 Hasan, *History of Tipu Sultan*, 117。关于蒂普外交的最新研究，见 Kaveh Yazdani, *India, Modernity and the Great Divergence, Mysore and Gujarat* (Leiden: Brill, 2017), 289–99。

93 参见 'Narrative of the Proceedings of Tippoo Sultaun's Ambassadors', in Grant, *A History of Mauritius*, 535ff。

94 'Bazard fait le 1er Pluviôse an 6e pour les ambassadeurs de Typoo Sultan', 20 January 1798, *Documents concernant les relations avec Tippou Sultan*, 1787–1799, A101, NAM, Port Louis.

95 Hasan, *History of Tipu Sultan* (Calcutta: World Press, 1971), 287–8; see also letter written aboard the frigate *La Penrose*, dated 18 April 1798, NAM, A101.

96 Salmond, *A review*, appendix B, no. 7, 'The Representatives of the Colony of the Isle of France to Tippoo Sultaun' and also appendix B, no. 10, 'Dated Isle of France, Port North West, the 18th Ventose, 6th year of the French Republic'. 港口老板和造船师确实回迈索尔了，见 Salmond, *A review*, appendix B, no. 18, Letter from the Captain of the ships of War of the French Republic to Tipu Sultan, 28 April 1798；Grant, *The History of Mauritius*, 543。

97 Grant, *A History of Mauritius*, 536.

98 Petition by Malartic, Done at Port North-West, 30 January 1798, cited in Rao, *Mysore*, 179.

99 'Volontaires français au service du pacha Tipoo Sultan', 21 April 1798, A101, NAM.

100 Teelock, *Mauritian History*, 19.

101 Barnard to Lord Macartney, 25 February 1799, and Barnard to Henry Dundas, 6 April 1799, WCA: Acc 1415 (74).

102 Aniruddha Ray, 'France and Mysore', in Irfan Habib, ed., *State and Diplomacy under Tipu Sultan: Documents and Essays* (New Deli: Tulika, 2001), 120–39, 134；关于开普敦的宣言，见 'Translation of

a proclamation' in Theal, *Records of the Cape Colony*, vol. 2, 246–7。

103 Sen, *The French in India*, 553, citing Minute of Governor General Wellesley, 12 August 1798.

104 Kate Brittlebank, *Tipu Sultan's Search for Legitimacy: Islam and Kingship in a Hindu Domain* (Delhi: Oxford University Press, 1997), 28.

105 关于俱乐部有争议的报纸，见 *Official Documents*。

106 Jean Boutier, 'Les lettres de créances du corsaire Ripaud', working paper available at: https://halshs.archives-ouvertes.fr/halshs-00007971/document, accessed 19 July 2018.

107 Kate Brittlebank, 'Curiosities, Conspicuous Piety and the Maker of Time: Some Aspects of Kingship in Eighteenth-Century South India', *South Asia: Journal of South Asian Studies* 16, no. 2 (1993): 41–56, 44.

108 Grant, *The History of Mauritius*, 192.

109 Ibid., 188.

110 Sen, *The French in India*, 549.

111 *Official Documents*, 180.

112 关于军队改革，见 Nigel Chancellor, 'Tipu Sultan, Mysore State, and the Early Modern World' (Conference paper presented in Mysore, 2010)。

113 *Official Documents*, 183.

114 Salmond, *A review*, appendix B, 'Letter dated 2 April 1797, Tippoo Sultan the Victorious to the Representatives of the People residing in the Isles of France and La Réunion'。关于蒂普与王权的关系，见 Brittlebank, *Tipu's Search for Legitimacy*.

115 Partha Chatterjee, *The Black Hole of Empire: History of a Global Practice of Power* (Princeton: Princeton University Press, 2012), 85–93.

116 Adrian Carton, 'Shades of Fraternity: Creolization and the Making of Citizenship in French India, 1790–1792', *French Historical Studies* 31, no. 4 (2008), 582–607, 597.

117 M. Gobalakichenane, 'The French Revolution and the Tamils of Pondicherry (1790–1793)', *East and West* 50, no. 1/4, (December 2000), 295–308, 299.

118 Sen, *French in India*, 427–429.

119 This relies on Carton, 'Shades of Fraternity'.

120 Gobalakichenane, 'The French Revolution', 305.

121 Carton, 'Shades of Fraternity', 601.

122 Translated copy, order from the Prince of Orange to the Governor of Cape of Good Hope, Kew, February 27, 1795 in Theal, *Records of the Cape Colony*, vol. 1, 28.

123 参见 Sen, *The French in India*, chapter IX。

124 L. C. F. Turner, 'The Cape of Good Hope and Anglo-French rivalry, 1778–1796', *Historical Studies: Australia and New Zealand* 12, no. 46 (1966) 166–185, at 182ff.

125 Letter from Mr William Eliot, Secretary of the Embassy and Acting Minister Plenipotentiary at The Hague to Lord Grenville, dated The Hague, 16 April 1794 in Theal, *Records of the Cape Colony*, vol. 1, 16–17.

126 Letter from Admiral Elphinstone and General Craig to Commissioner Sluysken and the Council of Policy, 29 June 1795, in Theal, *Records of the Cape Colony*, vol. 1, 92–6, quotation 93.

127 Ibid., 95–6.

128 Turner, 'The Cape of Good Hope'.

129 Letter from G. M. Malet, Bombay, to Earl Macartney, 1 August 1797, WCA: BO 228; and letter from Roebuck Abbott &co, Fort St. George, to the Governor in Council, Fort St. George, 15 July 1798, WCA: BO 228. 关于火药，见 Letter from John Stratchey to Barnard Esq, Secretary of the Government at the Cape Colony, 9 October 1797, WCA: BO 228。

130 Peter Marshall, 'British Assessments of the Dutch in Asia in the Age of Raffles', in *Itinerario* 12, no. 1 (March 1988), 1–16.

131 Letter from Francis Baring to Henry Dundas, 12 January 1795, in Theal, *Records of the Cape Colony*, vol. 1, 19–23, quotation from 22.

132 Cited in Turner, 'The Cape of Good Hope', 181.

133 这一时期法语文化在开普的发展，见 Nigel Worden, Elizabeth van Heyningen and Vivian Bickford-Smith, eds., *Cape Town: The Making of a City: An Illustrated Social History* (Claremont, South Africa: David Philip Publishers, 1998), 81–3, citation from 81。

134 关于开普截获的信件，见 Danelle van Zyl-Hermann, '"Gij kent genoegt mijn gevoelig hart": Emotional life at the Occupied Cape of Good Hope, 1798–1803', *Itinerario* 35, no. 2 (August 2011), 63–80 ; cited letter: 70 fn. 47。这一时期的更多记录，见 James Wilson, 'The Anglo-Dutch Imperial Meridian in the Indian Ocean World, 1795–1820', (PhD thesis, University of Cambridge, 2018)。

135 Letters of Andrew Barnard dated Castle of Good Hope, 11 July 1798 and 4 December 1798, WCA: Acc 1415 (74). In the latter: 'A Dutch Gentleman of the name of Prediger arrived here on board an American ship from Batavia... his behaviour and conversation since he came here have been perfectly correct, nor are his friends here amongst those who profess Jacobin principles.' Also, 'Applications to reside in the colony, October 1795–July 1798', WCA: BO 93; 'Reports on strangers, 1797', WCA: BO 195. 关于一位不愿回欧洲的荷兰男子，见 Jan Gerritt Myesart, 21 June 1798, WCA: BO 93, 'as being arrived in his mother country / Amsterdam / he found every thing in such a disorder that he was obliged to leave it and ship on board of the above named ship... '。关于需要注意的"外国人，尤其是去开普的法国人和荷兰人"，见 Letter from War Office to the Earl Macartney, dated Parliament Street, 14 January 1797, in Theal, *Records of the Cape Colony*, vol. 2, 36–7。关于护照，见 Proclamation of Major General Francis Dundas, 22 September 1801, in Theal, *Records of the Cape Colony*, vol. 4, 74–5.

136 Letter from the Burgher Senate to Earl Macartney, dated 16 June 1797, WCA: BO 3.

137 Letter dated 25 January 1799, WCA: Acc 1415 (74). 关于 1798 年 11 月 23 日"开普敦大火"的讨论，见 Worden, van Heyningen, and Bickford-Smith, eds., *Cape Town*, 112。

138 Wilson, 'Anglo-Dutch Imperial Meridian', chapter 1 and also chapter 3 for material on registration of travellers.

139 Sen, *The French in India*, 442–4.

140 参见 'Précis historique de ce qui s'est passé au siège de Pondicherry en 1793', Bibliothéque National de France: 'Correspondance de Fresne', NAF 9373, 418–34。

141 关于本地治里沦陷的记载，见 Sen, *The French in India*, 445–9; see also A. Iramacami, *History of Pondicherry* (New Delhi: Sterling Publishers, 1987), 142; see long detailed memoir, 1 footnote 4, 1, Mss 2200.

142 'Précis historique'.

143 据估计，1793 年至 1803 年，"海盗活动"为毛里求斯带来了大约 250 万英镑，见 Teelock, *Mauritian History*, 95–6。关于夺取毛里求斯的建议，见 Barnard to Dundas, 19 October 1799, WCA: Acc 1415 (74)。见 Letter from Sir George Yonge to the Right Honourable Henry Dundas, dated Cape

Town, 29 March 1800, in Theal, *Records of the Cape Colony*, vol. 3, 94ff：“目前唯一令好望角乃至印度烦恼的是毛里求斯……消灭这群海盗是否明智，我无法判断。”

144 A. Barry, Chief Secretary of Government, 28 July 1810, St. Denis, NAM: Secret Proceedings of the Diary, HA23。关于宣言的条款和起草经过，见 Letter from R. Farquhar to Lieut Keating, dated St. Denis, 30 July 1810, NAM: HA 23。

145 Letter from Charles Telfair to Captain A. Barry, dated Headquarters [Bourbon], 10 August 1801, NAM: HA 23.

146 Letter from Henry Keating to Robert Farquhar, dated Headquarters [Bourbon], 3 August 1810, NAM: HA 23.

147 Letter from R. Farquhar to Lieut Keating, dated St. Denis, 30 July 1810, NAM: HA 23. 法夸尔写道，他曾向一名英国军官提供了一份“港口的粗略草图，该草图将浅滩绘制在拉帕斯岛附近的口岸上，一些船只曾在这里探测”；另见 Letter from Henry Keating to Robert Farquhar, dated St. Denis, 31 July 1810, NAM: HA 23。

148 Letter from Capt. Pym to Commander Rowley, dated 24 August 1810, Isle de la Passe, NAM: HA 23.

149 这些图片收藏于 National Maritime Museum, Greenwich, London (hereafter NMM), PAF4779-PAF4786。

150 'Isle of France, No.1: View from the Deck of the Upper Castle Transport, of the British Army Landing', April 1813, NMM: PAF4779.

151 'Isle of France, No.5: The Town, Harbour, and Country, Eastward of Port Louis', April 1813, NMM: PAF4783.

152 Marc Serge Rivière, *'No Man is an Island': The Irish Presence in Isle de France/Mauritius*, (1715–2007), (Rose-Hill, Mauritius: Edition de l'Océan Indien, 2008), 59.

153 Carmichael, *Account*, 57–8.

154 'Return of Captured Musquets, Ammunition, Flints, Barrels of Power, on the Isle of France', dated 17 January 1811, NAM: HA 14.

155 Selvon, *A New Comprehensive History*, 249–52.

156 [Les Anglais sont venus pour établir une ferme et perpétuelle amitié avec les habitans de l'Île de France, qui trouveront à vendre leurs denrées d'excellentes conditions, et qui jouiront de tous les avantages du Commerce comme tous les autres sujets de Sa Majesté Britannique]. From, Proclamations du Gouverneur Farquhar, December 1810, NAM: HA 51.

第四章　波斯湾：混乱的帝国、国家和水手

1 关于波斯湾历史的资料并不多，可参阅 Lawrence G. Potter, ed., *The Persian Gulf in History* (Basingstoke: Palgrave Macmillan, 2009)；Lawrence G. Potter, ed., *The Persian Gulf in Modern Times* (Basingstoke: Palgrave Macmillan, 2014)；William Floor, *Persian Gulf: A Political and Economic History of Five Port Cities, 1500–1730* (Washington, D.C.: Mage Publishers, 2006)。最近有 J. E. Peterson, ed., *The Emergence of the Gulf States* (Bloomsbury: London, 2016)。关于印度与海湾地区的联系，见 J. Onley, *The Arabian Frontier of the British Raj: Merchants, Rulers, and the British in the Nineteenth-century Gulf* (Oxford: Oxford University Press, 2007)。

2 关于这条航线，见 Anne Bulley, *The Bombay Country Ships 1790–1833* (Richmond: Curzon, 2000), 135；J. B. Kelly, *Britain and the Persian Gulf, 1795–1880* (Oxford: Clarendon Press, 1968), 53。

3 Denis Piat, *Pirates & Privateers of Mauritius* (Singapore: Editions Didier Millet, 2014), 89–90。抢救邮包事件参考了 Charles Belgrave, *The Pirate Coast* (London: G. Bell and Sons, 1966), 29–31；Anne Bulley, *The Bombay Country Ships 1790–1833* (Richmond: Curzon, 2000), 132–3；Charles Davies, *The Blood-red Arab Flag: An Investigation into Qasimi Piracy* (Exeter: University of Exeter Press, 1997), 258–62；'Sufferings of Captain Youl, &c. of the Fly Cruiser', in *Mariner's Chronicle or Interesting Narratives of Shipwrecks* (London, 1826), 149–50；R. W. Loane, *Authentic Narrative of the Late Fortunate Escape of Mr. R. W. Loane* (Bombay: Ferris & Co, 1805)。其他资料来自印度办事处档案馆。

4 'Report from Mr. Loane of his proceeding and suffering', dated Bombay 5 February 1805, BL: IOR, Bombay Public Proceedings, P/343/20.

5 Letter from the Resident of Bushire to the Secretary of Government, Bombay, dated 2 July 1805, BL: IOR, Bombay Public Proceedings, P/343/25.

6 Quotations in this paragraph and the next, unless noted, from Loane, *Authentic Narrative*, 3, 6–8 and 29, 33.

7 关于这些政治单位是欧洲人组织的还是帝国出于外交需要组建的存在的争论，见 Shohei Sato, *Britain and the Formation of the Gulf States: Embers of Empire* (Manchester: Manchester University Press, 2016)。另见 n. 47 的初始材料。

8 James Silk Buckingham, *Travels in Assyria, Media and Persia*, 2 vols (London: Henry Colburn and Richard Bentley, 1830), 2nd edn, vol. 2, 218.

9 本段和下一段参考了 Loane, *Authentic Narrative*, 16–17, 20, 22–7 and 33; quotation from 17。

10 Loane, *Authentic Narrative*, 50 and 56.

11 *Mariner's Chronicle*, 150.

12 本段参考了 Loane, *Authentic Narrative*, 68, 71–2。

13 Loane, *Authentic Narrative*, 27 and 38.

14 Loane, *Authentic Narrative*, 40. See also: *Mariner's Chronicle*, 150.

15 Loane, *Authentic Narrative*, 98.

16 Buckingham, *Travels in Assyria*, vol. 2, 221–2 and 224.

17 'Report from Mr. Loane of his proceeding and suffering' dated Bombay 5 February 1805, BL: P/343/20。

18 关于拉赫马劫掠“赫克托尔号”的具体细节，见 Davies, *The Blood-Red Arab Flag*, 75. J. A. Saldanha, ed., *The Persian Gulf Précis: Selections from State Papers, Bombay, Regarding the East India Company's Connections with the Persian Gulf, with a Summary of Events, 1600–1800*, 8 vols (Simla, 1906; and Gerrards Cross, Bucks: Archive Edition, 1986), vol. 3, 65–8。

19 D. T. Potts, 'Trends and Patterns in the Archaeology and Pre-modern History of the Gulf Region', in J. E. Peterson, ed., *The Emergence of the Gulf States* (Bloomsbury: London, 2016), 19–42, 33.

20 Loane, *Authentic Narrative*, 109–111.

21 Secret and Political Dept. No. 159 of 1804 in Saldanha, ed., *The Persian Gulf Précis*, vol. 3, 67.

22 关于瓦哈比派运动在阿拉伯和海湾地区的兴起，见 Michael Crawford, 'Religion and Religious Movements in the Gulf, 1700–1971', in Peterson, ed., *The Emergence of the Gulf States*, 43–84；J. B. Kelly, *Britain and the Persian Gulf, 1795–1880* (Clarendon Press, 1968)；Davies, *Blood-Red Arab Flag*；Madawi Al-Rasheed, *A History of Saudi Arabia* (Cambridge: Cambridge University Press, 2010)；Francis Robinson, *Islam, South Asia, and the West* (New Delhi: Oxford University Press, 2007)。

23 Davies, *The Blood-Red Arab Flag*, 248. 海上暴乱发生后，卡西米族拿走了大约五分之一的战利品，见 Patricia Risso, 'Cross-Cultural Perceptions of Piracy: Maritime Violence in the Western Indian Ocean and Persian Gulf Region During a Long Eighteenth Century', *Journal of World History* 12, no. 2 (Fall 2001), 293–319, at 312。

24 关于处决，见 Tuson, *Records of the Emirates*, 35；Kelly, *Britain and the Persian Gulf*, 45–7。关于这一运动最近的研究，见 Virginia Aksan, *Ottoman Wars*, 1700–1870: *An Empire Besieged* (Harlow: Pearson, 2007), 308–10。

25 C. A. Bayly, 'The Revolutionary Age in the Wider World, c.1790–1830', in Richard Bessel, Nicholas Guyatt and Jane Rendall, eds., *War, Empire and Slavery, 1770–1830* (Basingstoke: Palgrave Macmillan, 2010), 21–43, at 31.

26 Crawford, 'Religion', 56.

27 Giovanni Bonacina, *The Wahhabis seen through European Eyes* (1772–1830) (Leiden: Brill, 2011), citation, 7.

28 Letter from Harford Jones, Baghdad to Jacob Bosanquet, Chairman of the Court of Directors of the East India Company, 1 December 179; A. L. Burdett, ed., *The Expansion of Wahhabi Power in Arabia: British Documentary Records*, 8 vols. (Cambridge: Cambridge University Press, 2013), vol. 1, 125–35, citations here from 125 and 130, italics mine.

29 Ibid., 130.

30 Risso, 'Cross-cultural perceptions of piracy', 299–300.

31 关于远征和远征的动机，详见 Davies, *Blood-red Arab Flag*, 'Afterword', 277–95 and the more recent Potts, 'Trends and Patterns in the Archaeology and Pre-Modern History of the Gulf Region', esp. 31ff。

32 Davies, *Blood-red Arab Flag*, 190.

33 Extract from Bombay Political Consultations, 26 December 1809, quoting a letter from the Imaum [Imam] of Muscat to the Hon J Duncan, Governor of Bombay, received 25 December in Burdett, ed., *The Expansion*, 260–3, this quotation 261.

34 R. Temple, I. Clark and W. William Haines, 'Sixteen views of places in the Persian Gulph', NMM: PAF4793ff.

35 Report of Captain J Wainwright, commanding HMS *La Chiffonne*, off Ras ul Khyma to Rear Admiral Drury, 14 November 1809, in Burdett, ed., *The Expansion*, 255–9.

36 Political Dept. Diary No. 339 of 1809, in Saldanha, ed., *The Persian Gulf Précis*, vol. 3, 46.

37 关于哈伊马角其港口"没有首领"的状况，见 Davies, *Blood-red Arab Flag*, 190。

38 Letter from Jonathan Duncan, Governor of Bombay, Fort St. George to the Rt. Hon. Lord Minto, Governor General, 6 April 1810, in Burdett, ed., *The Expansion*, 267–8, this quotation from 268.

39 Davies, *Blood-red Arab Flag*, 197.

40 Ibid., 208；关于哈伊马角和东印度公司的停战协议中的条款，"（卡西米人）将尊重东印度公司的旗帜和财产"，详见 'Agreement between Shaikh Sultan b. Saqr and the East India Company, 6 February 1806' in Penelope Tuson, ed., *Records of the Emirates: Primary Documents: 1820–1960*, 12 vols (Cambridge: Cambridge University Press, 1990), vol. 1, 3ff。

41 船长夫人说的话，见 H. Moyse-Bartlett, *The Pirates of Trucial Oman* (London: Macdonald & Co.), 130。

42 Nelida Fuccaro, 'Rethinking the History of Port Cities in the Gulf', in Potter, ed., *The Persian Gulf in Modern Times*, 23–46.

43 'General Treaty with the Arab Tribes of the Persian Gulf, 1820', in Tuson, ed., *Records of the Emirates*, 13–15.

44 'Sir William Grant Keir's reports on the conclusion of the treaties and operations in the Arabian Gulf,

January – February 1820', in Tuson, ed., *Records of the Emirates*, 47–117, information on 49–50.

45 然而，有证据表明，协议达成之后，使用旗帜条款并没有得到完全遵守，见 'Letter dated 26 November 1821 from Mr. Meriton', in Saldanha, ed., *The Persian Gulf Précis*, vol. 3, 129。

46 关于海湾地区奴隶制的历史，详见 Thomas M. Ricks, 'Slaves and Slavers in the Persian Gulf, 18th and 19th Centuries: An Assessment', *Slavery & Abolition: A Journal of Slave and Post-Slave Studies 9*, no. 3 (1988), 60–70；Patricia Risso, *Oman & Muscat: An Early Modern History* (London & Sydney: Croom Helm, 1986), 101，有关于历史上非洲的奴隶贸易。

47 关于卡西米族是否是一个国家，见 Political Dept. Diary No. 339 of 1809, instructions issued to the Commanders of the expedition, in Saldanha, ed., *The Persian Gulf Précis*, vol. 3, 47。

48 'The Coast from Bushire to Basadore in the Persian Gulf', surveyed by Lieuts. G. B. Bucks and S. B. Haines, 1828', NMM: G354:4/19.

49 在这两次休战之间还有 1835 年海上休战和 1843 年海上休战，见 M. Reda Bhacker, *Trade and Empire in Muscat and Zanzibar: Roots of British Domination* (London and New York: Routledge, 1992)。

50 'Government of Bombay's instructions to Major-General Sir William Grant Keir on the expedition to the "Pirate ports", 27 October and 27 November 1819', in Tuson, ed., *Records of the Emirates*, 35–43.

51 关于阿曼这一时期的历史，见 J. Jones and N. Ridout, *A History of Modern Oman* (Cambridge: Cambridge University Press, 2015), Risso, *Oman & Muscat*, and Reda Bhacker, *Trade and Empire*。

52 Jones and Ridout, *A History of Modern Oman*, 12.

53 Reda Bhaker, *Trade and Empire*, 20; Risso, *Oman & Muscat*, 171.

54 Calvin H. Allen, 'The State of Masqa in the Gulf and East Africa, 1785–1829', *International Journal of* Middle East Studies 14, no. 2 (May 1982): 117–27.

55 Reda Bhaker, *Trade and Empire*, 27, 34.

56 这里和下面段落中关于阿曼历史的材料来自 Risso, *Oman & Muscat*; quotation from appendix II; C. U. Aitchison, *A Collection of Treaties, Engagements and Sanads relating to India and Neighbouring Countries*, 14 vols (Calcutta: Superintendent Govt. Printing, India, 1929–33), 5th edn, vol. 11, 287–8。

57 这种表述可以与赛义德·本·苏尔坦在给英国人的信中所说的做比较："英国人是我的朋友，英国人的敌人就是我的敌人，他们的盟友就是我的盟友。我们的国家、财产、城市和土地都是一体的，不存在单独的利益。"见 Political Department Diary No. 411 of 1814, His Highness Syyud Saeed the Imam of Muscat to Mahomed Aleekhan in Saldanha, ed., *The Persian Gulf Précis*, vol. 3, 53。

58 Simon Layton, 'Commerce, Authority and Piracy in the Indian ocean world, c.1780–1850' (PhD thesis, University of Cambridge, 2013), 87. Layton 特别关注巴林在英国波斯湾政策中的作用，巴林可以影响阿曼与英国的关系。

59 Kelly, *Britain and the Persian Gulf*, 11.

60 Jones and Ridout, *A History of Modern Oman*, 44.

61 Kelly, *Britain and the Persian Gulf*, 101ff.; Risso, *Oman and Muscat*, 175ff.

62 Risso, *Oman and Muscat*, 179–80.

63 Ibid., 99.

64 Lawrence Potter, 'Arabia and Iran', in Peterson, ed., *The Emergence of the Gulf States*, 100–25, at 104.

65 关于英国人对马斯喀特的观察，见 Davies, *The Blood-red Arab Flag*, 47。

66 关于萨法维帝国灭亡的细节，见 John Foran, 'The Long Fall of the Safavid Dynasty: Moving Beyond the Standard Views', *International Journal of Middle East Studies* 24, no. 2 (May 1992), 281–304；William Floor and Edmund Herzig, eds., *Iran and the World in the Safavid Age* (London: I.B. Tauris, 2012)。关于欧亚大陆帝国的比较史，见 Stephen Dale, *The Muslim Empires of the Ottomans, Safavids and*

Mughals (Cambridge: Cambridge University Press, 2010)。

67 Foran, 'The Long Fall', 284.

68 John R. Perry, *Karim Khan Zand: A History of Iran, 1747–1779* (Chicago: University of Chicago Press, 1979).

69 Perry, *Karim Khan Zand*, 159–61.

70 Translation of a Letter from the Imam Ahmad Been Sayeed, received without date the 6 November 1774, BL: IOR, Bombay Public Proceedings, P/341/40.

71 关于卡扎尔人的革命时代背景，见 Joanna de Groot, 'War, Empire and the "Other": Iranian-European Contacts in the Napoleonic Era', in Richard Bessel, Nicholas Guyatt and Jane Rendall, eds., *War, Empire and Slavery, 1770–1830* (Basingstoke: Palgrave Macmillan, 2010), 235–55。

72 C. A. Bayly, *Imperial Meridian: The British Empire and the World, 1780 –1830* (Cambridge: Cambridge University Press, 1989), chapter 2. 但是最近出现了对"部落崛起"理论的批判，见 Jagjeet Lally, 'Beyond "Tribal Breakout": Afghans in the History of Empire', *Journal of World History*, 29, 2018, 369–97。

73 'Correspondence of Henry Willock, British Legation at Tehran to the Marquis of Hastings concerning the alleged endeavours of the Imam of Muscat to induce the Persian Shah to attempt the capture of the island of Bahrain, April 1819', in Richard Schofield, ed., *Islands and Maritime Boundaries of the Gulf*, 20 vols (Oxford: Redwood Press, 1990), vol. 1, 291–4, quote 294. 在这一时期，阿曼与波斯的联系，以及与英国的联系，都是为了制衡埃及。

74 关于"恐惧"，见 Frederick F. Anscombe, *The Ottoman Gulf: The Creation of Kuwait, Saudi Arabia and Qatar* (New York: Columbia University Press, 1997), 16。

75 关于海湾地区的奴隶，见 Ricks, 'Slaves and Slave Traders'。但是奴隶并非东非和阿曼之间唯一的交易，见 Reda Bhacker, *Trade and Empire in Muscat and Zanzibar*, 75。

76 Robert Carter, 'The History and Prehistory of Pearling in the Persian Gulf', *Journal of the Economic and Social History of the Orient* 48, no. 2 (2005) 139–209, at 151.

77 Patricia Risso, 'Muslim Identity in Maritime Trade: General Observations and Some Evidence from the 18th Century Persian Gulf/ Indian Ocean Region', *International Journal of Middle East Studies* 21, no. 3 (August 1989), 381–92, at 387.

78 Risso, *Oman and Muscat*, 142；关于法国和英国在马斯喀特广泛竞争的背景，见第八章。

79 Political Dept. Diary No. 339 of 1809，向远征指挥官发出的指令，见 Saldanha, ed., *The Persian Gulf Précis*, vol. 3, 45。

80 当代英国的解释，见 Robert Taylor, 'Extract from Brief Notes containing historical and other information connected with the Province of Oman, Muskat and the Adjoining Country... prepared in the year 1818', in Schofield, ed., *Islands and Maritime Boundaries*, vol. 1, 247–76, esp. 274–76。

81 Potter, 'Patterns', 106.

82 英国驻德黑兰临时办事处为了争取波斯和马斯喀特政府的合作和援助，在 Sadlier 船长远征时帮助镇压卡扎尔人在南海湾的海盗活动，'Report of Henry Willock', 26 December 1819, in Schofield, ed., *Islands and Maritime Boundaries*, vol. 1, 305–6。

83 'Report of Henry Willock', 312.

84 'Minutes of a Conference between their Excellencies the Persian Ministers and His Britannick Majesty's Charge D'Affaires on the 22nd December 1819' in Schofield, ed., *Islands and Maritime Boundaries*, vol. 1, 329–36, citation 331.

85 Report dated 14 August 1821 by Dr. Jukes, Political Agent at Kishm, in Saldanha, ed., *The Persian Gulf*

Précis, vol. 3, 127. 特别是这句话："波斯湾海岸被不同的阿拉伯部落所拥有，尽管他们之间可能存在分歧和争执，但他们会真诚地团结起来，击退波斯人或他们可能遭到的任何攻击。"

86 'Imam's letter to the Governor of Bombay, 1821', in Saldanha, ed., *The Persian Gulf Précis*, vol. 3, 122.

87 Letter from Tehran dated 10 March 1820, from Willock to Keir, in Schofield, ed., *Islands and Maritime Boundaries*, vol. 1, 435–8, citation 447.

88 Letter from Tehran dated 10 March 1820 from Willock to Keir, in Schofield, ed., *Islands and Maritime Boundaries*, vol. 1, 446–7.

89 Translation of a note addressed by His Excellency Mirza Abdul Wahab [Persian Minister of Foreign Affairs] to His Britannick Majesty's Charge d'Affaires' in Schofield, ed., *Islands and Maritime Boundaries*, vol. 1, 639–42, citation 641.

90 Saldanha, ed., *The Persian Gulf Précis*, vol. 3, 139–42.

91 关于"阿鲁姆国王号"的起航，详见 *Asiatic Journal and Monthly Miscellany* 8 (1819), 394, and Ruttonjee Ardeshir Wadia, *The Bombay Dockyard and the Wadia Master Builders* (Bombay: Godrej, 1957), 237。

92 Wadia, *Bombay Dockyard*, chapter 6; also W. T. Money, *Observations on the Expediency of Shipbuilding at Bombay* (London: Longman, 1811). Money 家族参与了造船的买卖，写这篇文章的 William 在孟买舰队工作。

93 Amalendu Guha, 'Parsi Seths as Entrepreneurs, 1750–1850', *Economic and Political Weekly 5*, no. 35 (August 1970), M107–M115, and also Michael Mann, 'Timber Trade on the Malabar Coast, c.1780–1840', *Environment and History* 7, no. 4 (November 2001), 403–25, 404.

94 Money, 'Observations', 50, 56.

95 Bulley, *The Bombay Country Ships*, 2–3.

96 Wadia, *The Bombay Dockyard*, appendix B, 355.

97 Amalendu Guha, 'The Comprador Role of Parsi Seths, 1750–1850', *Economic and Political Weekly* 5, no. 48 (November 1970), 1933–6.

98 关于瓦迪亚家族，详见 Dosabhai Framji Karaka, 'Distinguished Parsis of Bombay', in J. B. Sharma and S. Sharma, eds., *Parsis in India* (Jaipur: Sublime Publications, 1999), 86–146, 93ff。

99 细节来自 Bulley, *The Bombay Country Ships*, 12ff. ; also Wadia, *The Bombay Dockyard*, 172。

100 关于瓦迪亚家族的造船准则，见 Wadia, *The Bombay Dockyard*, facing 202。

101 Wadia, *The Bombay Dockyard*, 208, cited from Bombay Courier, 23 June 1810.

102 Wadia, *The Bombay Dockyard*, 208.

103 图片见 Bulley, *The Bombay Country Ships*, facing 14。

104 Money, 'Observations on the Expediency of Shipbuilding at Bombay', 60–1.

105 Jamsetjee Bomanjee's representation, dated 21 January 1805, BL: IOR, Bombay Public Proceedings, P/343/20.

106 John R. Hinnells and Alan Williams, Introduction in Hinnells and Williams, eds., *Parsis in India and the Diaspora* (Routledge: London, 2007), 1.

107 Guha, 'Parsi Seths as Entrepreneurs', also Hinnells and Williams, Introduction, 2.

108 F. A. Bishara and Risso, 'The Gulf, the Indian Ocean and the Arab World', in Peterson, ed., *The Emergence of the Gulf States*, 160–6, 162.

109 Bulley, *The Bombay Country Ships*, 33 and appendix B in Wadia, *The Bombay Dockyard*. 关于这一时期印度和阿曼之间的木材贸易，见 Risso, *Oman and Muscat*, 4, 81。

110 Money, 'Observations', 65.

111 Kelly, *Britain and the Persian Gulf*, 116, 124, 129. 关于禁令，另见 F. Warden, 'Historical sketch of the Joasmee

tribe of Arabs from the year 1714 to the year 1819' in Tuson, ed., *Records of the Emirates*, 247。

112 Kelly, *Britain and the Persian Gulf*, 157–8.

113 Mann, 'Timber Trade'. 还有人担心阿拉伯人对印度造船业的控制会影响贸易发展，见 Bully, *The Bombay Country Ships*, 32–3。

114 Letter from the Madras Government dated 23 January 1805，表示同意“委任我方代理人确定马拉巴尔的卡纳拉的森林可用于造船目的”，BL: IOR, Bombay Public Proceedings, P/343/20。另见本卷其他与森林和木材有关的信件。

115 Vincenzo Maurizi, *History of Seyd Said, Sultan of Muscat, with a new introduction by Robin Bidwell* (Cambridge: Oleander Press, 1984), 95.

116 Francis Warden, 'Historical Sketch of the Joasmee tribe of Arabs from the year 1714... ', in Tuson, ed., *Records of the Emirates*, 251.

117 关于孟买造船厂的衰落，见 David Arnold, *Science, Technology and Medicine in Colonial India* (Cambridge: Cambridge University Press, 2000), 102ff.；关于印度造船业更多的背景资料，见 Frank Broeze, 'Underdevelopment and Dependency: Maritime India during the Raj', *Modern Asian Studies* 18, no. 3 (July 1984), 429–57。

118 T. M. Luhrmann, *The Good Parsi: The Fate of a Colonial Elite in a Postcolonial Society* (Cambridge, Mass.: Harvard University Press, 1996), 17：“他们试图同化，因此殖民地没有导向革命，他们比其他殖民精英更有力地揭示了同化被殖民者的结果。”

119 Christine Dobbin, 'The Parsi Panchayat in Bombay City in the Nineteenth Century', *Modern Asian Studies* 4, no. 2 (March 1970), 149–64.

120 C. A. Bayly, *Recovering Liberties: Indian Thought in the Age of Liberalism and Empire* (Cambridge: Cambridge University Press, 2012), 118ff.

121 详见 Marwa Elshakry and Sujit Sivasundaram, eds., *Science, Race and Imperialism*, in *Victorian Science and Literature*, eds., Gowan Dawson and Bernard Lightman, 8 vols (London: Chatto and Pickering, 2011–12), vol. 6, 1–6, citation from 4。

122 Jehangir Naoroji and Hirjibhoy Meherwanji, *Journal of a Residence of Two Years and a Half in Great Britain* (London: William Allen & Co., 1841), 164ff.

123 详见 N. Benjamin, 'Arab Merchants of Bombay and Surat (c.1800–1840)', *Indian Economic and Social History Review* 13, no. 1 (1976): 85–95；Bulley, *The Bombay Country Ships*, 32–3。

124 Benjamin, 'Arab Merchants', 85.

125 Buckingham, *Travels in Assyria*, vol. 2, 430.

126 Ibid.

127 William Heude, *A Voyage up the Persian Gulf* (London: Strahan and Spottiswoode, 1819), 19.

128 Bulley, *The Bombay Country Ships*, 230–1.

129 Heude, *A Voyage*, 24.

130 Ibid.

131 'Heude's Voyages and Travels', *Edinburgh Review* 32 (July–October 1819), 111–18, at 113–14.

132 Heude, *A Voyage*, 34–5.

133 Ibid., 36.

134 Ibid.

135 Maurizi, *History of Seyd Said*, x.

136 Ibid., 164.

137 Ibid., 167.

138 Bulley, *The Bombay Country Ships*, 231.

139 Aaron Jaffer, '"Lord of the Forecastle": Serangs, Tindals and Lascar Mutiny, c.1780–1860', *International Review of Social History* 58, no. S21 (December 2013), 153–75, at 170. 已出版为 Aaron Jaffer, *Lascars and Indian Ocean Seafaring, 1780 –1860: Shipboard Life, Unrest and Mutiny* (Martlesham: Boydell and Brewer, 2015)。

140 关于《航海法》和东印度水手的信息，详见 Michael H. Fisher, 'Working across the Seas: Indian Maritime Labourers in India, Britain, and in Between, 1600–1857', *International Review of Social History* 58, no. S21 (December 2013), 21–45。

141 Bayly, *Recovering Liberties*, 28ff.

142 Broeze, 'Underdevelopment and Dependency'.

143 Michael H. Fisher, 'Finding Lascar "Wilful Incendiarism": British Ship-Burning Panic and Indian Maritime Labour in the Indian Ocean', *South Asia: Journal of South Asian Studies* 35, no. 3 (2012), 596–623.

144 George Annesley Earl of Mountnorris [George Viscount Valentia], *Voyages and Travels to India, Ceylon, the Red Sea, Abyssinia and Egypt* (London: W. Bulmer and Co., 1809), 380. 'Correspondence', *The Naval Chronicle* 15 (1806), 476.

145 Letter of the Superintendent of the Marine, Robert Anderson, dated Bombay 2 February 1805, BL: IOR, Bombay Public Proceedings, P/343/20. 海盗一词也指印度叛军，见 letter dated Bombay 7 February 1805, from Forbes &c., BL: IOR, Bombay Public Proceedings, P/343/20。

146 Jaffer, "Lord of the Forecastle", 166; quotation from 'Asiatic Intelligence-Bombay', *Asiatic Journal and Monthly Miscellany* 14 (1822), 98.

147 'The Memorial of Henry William Hyland late Master of the Grab Brig Bombay Merchant' dated 26 September 1821, BL: IOR, Bombay Public Proceedings, P/345/65.

148 Bulley, *The Bombay Country Ships*, 80.

149 F. Warden, 'Extracts from brief notes relative to the rise and progress of the Arab tribes of the Persian Gulf', in Tuson, ed., *Records of the Emirates*, vol. 1, 24–5.

150 Potter, ed., *The Persian Gulf in History*, 14–16.

151 'Statement shewing the Expence incurred in the Dockyards for the Honble Company's, Her Majesty's, French Government and Merchant Vessels from 1838 to 1842', NMM: Papers of Captain Sir Robert Oliver (1783–1848), MS94/006.

第五章　在塔斯曼海：反革命的标志

1 关于科拉·古斯博里，详见 Vincent Smith, 'Gooseberry, Cora (1777–1852)', *Australian Dictionary of Biography*, http://adb.anu.edu.au/ biography/gooseberry-cora-12942, accessed 17 August 2017。科拉的本名是 Kaaroo、Carra、Caroo、Car-roo 或者 Barangan。

2 胸甲现存两枚。一枚在悉尼米切尔图书馆，编号为 R251B，另一枚在悉尼澳大利亚博物馆，编号为 B008454。

3 在本章中，悉尼被用来指悉尼湾周围的地区。尽管在早期，这个港口被称为杰克逊湾，南部是植物学湾，北部是布罗肯湾。

4 F. Wymark, 'David Scott Mitchell', MLS: Am 121/1/1-3, 21.

5 关于波马列与科拉的比较，见 *Morning Chronicle* (Sydney), 19 June 1844, 2；关于塔希提的波马列与性别问题，见 Patricia O'Brien, '"Think of me as a Woman": Queen Pomare of Tahiti and Anglo-French Imperial Contest in the 1840s Pacific', *Gender & History* 18, no. 1 (April 2006), 108–29。

6 关于科拉的名字是山羊鱼的意思，详见 Vincent Smith, 'Moorooboora's Daughter', in *National Library of Australia News* 16, no. 9 (June 2006), 19–21。

7 本段参考了 Grace Karskens, *The Colony: A History of Early Sydney* (Crow's Nest, N.S.W.: Allen & Unwin, 2010), 401ff；关于原住民与水接触的更广泛观点，见 Heather Goodhall and Allison Cadzow, *Rivers and Resilience: Aboriginal People on Sydney's Georges River* (Sydney: University of New South Wales Press, 2009)。

8 George B. Worgan, *Sydney Cove Journal, 20 January–11 July 1788*, ed. John Currey (Malvern, Vic.: Banks Society, 2010), 53 or Tench, *1788*, ed. Flannery, 258.

9 这些评论见 'Natives of New South Wales pre-1806' (unsigned, undated), MLS: DGB 10。相关的画集，见 'Natives of New South Wales drawn from life in Botany Bay, ca. 1805', MLS: PXB 513 and R. Browne, 'Natives Returned from Fishing, 1820', MLS: SV/150。

10 Inga Clendinnen, *Dancing with Strangers: The True History of the Meeting of the British First Fleet and Aboriginal Australians* (Edinburgh: Canongate, 2003), 223–4.

11 Karskens, *The Colony*, 408.

12 Worgan, *Sydney Cove Journal*, 107.

13 Augustus Earle, 'Portrait of Bungaree, a native of New South Wales, with Fort Macquarie, Sydney Harbour, in background', NLA: Rex Nan Kivell Collection, NK118; David Hansen, 'Death Dance', *Australian Book Review* 290 (April 2007), 27–32; Vincent Smith, *King Bungaree: A Sydney Aborigine Meets the great South Pacific Explorers, 1799–1830* (Kenthurst, New South Wales [N.S.W.]: Kangaroo Press, 1992); Vincent Smith, *Mari Nawi: Aboriginal Odysseys* (Dural, N.S.W.: Rosenberg, 2010), chapter 10.

14 Entry for 11 February 1822, Diary of Lachland Macquarie, MLS: A774; Smith, *King Bungaree*, 77ff.

15 Smith, *King Bungaree*, 134–5, from Richard Sadlier, *The Aborigines of Australia* (Sydney: T. Richards, Government Printer, 1883), 56，回顾了他第一次作为海军中尉去悉尼的经历，另见 Peter Miller Cunningham, *Two Years in New South Wales* (London: Henry Colburn, 1827)。

16 关于军装在路易斯·范·毛里求斯起义中的作用，见 Nigel Worden, 'Armed with Swords and Ostrich Feathers: Militarism and Cultural Revolution in the Cape Slave Uprising, 1808', in Richard Bessel, Nicholas Guyatt and Jane Rendall, eds., *War, Empire and Slavery, 1770–1830* (Basingstoke: Palgrave Macmillan, 2010), 121–38。

17 Jocelyn Hackforth-Jones, *Augustus Earle, Travel Artist* (Canberra: National Library of Australia, 1980), 74.

18 Smith, *King Bungaree*, 139.

19 *Views in New South Wales and Van Diemen's Land* (London: J. Cross, 1830), Description in National Library of Australia copy, PIC S48/A-J LOC 171.

20 Jakelin Troy, *King Plates: A History of Aboriginal Gorgets* (Canberra: Aboriginal Studies Press, 1993), 5–6.

21 'DEATH OF KING BONGAREE', broadside dated 27 November 1830, reproduced in Geoffrey C. Ingleton, *True Patriots All, or News from Early Australia as told in a Collection of Broadsides* (Sydney: Angus and Robertson, 1988), 122.

22 R. H. W. Reece, 'Feasts and Blankets: The History of Some Early Attempts to Establish Relations with the Aborigines of New South Wales, 1814–1846', *Archaeology and Physical Anthropology in Oceania* 2, no. 3 (October 1967), 190–206, at 197.

23 Smith, *King Bungaree*, 145–6. Also Smith, 'Gooseberry, Cora (1777–1852)'.

24 *Bell's Life in Sydney*, 31 July 1852.

25 Augustus Earle, 'The annual meeting of the native tribes of Paramatta', watercolour, NLA: PIC Solander A35 T95 NK12/57.

26 *Sydney Gazette and New South Wales Advertiser*, 19 January 1826.

27 Watkin Tench, *1788: Comprising a Narrative of the Expedition to Botany Bay and a Complete Account of the Settlement at Port Jackson*, ed. Tim F. Flannery (Melbourne: Text Publishing Co., 1996), 258。相关评论，见 Alan Atkinson, *The Europeans in Australia*, 2 vols (Melbourne: Oxford University Press, 1997), vol. 1, 153。关于澳大利亚原住民与法国农民的比较，见 Nicole Starbuck, 'Neither Civilized nor Savage: The Aborigines of Colonial Port Jackson through French eyes', in Alexander Cook, Ned Curthoys and Shino Konishi, eds., *Representing Humanity in the Age of Enlightenment* (London: Pickering & Chatto, 2013), 109–22。

28 Despatch No. 15 of 1814, dated 8 October 1814 from Macquarie to Earl Bathurst, in *Historical Records of Australia* (hereafter *HRA*), 37 vols (Canberra, 1914–23, 1997–2006), series 3, vol. 8, 368.

29 Mr. William Shelley to Governor Macquarie, dated Paramatta, 8th April 1814, in *HRA*, series 3, vol. 8, 370–1.

30 David Collins, *An Account of the English Colony of New South Wales*, 2 vols (London: Printed for T. Cadell and W. Davies, 1798–1802), vol. 2, 225.

31 Grace Karskens, 'Red Coat, Blue Jacket, Black Skin: Aboriginal Men and Clothing in Early New South Wales', *Aboriginal History* 35 (2011), 1–36。关于服装，见 Worgan, *Sydney Cove Journal*, 25–29, and also Tench, *1788*, ed. Flannery, 42。

32 浮石河现在叫作 Pumicestone Passage。

33 Smith, *Mari Nawi*, 106–7, and 113–16. 正如布朗温·道格拉斯精辟的论述，邦加里在弗林德斯关于澳大利亚沿海原住民的比较民族学项目中是一个重要比较点，见 Bronwen Douglas, 'The Lure of Texts and the Discipline of Praxis: Cross-Cultural History in a Post-Empirical World', Humanities Research Journal 14, no. 1 (2007): 11–30, and Bronwen Douglas, *Science, Voyages and Encounters in Oceania, 1511–1850* (Basingstoke: Palgrave Macmillan, 2014), chapter 3。

34 这段引文以及关于渔网和鱼叉的讨论，见 Collins, *An Account*, vol. 2, 254。

35 *Sydney Gazette and New South Wales Advertiser*, 23 December 1804.

36 Elisabeth Finlay, 'Peddling Prejudice: A Series of Twelve Profile Portraits of Aborigines of New South Wales', *Postcolonial Studies* 16, no. 1 (2013), 2–27.

37 这幅石版画黑白和彩色的版本，见 W. H. Fernyhough, 'A Series of Twelve Profile Portraits of Aborigines of New South Wales' (Sydney, 1836), NLA: 8Ref 994.40049915 F366 Ncopy and PIC U2181-U2193 NK590 LOC。

38 关于原住民和地盘划分，见 Karskens, *The Colony*, 216–17。

39 Karskens, *The Colony*, 12.

40 *Sydney Morning Herald*, 16 July 1877，作者可能是 Angas, initialled, G.F.A. W. A. Miles 也写过类似报告，见 Smith, *King Bungaree*, 146 and W. A. Miles, 'How did the natives of Australia become acquainted with the Demigods...', *Journal of the Ethnological Society of London (1848–1856)* 3 (1854), 4–50。

41 Karskens, *The Colony*, 410–11.

42 'Matthew Flinders' biographical tribute to his cat Trim, 1809, NMM: FLI 11, http://flinders.rmg.co.uk/DisplayDocument2410.html?ID=92, accessed 13 May 2015.

43 我将使用塔斯马尼亚来代替范迪门斯地。值得注意的是，Trouwunna 和 Lutruwita 是该岛的原住民民族名称。

44 Letter from Governor King to Lord Hobart, dated Sydney, New South Wales, 9 May 1803, in *Historical Records of New South Wales* (hereafter *HRNSW*), ed. F.M. Bladen, 7 vols (Mona Vale, N.S.W.: Lansdown Slattery, 1978–9), vol. 5, 132.

45 Proclamation by Philip Gidley King, Captain-General and Governor, dated 26 May 1804, in *HRNSW*, vol. 5, 379.

46 Letter to the Minister of Marine, dated 11 November 1802, in François Péron, *French Designs on Colonial New South Wales: François Péron's Memoir on the English Settlements in New Holland: Van Diemen's Land and the Archipelagos of the Great Pacific Ocean*, eds. and trans. Jean Fornasiero and John West-Sooby (Adelaide, South Australia: The Friends of the State Library of South Australia, 2014), appendix B, 326–29.

47 Letter from Governor King to Lord Hobart, dated Sydney New South Wales, 14 August 1804, in *HRNSW*, vol. 5, 423. 关于法国和美国渔业上的合作，见 Jorgen Jorgenson, 'Observations', in *Jorgen Jorgenson's 'Observations'*, ed. Rhys Richards (Wellington: Paremata Press, 1996), 20–1。

48 Governor King to Sir Joseph Banks, dated Sydney 9 May 1803, in *HRNSW*, vol. 5, 132–8, citation from 134.

49 Lyndall Ryan, *Tasmanian Aborigines: A History Since 1803* (Crow's Nest, N.S.W.: Allen and Unwin, 2012), 43.

50 Governor King to Sir Joseph Banks, dated Sydney 9 May 1803, in *HRNSW*, vol. 5, 132–8, citation from 134.

51 Commodore Baudin to Governor King, dated Port Jackson, 16 November 1802, in *HRNSW*, vol. 4, 1006.

52 Péron, *French Designs*, ed. Fornasiero and West-Sooby, Introduction, 28.

53 关于对"入侵"观念的使用，见 Ibid., 102。

54 François Péron, 'Memoir on the English Settlements in New Holland, Van Diemen's Land and the Archipelagos of the Great Pacific Ocean', in Péron, *French Designs*, ed. Fornasiero and West-Sooby, 248.

55 Péron, 'Memoir on the English Settlements', 248–9.

56 Péron, *French Designs*, ed. Fornasiero and West-Sooby, Introduction, 108,119.

57 'François Péron, Report to General Decaen, 1803', in ibid., appendix A, 312.

58 Péron, 'Memoir on the English Settlements in New Holland, Van Diemen's Land and the Archipelagos of the Great Pacific Ocean', 261.

59 Ibid., 264.

60 Ibid., 260.

61 Ibid., 280.

62 Tench, *1788*, ed. Flannery, 208. 关于爱尔兰人对逃离的想象，见 Grace Karskens, '"This spirit of emigration": The nature and meanings of escape in early New South Wales', *Journal of Australian Colonial History* 7 (2005), 1–34。

63 Tench, *1788*, ed. Flannery, 211.

64 'Report on Port Jackson', journal entry dated 28–29 Floréal, Year 10 [18–19 May 1802] by Jacques-Félix-Emmanuel Hamelin in Péron, *French Designs*, ed. Fornasiero and West-Sooby, 337–8.

65 Grace Karskens, 'The early colonial presence', in Bashford and McIntyre, *The Cambridge History of Australia*, vol. 1, 91–120, 113.

66 Péron, 'Memoir on the English Settlements in New Holland, Van Diemen's Land and the Archipelagos of the Great Pacific Ocean', 193.

67 Ibid., 191.

68 Matthew Flinders, *Narrative of a Voyage in the Schooner Francis 1798: Preceded and Followed by Notes on*

Flinders, Bass, the Wreck of the Sidney Cove, etc., ed. Geoffrey Rawson (London: Golden Cockerel Press, 1946), 12.

69 François Péron, *King Island and the Sealing Trade: A Translation of Chapters XXII and XXIII of the Narrative by François Péron published in the Official Account of the Voyage of Discovery to the Southern Lands undertaken in the Corvettes Le Géographe, Le Naturaliste and the Schooner Casuarina, During the Years 1800 to 1804, under the Command of Captain Nicolas Baudin*, ed. and trans. Helen Mary Micco (Canberra: Roebuck Society, 1971), 38.

70 关于贝隆对弗林德斯的兴趣，以及他的过失，见 Péron, *King Island and the Sealing Trade*, ed. Micco, 17.

71 Ibid.,23.

72 Ibid.,23.

73 Ibid.,24.

74 Ibid.,25.

75 Ibid.,20.

76 关于这一时期“改良”自然的意识形态，见 Richard Drayton, *Nature's Government: Science, Imperial Britain and the 'Improvement' of the World* (New Haven and London: Yale University Press, 2000); Patrick Manning and Daniel Rood, eds., *Global Scientific Practice in the Age of Revolutions* (Pittsburgh, PA.: University of Pittsburgh Press, 2016)。

77 Flinders, *Narrative of a Voyage*, 21.

78 Tench, *1788*, ed. Flannery, 65；关于贝隆的人类学研究，见 Shino Konishi, 'François Péron's Meditation on Death, Humanity and Savage Society', in Cook, Curthoys and Konishi, eds., *Representing Humanity*, 109–22。

79 关于新南威尔士和塔斯马尼亚的环境对比，见 James Boyce, *Van Diemen's Land* (Melbourne Vic.: Black Inc., 2008), 1–11。

80 关于革命时代的“海盗”，见 Simon Layton, 'Discourses of Piracy in an Age of Revolutions', *Itinerario* 35, no. 2 (August 2011), 81–97。

81 关于第一批海豹猎手的到来，见 Patsy Cameron, *Grease and Ochre: The Blending of Two Cultures at the Colonial Sea Frontier* (Launceston, Tasmania: Fullers Bookshop, 2011), 51, 61–2; 70 是关于“海狼”的。另见 Brian Plomley and Kirsten Anne Henley, *The Sealers of Bass Strait and the Cape Barren Island Community* (Hobart: Blubber Head Press, 1990)。

82 Rev. J. McGarvie, 'Manuscript on convict escapees', NLA: MS 400482；关于芒罗协助罪犯的详细情况，见 Plomley and Henley, *The Sealers of Bass Strait*, 6；关于最早定居此处的人员名单，见 Cameron, *Grease and Ochre*, appendix 2。

83 Ryan, *Tasmanian Aborigines*, 74; and the paragraph also draws upon, 132–3.

84 关于范迪门斯地是管控最严格的地区，见 Boyce, *Van Diemen's Land*, 174。

85 关于最近对罗宾逊作品的翻译，见 Anna Johnston and Mitchell Rolls, eds., *Reading Robinson: Companion Essays to Augustus Robinson's 'Friendly Mission'* (Clayton, Vic.: Monash University Press, 2012).

86 Papers of George Augustus Robinson, vol. 8, part 3, Van Diemen's Land, 31 Oct. 1830 – 28 February 1831, MLS: A 7029. 关于废奴主义话语在巴斯海峡的地位的更多内容，见 Penny Edmonds, 'Collecting Looerryminer's "Testimony": Aboriginal Women, Sealers, and Quaker Humanitarian Anti-Slavery Thought and Action in the Bass Strait Islands', *Australian Historical Studies* 45, no. 1 (2014), 13–33。

87 Letter from W. Balfour, Naval Officer, to Lieutenant Governor Arthur, dated 30 May 1826: Tasmania

Archives and Heritage Office, Hobar, (hereafter TAHO) CSO 1/36.

88 参见 James Allen 的结构图，the Medical Officer on Flinders Island from 1834 to 1837 and son-in-law to Robinson, TAHO: NG 1419。

89 'An Act for the better preservation of the Ports, Harbours, Havens, Roadsteads, Channels, navigable Creeks and Rivers in Van Diemen's Land, and the better regulation of the Shipping in the same', TAHO: CRO 29/1/14.

90 Charles Bateson, *Dire Strait: A History of Bass Strait* (Sydney: Reed, 1973), 68–87.

91 'Register of Names and Descriptions of Native Women forcibly taken away by the sealers and retained by them on the Straits', MLS: DLADD219, Item 9.

92 'Register of Names and Descriptions of Native Women'；这并不是报纸记录过的唯一谋杀案。

93 Bateson, *Dire Strait*, 63.

94 Henry Reynolds, 'George Augustus Robinson in Van Diemen's Land', in Johnston and Rolls, eds., *Reading Robinson*, 161–70, 167.

95 'Register of Names and Descriptions of Native Women'.

96 Cameron, *Grease and Ochre*, 18–19, 42–3.

97 James Kelly, 'Discovery of Port Davey and Macquarie Harbour, 12 December 1815 – 30 January 1816', TAHO: MM 134, 49；*Dire Strait*, 41; Plomley and Henley, *The Sealers of Bass Strait,* 18 and Cameron, *Grease and Ochre*, 74–5.

98 关于舞蹈作为交易仪式的高潮，见 Cameron, *Grease and Ochre*, 96。

99 Kelly, 'Discovery', 72.

100 'Papers of George Augustus Robinson', vol. 8, part 2, Van Diemen's Land, 30 September – 30 October 1830, MLS: A7029, part 2.

101 Cameron, *Grease and Ochre*, 137.

102 George Augustus Robinson's journal, Van Diemen's Land, 25 January – 24 July 1830, MLS: A7027, 240 for this sketch.

103 Cameron, *Grease and Ochre*, 95.

104 George Augustus Robinson's journal, Van Diemen's Land, 25 January – 24 July 1830, MLS: A7027, 251–2.

105 Ibid., 254.

106 Cameron, *Grease and Ochre*, 32.

107 George Augustus Robinson's journal, Van Diemen's Land, 25 January – 24 July 1830, MLS: A7027, 245，关于其平生，见 Russell, *Roving Mariners*, 104。

108 George Augustus Robinson's journal, Van Diemen's Land, 25 January – 24 July 1830, MLS: A7027, 250–1.

109 关于这是否算是种族灭绝的讨论，见 Ann Curthoys, 'Genocide in Tasmania: The History of an Idea', in A. Dirk Moses, ed., *Empire, Colony, Genocide: Conquest, Occupation, and Subaltern Resistance in World History* (New York: Berghahn Books, 2008), 229–52。

110 Cameron, *Grease and Ochre*, 83–6，讨论了塔斯马尼亚原住民在这个社区的生存问题。

111 Ryan, *Tasmanian Aborigines*, 63; Plomley and Henley, *The Sealers of Bass Strait*, 56.

112 Russell, *Roving Mariners*, 14, 100.

113 Ibid., 15.

114 Ibid., and Nigel Prickett, 'Trans-Tasman stories: Australian Aborigines in New Zealand sealing and

shore whaling', in G. R. Clarke, F. Leach and S. O'Connor, eds., *Islands of Inquiry: Colonization, Seafaring and the Archaeology of Maritime Landscapes* (Canberra: Australian National University Press, 2008), 351–66.

115 达顿的故事引自 Russell, *Roving Mariners*, 111ff。关于达顿作为开辟者，见 J. G. Wiltshire, *Captain William Pelham Dutton: First Settler at Portland Bay, Victoria: A History of the Whaling and Sealing Industries in Bass Strait, 1828–1868* (Portland, Vic.: Wiltshire Publications, 1994)。

116 'Log Book of the Barque Africaine, commanded by William Dutton from Launceston, Van Dieman's Land on a Whaling Voyage', NLA: MS 6824.

117 Lynette Peel, ed., *The Henty Journals: A Record of Farming, Whaling and Shipping at Portland Bay* (Carlton South, Melbourne: Melbourne University Press: 1996), 46.

118 Nigel Prickett, 'Trans-Tasman stories: Australian Aborigines in New Zealand sealing and shore whaling', in Clarke, Leach and O'Connor, eds., *Islands of Inquiry*, 351–66 and also Russell, *Roving Mariners*, chapter 3.

119 关于他的毛利语名字，见 Russell, *Roving Mariners*, 48。

120 Russell, *Roving Mariners*, 58.

121 Prickett, 'Trans-Tasman stories', 353.

122 Ibid.

123 Citations in Russell, *Roving Mariners*, 56–7.

124 Smith, *Mari Nawi*, 179.

125 Lynette Russell, '"The Singular Transcultural Space": Networks of Ships, Mariners, Voyagers and "Native" Men at Sea, 1790–1870', in Jane Carey and Jane Lydon, eds., *Indigenous Networks: Mobility, Connections and Exchange* (New York and London: Routledge, 2014), 97–113, 101.

126 Smith, *Mari Nawi*, 177.

127 Ibid., 169.

128 Russell, *Roving Mariners*, 55; Smith, *Mari Nawi*, 169.

129 Tony Ballantyne, *Webs of Empire: Locating New Zealand's Colonial Past* (Vancouver: University of British Columbia Press, 2012), 126. 关于北岛和捕鲸的故事，见 Rhys Richards, 'Jorgen Jorgenson in New Zealand in 1804 and 1805', in *Jorgen Jorgenson's 'Observations'*, edited and introduced by Rhys Richards。

130 Angela Wanhalla, *Invisible Sight: The Mixed-Descent Families of Southern New Zealand* (Wellington: Bridget Williams Books, 2009).

131 Richards, 'Jorgen Jorgenson in New Zealand', 73–4.

132 关于官员和他们的交易，见D. R. Hainsworth, *The Sydney Traders: Simeon Lord and his Contemporaries, 1788–1821* (Melbourne: Cassell Australia, 1972), chapter 1.

133 关于新西兰的海豹皮，见 Richard, 'Jorgen Jorgenson in New Zealand', 56；另见 Hainsworth, *The Sydney Traders*, chapter 5。

134 Jorgen Jorgenson, *History of the Origin, Rise and Progress of the Van Diemen's Land Company* (reprinted, Hobart: Melanie Publications, 1979; original, 1829), 3.

135 'Van Diemen's Land Company Annual Reports, 1826–1831', NLA: MS 3273.

136 关于该公司和原住民之间的暴力事件，见 Ryan, *Tasmanian Aborigines*, 166ff。

137 Colonel William Wakefield Diary, 1839–1842, Alexander Turnbull Library, Wellington (hereafter TLW): qMS 2103, 26.

138 Raymond Bunker, 'Systematic colonization and town planning in Australia and New Zealand', *Planning Perspectives* 3, no. 1 (1988), 59–80, at 68.

139 关于爱德华在捕鲸船上的事，见 Prickett, 'Trans-Tasman stories'。

140 'Colonel William Wakefield Diary', 24. 更多巴雷特的生平信息，见 Julie Bremner, 'Richard Barrett', http://www.teara.govt.nz/en/biographies/1b10/barrett-richard, accessed 14 May 2015。

141 'Colonel William Wakefield Diary', 49.

142 Ibid.

143 Ibid., 155.

144 Ibid., 156.

145 巴雷特和詹姆斯·芒罗的地位类似，后者是巴斯海峡的海豹捕手，1825年被任命为政府代理人，后来定居在朗塞斯顿。见 Plomley and Henley, *The Sealers of Bass Strait*, 20 and 38。

146 关于捕鲸者在新西兰的地位变化，见 Johnny Jones in Ballantyne, *Webs of Empire*, 135–6。

147 West, *History of Tasmania*, 90–3 and 108. 更多关于乔根森生平的信息，和他捕鲸、捕海豹的情况，见 James Dally, 'Jorgen Jorgenson (1780–1841)' at http://adb.anu. edu.au/biography/jorgenson-jorgen- 2282, accessed 14 May 2017。

148 Richards, 'Jorgen Jorgenson in New Zealand', 82–3.

149 Ibid., 84.

150 Hainsworth, *The Sydney Traders*, 88.

151 Margaret Steven, *Merchant Campbell, 1769–1846* (Melbourne: Oxford University Press, 1965), 60–1.

152 Bateson, *Dire Strait*, 17.

153 Steven, *Merchant Campbell*, cited 293.

154 Ibid., 299.

155 'Articles of indenture', TAHO: CRO29/1/15.

156 Agreement, dated 31 March 1834, made by James Kelly, MLS: James Kelly Papers, A2588. 另见霍巴特的报纸，例如 'Whaling articles of agreement for the Brig Amity', TAHO: CRO29/1/5。

157 关于凯利，见 Susan Lawrence, *Whalers and Free Men: Life on Tasmania's Colonial Whaling Stations* (North Melbourne, Vic.: AustralianScholarly Publishing, 2006).

158 关于悉尼的"白化人"，见 Karskens, *The Colony*, 533ff。

159 'Colonel William Wakefield Diary', 457.

160 Lisa Ford and David Andrew Roberts, 'Expansion, 1820–50', in Bashford and McIntyre, *The Cambridge History of Australia*, 2 vols (Cambridge: Cambridge University Press, 2013), vol. 1, 121–48. 关于资产阶级文化的出现，见 Penny Russell, *Savage or Civilised?: Manners in Colonial Australia* (Sydney: New South Wales Press, 2010)。关于慈善活动和性别秩序的出现，见 Alan Lester and Fae Dussart, 'Masculinity, "Race", and Family in the Colonies: Protecting Aborigines in the Early Nineteenth Century', *Gender, Place & Culture: A Journal of Feminist Geography* 16, no. 1 (2009), 63–75。

161 Letter from Robert Campbell, dated Sydney, 18 July 1821, in 'Letter book, 1821', MLS: Robert Campbell Papers, ML 1348.

162 Letter from Robert Campbell, dated George Street, 26 October 1821, in 'Letter book, 1821', MLS: Robert Campbell Papers, ML 1348.

163 Lawrence, *Whalers*, 21–2.

164 Ibid., 22.

165 Ibid., 19.

166 关于澳大利亚和新西兰的海上变迁，见 Frances Steele, 'Uncharted Waters? Cultures of Sea Transport and Mobility in New Zealand Colonial History', *Journal of New Zealand Studies* 12 (2011), 137–54；Cindy McCreery and Kirsten McKenzie, 'The Australian Colonies in a Maritime World', in Alison Bashford and Stuart Macintyre, eds., *The Cambridge History of Australia*, vol. 1, 560–84；Tracey Banivanua Mar, 'Shadowing Imperial Networks: Indigenous Mobility and Australia's Pacific Past', *Australian Historical Studies* 46, no. 3 (2015) 340–55；关于新西兰和澳大利亚的结盟，见 Tony Ballantyne, *Entanglements of Empire*；Frances Steele, ed., *New Zealand and The Sea*, 这本书出版在本书写作的收尾阶段，是很好的关于塔斯曼海的文献。

167 Rachel Stanfield, *Race and Identity in the Tasman World, 1769–1840* (London: Pickering & Chatto, 2012).

168 毛利人有自己的对周围海洋的命名，塔斯曼海叫作 Tai-o-Rēua。

第六章　在印度的海上边境：战争的海洋血统

1 我用 Burma（缅甸）和 Burmese（缅甸人）这两个词来指代现在被称为缅甸的国家。

2 *Epistles Written on the Eve of the Anglo-Burmese War*, trans. and ed. Maung Htin Aung (The Hague: Martinus Nijhoff, 1968).

3 'Epistle from the courtier Son' in *Epistles*, 31–3, citations from 32.

4 Maung Htin Aung, *The Stricken Peacock: Anglo-Burmese Relations, 1752–1948* (The Hague: Martinus Nijhoff, 1965), vii. 关于先前认为缅甸人会获胜的观点，见 G. E. Harvey, *History of Burma: From the Earliest Times to 10 March 1824* (London: Frank Cass, 1967, reprint Yangon, n.d.), 303–4。

5 'Epistle from an anxious Father to his Son', in *Epistles*, 45.

6 Thant Myint-U, *The Making of Modern Burma* (Cambridge: Cambridge University Press, 2001), 18.

7 T. Abercromby Trant, *Two Years in Ava* (London: J. Murray, 1827), 9–10.

8 关于战争的细节，见 Maung Htin Aung, *A History of Burma* (Columbia University Press: New York and London, 1967, reprint Yangon, n.d.), 210–32；Thant Myint-U, *The Making of Modern Burma*, 17–20。

9 Henry Gouger, *Personal Narrative of Two Years' Imprisonment in Burmah* (London: John Murray, 1860), 103–4，有尝试夺取加尔各答的内容。

10 这段时期缅甸人对地理环境的理解的变化，见 Michael Charney, *Powerful Learning: Buddhist Literati and the Throne in Burma's Last Dynasty* (Ann Arbor, Mich.: Centres for South and Southeast Asian Studies, University of Michigan, 2006), 169–80；Michael Aung Thwin, 'Jambudīpa: Classical Burma's Camelot', *Contributions to Asian Studies* 16 (1981), 38–61。

11 Victor B. Lieberman, *Strange Parallels: Southeast Asia in Global Context, c.800–1830*, 2 vols (Cambridge: Cambridge University Press, 2003), vol. 1, 198.

12 这两艘船好像是 Messers Snowball 和 Turner 建造的，见 'French and Shipbuilding', in Harvey, *History of Burma*, 353；Trant, *Two Years in Burma*, 29 and Henry Havelock, *Memoir of Three Campaigns of Major-General Sir Archibald Campbell's Army in Ava* (Serampore, 1828), 49。

13 关于他的名字"沙基斯"，见 Allott, *The End of the First Anglo-Burmese War*, 4, 82。

14 Bayly, *Empire and Information: Intelligence Gathering and Social Communication in India, 1780–1870*

(Cambridge: Cambridge University Press, 1996), 122.

15 Trant, *Two Years*, 218–220.

16 Henry Bell, *Narrative of the Late Military and Political Operations in the Birmese Empire* (Edinburgh: Constable and Co., 1827), 64.

17 'One of the Birman Gilt War Boats Captured by Capt. Chads, R.N. in his successful expedition against Tanthabeen Stockade', painted by T. Stothard, R.A. from an original Sketch by Captn. Marryat, R.N. in Joseph Moore, *Rangoon Views and Combined Operations in the Birman Empire*, 2 vols (London: Thomas Clay, 1825–6), vol. 2, no. 4, BL: X 728; and *Notes to Accompany the Rangoon Views*, 2 vols (London: Thomas Clay, 1825–6), vol. 2, no. 4, BL: X 728.

18 其他版本见 National Maritime Museum, 'One of the Birman Gilt War Boats Captured by Capt. Chads, R.N. in his successful expedition against Tanthabeen Stockade', NMM: PAG9121。

19 Trant, *Two Years in Ava*, 51–3, citation 53.

20 Gouger, *Personal Narrative*, 19. 关于枪，见 Than Tun, ed., *Royal Orders of Burma 1598–1885*, 10 vols (Kyoto: Centre for Southeast Asian Studies, 1983–90), vol. 5。这卷中反复出现关于枪的指令，例如 order dated 20 June 1806, 251 and orders 251ff。

21 Michael Charney, 'Shallow-draft Boats, Guns, and the Aye-ra-wa-ti: Continuity and Change in Ship Structure and River Warfare in Precolonial Myanma', *Oriens Extremus* 40, no. 1 (1997), 16–63.

22 Moore, *Birman Empire*, for this sequence.

23 'The Combined Forces under Brigadier Cotton, C.B. and Capt. Alexander C.B. & Chads R.N. passing the Fortress of Donabue to effect a junction with Sir Archibald Campbell on the 27th March 1825', drawn by T. Stothard, R.A. from a sketch by Capt. Thornton, RN in Moore, *Birman Empire*, vol. 2, no. 6.

24 Anna Allott, *The End of the First Anglo-Burmese War: The Burmese Chronicle Account of how the 1826 Treaty of Yandabo was Negotiated* (Chulalongkorn University Press: Bangkok, 1994)，翻译了缅甸宫廷编年史 'Kòn-baung-zet Maha Ya-zawin-daw-gyí'，从 1826 年开始，见第 32 页。

25 关于石油，见 Trant, *Two Years in Ava*, 40 ；John Crawfurd, *Journal of an Embassy from the Governor General of India to the Court of Ava*, 2 vols (London: Published for Henry Colburn and R. Bentley, 1834), 2nd edn, vol. 1, 97。更多讨论见 Sujit Sivasundaram, 'The oils of empire', in Helen Anne Curry, Nicholas Jardine, James Secord, and Emma C. Spary, eds., *Worlds of Natural History* (Cambridge: Cambridge University Press, 2018), 379–400。

26 Havelock, *Memoir of Three Campaigns*, 169.

27 'Marryat's private logbook and record of services, 23 September 1806 to 21 April 1815', NMM: MRY/6. 关于缅甸使用"火船"和英国的应对，见 Havelock, *Memoir of Three Campaigns*, 130, 168。

28 Introduction, in Tun, ed., *Royal Orders*, vol. 5, xiii–xiv.

29 John Crawfurd, *Journal of an Embassy from the Governor General of India to the Court of Ava* (London: Henry Colburn, 1829), 1st edn., 112.

30 关于这种手稿与英国的关系，见 *Catalogue of the Burney Parabaiks in the India Office Library* (London: British Library, 1985)。

31 Allott, *The End of the First Anglo-Burmese War*, 73.

32 Ibid., 12.

33 关于赔款，见 Aung, *The Stricken Peacock*, 31。

34 Allott, *The End of the First Anglo-Burmese War*, 26.

35 Crawfurd, *Journal of an Embassy*, 1st edn, 116.

36 'Journal of a visit to Windsor, London, Richmond etc with a description and sketches of Indian idols etc. brought by Capt. Marryat from Burmah by Rev. John Skinner', transcribed by Russell Skinner, BL: Add MS 33697, 163.

37 Crawfurd, *Journal of an Embassy*, 2nd edn, vol. 1, 295，"戴安娜号"在这里被展示给国王。1823年，它在印度基德波尔（Kidderpore）组装，由一名苏格兰工程师监督，最终卖给了政府，用于英缅战争。战争结束后，它一直停在德林达依海岸（Tenasserim），直到1835年被拆卸。见C. A. Gibson-Hill, 'The Steamers in Asian Waters, 1819–1839', *Journal of the Malayan Branch of the Royal Asiatic Society* 27, no. 1 (May 1954), 120–62。

38 'The Conflagration of Dalla, on the Rangoon River', drawn by Moore in *Birman Empire*, vol. 1, no. 17, BL: X 728.

39 Havelock, *Memoir of Three Campaigns*, 210 and 212.

40 Gouger, *Personal Narrative*, 293.

41 Ibid., 294.

42 Trant, *Two Years in Ava*, 178. 关于蒸汽船和军舰的相对优势，见 Charney, 'Shallow-draft Boats'。

43 Crawfurd, *Journal of an Embassy*, 1st edn, 40, 45, 98.

44 Ibid., 445.

45 Havelock, *Memoir of Three Campaigns*, 241.

46 Crawfurd, *Journal of an Embassy*, 1st edn, 89.

47 Ibid., 321, 328.

48 Charney, 'Shallow-draft Boats', 60; Charney, 157.

49 Havelock, *Memoir of Three Campaigns*, 34.

50 Trant, *Two Years in Ava*, 33–4.

51 Ibid., 34. 最近关于寻找大钟的故事，见 http://www.bbc.co.uk/news/world-asia-28832296, accessed 20 July 2015。

52 John Butler, *A Sketch of the Services of the Madras Regiment* (London: Smith & Elder, 1839), 23.

53 Ibid., 17, 22.

54 F. B. Doveton, *Reminiscences of the Burmese War* (London: Allen, 1852), 196–7.

55 Ralph Isaacs, 'Captain Marryat's Burmese Collection and the Rath, or Burmese Imperial State Carriage', *Journal of the History of Collections* 17, no. 1 (January 2005), 45–71, at 51.

56 Ibid., 46.

57 Catalogue description of 'Seated, dry lacquer Buddha', donated by Frederick Marryat, British Museum: 1826, 0211.1.

58 Ibid., 52.

59 Ibid., 51–56.

60 关于可移动的座位，见 *The Rath; Or, Burmese Imperial State Carriage, and Throne, Studded with 20,000 Precious Stones Captured in the Present Indian War which is now Exhibiting as Drawn by Elephants at the Egyptian Hall, Piccadilly* (London: Printed for the Proprietors, 1826), 8。

61 除了马车，还有皇家战船和金船，见 *The Rath*。

62 'The Rath, Or Burmese Imperial State Carriage', *The Times*, 19 November 1825, 2.

63 关于贡榜王朝民族同化的现象，以及将勃固等地方纳入政权的尝试，见 Charney, *Powerful Learning*, chapter 6。

64 Lieberman, *Strange Parallels*, 183.

65 Aung, *The Stricken Peacock*, 14–16; see also Harvey, *History of Burma*, 353, 155–156, and Michael Symes, *Journal of his Second Embassy to the Court of Ava*, ed. with an introduction by G. E. Hall (London: Allen and Unwin, 1955), xxi.

66 Symes, *Journal*, xxx.

67 Aung, *The Stricken Peacock*, 22; see also 'Symes Instructions, dated 30 March 1802', reproduced in Symes, *Journal*, 106–8. 关于他的生平，见 ibid., lxii。

68 Michael Symes, *An Account of an Embassy to the Kingdom of Ava, in the Year 1795*, 2 vols (Ediburgh: Constable & Co., 1827, first edn 1800), vol. 2, 147.

69 'Symes Journal', dated 3 October 1804, in Symes, *Journal*, 146.

70 'Symes Journal', dated 15 November 1804, in ibid., 181.

71 'Appendix 1, Letter from the Rev. Padre Don Luigi De Grondona To Lieut. Canning', dated Amarapura, 2nd October 1802, in ibid., 237.

72 Symes to Lumsden, dated Rangoon 9 August 1802, reproduced in ibid., 134.

73 Tun, ed., *Royal Orders*, vol. 6, orders dated 24 March 1807 and 1 November 1807.

74 Symes, *Journal*, lxxxix.

75 *A Description of the Burmese Empire, compiled chiefly from Native Documents by the Rev. Father Sangermano*, trans. William Tandy (Rome: Oriental Translation Fund, 1833), 177.

76 Aung, *The Stricken Peacock*, 21.

77 Letter from the Commissioner of Pegu to the Secretary of the Government of India, dated 27 September 1859, 'Protection of French Subjects at Ava', National Archives of Myanmar, Yangon: AG 1/1 Acc No.7975.

78 Aung, *A History of Burma*, 257–9.

79 'Scrap album of official documents, press cuttings etc. relating to Capt. Marryat', NMM: MRY/11-12.

80 Isaacs, 'Captain Marryat's', 48.

81 'Frederick Marryat's Signal book' (n.d.), NMM: MRY/5.

82 Isaacs, 'Captain Marryat's', 48.

83 'Captain Marryat's Framed and Original Sketch of Napoleon Bonaparte', NMM: MRY/8，将之与 'Sketch of Bonaparte, as laid out on his Austerlitz campbed', NMM: PAF5963 对比，前者是钢笔画，后者是铅笔画。另见 NMM: MRY/7，一幅题为 'Original sketch taken by Capt. Marryat at St Helena, a few hours after the Emperor's death' 的画。

84 Trant, *Two Years in Ava*, 15.

85 与拿破仑在埃及时的比较，见 Havelock, *Memoir of Three Campaigns*, 43。

86 Gouger, *Personal Narrative*, 7.

87 Ibid., 33.

88 见 Michael Charney, *Southeast Asian Warfare, 1300–1900* (Brill: Leiden, 2004)，他认为，由于人口、地理和气候的相似，有必要将东南亚的战争当作一个整体区域考虑。

89 我用斯里兰卡来指代现在的国家，用 Lankan 来指代来自这个岛屿的人，锡兰是这个岛的殖民地名称。

90 Tun, ed., *Royal Orders*, vol. 5, order passed on 18 March 1806, 212–3.

91 Ibid., order passed on 1 May 1806, 229–230.

92 Ibid., order passed on 29 May 1806, 240.

93 Ibid., vol. 6, orders passed on 4, 6 and 8 July 1807, 56–7.

94 Ibid., order passed on 21 January 1810, 166–7 and order passed on 26 December 1810, 306.

95 Ibid., vol.6, order passed on 31 January 1810, 172.

96 Kitsiri Malalgoda, *Buddhism in Sinhalese Society: A Study of Religious Revival and Change* (Berkeley: University of California Press, 1976), 87ff.

97 Malalgoda, *Buddhism*, 97–9.

98 Sujit Sivasundaram, *Islanded: Britain, Sri Lanka, and the Bounds of an Indian Ocean Colony*, chapters 1 and 3 for points made in this paragraph.

99 Sujit Sivasundaram, 'Appropriation to Supremacy: Ideas of the "native" in the rise of British imperial heritage', in Astrid Swenson and Peter Mandler, eds., *From Plunder to Preservation: Britain and the Heritage of Empire. c.1800–1940* (Oxford: Oxford University Press, 2013), 149–70. 关于学者和僧侣在重塑王权过程所扮演角色的更多细节，见 Charney, *Powerful Learning*。

100 Sivasundaram, *Islanded*, 关于这场战争的详细情况，见 212–14, 255–7。

101 引文来自佩拉德尼亚大学（University of Peraderniya）Udaya Meddegama 教授翻译的 *Ingnsi Hatana*。可利用的副本，见 Museum Library, Colombo National Museum (CNM), see, for instance, K11。

102 Ibid.

103 Ibid.

104 Gananath Obeyeskere, *Doomed King: A Requiem for Sri Vickrama Rajasinha* (Colombo: Perera-Hussein, 2017).

105 Channa Wickremesekera, *Kandy at War: Indigenous Military Resistance to European Expansion in Sri Lanka, 1594–1818* (Colombo: Vijitha Yapa, 2004), 60–3.

106 Ibid., chapter 3.

107 Sivasundaram, *Islanded*, 71–2, 91.

108 Ibid., chapter 2.

109 Obeyesekere, *The Doomed King*, 138.

110 *Ingrisi Hatana.*

111 *Vadiga Hatana* from translation undertaken by Prof. Udaya Meddegama from Kusuma Jayasuriya, *Waduga Hatana* (Colombo: Department of Cultural Affairs, 1966).

112 Extracts of Letters from Major Hardy to His Excellency the Governor, National Archives, Kew (hereafter TNA): CO 54/56.

113 *Ahalepola Hatana* from translation undertaken with Prof. Udaya Meddegama from K. F. Perera, *Ehalepola Hatanaya* (Colombo: Subhadraloka Press: Colombo, 1911).

114 'Narrative of Eknellegode Nilame', dated Ratnapura 20 July 1816, TNA: CO 54/61.

115 此处引自 Ibid.；Kumari Jayawardena, *Perpetual Ferment: Popular Revolts in Sri Lanka in the 18th and 19th Centuries* (Colombo: Social Scientists' Association, 2010), 75。

116 Sivasundaram, *Islanded*, chapter 1.

117 'Narrative of Eknellegode Nilame'.

118 Jayawardena, *Perpetual Ferment*, 73–4.

119 Despatch from Brownrigg to Bathurst, dated Colombo 5 November 1816, TNA: CO 54/61.

120 P. E. Pieris, *Sinhale and the Patriots, 1815–1818* (reprinted Delhi: Navrang, 1995), 134, 136–7.

121 Captain L. De Bussche, *Letters on Ceylon, Particularly Relative to the Kingdom of Kandy* (London: J. J. Stockdale, 1817), 130–1.

122 Despatch from Brownrigg to Bathurst, dated Colombo 5 November 1816, TNA: CO 54/61.

123 Pieris, *Sinhale and the Patriots,* 328.

124 Jayawardena, *Perpetual Ferment*, 73.

125 William Thorn, *Memoir of the Conquest of Java* (London: T. Egerton, 1815), x–xi. 关于对“法国”一词的使用，可参阅 Thorn 对巴达维亚沦陷的评论，见 Thorn, 31–33。关于帝国背景下的“荷兰”一词，见 Jos Gommans, 'Conclusion', in Catia Antunes and Jos Gommans, eds., *Exploring the Dutch Empire: Agents, Networks and Institutions, 1600–2000* (London: Bloomsbury Academic, 2015), 267–78。

126 Letter to the Secret Committee of the Hon'ble Court of Directors, dated 26 October 1810, BL: Raffles-Minto Collection, Mss Eur F148/1. 关于法国国旗取代荷兰国旗，见 'Mr. Raffles' Reports on Java and the Eastern Isles', addressed to Lord Minto, dated Batavia, 20 September 1811, BL: Raffles-Minto Collection, Mss Eur F148/7, point 17。关于 1810 年法国吞并荷兰的消息传入日惹宫廷，见 Peter Carey, *The Power of Prophecy: Prince Dipanagara and the End of an Old Order in Java, 1788–1855* (Leiden: KITLV Press, 2007), 275–6。

127 Letter from Minto, dated Batavia, 2 September 1811, in Thorn, *Memoir*, 89.

128 'Mr. Raffles' Reports on Java and the Eastern Isles', addressed to Lord Minto, dated Batavia, 20 September 1811, BL: Raffles-Minto Collection, F148/7, point 64.

129 Peter Carey, 'The Destruction of Java's Old Order', 171.

130 Gommans, 'Conclusion', 276. 关于这一时期巴达维亚的社会史，见 Ulbe Bosma and Remco Raben, *Being 'Dutch' in the Indies: A History of Creolisation and Empire, 1500–1920* (Singapore: National University of Singapore Press, 2008)；also Jean Gelman Taylor, *The Social World of Batavia: European and Eurasian in Dutch Asia* (Madison, Wisc.: University of Wisconsin Press, 1983)。

131 Letter from Minto to Major General Abercromby, dated Fort William, 3 September 1810, BL: Raffles-Minto Collection, Mss Eur F148/1.

132 H. Vetch, 'Thorn, William (1780–1843)', rev. Francis Herbert, *Oxford Dictionary of National Biography*, Oxford University Press, 2004; online edn., Oct. 2005 [http://www.oxforddnb.com/view/article/27338, accessed 21July 2015].

133 一些船只也从孟加拉加入了爪哇探险队。

134 John Crawfurd, *History of the Indian Archipelago*, 3 vols (Edinburgh: Constable & Co., 1820), vol. 1, 308.

135 Ibid., 13.

136 Ibid., 193, 240.

137 'Mr. Raffles' Reports on Java and the Eastern Isles', addressed to Lord Minto, dated Batavia, 20 September 1811, BL: Raffles Minto Collection, Mss Eur F148/7, point 39.

138 Ibid., point 74.

139 'The Maritime Code of the Malays translated from the Malayu Language', in Mr. Raffles' Memoir on the Malayu Nation and a Translation, BL: Raffles-Minto Collection, Mss Eur F148/9.

140 Letter from J. Hewett to Governor Robert Farquhar, dated Fort William, 20 May 1811, NAM: HA 5.

141 Thorn, *Memoir*, 5.

142 Ibid., 7.

143 Ibid., 11.

144 后来，这条路线引起了一些争议，考虑到每年这个时候的海洋和风的情况，这被认为是一个冒险的选择。参阅 Commodore Hay, 'Draft of a letter with a Report of the Malabar's Passage': 'the route taken was utterly unwar- ranted by Reason or Experience', BL: Raffles-Minto Collection, Mss Eur F 148/10。

145 D. C. Boulger, *Life of Sir Stamford Raffles* (London: Horace, Marshall &Son, 1897), 57；关于莱佛士将功赎罪、把功劳归于明托勋爵的详细情况，见 Sophia Raffles, *Memoir of the Life and Public Services of Sir Thomas Stamford Raffles* (London: J. Murray, 1830), 116；关于莱佛士组织调查，勘测路线的情况，见 'Mr. Raffles' Reports on Java and the Eastern Isles', addressed to Lord Minto, dated Batavia, 20 September 1811, BL: Raffles- Minto Collection, Mss Eur F148/7, point 25。

146 'Mr. Raffles' Reports on Java and the Eastern Isles', addressed to Lord Minto, dated Batavia, 20 September 1811, BL: Raffles-Minto Collection, Mss Eur F148/7, point 25.

147 Thorn, *Memoir*, 12–13.

148 Ibid., 27. 关于麦肯齐登陆爪哇的戏剧性场景，见 W. C. Mackenzie, *Colonel Colin Mackenzie, First-Surveyor-General of India* (Edinburgh: W. & R. Chambers, 1952), 110–14。

149 关于军队人数信息，见 Boulger, *Life*, 70.

150 Thorn, *Memoir*, 18.

151 Minute, dated Fort William, 29th November 1811, BL: Lord Minto's Minutes, Raffles-Minto Collection, Mss Eur F148/15.

152 Thorn, *Memoir*, 21, 24.

153 Colonel Gillespie's report, dated Weltevreden, 11 August 1811, BL: Raffles-Minto Collection, Mss Eur F148/10.

154 'Plan of the Route of the British Army, Under the Command of Lieut. General Sir Samuel Auchmuty, from the day of their landing at Chillingching in Java on the 4th August 1811 to the assault on the enemy's lines at Cornellis on the 26th August 1811', BL: Raffles-Minto Collection, Mss Eur F148/10; 'Plans, Charts, Memorandum and details connected with the expedition against the Dutch Islands', BL: Raffles-Minto Collection, F148/10.

155 Crawfurd, *History*, vol. 1, 4.

156 Thorn, *Memoir*, 45; quotation from Minute, dated Fort William, 6 December 1811, BL: Lord Minto's Minutes, Minto-Raffles Collection, Mss Eur F148/15.

157 Ibid., 26.

158 Ibid., 33.

159 荷兰人认为，在科内利斯（Cornelis）战役的准备阶段，气候会导致“放纵”和“疲劳”，见 Minute dated Fort William, 6 December 1811, BL: Minto-Raffles Collection, Lord Minto's Minutes, Mss Eur F148/15。

160 Boulger, *Life*, 74–5.

161 Thorn, *Memoir*, 95.

162 Ibid., 107.

163 Ibid., 'Native Powers'.

164 Ibid., 156.

165 Ibid., 134 and 138.

166 Crawfurd, *History*, vol. 1, 14.

167 'Mr. Raffles' Reports on Java and the Eastern Isles', addressed to Lord Minto, dated Batavia, 20 September 1811, BL: Raffles-Minto Collection, Mss Eur F148/7, point 33.

168 Carey, *The Power of Prophecy*, 205–6. Carey 指出，1808 年，苏丹国库大约有 100 万 西班牙金币和银币，还不包括钻石。1808 年到 1812 年，国库中的所有东西都丢失了。

169 Citation from Carey, *The Power of Prophecy*, 261.

170 Treaty with the Sultan of Mataram，BL: Raffles-Minto Collection, Mss Eur F148/23. 明托对新一届英国政府自由和开明原则的宣言，见 Carey, *The Power of Prophecy,* 283–4。

171 Carey, *The Power of Prophecy*, 348–65.

172 Carey, *The British in Java: 1811–1816: A Javanese Account* (Oxford: Oxford University Press, 1992), 118.

173 Ibid., 87.

174 Ibid., 103, 107. 关于日惹认为印度士兵具有攻击性，见 Carey, *The Power of Prophecy*, 303。

175 Seda Kouznetsova, 'Colin Mackenzie as a Collector of Javanese Manuscripts', in *Indonesia and the Malay World* 36 (2008): 375–94. 关于麦肯齐对梭罗河的勘测，见 Mackenzie, *Colonel*, 135–9. 'As President of the Commission on Java, Lieutenant-Colonel Mackenzie has visited almost every part of that island, the considerable and important collections which have been made by the Commission, added to the interesting documents which have been procured by his personal diligence and research, will form a body of most useful and interesting information... ', cited in Mackenzie, *Colonel*, 161, from 'General orders on the farewell of Mackenzie', who left Java on 18 July 1813.

176 Jurrien van Goor, *Prelude to Colonialism: The Dutch in Asia* (Hilversum: Uitgeverij Verloren, 2004), 93.

177 关于斯里兰卡的情况，见 Alicia Schrikker, *Dutch and British Colonial Intervention in Sri Lanka, 1780–1815: Expansion and Reform* (Leiden: Brill, 2007)。

178 这种认为巴达维亚空气不健康的观点在当时广为流传，见 J. J. Stockdale, Sketches, *Civil and Military, of the Island of Java and its Immediate Dependencies* (London: J. J. Stockdale, 1812), 2nd edn, 128–9，他写道，巴达维亚是"地球表面上最不健康的地方之一"，"沿着海岸，海水抛出各种各样的污秽物、黏液、软体动物、死鱼、泥浆和杂草，它们在极端的高温下以极快的速度腐烂，负荷令人讨厌的瘴气并污染空气"。这本书是 Samuel Auchmuty 收集的荷兰和法国作家早期作品的翻译，这句话出自 C. F. Tombé 的一篇法语文章。

179 关于麦肯齐在宫殿的情况，见 Mackenzie, *Colonel*, 153。

180 关于麦肯齐在军队中扮演的角色，见 Mackenzie, *Colonel*, chapter 15。

181 关于鸦片战争的讨论参考了Julia Lovell, *The Opium War: Drugs, Dreams and the Making of China* (London: Picador, 2011), and Robert Bickers, *The Scramble for China: Foreign Devils in the Qing Empire, 1832–1914* (Penguin: Allen Lane, 2011)。

182 Cited in Tonio Andrade, *The Gunpowder Age: China, Military Innovation, and the Rise of the West in World History* (Princeton: Princeton University Press, 2016), 249.

183 Cited in ibid., 256 and chapter 16. 关于军事分歧更广泛的讨论可参考。

184 Glenn Melancon, 'Honour in Opium? The British Declaration of War on China, 1839–1840', *The International History Review* 21, no. 4 (1999), 855–74, at 863.

185 更多相关内容，见 Melancon, 'Honour in Opium?'。

186 *The Chinese Repository* 5 (1836), 172–3.

187 John L. Rawlinson, *China's Struggle for Naval Development, 1839–1895* (Cambridge, Mass.: Harvard University Press, 1967), 11.

188 Ibid., 13.

189 Ibid., 16.

190 Andrade, *The Gunpowder Age*, 262.

191 Ibid., 258.

192 Ibid., 263.

193 Ibid., 264.

194 Benjamin Elman, *On Their Own Terms: Science in China, 1550–1900* (Cambridge, Mass.: Harvard University Press, 2005), 360. 这段引用了 Elman 对中国造船业的研究。

第七章 孟加拉湾：塑造帝国、世界与自己

1 'Scientific Expedition to the Equator, Instructions', dated 2 July 1822, Fort St. George, BL: IOR, P/245/33, 这段和下一段开头都引自这里。

2 关于天文观测台的起源，见 'Description of an Astronomical Observatory Erected at Madras', dated Madras, 24 December 1792, Royal Astronomical Society, London (hereafter RAS): MSS Madras/2。

3 戈丁汉姆写给麦肯齐的信，见 S. M. Razaullah Ansari, 'Early Modern Observatories in India, 1792–1900', in Uma Das Gupta, ed., *Science and Modern India: An Institutional History, c.1784–1947* (Delhi: Pearson, 2011), 349–80, at 353。关于马德拉斯天文台，见 Rajesh Kochar, http://rajeshkochhar.com/tag/madras- observatory, accessed 12 January 2018。这一章得益于与 Prashant Kumar 的讨论，他正在宾夕法尼亚大学读博士，研究过马德拉斯天文台的历史。

4 Matthew Edney, *Mapping an Empire: The Geographical Construction of British India, 1765–1843* (Chicago: University of Chicago Press, 2009), 172–3.

5 W. H. Sykes, 'On the Atmospheric Tides and Meteorology of Dukkun (Deccan), East Indies', *Philosophical Transactions of the Royal Society of London* 125 (1835), 161–220, at 175.

6 Joydeep Sen, *Astronomy in India, 1784–1876* (London: Pickering and Chatto, 2014), 43–4. See John Goldingham, 'Corresponding Observations of Eclipses of Satellites of Jupiter, 1796', RAS: MSS Madras/5.

7 John Goldingham, 'Of the Geographical Situation of the Three Presidencies, Calcutta, Madras, and Bombay, in the East Indies', *Philosophical Transactions of the Royal Society of London* 112 (1822), 408–30, at 408.

8 John Goldingham, 'Experiments for ascertaining the Velocity of Sound, at Madras in the East Indies', *Philosophical Transactions of the Royal Society of London* 113 (1823): 96–139, 186.

9 John Goldingham, 'Some Account of the Sculptures at Mahabalipooram: usually called the Seven Pagodas', *Asiatic Researches* 5 (1799): 69–80; see also, Markham, *A Memoir*, 239.

10 与这一时期的数据相一致的说明，见 Jan Golinski, *British Weather and the Climate of the Enlightenment* (Chicago: University of Chicago Press, 2011)。

11 Fort St. George, 27 January 1809, BL: Madras Public Consultations, IOR, E/4/930.

12 J. Warren, 'An Account of the Comet which Appeared in the Months of September, October and November, 1807', dated Madras Observatory, 1 January 1808, RAS: MSS Madras/6, and R. C. Kapoor, 'Madras Observatory and the Discovery of C/1831 A1 (The Great Comet of 1831)' ,*Journal of Astronomical History and Heritage* 14 (2011), 93–102, at 97, 100.

13 Fort St. George, 27 January 1809, BL: Madras Public Consultations, IOR, E/4/930.

14 关于船只作为观测 "硬件"，见 D. Miller, 'Longitude Networks on Land and Sea: The East India Company and Longitude Measurement "in the Wild", 1770–1840', in Richard Dunn and Rebekah Higgitt, eds., *Navigational Enterprises in Europe and its Seas, 1730–1850* (Basingstoke: Palgrave Macmillan, 2016), 223–47, at 227。

15 'Description of an Astronomical Observatory'.

16 'Copy of Report of Company's Astronomer on the Length of the Pendulum at the Equator, Transmitted and Presented to the Netherlands Government', 1824–30, BL: IOR, Z/E/4/42/E475.

17 'Scientific Expedition to the Equator, Instructions'.

18 J. Warren, 'Paper on the Length of the Simple Pendulum at the Madras Observatory', RAS, MSS Madras/8.

19 更多细节，见 Sophie Waring, 'Thomas Young, the Board of Longitude and the Age of Reform' (PhD thesis, University of Cambridge, 2014), 96–7。关于卡特尔的研究，另见 Henry Kater, 'An account of experiments for determining the variation in the length of the pendulum vibrating seconds, at the principal stations of the Trigonometrical Survey of Great Britain', *Philosophical Transactions of the Royal Society of London* 109 (1819), 337–508.

20 Clements Robert Markham, *A Memoir on the Indian Surveys* (London: W. H. Allen & Co., 1871), 48.

21 J. Ivory, 'Short Abstract of M. de Freycinet's Experiments for Determining the Length of the Pendulum', *Philosophical Magazine* 68 (1826), 350–3, citation from 352.

22 Waring, 'Thomas Young', 146–7.

23 F. Mountford, Assistant Surveyor General, to the Chief Secretary of Government, dated 2 January 1822, BL: IOR, F/4/760.

24 John Goldingham, 'Report on the Length of the Pendulum at the Equator', in Goldingham, ed., *Madras Observatory Papers* (Madras, 1826), 105–6.

25 Ibid., 'Report', 109. 下文中更多信息也出自这一报告。

26 Letter from John Goldingham to the Secretary of Government, dated 22 January 1824, Madras Observatory, BL: IOR, F/4/760.

27 Goldingham, 'Report', 113.

28 感谢 Rachel Leow 对如何破译"Gaunsah Lout"这个名字给出的建议。

29 Goldingham, 'Report', 114.

30 Elizabeth Graves, *The Minangkabau Response to Dutch Colonial Rule in the Nineteenth Century* (Singapore: Equinox, 2010), 49ff.; Azyumardi Azra, *The Origins of Islamic Reformism in Southeast Asia* (Honolulu: University of Hawaii Press, 2004).

31 Azra, *The Origins of Islamic Reformism*, 145.

32 Goldingham, 'Report', 114–15.

33 Ivory, 'Short Abstract', 353.

34 这段来自 Sen, *Astronomy in India*, 89，但是并不完全同意他的观点。关于沃伦的助手，见 90。

35 Warren, 'Paper on the Length of the Simple Pendulum at the Madras Observatory'.

36 Warren, 'An Account of the Comet'.

37 关于失去个性的报告，见 'Transit Observations,1840–51', RAS: MSS Madras/9, 3 vols。

38 John Warren, *Kala Sankalita: A Collection of Memoirs* (Madras: College Press, 1825), p. v.

39 Letter from John Warren to the Senior Member and Members of the Board of Superintendence for the College, dated 28 December 1826, Madras, BL: IOR, P/245/76.

40 Fort St. George, 25 January 1828, BL: Madras Public Consultations, India Office Records, E/4/935.

41 Letter from John Warren to the Senior Member and Members of the Board, dated 28 December 1826, BL: IOR, P/245/76.

42 Fort St. George, 25 January 1828, BL: Madras Public Consultations, IOR, E/4/935.

43 Warren, *Kala Sankalita*, xiii.

44 Fort St. George, 25 January 1828, BL: Madras Public Diaries and Consultations, India Office Records,

E/4/935.

45 有关论断，见 E. Danson, *Weighing the World: The Quest to Measure the Earth* (Oxford: Oxford University Press, 2006), 204。

46 关于沃伦的材料参阅 R. K. Kochhar, 'French Astronomers in India', *Journal of the British Astronomical Association* 101, no. 2 (April 1991), 95–100. 关于里程碑，见 97。

47 Dunn and Higgitt, eds., *Navigational Enterprises*.

48 A. C. Sanderson, 'The British Community in Madras, 1780–1830' (MPhil thesis, University of Cambridge, 2010); Søren Mentz, 'Cultural Interaction between the British Diaspora in Madras and the Host Community, 1650–1790', in Haneda Masashi, ed., *Asian Port Cities, 1600–1800: Local and Foreign Cultural Interactions* (Singapore: National University of Singapore Press, 2009), 162–74.

49 James Capper, *Observations on the Winds and Monsoons* (London: C. Whittingham, 1801), 171.

50 更多天气日志，见 Jan Golinski, *British Weather and the Climate of Enlightenment* (Chicago: University of Chicago Press, 2007)。

51 Capper, *Meteorological and Miscellaneous Tracts* (Cardiff: J. D. Bird), 130.

52 Ibid., 128.

53 Ibid., 128-9.

54 Ibid., 198-9.

55 Capper, *Observations*, xxii.

56 Ibid., 124.

57 Ibid., 125.

58 Ibid., 116. 更多关于"电流体"的影响，见 Peter Rogers, 'The Weather Theories and Records of Colonel Capper', *Weather* 11 (October 1956) 326–9。

59 Capper, *Observations*, xxvi–xxvii.

60 Thomas Forrest, *Treatise on the Monsoons in East-India* (London: J. Robson, 1783), 7. 关于弗雷斯特的传记，见 D. K. Bassett, 'Thomas Forrest: An Eighteenth Century Mariner', *Journal of the Malaysian Branch of the Royal Asiatic Society* 34, no. 2 (1961), 106–22。

61 Thomas Forrest, *Voyage from Calcutta to the Mergui Archipelago* (London: J. Robson, 1792), i.

62 Forrest, 'Idea of Making a Map of the World', in *Voyage*, 139ff.

63 比如弗雷斯特在马京达瑙地图旁做的爪夷文马来语音译注释，见 'Map of the southern portion of Magindano', c.1775, BL: Add Mss 4924；Thomas Suarez, *Early Mapping of Southeast Asia* (Singapore: Periplus Editions, 1999), 251。

64 Marcus Langdon, *Penang: The Fourth Presidency of India, 1805–1930* (Penang: Areca Books, 2013), 6–7, dated 25 January 1786 and 27 July 1787.

65 Ibid., 18, letter dated 29 April 1780.

66 Ibid., 20–1.

67 D. K. Bassett, 'Thomas Forrest'.

68 Langdon, *Penang*, 11.

69 Letter from John Crawfurd, Resident, Singapore, to the Secretary to the Government of Fort William, dated 3 August 1824, National Archives of Singapore (hereafter NAS), Foreign Secret Department Files, copied from the National Archives of India, NAB 1673 (microfilm). 这种将新加坡延伸到大海的观点，是汤姆森作为新加坡地形测绘员的观点。Letter from J. T. Thomson to Lieut. H. L. Thuillier, Deputy Surveyor General of Bengal, dated Singapore, 22 June 1847, in NAS: 'Letters: J. T. Thomson', 526.9092

THO, 2 vols, vol. 1, 1–9.

70 Trocki, *Prince of Pirates*, 61 and 67.

71 Letter from Lord Aberdeen, dated the Foreign Office, 10th December 1845, NAS: NAB 1673.

72 James Horsburgh, *Bay of Bengal* (London: J. Horsburgh, 1825). 关于这一时期航线密度，见 John Lindsay, *Directions to Accompany J. Lindsay's Charts of the Straits of Malacca* (London, 1795)；Robert Laurie and James Whittle, *The Oriental Navigator: or New Directions for Sailing to and from the East Indies* (Edinburgh: Printed by R. Morison, 1794)。

73 George Romaine, 'A Sketch of the Bay of Bengal shewing the tracks of three Cruizers', BL: Add Mss 13910.

74 Langdon, *Penang*, 59–62.

75 Peter Borschberg, Makeswary Periasamy and Mok Ly Yng, *Visualising Space: Maps of Singapore and the Region, Collections from the National Library and National Archives of Singapore* (Singapore: National Library Board, 2015), 88, and Daniel Ross, *Plan of Singapore Harbour, 1819* (London: J. Horsburgh, 1820). The commentary on early maps of Singapore benefits from, 'Geo-Graphics', exhibition, 2015.

76 关于新加坡海峡 19 世纪之前的历史，见 Peter Borscheberg, *The Singapore and Melaka Straits: Violence, Security and Diplomacy in the 17th Century* (Singapore: National University of Singapore Press, 2010)。

77 Sketch of the land round Singapore Harbour, 7 February 1819, TNA: ADM 344/1307, item 1.

78 Anon., 'Plan of the Island of Singapore' (1822), BL: IOR, X/3347.

79 Letter from John Crawfurd, Resident, Singapore to the Secretary to the Government of Fort William, dated 3 August 1824, NAS: NAB 1673.

80 Ian Proudfoot, 'Abdullah vs Siami: Early Malay Verdicts on British Justice', *Journal of the Malaysian Branch of the Royal Asiatic Society* 80, no. 1 (June 2007), 1–16, from 'Retrenchments', a poem by Siami, translated by Proudfoot, at 13. 关于萨米和阿卜杜拉的内容可参阅 John Bastin, 'Abdulla and Siami' in *Journal of the Malaysian Branch of the Royal Asiatic Society* 81, no. 1 (June 2008), 1–6；Diana Carroll, 'The "Hikayat Abdullah": Discourse of Dissent', *Journal of the Malaysian Branch of the Royal Asiatic Society* 72, no. 2 (1999), 91–129；Amin Sweeney, 'Abdullah Bin Abdul Kadir Munsyi: A Man of Bananas and Thorns', *Indonesia and the Malay World* 34 (2006), 223–245；Raimy Ché-Ross, 'A Malay Poem on New Year's Day (1848): Munshi Abdullah's Lyric Carnival', *Journal of the Malaysian Branch of the Royal Asiatic Society* 81, no. 1 (June 2008), 49–82；Raimy Ché-Ross, 'Munshi Abdullah's Voyage to Mecca: A Preliminary Introduction and Annotated Translation', *Indonesia and the Malay World* 28 (2000), 173–213。

81 Bastin, 'Abdulla and Siami', 4.

82 Abdullah Bin Abdul Kadir, *The Hikayat Abdullah*, ed. and trans. A. H. Hill (Malaysian Branch of the Royal Asiatic Society, Kuala Lumpur: Academe Art, 2009), 102. 如果把阿卜杜拉对他和莱佛士关系的描述当作事实，将是危险的，见 Sweeney, 'Abdullah Bin Abdul Kadir Munsyi'。

83 关于阿卜杜拉朝圣，见 Raimy Ché-Ross, 'Munshi Abdullah's Voyage to Mecca'。

84 关于本段引文，见 *The Hikayat Abdullah*, 234 and 297。

85 关于蒸汽船来到马来半岛水域，见 C. A. Gibson-Hill, 'The Steamers in Asian Waters, 1819–1839', *Journal of the Malayan Branch of the Royal Asiatic Society* 27, no. 1 (May 1954), 120–62。

86 'Teks Ceretera Kapal Asap', in Amin Sweeney, ed., *Karya Lengkap Abdullah bin Abdul Kadir* (Jakarta: KPG, 2006), jilid 2, 271–304, citations and information from 275 and 278.

87 另一重要视角，见 J. T. Thomson, *Some Glimpses into Life in the Far East* (London: Richardson & Company, 1865), 330–1。

88 *The Hikayat Abdullah*, 290. 关于阿卜杜拉与传教媒体的接触，见 Jan Van der Putten, 'Abdullah

Munsyi and the missionaries', *Bijdragen tot de Taal-, Land-en Volkenkunde* 162, no. 4 (2006), 407–40。关于印刷品的发展，尤其是传教士对科学技术的重视，见 Ian Proudfoot, *Early Malay Printed Books* (Academy of Malay Studies: University of Malaya, 1993), introduction, 11–19。

89 *The Hikayat Abdullah*, 290. 关于这是新加坡最快的船，见 C. Skinner, 'Abdullah's Voyage to the East Coast, Seen Through Contemporary Eyes', *Journal of the Malaysian Branch of the Royal Asiatic Society* 39, no. 2 (1966), 23–33, 25。

90 *The Hikayat Abdullah*, 291.

91 关于阿卜杜拉访问马六甲时享受穿长裤的感觉，见 Sweeney,'Abdullah Bin Abdul Kadir Munsyi', 224。

92 Amin Sweeney, ed., *Karya Lengkap Abdullah bin Abdul Kadir Munsyi* (Jakarta: KPG, 2005), jilid 1, 162, verse 42. 感谢 Siti Nur'Ain 和我一起工作，回答我的问题，帮我翻译马来语。另见 *The Story of the Voyage of Abdullah Bin Abdul Kadir Munshi*, trans. A. E. Cooper (Singapore: Malaya Pub. House, 1949), 64, 'The time has come! The anchor's weighed! / Flash oars! Blaze guns! We must depart. / Deep in the breech the bullet lies; / Love lies still deeper in my heart'。

93 Raimy Ché-Ross, 'Munshi Abdullah's Voyage to Mecca', translation, 'The story of Abdullah bin Abdul Kadir Munshi's Voyage from Singapore to Mecca', 186.

94 *The Hikayat Abdullah*, 40.

95 Sujit Sivasundaram, *Islanded*, 271ff.

96 关于和医生的相遇，见 *The Hikayat Abdullah*, 199–203, citation from 200。

97 *The Hikayat Abdullah*, 203.

98 Ibid., 204.

99 Diana Carroll, 'The 'Hikayat Abdullah', 92–3.

100 Tim Harper, 'Afterword: The Malay World: Besides Empire and Nation', *Indonesia and the Malay World* 41, no. 120 (2013), 273–90，其他关于这个问题的文章也都类似。

101 J. J. Sheehan, 'A Translation of the Hikayat Abdullah', *Journal of the Malaysian Branch of the Royal Asiatic Society* 14 (1936), 227–8. 这符合 Mark Frost 和 Yu-Meil Balasingamchow 的观点，见 *Singapore: A Biography* (Singapore: Éditions Didier Millet, 2009), 76："严格说来，他是 Jawi Peranakan——拥有阿拉伯、印度和马来血统的穆斯林。"

102 Frost and Balasingamchow, *Singapore: A Biography*, 76.

103 这可能是孟加拉工兵队的罗伯特·史密斯船长，他以前在槟城担任监督工程师和行政主管，见 Robert Smith, *Views of Prince of Wales' Island Engraved and Coloured by William Daniell From the Original Paintings of Robert Smith* (London: s.n., 1821)。

104 *The Hikayat Abdullah*, 237–8 for Abdullah and Smith.

105 关于汤姆森的经历，见 John Hall-Jones, *The Thomson Paintings: Mid-Nineteenth Century Paintings of the Straits Settlements and Malaya* (Singapore: Oxford University Press, 1983), ix–xi, and John Hall-Jones and Christopher Hooi, *An Early Surveyor in Singapore: John Turnbull Thomson in Singapore, 1841–1853* (Singapore: National Museum, 1979)。

106 Thomson, *Some Glimpses*, chapter 58.

107 关于霍斯堡的传记，见 *Oxford Dictionary of National Biography*, http://www.oxforddnb.com/view/article/13810。

108 Letter from J. T. Thomson to Colonel Butterworth, Governor of Singapore, Malaccca and P.W. Island, dated 25 August 1846, Singapore, NAS: Files of the Military Department, Marine Branch, copied from the National Archives of India, NAB 1672 (microfilm). 关于它高耸于海上的观点，请参阅从

P.W. 岛、新加坡、马六甲到威廉堡的建造报告，dated 9 March 1850, NAS: NAB 1672。另见 J. A. L. Pavitt, *First Pharos of the Eastern Seas: Horsburgh Lighthouse* (Singapore Light Dues Board: Donald Moore Press, 1966)。

109 J. T. Thomson, 'Account of the Horsburgh Lighthouse', *Journal of the Indian Archipelago and Eastern Asia* 6, no. 1 (1852), 376–498, 377；NAS: Files of the Home Department, Marine Branch, copied from the National Archives of India, 关于霍斯堡建造的更多细节，见 NAB 1671 (microfilm) and files in NAB 1672。

110 Minutes of the Marine Department of India, dated 5 September 1849, NAS: NAB 1671; letter dated 5 September 1849, BL: Marine Department, IOR, E/4/801，可查询新加坡国家档案馆的缩微胶卷。

111 Thomson, 'Account', 430.

112 Letter from J. T. Thomson to T. Church, Resident Councillor, dated January 1852, NAS: NAB 1671；关于岩石的另一种描述，见 letter from J. T. Thomson to T. Church, Resident Councillor of Singapore, dated Singapore 8 March 1848, NAS: 'Letters: J. T. Thomson', 526.9092 THO, vol. 1, 42–4。

113 关于岩石上来自各地的工人以及他们如何说不同的语言，见 Letter from J. T. Thomson to Allan Stevenson, Engineer to the Northern Lighthouse Board, dated Singapore 28 September 1851, NAS: 'Letters: J. T. Thomson', vol. 2, 177–82。

114 Thomson, 'Account of the Horsburgh Lighthouse', 378.

115 关于这 80人，见 letter from J. T. Thomson to T. Church, Resident Councillor, dated Singapore, 10 August 1850, NAS: 'Letters: J. T. Thomson', vol. 1, 122–3。其他信息见 Hall Jones and Hooi, *An Early Surveyor in Singapore*。

116 关于这两部分的素描，见 Plate 38 and plate 39, Hall Jones and Hooi, *An Early Surveyor in Singapore*。关于汤姆森对这些图像的投资以及他想从伦敦获得版画的愿望，见 letter from T. Church, Resident Councillor to the Governor of Prince of Wales Island, Singapore and Malacca dated Singapore, 17 January 1852, NAS: NAB 1671。另见 'Horsburgh Lighthouse Engravings Account', dated Singapore August 1852, NAS: 'Letters: J. T. Thomson', 526.9092 THO, vol. 2, 216。

117 Thomson, 'Account of the Horsburgh Lighthouse', 396.

118 Ibid., 397.

119 Ibid., 395.

120 Ibid., 437.

121 Wilbert Wong Wei Wen, 'John Thomson and the Malay Peninsula: The Far East in the Development of His Thoughts' (Undergraduate thesis, University of Otago, 2014).

122 Plate 31, Hall Jones and Hooi, *An Early Surveyor in Singapore*. 关于这幅画的创作背景，见 Thomson, 'Account of the Horsburgh Lighthouse', 422。

123 Thomson, 'Account of the Horsburgh Lighthouse', 424. 汤姆森对此事的描述，见 letter from J. T. Thomson to T. Church, Resident Councillor, dated Singapore 29 May 1850, NAS: 'Letters: J. T. Thomson', 526.9092 THO, vol. 1, 114–16。

124 关于他离开英国的需求，见 letter from J. T. Thomson to T. Church, Resident Councillor, dated Singapore 3 August 1853, NAS: 'Letters: J. T. Thomson', 526.9092 THO, vol. 2, 223–4。关于他最终的离开，见 letter from J. T. Thomson to T. Church, Resident Councillor, dated 28 December 1854, NAS: 'Letters: J. T. Thomson', 526.9092 THO, vol. 2, 228–9。另见 Thomson, 'Account', 424, 431。

125 Thomson, 'Account of the Horsburgh Lighthouse', 416.

126 Ibid., 459–64.

127 Letter from T. Church, Resident Councillor to the Governor of Prince of Wales Island, Singapore and Malacca, dated Singapore, 17 January 1852, NAS: NAB 1671. 关于旋转灯光，见 letter from Colonel Butterworth, Governor, to the Undersecretary of Government, Fort William, dated 12 June 1848, NAS: NAB 1672。

128 Letter from J. T. Thomson to T. Church, Resident Councillor, dated Singapore 20 October 1847, NAS: 'Letters: J. T. Thomson', 526.9092 THO, vol. 1, 27.

129 这个评论来自 2015 年开幕的展览 'Geo-Graphics: Celebrating Maps and their Stories'。

130 C. M. Turnbull, *The Straits Settlements: Indian Presidency to Crown Colony* (London: University of London Press, 1972).

131 'Number of Square Rigged Vessels and Native Craft touching at Singapore in the year 1836/7', NAS: Military Department, Marine Branch Papers, copied from the National Archives of India, NAB 1672 (microfilm).

132 J. T. Thomson, *Plan of Singapore Town and Adjoining Districts* (1846)，这张图显示了种植园和土地的划分。

133 J. T. Thomson and S. Congalton, *The Survey of the Straits of Singapore* (1846), and J. T. Thomson and S. Congalton, *The Survey of the Straits of Singapore* (1855). See also Charles Morgan Elliot, *Chart of the Magnetic Survey of the Indian Archipelago* (1851).

134 Letter from J. T. Thomson to Lieut. H. L. Thuillier, Dept. Surveyor General, Bengal, dated Singapore 27 December 1847 NAS: 'Letters: J. T. Thomson', 526.9092 THO, vol. 2, 240.

135 Letter from J. T. Thomson to T. Church, Resident Councillor, dated Singapore 6 April 1848, NAS: 'Letters: J. T. Thomson', 526.9092 THO, vol. 1, 48–55, quotations from 53. 关于对他们前往柔佛的观点，见 letter from J. T. Thomson to Lieut. H. L. Thuillier, n.d., 1849, NAS: 'Letters: J. T. Thomson', 526.9092 THO, vol. 2, 250–1。

136 Trocki, *Prince of the Pirates*, 19.

137 Letter from J. T. Thomson to T. Church, Resident Councillor, dated Singapore 27 May 1851, NAS: 'Letters: J. T. Thomson', 526.9092 THO, vol. 2, 159–64, quotation from 161. 关于新加坡早期市政府的兴起以及公共卫生问题的讨论，见 Brenda S. A. Yeoh, *Contesting Space: Power Relations and the Urban Built Environment in Colonial Singapore* (Kuala Lumpur: Oxford University Press, 1996), 31–2。

138 Turnbull, *The Straits Settlements*, 3.

139 Ibid., 242 ff. 关于使用蒸汽动力打击海盗的两个例子，见 Letter from the Governor of Prince of Wales Island, Singapore and Malacca to the H. Torrens, Secretary to Government, Fort William, dated 27 September 1840, NAS: NAB 1673；另一封信来自 20 年后，见 letter from Colonel Cavenagh to the Secretary of the Government of India, dated Singapore, 1st October 1860, NAS: NAB 1671。

140 关于新加坡港口停靠军舰的规则，见 despatch from the Governor of Prince of Wales Island, Singapore and Malacca to the Secretary to the Government of India, Fort William, dated 15 December 1857, NAS: NAB 1671。

141 Letter from Colonel Butterworth, Governor, 'Remarks upon the proposal of erecting a lighthouse at Singapore to the Memory of James Horsburgh', dated 31 January 1830, NAS: NAP 1672; letter from J. T. Thomson to J. Church, Resident Councillor, dated Singapore, 2 November 1830, NAS: NAP 1672, and letter from J. T. Thomson to T. Church, Resident Councillor, dated Singapore, 20 November 1850, NAS: 'Letters: J. T. Thomson', 526.9092 THO, vol. 1, 129–38.

142 Citation from Frost and Balasingamchow, *Singapore: A Biography*, 105.

143 Citation here and below from Raimy Ché-Ross, 'A Malay Poem on New Year's Day', 67–73.

144 Harper, 'Afterword'.

第八章 穿越印度洋：来自南方的目光

1 Peter Burroughs, 'The Mauritius rebellion of 1832 and the abolition of British colonial slavery', *Journal of Imperial and Commonwealth History* 4, no. 3 (1976), 243–65, at 249, and Richard Allen, *Slaves, Freedmen and Indentured Laborers in Colonial Mauritius* (Cambridge: Cambridge University Press, 1999), 15.

2 Allen, *Slaves, Freedmen and Indentured Laborers*, 17.

3 Antony Barker, 'Distorting the record of slavery and abolition: The British anti-slavery movement and Mauritius, 1826–37', *Slavery and Abolition* 14, no. 3 (1993), 185–207, 141.

4 早期的文献，见 Hugh Tinker, *A New System of Slavery: The Export of Indian Labour Overseas, 1830–1920* (London: Oxford University Press, 1974)；Sujit Sivasundaram, 'The Indian Ocean', in David Armitage, Alison Bashford and Sujit Sivasundaram, eds., *Oceanic Histories* (Cambridge: Cambridge University Press, 2017), 31–60，讨论了这场辩论如何使不同类型的劳动者之间的关系变得更加复杂。

5 Satyendra Peerthum, '"Fit for Freedom": Manumission and Freedom in Early British Mauritius, 1811–1839', in A. Sheriff et al., eds., *Transition from Slavery in Zanzibar and Mauritius: A Comparative History* (Dakar, Senegal: Codesria, 2016), 69–88.

6 Peerthum, '"Fit for Freedom"', 89.

7 Burroughs, 'The Mauritius Rebellion'，以及 Daniel North-Coombes, 'Slavery, Emancipation and the Labour "Crisis" in the Sugar Industry of Mauritius, 1790–1842', *Tanzania Zamani* 3, no. 1 (January 1997), 16–49, at 27。

8 关于这个观点，见 Megan Vaughan, *Creating the Creole Island: Slavery in Eighteenth-Century Mauritius* (Durham, N. C. and London: Duke University Press, 2005), chapter 10.

9 Burroughs, 'The Mauritius Rebellion', 247–8.

10 Sateyndra Peerthum, '"Making a Life of their Own": Ex-Apprentices in Early Post-Emancipation Period, 1839–1872', in A. Sheriff et al., eds., *Transition from Slavery*, 109–40.

11 Allen, *Slaves, Freedmen and Indentured Laborers*, chapter 2.

12 James de Montille, 'The Coloured Elite of the District of Grand Port, Mauritius' (MPhil Dissertation: University of Cambridge, 2016), 63.

13 Burroughs, 'The Mauritius Rebellion', 243.

14 Edward Blackburn, 'Memorandum of some of the observations made by the Chief Justice in Council on the present state of the Colony with reference to the departure of Mr. Jeremie', dated 9 July 1832, TNA: CO 167/162. See also letter from Edward Blackburn to Governor Charles Colville, dated 14 August 1832, Port Louis, NAM: HA 20/2.

15 John Jeremie, *Recent Events at Mauritius* (London: S. Bagster, 1835), 6.

16 Barker, 'Distorting the Record', 6.

17 Burroughs, 'The Mauritius Rebellion', 253.

18 Jeremie, *Recent Events at Mauritius*, 28, and also *The Mauritius, an Exemplification of Colonial Policy* (Birmingham: B. Hudson, 1837), 8.

19 'Address by Mr. Jeremie to some of the Inhabitants of Mauritius convened by the Governor on the 7th July 1832', NAM: HA 20/2.

20 Burroughs, 'The Mauritius Rebellion', 256.

21 关于“恒河号”的到达，见 Letters from W. Staveley to Charles Colville, Governor, dated 14 August 1832, NAM: HA 20/2; for earlier incident, see above Chapter 3。

22 *Le Cernéen*, 7 July 1832. 'Cet évènement fut le dernier signal pour l'explosion du sentiment public. Toutes les affaires furent dèslors suspendues. Toutes les boutiques, tous les magasins furent spontanément fermés. La milice s'arma, et s'augmenta de tous les citoyens.'

23 Letter from John Jeremie to Governor Colville, dated 25 June 1832, NAM: H/20.

24 Jeremie, *Recent Events*, 43.

25 Sydney Selvon, *A New Comprehensive History of Mauritius*, 2 vols (Mauritius: Bahemia, 2012), vol. 1, 289.

26 John Jeremie, Report dated 18 March 1835, TNA: CO 167/187.

27 Letter from James Simpson to John Finniss, Police Office, dated Mahebourg, 29 March 1833, TNA: CO 167/178. 引用法国大革命作为“另一个参照”，见 letter from John Jeremie to Governor Colville, dated Port Louis, 22 July 1832, TNA: CO 167/162。

28 Charles Pridham, *England's Colonial Empire: An Historical, Political and Statistical Account of Mauritius* (London: T. & W. Boone, 1849), 138.

29 Anthony Barker, *Slavery and Antislavery in Mauritius, 1810–33* (Basingstoke: Macmillan, 1996), chapter 2.

30 *Le Cernéen*, 13 July 1832. 'nous avons fait retentir de toute la force de nos faibles poumons la grande voix de la presse.'

31 'Observations relative to the actual state of the colony by a member of the meeting assembled at Govt House on Saturday 7th inst.', dated 12 July 1832, signed J. Laing, TNA: CO 167/162.

32 Burroughs, 'The Mauritius Rebellion', 246.

33 'Observations relative to the actual state.'

34 Burroughs, 'The Mauritius Rebellion', 261.

35 Letter dated 30 April 1834 from John Jeremie to E. G. Stanley, Secretary of State for the Colonies, TNA: CO 167/178, 625.

36 Letter from John Jeremie to E. G. Stanley, dated 30 April 1834.

37 *Le Cernéen*, 24 July 1832.

38 Jeremie, *Recent Events*.

39 Report from John Jeremie to E. G. Stanley, dated Port Louis, 21 June 1834, TNA: CO 167/178; and 'Address by Mr. Jeremie to some of the Inhabitants', NAM.

40 Report from John Jeremie to E. G. Stanley, dated Port Louis, 21 June 1834, TNA: CO 167/178.

41 Ibid.

42 Ibid.

43 Ibid.

44 Ibid.

45 Ibid.

46 Jeremie, *Recent Events*, 37.

47 Report from John Jeremie to E. G. Stanley, dated Port Louis, 21 June 1834, TNA: CO 167/178.

48 *La Balance*, 7 April 1834.

49 De Montille, 'The Coloured Elite', 71.

50 Report from John Jeremie to E. G. Stanley, dated Port Louis, 21 June 1834, TNA: CO 167/178.

51 *La Balance*, 21 April 1834.

52 Hugh Strickland and A. G. Melville, *The Dodo and its Kindred* (London: Reeve and Benham, 1848), iv.

53 Letter from Charles Telfair, Civil Assistant, to Captain Barry, Chief Secretary to Government, dated 8 August 1810; and also, letter from A. Barry, Chief Secretary to Charles Telfair, dated St. Denis, 8 August 1810; NAM: HA 23.

54 R. Farquhar, 'Notes on the first Establishment of Madagascar, and explanatory, of its relations with & dependency on the Isle of France, taken from the Records in the Isle of France', TNA: CO 167/960.

55 Ibid.

56 Selvon, *A New Comprehensive History*, vol. 1, 266.

57 毛里求斯政府与东非沿海国家之间的关系也一直持续到后期，毛里求斯与约翰纳（Johanna）、桑给巴尔和马斯喀特之间的广泛联系证明了这一点。见 NAM: HB 2。

58 Paper titled 'By Radama, King of Madagascar', NAM: HB/4. 更多信息在 HB/4，关于 1827 年拉达玛如何引入了关税和贸易限制制度。

59 Letters in NAM: HB/4. 为了支持拉达玛的种植计划，从毛里求斯释放的印度囚犯，见 letter from G. Barry to Mr. Hastie, Government Agent at Madagascar, dated Port Louis, 30 June 1825, NAM: HB/4。其他文件显示，更多印度囚犯被送往马达加斯加。

60 Letter from J. Hastie, dated Tamatave, 25 February 1826, NAM: HB/4, and also letter from Commodore Nourse to Mr. Hastie, dated Bambatooka Bay, 8 December 1823, NAM: HB/5.

61 Gwyn Campbell, 'Madagascar and the Slave Trade, 1810–1895', *Journal of African History* 22, no. 2 (April 1981) 203–27.

62 Letter from Rainimaharo, Chief Secretary of Madagascar to the Governor of Mauritius, dated Antananarivo, 21 July 1840, NAM: HB 2/2.

63 Letter from Mr. Campbell to the Hon Colonial Secretary, dated Port Louis, 19 October 1840, NAM: HB 2/2.

64 Campbell, 'Madagascar and the Slave Trade', 212.

65 Marina Carter and Hubert Gerbeau, 'Covert Slaves and Coveted Coolies in the Early 19th Century Mascareignes', *Slavery and Abolition* 9, no. 3 (1988), 194–208, at 194.

66 Proclamation in the Name of His Majesty George 3rd', signed at Port Louis, 27 April 1815 by R. T. Farquhar, TNA: CO 167/960.

67 Auguste Billiard, *Voyage aux Colonies Orientales, ou Lettres Écrites des Îles de France et de Bourbon* (Paris: Ladvocat, 1822), 64.

68 Richard B. Allen, 'The Mascarene Slave-Trade and Labour Migration in the Indian Ocean during the Eighteenth and Nineteenth Centuries', *Slavery and Abolition* 24, no. 2 (2003), 33–50.

69 Carter and Gerbeau, 'Covert Slaves', 203. 'exposés sans pitié sur le rivage de la mer, n'attendant plus que la mort pour terme de leurs cruelles soufrances'.

70 Pridham, *England's Colonial Empire*, 251.

71 Hubert Gerbeau, 'Engagees and coolies on Réunion Island: Slavery's Masks and Freedom's Constraints', in C. Emmer, ed., *Colonialism and Migration: Indentured Labour Before and After Slavery* (Dodrecht: Kluwer, 1986), 209–36.

72 Letter from R. Farquhar to Earl Bathurst, dated Port Louis, 20 April 1815, TNA: CO 167/960.

73 Letter from R. Farquhar to Earl Bathurst, dated Port Louis, 18th September 1815, TNA: CO 167/960.

74 关于此处引文，见 Charles Darwin, *Journal of Researches into the Natural History and Geology of the Countries Visited During the Voyage of H.M.S. Beagle Round the World* (London: John Murray, 1845), 2nd edn, 484。

75 总督法夸尔写道："毛里求斯一直被认为是这个半球的马耳他——它是一块岩石，它的重要性、财富和繁荣来自它的地理位置，成为军事基地和商业胜地的结合，又处在两个半球之间，它的港口具有无与伦比的优势。"见 R. Farquhar to Earl Bathurst dated Port Louis, 1 June 1816, TNA: CO 167/190。

76 This follows Pridham, *England's Colonial Empire*, 256；船舶到达的数据，见 382–3。

77 'Documents concerning the establishment of a dockyard', NAM: HA 74/7.

78 Late Official Resident, *An Account of the Island of the Mauritius and its Dependencies* (London, 1842), 28-9. 另一处关于路易港的记录，见 Pridham, *England's Colonial Empire*, 251。

79 参阅 Bradshaw 的描述，他看见了"离岸的路易港"，见 T. Bradshaw, *Views in the Mauritius*, or *Isle de France* (London: James Carpenter, 1832)。

80 Bradshaw, *Views in the Mauritius*, 4–5.

81 Plate 3 in M. J. Milbert, *Voyage Pittoresque à l'Ile de France* (Paris: A. Nepveu, 1812). 后来测绘员绘制的路易港地图标出了市政范围，见 J. L. F. Target, *Plan of Port Louis and its Environs* (1858), TNA。

82 关于人口数据，见 James Backhouse, *A Narrative of a Visit to the Mauritius and South Africa* (London: Hamilton, Adams, 1844), 4；Pridham, *England's Colonial Empire*, 393；Auguste Toussaint, *Port Louis: A Tropical City* (London: George Allen, 1973), trans. W. E. F. Ward, 67；*Mauritius Blue Book*, 1835, Cambridge University Library (hereafter CUL) RCS.L.BB.483.1835。

83 A. J. Christopher, 'Ethnicity, Community and the Census in Mauritius, 1830–1990', *Geographical Journal* 158, no. 1 (March 1992), 57–64.

84 'Reports of a Medical Commission Assembled Under the Presidency of W. A. Burke', NAM: HA 68/2.

85 'Mauritius', *Oriental Herald and Colonial Intelligencer* 3 (London: Madden & Co., 1839), 648–50, at 649.

86 Letter from R. Farquhar to Earl Bathurst, Port Louis, 11 October 1816, TNA: CO 167/960.

87 Letter from Farquhar to Bathurst, 11 October 1816.

88 Pridham, *England's Colonial Empire*, 263.

89 Billiard, *Voyage aux Colonies*, 39: 'le féu détruisit en un instant les travaux et les fortunes d'un siècle.'

90 见 'Papers relative to the fire of 1816'，另见 'Organisation of a Fire Brigade, 1823', in NAM: HA 16/8–9。

91 Letter from Police Office to G. A. Barry Esq. Chief Secretary, dated 4 July 1823, NAM: HA 16/9.

92 'Scheme proposed for a better organization of the Police Force in Mauritius', NAM: HA 19/2.

93 Pridham, *England's Colonial Empire*, 353; Toussaint, *Port Louis*, 68.

94 Pridham, *England's Colonial Empire*, 354.

95 Bradshaw, *Views in the Mauritius*, 5.

96 'Correspondence Relative to the Enclosing of the New Bazaar in Stone Walls, 1828', NAM: HA 7/4.

97 Toussaint, *Port Louis*, 76–7.

98 Pridham, *England's Colonial Empire*, 263.

99 Toussaint, *Port Louis*, 70.

100 'Papers relative to the *Conseil de Commune Générale*, 1818–1820', NAM: HA 14/6.

101 'Papers relative to the disturbance which took place in the Theatre of Port Louis on the night of 16 August 1823', NAM: HA 19/5.

102 Backhouse, *A Narrative of a Visit*, 4.

103 Bradshaw, *Views in the Mauritius*, 5.

104 See above, Chapter 3, XX.

105 J. Barnwell and A. Toussaint, *A Short History of Mauritius* (London: Government of Mauritius,

1949), 61；关于勃艮第葡萄酒，见 Pridham, *England's Colonial Empire*, 264。

106 Barnwell and Toussaint, *Short History*, 173.

107 Backhouse, *A Narrative of a Visit*, 27–8. 另一个哀叹毛里求斯道德沦丧的新教徒描述，见 *A Modern Missionary: Being the Brief Memoir of the Rev. John Sarjant, late of Mauritius* (London: John Mason, 1834)。

108 Petition to Governor Gomm from shopkeepers in Port Louis, dated Port Louis, Mauritius 27 October 1843, NAM: RA 747.

109 Billiard, *Voyage aux Colonies*, 39. 'La parcourent toutes les nuances de couleur, depuis le rose pâle jusqu'au rouge cuivré, et jusqu'au noir le plus foncé'.

110 Billiard, *Voyage aux Colonies*, 40. 'les productions et les physionomies des quatre parties du monde'.

111 Backhouse, *A Narrative of a Visit*, 12.

112 A. J. Christopher, 'Ethnicity, Community and the Cènsus'.

113 Bradshaw, *Views in the Mauritius*, 4.

114 Pridham, *England's Colonial Empire*, 262.

115 关于奥利耶的传记，见 de Montille, 'The Coloured Elite'，72–3，本段引用了其中的一些细节。

116 Charles Wesley, 'Remy Ollier, Mauritian Journalist and Patriot', in *Journal of Negro History* 6, no. 1 (January 1921), 54–65, at 64.

117 Toussaint, *Port Louis*, 88–9.

118 Letter from Committee of Election to the Municipal Corporation to the Colonial Secretary and attached 'List of Voters', dated 22 January 1850, Port Louis, NAM: RA 1082.

119 Letter from L. Lechelle, Mayor to the Governor, dated Port Louis, 30 March 1850 and letter from L. Lechelle, Mayor to the Governor, dated Port Louis, 30 March 1850, NAM: RA 1082.

120 'The Municipal Council', *Commercial Gazette*, 12 June 1850; letter from L. Lechelle to the Colonial Secretary, dated Port Louis, 7 January 1851, NAM: RA 1130，还有 RA 1130 中对石块切割的记录。

121 Letter from L. Lechelle, Mayor to the Governor, dated Port Louis, 27 April 1850, NAM: RA 1130.

122 Letter from the Procureur Advocate Général, dated 9 March 1850, NAM: RA 1082, and letter dated 30 March 1850, above. 关于防火措施，见 'Municipal Regulations for the Town of Port Louis in Conformity with the Ordinance in Council no.16 of 1849', NAM: RA 1082。

123 Letters from L. Lechelle to the Governor, dated Port Louis, 9 April 1850, and dated Port Louis 21 April 1850, NAM: RA 1082.

124 *Le Cernéen*, 4 and 22 June 1850, 10 October 1850. 感谢 James de Montille 提供的这两个参考。

125 Letter from L. Lechelle, Mayor to James Macaulay Higginson, Governor, dated Port Louis, 8 September 1851, NAM: RA 1130.

126 对开普敦的讨论参考了 Nigel Worden, Elizabeth Van Heyningen and Vivian Bickford-Smith, *Cape Town: The Making of a City: An Illustrated Social History* (Cape Town: David Philip, 1998)。

127 Shirley Judges, 'Poverty, Living Conditions and Social Relations: Aspects of Life in Cape Town in the 1830s' (Master's thesis, University of Cape Town, 1977).

128 Ibid.

129 James Sturgis, 'Anglicisation at the Cape of Good Hope in the early nineteenth century', *Journal*

of *Imperial and Commonwealth History* 11, no. 1 (1982), 5–32, at 10; see also Hermann Giliomee, *The Afrikaners* (Tafelberg: Cape Town, 2003), 197ff.

130 Giliomee, *The Afrikaners*, 198.

131 Worden, van Heyningen and Bickford-Smith, *Cape Town*, 117.

132 Kirsten McKenzie, *Scandal in the Colonies: Sydney and Cape Town, 1820–1850* (Carlton, Vic.: Melbourne University Press, 2004), 56.

133 Judges, 'Poverty', 83.

134 Robert Ross, *Status and Respectability in the Cape Colony, 1750–1870* (Cambridge: Cambridge University Press, 1999), 81.

135 Timothy Keegan, *Colonial South Africa and the Origins of the Racial Order* (Cape Town and Johannesburg: David Philip, 1996), 166.

136 Sturgis, 'Anglicisation at the Cape'.

137 Kirsten McKenzie, '"My Own Mind Dying with Me": Eliza Fairbairn and the Reinvention of Colonial Middle-Class Domesticity in Cape Town', *South African Historical Journal* 36, no. 1 (1997), 3–23.

138 A. Bank, 'Liberals and Their Enemies: Racial Ideology at the Cape of Good Hope 1820 to 1850' (PhD thesis, University of Cambridge, 1995), 17.

139 Sujit Sivasundaram, 'Race, Empire and Biology before Darwinism', in Denis Alexander and Ron Numbers, eds., *Biology and Ideology* (Chicago: University of Chicago Press, 2010), 114–128.

140 Ross, *Status and Respectability*, 43.

141 K. McKenzie, 'The *South African Commercial Advertiser* and the Making of Middle-Class Identity in Early Nineteenth-Century Cape Town' (Master's thesis, University of Cape Town, 1993), 222.

142 Keegan, *Colonial South Africa*, 110.

143 Worden, van Heyningen and Bickford-Smith, *Cape Town*, 88.

144 D. Warren, 'Merchants, Commissioners and Wardmasters: Municipal Politics in Cape Town, 1840–54' (Master's thesis, University of Cape Town, 1986).

145 Ibid., 94.

146 Ross, *Status and Respectability*, chapter 3.

147 K. McKenzie, 'Dogs and the Public Sphere: The Ordering of Social Space in Early Nineteenth-century Cape Town', *South African Historical Journal* 48, no. 1 (2003), 235–51, at 224.

148 McKenzie, *Scandal in the Colonies*.

149 McKenzie, 'The *South African Commercial Advertiser*', 146.

150 关于开普殖民者去往加勒比海，见 McKenzie, *Scandal in the Colonies*, 140。

151 *Cape of Good Hope Observer*, 17 July 1849.

152 McKenzie, *Scandal in the Colonies*, 174; Ross, *Status and Respectability*, 161; Eric A. Walker, ed., *The Cambridge History of the British Empire*, 8 vols (Cambridge, 1929–63), vol. 8, 2nd edn, 379.

153 *South African Commercial Advertiser*, 6 June 1849; and 11 August 1849; italics in original.

154 *South African Commercial Advertiser*, 10 November 1849.

155 *Cape of Good Hope Observer*, 17 July 1849.

156 Walker, ed., *The Cambridge History of the British Empire*, vol. 8, 377.

157 *South African Commercial Advertiser*, 14 April 1849.

158 *South African Commercial Advertiser*, 5 May 1849.

159 *Cape Town Mail*, 20 May 1849.

160 Keegan, *Colonial South Africa*, 227.

161 *South African Commercial Advertiser*, 8 August 1849.

162 *South African Commercial Advertiser*, 20 June 1849.

163 *Cape Town Mail*, 14 July 1849.

164 Miles Taylor, 'The 1848 Revolutions and the British Empire', in *Past and Present* 166, no. 1 (February 2000), 146–80.

165 *Cape of Good Hope Observer*, 17 July 1849.

166 *Cape of Good Hope Observer*, 24 July 1849.

167 *Cape of Good Hope Observer*, 9 October 1849.

168 Ibid.

169 *South African Commercial Advertiser*, 4 August 1849；"害虫船"一词也出现在*Cape Town Mail*, 12 May 1849。

170 Walker, ed., *The Cambridge History of the British Empire*, vol. 8, 379.

171 *South African Commercial Advertiser*, 30 December 1848.

172 Warren, *Merchants*, 208.

173 Stanley Trapido, 'The Origins of the Cape Franchise Qualification of 1835', *Journal of African History* 5, no. 1 (1964): 37–54.

174 *South African Commercial Advertiser*, 16 May 1849.

175 Taylor, 'The 1848 Revolutions'.

176 Christopher Holdridge, 'Circulating the African Journal: The Colonial Press and Trans-Imperial Britishness in the Mid Nineteenth-Century Cape', *South African Historical Journal* 62, no. 3 (2010), 487–513, 508–9.

177 *South African Commercial Advertiser*, 28 October 1848; *Cape Town Mail*, 4 November 1848.

178 *South African Commercial Advertiser*, 2 December 1848.

179 见 McKenzie, *Scandal*, 177；关于"道德的粪堆"，见 *South Africa Commercial Advertiser*, 18 September 1849。另一个关于新南威尔士州、诺福克岛和范迪门斯地的比较，见 *Cape Town Mail*, 23 June 1849。

180 *Cape Town Mail*, 8 September 1849.

181 McKenzie, *Scandal in the Colonies*, 176.

182 这些材料来自 Holdridge, 'Circulating the African Journal', 506.

183 *Cape Town Mail*, 8 December 1849; 29 December 1849.

184 *South African Commercial Advertiser*, 21 March 1849.

185 *South African Commercial Advertiser*, 21 July 1849; 22 August 1849; and 15 September 1849.

186 发刊词，见 *Mauritius Times*, 15 July 1848.

187 *Le Cernéen*, 23 June 1848; and, 11 July 1848.

188 *Le Cernéen*, 4 July 1848；更多信息，见 *Le Cernéen*, 6 July 1848。

189 *Le Cernéen*,6 October 1848. 'Il est intutile de dire qu'à l'égard du gouvernement métropolitain, nos efforts seront toujours ceux de sujets dévoués et fidèles, et qu'un des premiers devoirs que nous impose cette qualité est de l'éclairer sur les conséquences de sa politique commerciale à l'égard de cette belle Dépendance de la Couroune britannique, afin d'en appeler de l'Angleterre abusée à l'Angleterre mieux informée.'

190 *Mauritius Times*, 10 October 1848 and 12 October 1848.

191 Report from Central Police Office, dated 6 October 1848 written by A. D'Courcy Potterton, Police

Officer, TNA: CO 167/302.

192 *Mauritius Times*, 18 October 1848.

193 Letter dated Port Louis, from James Egbert Simmons to Mrs Simmons, 25 February 1848, CUL: Add 9549/9; see also *Le Cernéen*, 11 October 1848; despatch from William Gomm to Earl Grey, dated 9 October 1848, TNA: CO 167/302; despatch from William Gomm to Earl Grey, dated 14 October 1848, TNA: CO 167/302.

194 Despatch from William Gomm to Earl Grey, dated 14 Oct 1848, TNA: CO 167/302.

195 *Mauritius Times*, 13 October 1848.

196 *Le Mauricien*, 13 October 1848.

197 *Le Cernéen*, 14 October 1848.

198 Letter from d'Épinay to William Gomm, dated 6 October 1848, TNA: CO 167/302.

199 *Mauritius Times*, 7 November 1848.

200 *Mauritius Times*, 10 November 1848.

201 *Mauritius Times*, 7 November 1848.

202 *Mauritius Times*, 9 December 1848.

203 *Mauritius Times*, 24 July 1849.

204 *Mauritius Times*, 24 July 1849.

205 Letter from James Egbert Simmons to Mrs. Simmons, dated Port Louis, 8 December 1849, CUL: Add 9549/39. There is also one letter written by Caroline Simmons to Mrs. Simmons, CUL: Add 9549/79.

206 Letter to Mrs. Simmons from James Simmons, dated Port Louis, 21 August 1848, CUL: Add 9549/16.

207 Letter to Mrs. Simmons from James Simmons, dated Port Louis, 16 December 1849, CUL: Add 9549/40.

208 Letter from James Simmons to Mrs. Simmons, dated Port Louis, 17 December 1851, CUL: Add 9549/70.

209 Letter from James Simmons to Mrs. Simmons, dated Port Louis, 18 June 1852, CUL: Add 9549/77.

210 Letter from James Simmons to Mrs. Simmons, dated Port Louis, 21 August 1849, CUL: Add 9549/34.

211 Letter from James Simmons to Mrs. Simmons, dated Port Louis, 14 October 1848, CUL: Add 9549/18.

212 Letter from James Simmons to Mrs. Simmons, dated Port Louis, 6 October 1852, CUL: Add 9549/83.

213 Letter from James Simmons to Mrs. Simmons, dated Port Louis, 24 June 1848, CUL: Add 9549/14.

214 早期一系列关于蒸汽的文章，比如'Steam Communication', *Commercial Gazette*, 20 July 1850。关于1852年毛里求斯和亚丁签订的用轮船运输邮件的合同，见NAM: HA 74/10。

215 'Representative Governments for the Colonies – Mauritius', *Commercial Gazette*, 3 June 1850. 为了比较毛里求斯和开普当地的政治进步，议会对向毛里求斯捐赠事宜的讨论，见*Cape Town Mail*, 31 March 1849。

216 'The new Constitution of the Cape – Mauritius', *Commercial Gazette*, 9 October 1850.

217 Barnwell and Toussaint, *A Short History*, 192.

218 Letter dated Port Louis, 30 October 1850, *Commercial Gazette*, 31 October 1850. 两年前，《塞尔奈人报》就指出波旁岛享有更大的政治自由。

219 *Commercial Gazette*, 31 October 1850. 'si, à chaque fois que les questions qui nous touchent de près et qui sont résolues par d'honorables gentlemen qui n'ont jamais rien vu de Maurice, qui ne savent peut-être pas où elle est située, et qui, à coup sûr, ne se doutent pas des mœurs, des coutumes et de l'esprit de la population, si ces questions étaient discutées par des hommes capables par leur expérience et, en quelque sorte, obligés par devoir de réfuter les fausses allégations et les lourds sophismes entassés si souvent contre nous et contre les colonies en général; si nous avions, au sein même du Gouvernement métropolitain, des avocats désintéressés, il y a long-temps que les abus dout nous nous plaignons encore auraient cessé, et que des institutions conformes à notre esprit et à nos vœux, dont la Municipalité est la première pierre, nous auraient été accordées'.

220 *Cape Town Mail*, 2 December 1848.

221 *Le Cernéen*, 25 and 28 September 1848; or for instance 11 November 1848. Also, *Le Mauricien*, 23 August 1848.

222 Taylor, 'The 1848 Revolutions'.

223 Sujit Sivasundaram, *Islanded*, 313.

224 1848年以后的起义，见*Le Mauricien*, 27 November 1848，其中指出两个殖民地的相似之处。'That Colony resembles in most respects Mauritius.'

225 *Le Cernéen*, 21 October 1848. 'Les Ceylonais ne sont pas plus heureux que nous; les biens ruraux sont surchargés de dettes et se vendent a vil prix, lorsqu'on trouve à les vendre.' 另一个毛里求斯和锡兰的比较，见*Le Mauricien*, 9 November 1849。

226 *Le Mauricien*, 28 August 1848.

227 *Mauritius Times*, 18 November 1848. 'Inutile de dire que nous ne croyons pas aux professions libérales de foi des Hollandais et des Créoles francais: ils veulent de la liberté – comme le Ceylon Times et son partie, – pour les Blancs afin d'exterminer les Noirs ou des les reduire en esclavage.'

228 *South African Commercial Advertiser*, 28 October 1848.

229 *Cape Town Mail*, 18 November 1848.

230 *Cape Town Mail*, 25 November 1848.

结 论

1 关于大英帝国近代史的优秀著作，见Joanna de Groot, *Empire and History Writing in Britain, 1750–2012* (Manchester: Manchester University Press, 2013)。

2 传记细节见 Anthony A. D. Seymour, 'Robert Montgomery Martin: An Introduction', in Seymour, ed., *History of the British Colonies: Possessions in Europe, Gibraltar* (Grendon: Gibraltar Books, 1998), i–xiv；F. H. H. King, 'Robert Montgomery Martin', in *Oxford Dictionary of National Biography*。

3 Laidlaw, *Colonial Connections*, 172–3.

4 Seymour, 'Robert Montgomery Martin', x–xii.

5 Robert Montgomery Martin, 'Report', in *Statistics of the Colonies of the British Empire* (London: W. H. Allen & Co., 1839), v.

6 Robert Montgomery Martin, *History of the British Colonies*, 5 vols (London: James Cochrane, 1835), vol. 1, 492.

7 Ibid., 405, 410.

8 Laidlaw, *Colonial Connections*, 188.

9 Robert Montgomery Martin, *History of Austral-Asia* (London: John Mortimer, 1836), 35.

10 Ibid., 120.

11 Ibid., 123.

12 Ibid.

13 Ibid., 127.

14 Ibid., 133.

15 Ibid.

16 Ibid., 205.

17 Ibid., 295.

18 Martin, *History of the British Colonies*, vol. 4, 377.

19 Robert Montgomery Martin, *History of Southern Africa* (London, 1836), 286.

20 Ibid., 305.

21 Ibid., 306.

22 关于如何在全球化时代书写英国史的讨论，见 'Britain and the World: A New Field?', *Journal of British Studies*, 57, no. 4 (October 2018), 677–708。

23 在大量文献中，有两篇关于大英帝国近代史的重要文章：John Darwin, *The Rise and Fall of the British World System, 1830–1970* (Cambridge: Cambridge University Press, 2009)；Philippa Levine, *The British Empire: Sunrise to Sunset* (Harlow: Pearson, 2007)。传记式的，见 Miles Ogborn, *Global Lives: Britain and the World, 1550–1800* (Cambridge: Cambridge University Press, 2008)。关于大英海上帝国，见 Jeremy Black, *The British Seaborne Empire* (London: Yale University Press, 2004)。

24 之前我提出过一个“循环”(recyling) 的观点，见 *Islanded*。

25 关于暴力对于帝国的重要性，见 'Imperial History by the Book', *Journal of British Studies* 54, no. 4 (October 2015), 971–97；Richard Drayton, 'Where Does the World Historian Write From?: Objectivity, Moral Conscience and the Past and Present of Imperialism', *Journal of Contemporary History* 46, no. 3 (July 2011) 671–85。

26 See for instance Bernard Porter, *The Absent-Minded Imperialists: Empire, Society and Culture in Britain* (Oxford: Oxford University Press, 2006).

27 Zoe Laidlaw, *Colonial Connections, 1815–1845: Patronage, the Information Revolution and Colonial Government* (Manchester: Manchester University Press, 2005).

28 对马里亚特的描述，见 Tim Fulford, 'Romanticizing the Empire: The Naval Heroes of Southey, Coleridge, Austen, and Marryat', *Modern Language Quarterly* 60, no. 2 (June 1999), 161–96。

29 Frederick Marryat, *Masterman Ready: or, The Wreck of the Pacific*, 3 vols (London: Longman, 1841-2), vol. 1, 269.

30 Ibid., vol. 2, 49.

31 Ibid., vol. 2, 161.

32 Ibid., vol. 2, 163.

33 Ibid., vol. 3, 175.

34 参阅 Deborah Logan, General Introduction in Logan, ed., *Harriet Martineau's Writing on the British Empire*, 5 vols (London: Pickering & Chatto, 2004), vol. 1, xv–xliii, xvi。

35 Catherine Hall, 'Epilogue: Imperial Careering at Home', in David Lambert and Alan Lester, eds., *Colonial Lives Across the British Empire: Imperial Careering in the Long Nineteenth Century* (Cambridge,

Cambridge University Press, 2006), 353.

36 Logan, ed., *Harriet Martineau*, vol. 1, 156.

37 Ibid., 190.

38 Ibid., 195.

39 关于这一时期的最新作品是 C. A. Bayly, *Imperial Meridian*。

40 关于《大史》在英国赞助下的翻译和印刷，见 Sivasundaram, *Islanded*, chapter 3。

41 Sivasundaram, 'Materialities in the Making of World Histories', in Ivan Gaskell and Sarah Carter, eds., *Oxford Handbook of History and Material Culture: World Perspectives* (forthcoming).

42 关于作为材料收集者的格雷，见 Donald Jackson Kerr, *Amassing Treasure for All Times: Sir George Grey, Colonial Bookman and Collector* (Otago: Otago University Press, 2006)。关于格雷出版的毛利人的材料，见 88-9。

43 George Grey, *Polynesian Mythology and Ancient Traditional History of the New Zealand Race* (London: J Murray, 1855), 1.

44 围绕"新帝国史"的争论，见 Kathleen Wilson, ed., *A New Imperial History: Identity and Modernity in Britain and the Empire, 1660–1840* (Cambridge: Cambridge University Press, 2003)；Dane Kennedy, *The Imperial History Wars: Debating the British Empire* (London: Bloomsbury, 2018)。另见 A. L. Stoler and Frederick Cooper, eds., *Tensions of Empire: Colonial Cultures in a Bourgeois World* (Berkeley: University of California Press, 1997)；Catherine Hall, *Civilising Subjects: Metropole and Colony in the English Imagination, 1830–1867* (Cambridge: Polity, 2002)；Antoinette Burton, *After the Imperial Turn? Thinking with and Through the Nation* (Durham, N.C.: Duke University Press, 2003)。关于资本和帝国，见 P. J. Cain and A. G. Hopkins, *British Imperialism: Innovation and Expansion, 1688–1914* (London: Longman, 1993)。关于环境变化，见 David Armitage, Alison Bashford and Sujit Sivasundaram, eds., *Oceanic Histories* (Cambridge: Cambridge University Press, 2018).

后 记

1 2018 年 9 月 18 日，尼古拉斯·派克的"Naturalist, Author, Soldier and Consul"开幕，当时我在毛里求斯。

大事年表

1715年▸法国殖民毛里求斯

1722年▸萨法维王朝（今伊朗）灭亡

1739年▸波斯王纳迪尔沙劫掠德里

1757年▸普拉西战役

1768—1771年▸詹姆斯·库克船长首次出航

1775年▸美国独立战争爆发

1779年▸詹姆斯·库克在夏威夷身亡

▸开普爱国者骚乱爆发

▸波斯统治者卡里姆汗·赞德去世

18世纪80年代▸以马斯喀特为据点的阿曼王国出现

1784年▸荷兰征服廖内苏丹国

1785年▸贡榜王朝吞并阿拉干

1785—1787年▸荷兰爱国者起义

1785—1788年▸拉彼鲁兹伯爵的太平洋之行

1786年▸英国人建立槟城

▸马德拉斯天文台设立

1788年▸大英帝国在澳大利亚新南威尔士建立殖民地

1789年▸法国大革命爆发

▸卢图夫－阿里汗夺取波斯王位

▸威廉·布莱的船只“邦蒂号”发生暴动

1790年▸毛里求斯召开仅限白人参与的国民大会

▸千禧年信徒领袖扬·帕尔在南非被捕

1791年▸海地革命爆发

1791—1794年▸安托万·德·布鲁尼·德昂特勒卡斯托的太平洋之旅

1792年▸法国大革命战争开始

1793年▸图齐塔华绘制奥特亚罗瓦/新西兰地图

▸英国从法国手中夺取本地治里

▸英国对法国宣战；路易十六遭斩首

1794年▸毛里求斯建立雅各宾俱乐部

▸法国革命者废除奴隶制

▸德昂特勒卡斯托的远征舰在巴达维亚出售

1795年▸南非斯韦伦丹的布尔人起义

▸英国入侵开普殖民地

▸卡扎尔王朝统一波斯

▸迈克尔·赛姆斯首次驻贡榜王朝任大使

▸巴达维亚共和国在荷兰建立

1796年▸英国入侵荷属锡兰（斯里兰卡）

▸荷兰东印度公司国有化

▸约翰·戈丁汉姆被马德拉斯政府任命为天文学家

▸勒内·巴克·德·拉沙佩勒和爱迪恩·博内尔被法国政府派往毛里求斯强制执行废奴政策，却被迫逃跑

▸法国士兵从法国起航，入侵爱尔兰

1798年▸开普殖民地建立首座正式清真寺

▸蒂普苏丹使团到达毛里求斯

▸阿曼的苏丹·本·艾哈迈德与英国东印度公司签署合作条约

▸拿破仑入侵埃及，其舰队随后在尼罗河战役中遭纳尔逊摧毁

1799年▸阿布·塔里布·汗·伊斯法哈尼从加尔各答经开普前往伦敦

▸蒂普苏丹离世，迈索尔落入英国之手

▸邦加里随马修·弗林德斯乘船前往赫维湾

1800—1803年▸尼古拉斯·博丹开始太平洋之旅

1801—1810年▸马修·弗林德斯环澳大利亚航行，在毛里求斯被捕

1802年▸迈克尔·赛姆斯第二次驻贡榜王朝任大使

▸塔斯马尼亚升起英国国旗

▸英法签署《亚眠条约》

1803年▸英国在塔斯马尼亚建立殖民地

▸开普殖民地回归荷兰管辖

▸沙特入侵阿曼

▸英国入侵康提失败

▸《亚眠条约》失效，英国对法国宣战

1803—1804年▸瓦哈比派沙特入侵麦加与麦地那

1804年▸阿曼的苏丹·本·艾哈迈德去世，海湾地区迎来不稳定的暴力时期

▸英国遣送的首批罪犯登陆塔斯马尼亚

▸悉尼城堡山起义爆发

▸海地脱离法国取得独立

1806—1810年▸威廉·马里纳乘坐“太子港号”到达汤加

▸菲瑙·乌卢卡拉拉二世突袭汤加塔布

▸英国第二次入侵开普殖民地

1807年▸英国议会禁止英国国民进行奴隶贸易

▸约翰·沃伦在马德拉斯天文台观测到天空中有彗星划过，这颗彗星后来由其助理斯里尼瓦斯阿查利亚进行追踪

▸拿破仑入侵葡萄牙；葡萄牙王室逃往巴西

1808年▸路易斯·范·毛里求斯在开普殖民地领导奴隶叛乱

▸法国占领马德里，引发半岛战争

▸韦尔斯利（Wellesley，后来的惠灵顿公爵）率领英国军队在里斯本附近大败法军

1809年▸英国在哈伊马角第一次入侵海湾地区

1810年▸威廉·马里纳离开汤加

▸英国入侵毛里求斯

▸西班牙议会在加的斯成立

1811年▸英国入侵爪哇

1812年▸爪哇日惹陷入英国人之手

▸拿破仑攻打俄罗斯，进入莫斯科

1812—1818年▸穆罕默德·阿里反抗瓦哈比派的运动

▸普鲁士对法国宣战

1814年▸第一批基督教传教士到达奥特亚罗瓦/新西兰

▸维也纳会议启动

1815年▸拿破仑遭遇滑铁卢大败

▸英国入侵康提王国（今斯里兰卡）

▸毛里求斯波拿巴主义者密谋结束英国对毛里求斯岛的统治

1816年▸毛里求斯的路易港被一场大火摧毁

▸英国将爪哇归还荷兰

▸本地治里被归还法国

1817年▸邦加里跟随菲利普·帕克尔·金乘船前往澳大利亚西北

▸毛里求斯总督威廉·法夸尔与马达加斯加梅里纳王国的拉达玛一世协商反对奴隶贸易的条约

1819年▸毛里求斯爆发霍乱

1819—1820年▸哈桑·本·拉赫马停战谈判失败后，英国第二次在哈伊马角入侵海湾地区

▸英国派托马斯·斯坦福·莱佛士接管新加坡

1820年▸夯吉·西卡到达伦敦

▸英国与阿拉伯城市国家签署打击海盗的一般性条约

1820年▸殖民者到达开普殖民地

1821年▸拿破仑在圣赫勒拿岛去世

▸“孟买商人号”在孟买与海湾地区间航行时船上发生暴动

▸贡榜王朝入侵阿萨姆

1822年▸拉西塔塔尼纳在马达加斯加发动奴隶起义

▸约翰·戈丁汉姆的远征队出发前往苏门答腊岛附近某岛屿

1822—1823年▸英国从克什姆岛撤军

1824年▸英国与柔佛苏丹签署协议，新加坡彻底成为英国领地

▸英国与荷兰签署《英荷条约》，限制荷兰王国在东南亚的势力范围

1824—1826年▸英国与贡榜王朝展开第一次英缅战争；1826年，战争在《杨达波条约》签署后结束

1825年▸范迪门斯地公司成立

▸彼得·狄龙从智利的瓦尔帕莱索起航，最终解开了拉彼鲁兹的探险队失踪之谜

1826年▸新加坡、马六甲与槟城隶属东印度公司管辖

1827年▸殖民地委员会在毛里求斯召开

▸开普敦市市民参议院解散

1828年▸塔斯马尼亚原住民被实施军事管制，1830年又被“黑线”转移到限制地域

1830年▸特·劳帕拉哈前往悉尼

▸法国七月革命推翻查理十世

1831年▸陶法阿豪受洗，取名乔治一世，统一汤加，开启了延续至今的王室

▸开普殖民地的《南非商业广告报》和《南非人报》就奴隶制问题展开新闻战

▸巴西皇帝佩德罗一世退位

1832年▸约翰·杰里米到达毛里求斯，任总检察长；他的到来遭到了毛里求斯殖民地居民的抵制

1833年▸詹姆斯·巴斯比被任命为驻新西兰特派代表

▸英国东印度公司对茶叶贸易的垄断结束

▸大英帝国正式废除奴隶制

1834年▸第一批契约劳工到达毛里求斯

▸罗伯特·蒙哥马利·马丁出版《英国殖民地历史》

1835年▸巴斯比与毛利酋长颁布了“新西兰的独立大宪章”

▸毛里求斯废除奴隶制

1836年▸任冈希受到乔治·奥古斯塔斯·罗宾逊的“保护”

▸马达加斯加的拉纳瓦罗娜女王宣布断绝梅里纳王国与英国的正式关系

1837年▸中国官员开始阻止鸦片在广东的销售

1838年▸贾汗季·瑙罗吉与赫吉霍伊·米赫万吉到达伦敦

▸新西兰殖民公司成立

1839年▸毛里求斯废除学徒制

▸威廉·韦克菲尔德到达奥特亚罗瓦/新西兰

1839—1842年▸中英第一次鸦片战争爆发

▸第一次英阿战争爆发

1840年▸《怀唐伊条约》在奥特亚罗瓦/新西兰签订

▸开普敦市政府获准成立

1842年▸法国吞并玛贵斯岛

▸英国与清朝签订《南京条约》

1843年▸法国吞并塔希提岛

▸普娜与托米·蔡斯兰正式成婚

1845—1846年▸第一次英锡战争

1848年▸波旁岛/留尼汪岛废除奴隶制

▸1848年欧洲革命爆发

▸毛里求斯的某政治组织成形

▸斯里兰卡爆发起义

1848—1849年▸针对遣送罪犯至开普的计划，开普敦进入非暴力反抗时期

▸第二次英锡战争爆发

1850年▸毛里求斯展开市政选举

▸毛里求斯成立新的自由主义报社《商业公报》

19世纪50年代▸毛利的国王运动开始

1851年▸新加坡霍斯堡灯塔正式亮灯

▸澳大利亚第一次淘金热开始

1852年▸科拉·古斯博里在悉尼阿姆兹酒店外身亡

1853年▸开普殖民地获准成立代议制政府

致 谢

我十分感激能有这样的机会，在南方世界的诸多遗址上反复思考书写历史的意义。完成这个持续多年的项目时，我想起了许多访谈对象、朋友、同事和顾问。他们曾经帮助我厘清思绪，还给了我必要的鼓励。如果你曾与一位汤加哲学家聊起过去，如果你曾和毛里求斯岛上的学者聊起有关奴隶和契约工的往事，如果你曾在新加坡独立 50 周年庆典上感受过季风带来的狂风暴雨，如果你曾循着漫长的塔斯马尼亚海岸漫步、思考罪犯与原住民为何如此难以调和，你就不太可能还是原来那个历史学家了。对我而言，创作本书的过程也是一段学习的经历，希望对于《海洋、岛屿和革命》的读者而言也是如此。

实际上，如果没有利弗休姆基金会的资助，本书永远也不可能成型。2012 年，基金会授予了我菲利普·利弗休姆奖。手握这个奖项，我满怀壮志地继续致力于研究那些往往被人遗忘的小地方，把它们作为揭示世界历史变革的关键。这也让我拓展了一种方法论：关注那些曾经处在帝国统治之下的当地人、非比寻常之人和原住民。这个奖项让我思考，如何从印度洋和太平洋的角度出发，向公众讲述 18 世纪末 19 世纪初的历史。

国家海洋博物馆授予了我萨克勒·凯尔德奖学金，再次赋予了我宝贵的时间，让我得以从教学中脱身，利用博物馆的馆藏，前往海外展开档案工作。剑桥大学历史系通过批准研究假对我表示了支持。剑桥人文研究计划还慷慨地为我提供了完成本书的资金。在远离家乡、奔赴悉尼大学的科学基金会中心和新加坡国立大学亚洲研究所工作的过程中，我受益匪浅。受法国社会科学高等研究员、优秀的东道主伊纳·祖帕诺富（Ines Županov）之邀，我还曾前往巴黎担任客座教授。这份工作对我的研究也大有助益。感谢伊纳令人难忘的巴黎式热情招待。

如果没有剑桥的同事在午餐、晚餐时与我展开讨论，本书亦是不可能成形的。我要感谢世界历史课题组的全体成员。本书某些部分的初期草稿得到了如今已故的克里斯托弗·贝利（Christopher Bayly）的有力指导。我们是在剑桥附近的小酒馆边喝酒边展开讨论的。听到他去世的噩耗时，我正在剑桥大学的图书馆里书写有关爪哇的内容。这本书还得益于我与艾莉森·巴什福德（Alison Bashford）、索尔·杜博（Saul Dubow）的对话，以及梅根·沃恩（Megan Vaughan）的工作。除此之外，我还要感谢安德鲁·阿尔桑（Andrew Arsan）花时间阅读并评论了有关波斯湾的章节，以及约翰·斯莱特（John Slight）对这一章的有益评论。多年来，世界历史课题组的其他成员还通过其他方式为本书做出了贡献，我要特别感谢的是：布朗温·艾夫利尔（Bronwen Everill）、蒂姆·哈珀（Tim Harper）、施卢蒂·卡皮拉（Shruti Kapila）、加夫列拉·拉莫斯（Gabriela Ramos）、加雷斯·奥斯丁（Gareth Austin）、萨米塔·森（Samita Sen）、露丝·沃森（Ruth Watson）、蕾切尔·利奥（Rachel Leow）、汉克·刚萨雷斯（Hank Gonzalez）、克里斯蒂娜·斯科特（Christina Skott）、耶珀·穆里奇（Jeppe Mulich）、何亚·查特吉（Joya Chatterji）、戴维·麦克斯维尔（David Maxwell）、海伦·普法伊费尔（Helen Pfeifer）、阿瑟·阿瑟拉夫（Arthur

Asseraf)、西蒙·莱顿(Simon Layton)和雷·德诺(Leigh Denault)。

在我的学院——冈维尔与凯厄斯学院——我十分有幸能与诸位优秀的历史学学者共事，他们为学生、研究员和老师们创造了一个活跃的环境。彼得·曼德勒(Peter Mandler)是本书手稿的优秀读者。我非常感谢他能抽空研读这本书的最初版本。与梅丽莎·卡拉雷苏(Melissa Calaresu)共进午餐的时光总是精彩纷呈，令人感受到获取知识的愉悦。维克·加特雷尔(Vic Gatrell)曾在关键时刻给予我支持，告诉我需要去聆听。安娜贝尔·布雷特(Annabel Brett)与理查德·史塔利(Richard Staley)向我提出了不少很好的问题。在“海中凯厄斯”的活动日上，包括瑙尔·本-叶霍亚达(Naor Ben-Yehoyada)、赛普里安·布鲁德班克(Cyprian Broodbank)和戴维·阿布拉菲亚(David Abulafia)的作品在内的一系列海洋专题研究令我的项目受益良多。学院历届历史研究员也提出了建议。

但我必须承认，和同事们相比，这本书更多地受到了我的学生的影响。是他们从始至终陪伴我走过了这段旅程。剑桥的本科生在关于印度洋与太平洋毕业论文中表现得出类拔萃，我非常喜欢他们的论文和课堂讨论。在过去10年的学术生涯中，没有什么能比看到自己的博士生取得工作成果更让我高兴的了，要感谢自己所有的博士生，感谢他们的亲密友谊和智慧能量，感谢他们让我坚持下去。我还要特别感谢詹姆斯·威尔逊(James Wilson)，他在获得博士学位后，以研究助理的身份为这个项目工作了好几周的时间；我特别感谢他的计算机技能。我还要感谢杰克·理查兹(Jake Richards)，他在开始博士研究生的学习之前，也为项目短暂工作过一段时期。詹姆斯·德·孟迪尔（James de Montille）是我的毛里求斯顾问，他的本科论文和哲学硕士论文激发了我对毛里求斯的兴趣。艾利克斯·查特兰德（Alix Chartrand）花了几个小时研究了一批资源。除此之外，我还要感谢斯科特·康纳斯（Scott Connors）、塔玛拉·费尔南多（Tamara Fernando）、拉克兰·弗利特伍德（Lachlan Fleetwood）、陶希夫·卡拉（Taushif Kara）、贾吉特·拉利（Jagjeet Lally）、史蒂芬·莫森（Steph Mawson）、汤姆·辛普森（Tom Simpson）、哈迪斯·伊尔迪兹（Hatice Yıldız），以及在凯厄斯学院我的房间里聚会的其他研究生读书会成员。过去两年中，我担任了南亚研究中心主任，艾莉森·理查德大楼（Alison Richard Building）三层的工作人员以及中心的三位骨干——芭芭拉·罗（Barbara Roe）、蕾切尔·罗维（Rachel Rowe）和凯文·格林班克（Kevin Greenbank）给我的生活带来了灿烂的光明。他们对待学者和学生一视同仁，在公平公正方面做出了卓越的贡献。

印度洋和太平洋很多地方都热情好客，学术上慷慨大方的学者也是这本书得以完工的关键因素。澳大利亚的布朗温·道格拉斯（Bronwen Douglas）一直是我的好朋友。她在森林大火期间阅读了我最近的一稿，还做好了细致入微的笔记。我在澳大利亚国家图书馆工作期间，她总是热情地款待我。悉尼的克里斯滕·麦肯锡（Kristen McKenzie）、沃里克·安德森（Warwick Anderson）、麦克·麦克多奈尔（Mike McDonnell）、凯特·弗拉格（Kate Fullagar）、罗伯特·奥尔德里奇（Robert Aldrich）和汉斯·鲍尔斯（Hans Pols）都曾是我有趣的旅伴。奥特亚罗瓦/新西兰的托尼·巴兰坦（Tony Ballantyne）是一位优秀的东道主。我也很喜欢与约翰·斯腾豪斯（John Stenhouse）、迈克尔·史蒂芬斯（Michael Stevens）、安吉拉·万哈拉（Michael Stevens）以及拉齐·帕特森（Lachy Paterson）交谈。弗朗西斯·斯蒂尔（Francis Steele）近来的工作对这个项目助益良多。奥克兰的托尼·史密斯（Tony Smith）从档案馆的工作中拨冗请我吃了晚餐。在布里斯班，我很荣幸能在戴维·尼科尔·史密斯（David Nichol Smith）研讨会上根据本书展开过的调查发表了一场演讲。彼得·丹尼（Peter Denney）和丽萨·欧康奈尔（Lisa O'Connell）两位主持人十分优秀，也很擅长参与谈话。汤加在我写作、调研的过程中是一个非常重要的地方，我与许多汤加人进行过交谈，还与奥库西提诺·玛希娜［Okusitino Mahina（Hufanga）］进行了好几次令人难忘的对话。

南非的伊苏贝尔·霍夫迈尔（Isobel Hofmeyr）在百忙之中抽出时间，陪伴了我一天。迪利普·梅农（Dilip Menon）、基斯·布雷肯里奇（Keith Breckenridge）在自己的家中和金山大学社会经济研究院接待了我。我在开普敦查阅档案期间，曾在薇薇安·比克福德－史密斯（Vivian Bickford-Smith）的陪伴下过得非常愉快；近几周，奈杰尔·沃登（Nigel Worden）一直是我草稿的热情读者。在毛里求斯，我与维贾雅·迪洛克（Vijaya Teelock）进行了一次对话，还坐着玛丽－赫莲娜·奥利弗（Marie-Helene Oliver）的车在岛上一边周游一边谈论历史，再次感叹自己的幸运。在新加坡的亚洲研究所工作时，我十分享受与杜赞奇（Prasenjit Duara）、阿伦·巴拉（Arun Bala）、格雷戈里·克兰西（Gregory Clancey）以及偶遇的学者们进行知识交流。在印度，我在档案调研期间还会不时参加过几场会议，其中就包括我有幸与备受敬仰的西蒙·谢弗（Simon Schaffer）共同主持的一场令人难忘的会议。罗翰·戴布－罗伊（Rohan

Deb-Roy）、查鲁·辛格（Charu Singh）和德芙雅尼·古普塔（Devyani Gupta）也是会议的主持人。另一个令我印象深刻的事件是我出席了施卢蒂·卡皮拉（Shruti Kapila）和费萨尔·德福吉（Faisal Devji）为纪念克里斯·贝利（Chris Bayly）在瓦拉纳西组织的一场会议，并在会上介绍了本项目的初步进展。活动期间，我与露丝·哈里斯（Ruth Harris）、苏珊·贝利（Susan Bayly）、罗伯特·特拉维斯（Robert Travers）、理查德·德雷顿（Richard Drayton）和西玛·阿拉维（Seema Alavi）等人的交谈令我受益匪浅。露丝的丈夫伊恩·皮尔斯（Iain Pears）十分慷慨地阅读了本书初期的引言草稿。他多年的朋友、历史学家萨迪亚·库雷西（Sadiah Qureshi）也进行了阅读，并发表了敏锐的评论。

在我动身前往缅甸之前，关于如何在缅甸进行研究、展开联想的问题，麦克·查尔尼（Mike Charney）慷慨地为我提出了详细的建议。我尤其感谢他提议并介绍了仰光大学前图书管理员尤小刚（U Thaw Kaung）教授。到了曼德勒，我又欣然认识了各种各样的知识分子。我要感谢海湾地区的劳伦·明斯基（Lauren Minsky）热情的招待。在欧洲，我很高兴能够结识和自己的同行、出色的日本学学者马丁·狄森伯利（Martin Dusinberre）。罗兰德·温泽尔胡埃默（Roland Wenzelhuemer）慷慨地向我发出了邀请，让我随时了解全球史在德国的最新发展。巴塞罗那的老朋友胡安－波尔·鲁维斯（Joan-Pau Rubies）在庞贝法布拉大学接待了我，让我与他分享了有关这本书的方方面面。里斯本社会研究所的里卡多·洛克（Ricardo Roque）也是如此。在我离开里斯本之后，伊莎贝尔·科雷亚·达·席尔瓦（Isabel Correa da Silva）和安娜丽塔·格里（Annarita Gori）也还在继续参与这个项目。爱沙尼亚塔林大学的马雷克·塔姆（Marek Tamm）在一场全球文化历史会议上针对本书做了发言，他是一位令人愉快的主持人。儿次到访佛罗伦萨欧洲大学学院的经历及与欧洲的全球史学者联盟的会议都令我获益良多。

从埃塞克特大学到圣安德鲁斯大学，我曾在英国的许多大学介绍过本书的创作过程。我尤其感谢能有机会将本书作为爱丁堡大学年度芬内尔讲座的素材，还要特别感谢艾玛·亨特（Emma Hunter）多年来一直与我交流。在玛格特·芬（Margot Finn）担任皇家历史学会主席期间，能够发表一场普洛斯罗讲座是我无上的荣誉。玛格特也曾读过本书的一个章节，并发表了评论。

本书是在我曾经的博士导师吉姆·席克德（Jim Secord）退休那一年出版的。他在学术和写作方面为我树立了榜样。他深刻的人性和创造力都令我望其项背。更不用说在我的研究生涯中与我同行的那群斯里兰卡历史学家了。如果忘记提起他们，那就不对了。对这个项目而言，我与尼拉·维克拉马辛（Nira Wickramasinghe）、阿里西亚·施里克（Alicia Schrikker）、佐尔坦·毕德曼（Zoltan Biedermann）、马克·佛罗斯特（Mark Frost）、约翰·罗杰斯（John Rogers）、法尔扎纳·汉尼法（Farzana Haniffa）、桑达戈米·科博拉西瓦（Sandagomi Coperahewa）等人的友谊也至关重要。针对本书涉及的某些素材，我还要感谢苏尼尔·阿姆利斯（Sunil Amrith）、克莱尔·安德森（Clare Anderson）、戴维·阿米蒂奇（David Armitage）、劳伦·本顿（Lauren Benton）、克里斯·克拉克（Chris Clark）、丽齐·科灵汉姆（Lizzie Collingham）、道格拉斯·汉密尔顿（Douglas Hamilton）、毛里西奥·伊莎贝拉（Maurizio Isabella）、雷诺·莫里厄（Renaud Morieux）、约翰·麦卡利尔

（John McAleer）、安妮·席克德（Anne Secord）和乔纳森·萨哈（Jonathan Saha）的参与。美国方面，我要特别感谢拉维·格温沃德纳（Ravi Gunewardena）和洛杉矶艺术博物馆的邀请，当时我正在进行关于斯里兰卡的研究，于是去洛杉矶发表了与此有关的演讲。

安德鲁·戈登（Andrew Gordon）是一位完美的文学经纪人，专注并致力于最重要的事情。阿拉贝拉·派克（Arabella Pike）自从听到我演讲的那一刻起，就在支持本书。威廉·柯林斯出版社的全体成员都为本书的方方面面付出了细致且积极的努力。我尤其感谢他们能够听取我的意见、充分参与其中。乔·汤普森（Jo Thompson）、凯蒂·阿彻（Katy Archer）、伊芙·哈钦斯（Eve Hutchings）、安东尼·希皮斯利（Anthony Hippisley）和卢克·布朗（Luke Brown）都为本书做出了巨大贡献。从霍巴特到路易港，从新加坡到巴黎，各个地方的图书管理员和档案管理员都曾为我搜集材料、回答问题，耐心地与我沟通。我希望他们在《海洋、岛屿和革命》一书中看到他们维护的宝藏出现时能倍感欣慰。

谨以此书献给我的父母拉莫拉（Ramola）和希瓦（Siva），感谢他们每时每刻的陪伴。他们愿意聆听我的学术世界里那些奇奇怪怪的故事，却从不会感到无聊。相反，他们给了我坚定不移的爱与保障。在我的大家族中，萨马拉辛赫（Samarasinhes）与伦德尔斯（Rendles）为我提供了令人愉悦的港湾。托比·塔伦（Toby Tarun）、安贾丽·爱丽丝（Anjali Alice）和玛雅·梅（Maya Mae）为本书周游了世界。看到他们都已成长为有责任心的人，真是太棒了。卡洛琳（Caroline）如同一只毫不动摇的锚，用她的爱与关怀让我走上正确的道路，确保我不会迷失在

18 世纪末到 19 世纪初。没有她，我不可能写成这本书，也不可能如此大胆。

苏吉特·西瓦桑达拉姆

剑桥冈维尔和凯斯学院

2020 年 3 月 1 日

图书在版编目（CIP）数据

海洋、岛屿和革命：当南方遭遇帝国 /（斯里）苏吉特·西瓦桑达拉姆著；黄瑶译. — 北京：商务印书馆，2024. — ISBN 978 - 7 - 100 - 24090 - 1

Ⅰ. P7-091

中国国家版本馆 CIP 数据核字第202476D5U7号

海 洋、岛 屿 和 革 命

当南方遭遇帝国

〔斯里兰卡〕苏吉特·西瓦桑达拉姆 著

黄瑶 译

商 务 印 书 馆 出 版

（北京王府井大街36号 邮政编码 100710）

商 务 印 书 馆 发 行

山西人民印刷有限责任公司印刷

ISBN 978 - 7 - 100 - 24090 - 1

2024年9月第1版　　开本 880×1230 1/32

2024年9月第1次印刷　　印张 15¼

定价：95.00元